普通高等教育"十三五"规划教材
水利类专业精品规划教材

水 电 站

主编 韩菊红 卢 娜

黄河水利出版社
·郑州·

内 容 提 要

本书是根据高等学校水利类专业标准要求和水利水电工程最新的相关标准和规范编写的水利类专业核心课程教材。全书共分两篇十三章。第一篇为水力机械，主要内容有水轮机的主要类型及构造、水轮机的工作原理、水轮机的相似原理、主要综合特性曲线、水轮机选型和水轮机调速设备等；第二篇为水电站建筑物，主要内容有水电站的进水建筑物、引水建筑物、水击、调压室、水电站厂房布置和水电站结构设计原理等。

本书可作为高等院校水利水电工程专业及水利相关专业本科学生的教材或教学参考书，也可作为水工和机电设计人员、水电站管理人员的参考书。

图书在版编目(CIP)数据

水电站/韩菊红，卢娜主编. —郑州：黄河水利出版社，2020.9

普通高等教育"十三五"规划教材. 水利类专业精品规划教材

ISBN 978-7-5509-2675-2

Ⅰ. ①水… Ⅱ. ①韩…②卢… Ⅲ. ①水力发电站-高等学校-教材 Ⅳ. ①TV74

中国版本图书馆 CIP 数据核字(2020)第 091067 号

组稿编辑：李洪良 电话：0371-66026352 E-mail：hongliang0013@163.com

出 版 社：黄河水利出版社 网址：www.yrcp.com

地址：河南省郑州市顺河路黄委会综合楼 14 层 邮政编码：450003

发行单位：黄河水利出版社

发行部电话：0371-66026940、66020550、66028024、66022620(传真)

E-mail：hhslcbs@126.com

承印单位：河南承创印务有限公司

开本：787 mm×1 092 mm 1/16

印张：23.25

字数：537 千字 印数：1—2 000

版次：2020 年 9 月第 1 版 印次：2020 年 9 月第 1 次印刷

定价：45.00 元

前　言

本书是根据高等学校水利类专业标准要求和水利水电工程最新的相关标准和规范编写的。全书共分两篇十三章章。第一篇为水力机械，主要内容有水轮机的主要类型及构造、水轮机的工作原理、水轮机的相似原理、主要综合特性曲线、水轮机选型和水轮机调速设备等；第二篇为水电站建筑物，主要内容有水电站的进水建筑物、引水建筑物、水击、调压室、水电站厂房布置和水电站结构设计原理等。为适应新形势下培养创新型、卓越型人才的需要，本书除按常规介绍大中型水电站的基本知识外，还结合编写人员长期从事水利水电专业教学、生产实践及科学研究的经验和体会，在理论联系实际方面进行了一些尝试，融入了一些水电站建设的发展动态和专题科研成果。同时，在编写过程中力求体现工程教育认证标准中“复杂工程问题”的理念，着重培养学生分析问题与解决问题的能力。

本书编写人员和具体分工如下：第一章、第六章、第十一章由郑州大学韩菊红执笔；第二章、第三章、第五章由郑州大学卢娜执笔；第四章由郑州大学刘文立执笔；第七章由南昌大学李火坤执笔；第八章由华北水利水电大学赵梦蝶执笔；第九章由河西学院尚国秀和太原理工大学雷克斯共同执笔；第十章由南昌大学李火坤和黄伟共同执笔；第十二章由郑州大学韩菊红和河西学院尚国秀共同执笔；第十三章由太原理工大学雷克斯执笔。本书由韩菊红、卢娜担任主编，并负责全书统稿。

本书编写过程中得到了郭雪莽教授的指导和帮助，同时书中有些材料引自有关院校和生产、科研、设计单位编写的教材和专著、文章等，编者在此一并致谢！

限于编者的水平，书中难免有不妥之处，诚恳地希望读者批评指正。

编　者
2020 年 8 月

目　录

第二篇 水电站建筑物

第一章 绪 论

第一节 水力发电概述

利用天然水资源中的水能进行发电的方式称为水力发电。它是现代电力生产的主要方式之一，也是开发利用天然水能资源的主要方式。水电站是为了完成水力发电而修建的工程建筑物和机械、电气设备的综合体。

一、水力发电简史

早在3 000多年前劳动人民就利用水力磨面、舂米、提水灌溉。随着商业资本及小型手工业的发展，水力逐渐用于打铁、锯木、造纸及纺织等工业方面。当时的水力装置只能建造在急滩、瀑布处，这种地点的限制不能适应工业迅速发展的要求，所以18世纪下半叶蒸汽机一出现立即得到了广泛使用。当时为了扩大水力的利用，必须简化水力设备，提高效率，降低成本，并解决建站地点与工业基地不在一处的矛盾。随着水力学和机械制造业的发展，由18世纪末开始，相继发明了各种近代水轮机，使得利用水头大为提高，功率及效率也显著提高。19世纪下半叶又相继发明了直流电机、交流同步电机、变压器、输电线路。直到19世纪末，在筑坝技术、结构理论与施工技术发展到一定水平后，才出现了近代的水电站。此后，许多国家都大量建造水电站，水力发电得到了迅速发展。

随着电力工业的发展，水电站的规模、利用水头和单机容量也都越来越大。目前，世界上装机容量最大的水电站是我国的三峡水电站，总装机容量为22 500 MW；最大的抽水蓄能电站是我国的丰宁抽水蓄能电站，装机容量为3 600 MW；水头最高的水电站是瑞士的马吉亚抽水蓄能电站，为2 117 m；最大的水轮发电机组是我国白鹤滩水电站的机组，其单机容量已达1 000 MW。

二、水力发电特点

水力发电区别于其他能源，具有以下几个特点。

（一）水能的再生

水能来自于江河中的天然水流，江河中的水流主要由自然界气、水循环形成。水的循环使水电站的水能可以循环使用，取之不尽，用之不竭，故水能被称为“再生能源”。

（二）水能的综合利用

水力发电只利用水流中的能量，不消耗水量。因此，水能可以综合利用，除发电外，可同时兼得防洪、灌溉、航运、给水、水产养殖、旅游等方面的效益。

（三）水能的调节

电能不能储存，生产与消费必须同时完成。水能可存蓄在水库里，根据电力系统的要求进行生产,水库是电力系统的储能库。水库调节提高了电力系统对负荷的调节能力,增加了供电的可靠性与灵活性。

(四)水力发电的可逆性

把高处的水体引向低处驱动水轮机发电,将水能转换成电能;反过来,通过电动抽水机将低处的水送往高处水库储存,将电能又转换成水能。利用这种水力发电的可逆性修建抽水蓄能电站,对提高电力系统的负荷调节能力有独特的作用。

(五)水力发电机组工作的灵活性

水力发电机组设备简单,操作灵活方便,启闭灵活,易于实现自动化,具有调频、调峰、旋转备用、事故备用、负荷调整等功能,可增加电力系统的运行可靠性,动态效益突出。水电站是电力系统动态负荷的主要承担者。

(六)水力发电生产成本低,效率高

与火电厂相比,水力发电厂设备简单,运行维修费用低,不用支付燃料费用,故发电成本低廉。水电站的能源利用率高,可达85%以上,而火电厂燃煤热能效率只有40%左右。

如果计及火电厂煤矿及运输投资,水电站造价与火电厂造价相近。

(七)有利于改善生态环境

水电属于清洁能源,与煤电相比较,每1 kW·h的水电电量大约可以减少原煤用量500.00 g和二氧化碳排放量1 100.00 g。同时,水电站生产电能不产生“三废”,不污染环境,扩大的水库水面面积调节了所在地区的小气候,调整了水流的时空分布,有利于改善周围地区的生态环境。

(八)一次性投资大,工期长

修建水电站,特别是修建拥有高坝大库的水电站时,往往淹没损失较大,土建工程量也大,因而使得一次性投资大,工期长,而且水力发电也要受河道中天然流量变化的影响等。为此,水电开发过程中必须建立一套科学、完整的评估体系,以做出准确的抉择,并采取相应对策。

由于水力发电具有上述诸多优点,世界各国都以优先发展水力发电、尽可能利用水能这一“绿色环保”资源作为能源发展的基本方针。据统计,世界上有24个国家依靠水力发电提供国内90%的电力,如巴西、挪威等;有55个国家的水力发电占全国电力的50%以上,如加拿大、瑞士、瑞典等。截至2019年年底,我国水电装机容量约占全国电力的18%,年发电量占16%。

三、我国的水能资源

水能资源是指以位能、压能和动能等形式存在于水体中的能量资源,也称水力资源。广义的水能资源包括河流水能、潮汐水能、波浪能和海流能等能量资源;狭义的水能资源指河流的水能资源。

水能资源是水力发电的前提条件,我国地域辽阔,江河众多,径流丰沛,落差巨大,蕴藏着极为丰富的水力资源。根据2005年我国发布的《全国水力资源复查成果》,我国大陆水力资源理论蕴藏量在10 MW及以上的河流共3 886条,水力资源理论蕴藏量年发电量为60 829亿kW·h,平均功率为694 400 MW;技术可开发装机容量为541 640 MW,年发电量为 24 740 亿 kW · h；经济可开发装机容量为 401 800 MW，年发电量为 17 534 亿 kW · h。全国水力资源总量，包括理论蕴藏量、技术可开发量和经济可开发量，均居世界首位。

我国不仅有得天独厚的大江大河水能资源，而且具有丰富的小水电资源和潮汐水能资源。其中，我国大陆海岸线全长 18 000 km 以上，可开发的潮汐水能资源约 21 000 MW，年发电量约 580 亿 kW · h。

（一）我国水能资源特点

（1）我国的水能资源在地理分布上极不均衡，与经济发展现状不匹配。总体而言是西部多、东部少，西南地区的水力资源最为丰富，理论蕴藏量占到全国总量的 70.6%；而经济发达的华东、中南（含华南）地区仅占 4% 和 8.6%。全国 70% 以上的大型水电站和 80% 以上的特大型水电站集中分布在云、贵、川、藏西南四省区。

从我国经济发展的现状来看，用电负荷主要集中在东部地区。因此，西电东送工程可以解决水力资源分布与经济发展现状不匹配的矛盾。

（2）我国河流分为长江、黄河、珠江、海河、淮河、雅鲁藏布江（含西藏其他河流）六大流域和东北诸河、东南沿海诸河、西南国际诸河、北方内陆及新疆诸河四大片区。我国河流流域面积在 100 km^2 以上的河流有 5 万多条，其中水力资源理论蕴藏量在 10 MW 及以上的河流共 3 886 条。水能资源最为丰富的是长江流域，理论蕴藏量占全国总量的 40%；第二位是雅鲁藏布江，理论蕴藏量占全国总量的 23.1%；第三位是西南国际诸河（主要在云南省境内，如澜沧江、怒江等），理论蕴藏量占全国总量的 14.2%。

（3）河流主要由降雨形成径流，年内水量分配很不均匀，丰枯流量相差很大。所以，在开发水能资源时，要建造调节性能好的水库，提高总体水电质量。

（4）水能资源相对集中在一些高山、大河地区，不少水电站的装机容量超过 1 000 MW。这些大型水电站水头高、单机容量大、地质地形条件复杂，带来很多技术难题，因而制约了水能资源的开发利用速度。

（二）我国水能资源开发状况

1912 年建成发电的云南石龙坝水电站，装机容量为 480 kW，是我国第一座水电站。但由于工业化进程的滞后，至 1949 年全国水电总装机容量仅 360 MW，年发电量为 12 亿 kW · h。新中国成立后，我国的水电事业得到了蓬勃发展，先后建成了黄坛口、新安江、狮子滩、官厅、新丰江、三门峡、拓溪、陈村、恒仁、刘家峡等大型水电站。20 世纪 80 年代，成功地修建了装机容量为 2 715 MW 的葛洲坝水电站与装机容量为 1 280 MW 的龙羊峡水电站，标志着我国已具有修建不同形式的千兆瓦级水电站的技术能力。三峡水电站，装机容量为 22 500 MW，单机容量为 700 MW，第一批机组于 2003 年发电，至 2012 年 7 月 32 台机组全部投产发电，是当今世界上最大的水利水电工程。

2004 年 9 月，我国水电站装机容量突破 1 亿 kW，居世界第一。至 2018 年年底，我国水电站装机容量超过了 3.5 亿 kW，水力资源的开发和利用程度占可开发水力资源的 63%，已达到发达国家水电平均开发程度。但相比于挪威、巴西等国（水力资源开发利用率已超过了 90%），我国水电事业仍具有广阔的发展前景。

四、我国水电开发的规划与前景

我国把长江上游、黄河上游、黄河中游、南盘江及红水河、金沙江、雅砻江、大渡河、怒江、乌江、澜沧江，以及东北、湘西和闽浙赣地区等水量丰富、水力资源集中的河流作为十三大水电基地和水电开发的重点，其总装机容量可达2.86亿kW，占到可开发总装机容量的53%。

随着这十三大水电基地的开发，我国已逐步实现“西电东送”，缓解电力供应紧张的局面。

根据规划，预计2025年全国水电装机容量达到4.7亿kW，其中常规水电3.8亿kW，抽水蓄能约9 000万kW；年发电量1.4万亿kW·h。到2050年，我国水电资源将基本开发完毕，水电开发率达到90%以上。中国将真正成为水电资源大国、水电开发规模大国、水电电能生产大国，且水电技术水平处于世界领先水平。

为了实现这一宏伟的水电建设蓝图，我们一定要认真钻研有关的理论和技术知识，学习和掌握现代科学技术，牢固树立为祖国的水电事业贡献毕生精力的远大理想，为我国的水电事业做出贡献。

第二节　水力发电的基本原理及特征参数

一、水力发电的基本原理

水力发电是通过水电站枢纽来实现的。在这里，水电站相当于一个将水能转换为电能的工厂，水能（水头和流量）相当于这个工厂的生产原料，电能相当于其生产的产品，水轮机和水轮发电机则是其最主要的生产设备。

经过一系列工程措施，有压水流通过水轮机，将水能转变为旋转机械能；水轮机又带动水轮发电机转动，再将旋转机械能转变为电能。其生产电能的过程如图1-1所示。

水轮机＋水轮发电机 ＝水轮发电机组（机组）

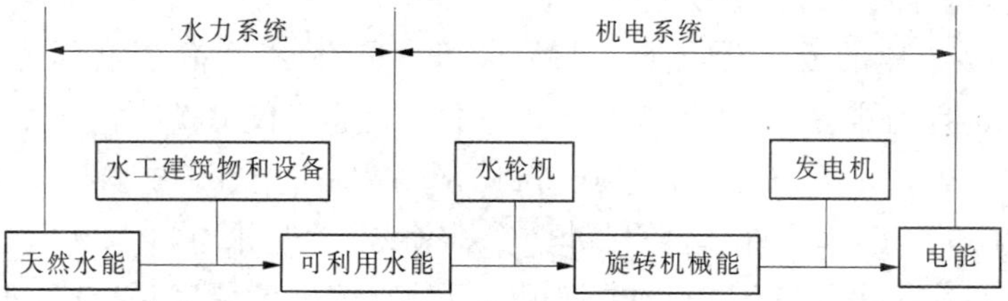

图1-1　生产电能的过程

如图1-2所示，在水库中的水体具有较大的位能，当水体通过隧洞、压力钢管流经安装在水电站厂房内的水轮机时，水流带动水轮机转轮旋转，此时水能转变为旋转机械能，水轮机转轮带动发电机转子旋转切割磁力线，在发电机的定子绕组上产生感应电动势，一旦发电机和外电路接通，就可供电，这样，旋转机械能又转变为电能。水电站就是为实现上述能量的连续转换而修建的水工建筑物及其所安装的水轮发电设备和附属设备的总体。

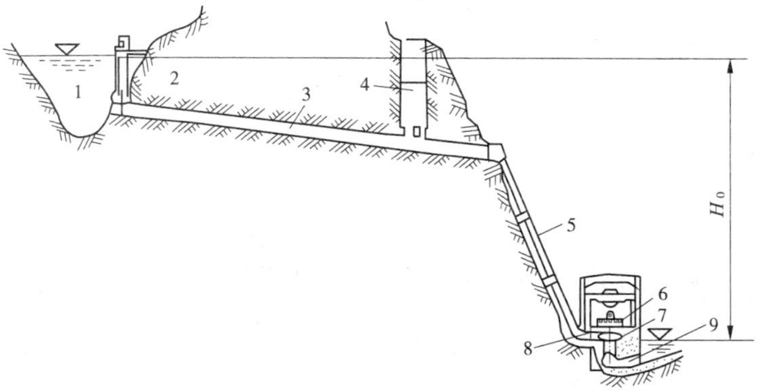

1—水库;2—进水建筑物;3—隧洞;4—调压室;5—压力钢管;
6—发电机;7—水轮机;8—蝶阀;9—泄水道

图 1-2　水电站示意图

二、水电站的出力及发电量计算

如图 1-2 所示,水电站上、下游水位差 H_0 称为水电站的静水头。设水电站某时刻的静水头为 H_0,在时间 t 内有体积为 V 的水体经水轮机排入下游。若不考虑进出口水流的动能变化和能量损失,则体积为 V 的水体在时间 t 内向水电站供给的能量即水体所减少的位能。单位时间内水体向水电站所供给的能量称为水电站的理论出力 N_t,水电站出力的单位用 kW 表示,则有

$$N_t = \gamma VH_0/t = \gamma QH_0 = 9.81QH_0 \tag{1-1}$$

式中　γ——水的容重,$\gamma = 9.81\ kN/m^3$;

Q——水轮机流量,$Q = V/t$,m^3/s;

H_0——水电站上下游水位差,称为水电站的静水头,$H_0 = Z_{上} - Z_{下}$,m。

水头和流量是构成水能的两个基本要素,是水电站动力特性的重要表征。

实际上,在由水能到电能的转变过程中,不可避免地会产生能量损失。这种损失表现在两个方面:一方面,在水流自上游引到下游的过程中,存在引水道的水头损失 Δh;另一方面,在水轮机、发电机和传动设备中也将损失一部分能量。因此,水电站的实际出力小于由式(1-1)算出的理论出力。

考虑引水道的水头损失和水轮发电机组的效率后,水电站的实际出力 N 由下式计算:

$$N = 9.81\eta Q(H_0 - \Delta h) = 9.81\eta QH \tag{1-2}$$

式中　H——水轮机的工作水头,m;

η——水轮发电机组总效率。

水轮发电机组总效率 η 的大小与设备的类型和性能、机组传动方式、机组工作状态等因素有关,同时受设备生产和安装工艺质量的影响。在初步计算中,可近似地认为 η 是一个常数,若令 $K = 9.81\eta$,则式(1-2)可写为

$$N = KQH \tag{1-3}$$

式中 K——水电站的出力系数,对于大中型水电站 K 值可取8.0~8.5,对于中小型水电站 K 值一般取6.5~8.0。

水电站的发电量 E 是指水电站在一定时段内发出的电能总量,单位是kW·h。对于较短的时段,如日、月等,发电量 E 可由该时段内水电站的平均出力 $\overline{N}$ 和该时段的小时数 T 相乘得出,即

$$E = \overline{N}T \tag{1-4}$$

对于较长的时段,如季、年等,可由式(1-4)先计算该季或年内各日(或月)的发电量,然后相加得出。

三、水电站的动能参数

水电站的动能参数是表征水电站的动能规模、运行可靠程度和工程效益的指标。

(一)设计保证率和保证出力

水电站的设计保证率是指水电站正常发电的保证程度,一般用正常发电总时段与计算期总时段比值的百分数来表示。设计水电站时,合理选择设计保证率十分重要,应根据水电站所在电力系统的负荷特性、系统中的水电比重、河川径流特性、水库调节性能、水电站的规模及其在电力系统中的作用,以及设计保证率以外时段出力降低程度和保证系统用电可能采取的措施等因素,通过动能经济计算的途径来选定。初步设计时可参照《水电工程动能设计规范》(NB/T 35061—2015),按85%~95%选取,系统中水电比重大的取较高值,水电比重小的取较低值。

水电站的保证出力是指水电站相应于设计保证率的枯水时段发电的平均出力,它是选择水电站装机容量的重要依据。可以利用已有的水文资料,通过径流调节计算,求出每年供水期的平均出力,然后将这些出力值按大小次序排列,绘制其出力保证率曲线,在该曲线中相应于设计保证率的平均出力,就是水电站的保证出力。

(二)装机容量

装机容量是指水电站内全部机组额定出力的总和。设计水电站装机容量时,必须充分研究水库调节性能、综合利用要求、系统负荷水平及其特性、水电站的供电范围及其在系统中的作用、水火电比重、各类电站的合理运行方式等,进行各种代表年的电力、电量和调峰能力平衡,计算各装机方案的容量、电量效益与费用,通过方案比较合理确定。某些小型水电站可以采用装机容量年利用小时数法或保证出力倍比法求出。

(三)多年平均发电量

多年平均发电量是水电站各年发电量的平均值,通常可根据入库天然流量系列资料,利用水库进行径流调节,按水电站的发电量计算公式得出逐年的发电量,再求其平均值便可得出多年平均发电量。

(四)水电站装机年利用小时数

将水电站的多年平均发电量除以装机容量便可得出水电站装机年利用小时数。相当于全部装机满载运行时的多年平均工作小时数,是反映设备利用程度和检验装机容量合理性的一个指标。

四、水电站的经济指标

(一)水电站的总投资

水电站的总投资是指水电站在勘测、设计、施工安装过程中所投入资金的总和,包括水工建筑物、水电站建筑物和机电设备的投资。通常用单位千瓦的投资和单位电能的投资来表示水电站投资的经济性和合理性。单位千瓦的投资是指每 1 kW 的装机容量所需要的投资,它可由总投资除以装机容量求得;单位电能的投资是指平均一年中每发 1 kW·h电所需要的投资,它可由总投资除以多年平均发电量求得。

(二)水电站的年运行费用

水电站的年运行费用是指水电站在运行过程中每年所必须付出的各种费用的总和,包括建筑物和设备每年所提存的折旧费、大修费和经常支出的生产、行政管理费及工资等。

(三)水电站的年效益

水电站的年效益是指水电站每年售电总收入减去年运行费用后所获得的净收益。

五、水电站的分等指标

我国《水利水电工程等级划分及洪水标准》(SL 252—2017),根据装机容量的大小将水电站划分为五等,如表 1-1 所示。

表 1-1　以发电为主的水利枢纽分等指标

工程等别	工程规模	发电装机容量(MW)
Ⅰ	大(1)型	≥1 200
Ⅱ	大(2)型	<1 200,≥300
Ⅲ	中型	<300,≥50
Ⅳ	小(1)型	<50,≥10
Ⅴ	小(2)型	<10

第三节　水电站的基本类型及组成建筑物

一、水电站的基本类型

水电站的分类标准和分类方式很多,如按工作水头分为低水头水电站、中水头水电站和高水头水电站;按水库的调节能力分为无调节(径流式)水电站和有调节(日调节、年调节和多年调节)水电站;按在电力系统中的作用分为基荷水电站、腰荷水电站及峰荷水电站;按集中水头的方式可分为坝式水电站、引水式水电站和混合式水电站。

水电站按其组成建筑物及其特征,可分为坝式、河床式和引水式三种基本类型。

(一)坝式水电站

坝式水电站常修建于河流中、上游的高山狭谷中。水电站厂房布置在坝体下游侧,并通过坝体引水发电。厂坝之间常用缝分开，厂房不起挡水作用，也不承受上游水压力。坝式水电站的引水道短，水头损失小，建筑物布置比较集中。当水电站厂房紧靠坝体，且布置在坝体非溢流坝段下游时，称为坝后式水电站，如图1-3和图1-4所示的丹江口水电站就是典型的坝后式水电站。当河谷较窄而水电站机组较多、溢流坝段和厂房并排布置有困难时，可将厂房布置在溢流坝下游，或者让溢流水舌挑越厂房顶泄入下游河道，形成挑越式水电站，如乌江渡水电站和漫湾水电站；或者让厂房顶兼作溢洪道宣泄洪水，形成厂房顶溢流式水电站，如新安江水电站。当坝体足够大时，也可将厂房布置在坝内，形成坝式水电站，如上犹江水电站和风滩水电站。

坝式水电站的水头由坝来集中，一般为中、高水头，目前最大水头已接近300 m。

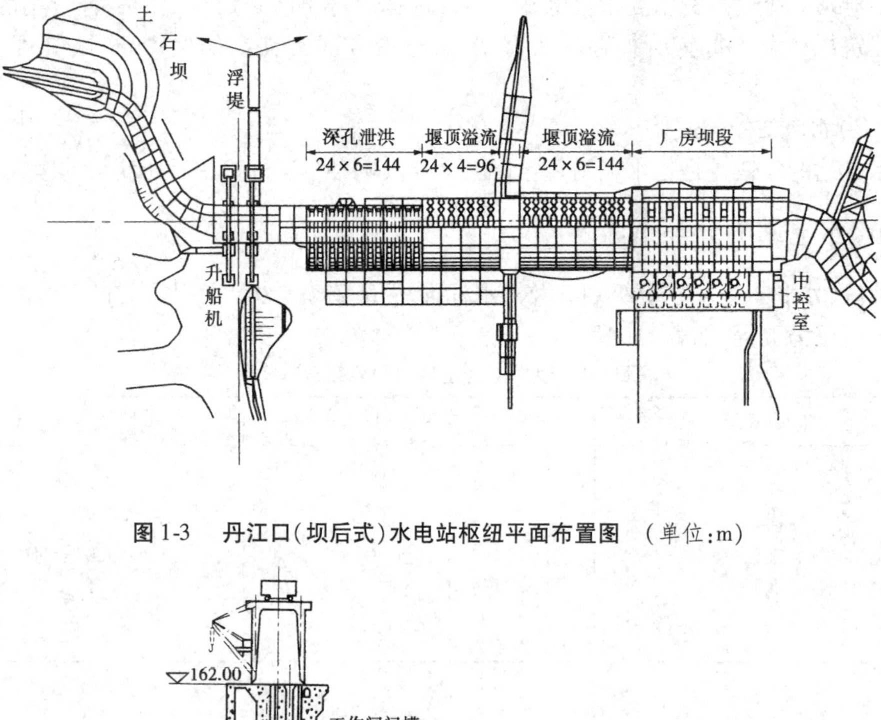

图1-3　丹江口（坝后式）水电站枢纽平面布置图　（单位：m）

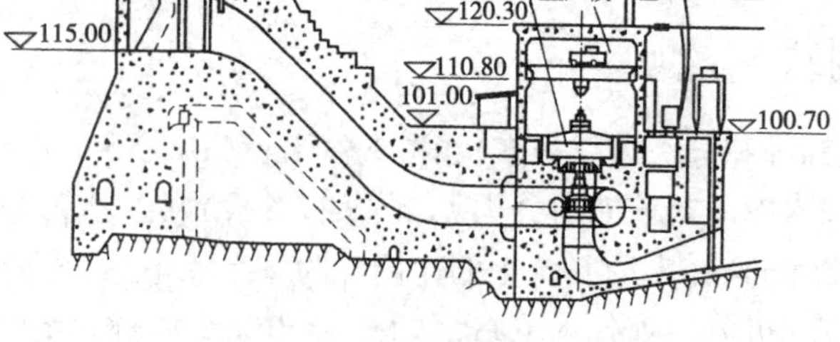

图1-4　丹江口（坝后式）水电站厂房横剖面图　（单位：m）

（二）河床式水电站

河床式水电站常修建在河流中、下游河道纵坡较平缓的河段上。水电站厂房位于河床内，和坝共同组成挡水建筑物，厂房本身承受上游水压力。图 1-5 和图 1-6 为西津河床式水电站枢纽平面布置图和厂房横剖面图。

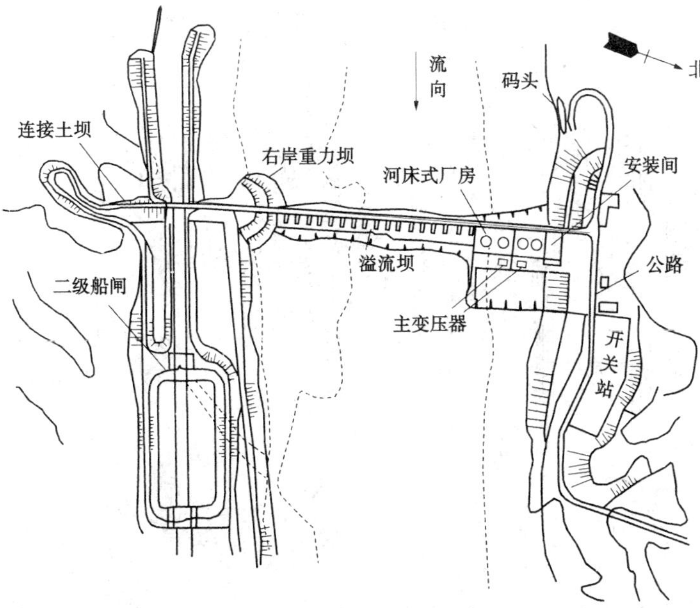

图 1-5　西津河床式水电站枢纽平面布置图

河床式水电站一般均为低水头、大流量水电站，厂房应尽量远离溢流坝段而布置在河岸边。如果厂房与溢流坝段相邻，则厂房与溢流坝段之间在上下游都应有足够长的导流隔墙，以免泄洪时影响发电。当溢流坝段和厂房均较长，且布置上有困难时，可将厂房机组段分散布置于泄水闸闸墩内而形成闸墩式厂房，如青铜峡水电站；或通过厂房宣泄部分洪水而形成泄水式厂房，如葛洲坝大江、二江水电站。这两种布置方式在泄洪时还可因射流得到增加水头的效益。

河床式水电站的水头由挡水建筑物集中，水头一般均低于 30 ~ 40 m。

（三）引水式水电站

引水式水电站一般修建在河流坡度大、水流湍急的山区河段。水电站厂房位于河岸，距水电站进水口较远。这种水电站的引水道较长，并以此集中水电站全部或大部分水头。当压力引水道较长时，为了减小其中的水击压力和改善机组运行条件，还需在靠近厂房处修建调压室。这种形式的水电站由于不存在淹没和筑坝技术上的限制，因此可以集中很高的落差，目前最大水头已达 2 000 m 以上，但发电引用流量一般比较小。

根据引水道中水流的流态，引水式水电站又分为有压引水式水电站和无压引水式水电站。

有压引水式水电站主要采用有压引水建筑物（压力隧洞或压力水管）引水以集中水头，图 1-7 为有压引水式水电站示意图。此类水电站的建筑物包括水库、大坝、溢洪道、水电站进水口、有压引水道（压力隧洞）、调压室、压力管道、厂房及尾水渠等。

无压引水式水电站采用无压引水建筑物（明渠或无压隧洞）引水以集中水头，图 1-8

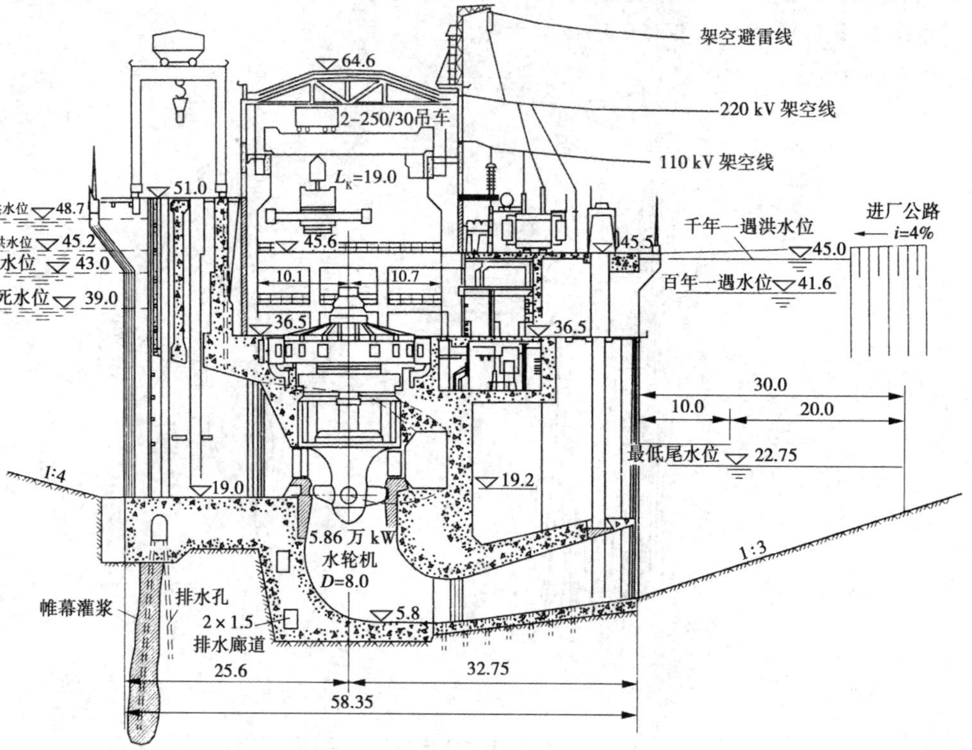

图 1-6　西津河床式水电站厂房横剖面图　（单位:m）

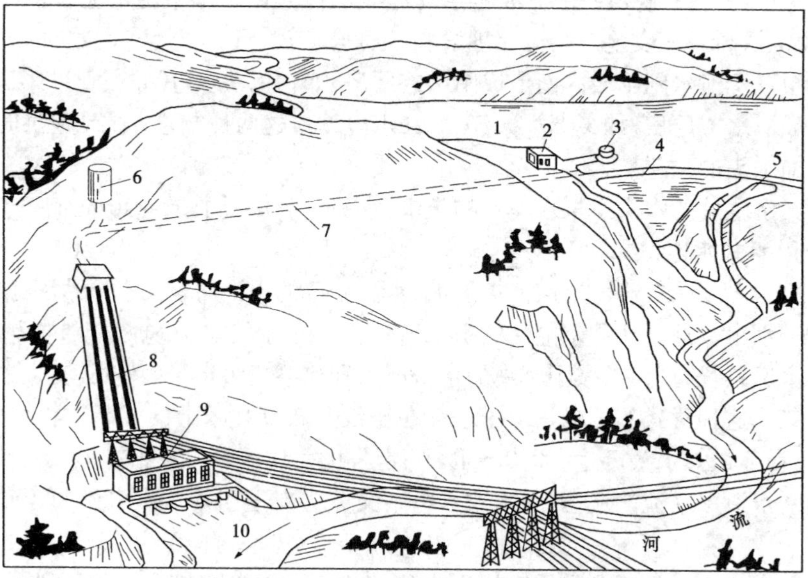

1—水库;2—闸门室,3—进水口;4—大坝;5—溢洪道;6—调压室

7—压力隧洞;8—压力管道;9—厂房;10—尾水渠

图 1-7　有压引水式水电站示意图

为无压引水式水电站示意图。无压引水道和压力管道的连接处设有压力前池，图 1-8 所示的水电站还设有日调节池。

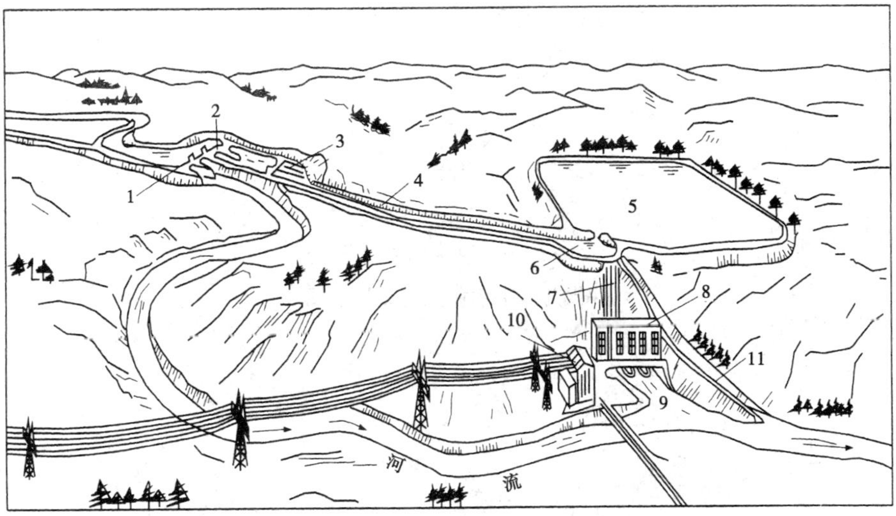

1—坝；2—进水口，3—沉沙池；4—引水渠道；5—日调节池；6—压力前池
7—压力管道；8—厂房；9—尾水渠；10—配电站；11—泄水道

图 1-8　无压引水式水电站示意图

坝式水电站、河床式水电站及引水式水电站虽各具特点，但有时它们之间却难以明确划分。从水电站建筑物及其特征的观点出发，一般把引水式开发和筑坝引水混合式开发的水电站统称为引水式水电站。此外，某些坝式水电站可能将厂房布置在下游河岸上，通过在山体中开凿的引水道供水，这时水电站建筑物及其特征与引水式水电站相似。因此，掌握引水式水电站的组成建筑物及其特性对研究各类水电站有重要作用。

（四）其他类型水电站

1. 抽水蓄能电站

抽水蓄能电站是具有抽水和发电两种功能的可逆式水电站，如图 1-9 所示。这种电站有上游和下游两个水库，两库之间形成落差。厂房内装有水泵水轮机组，它在电力系统低谷负荷时利用系统中多余的电能将下游水库的水抽送到上游水库，以水的势能形式储存起来，在系统尖峰负荷时再由上游水库放水发电。所以，抽水蓄能电站的工作是由发电和抽水两种工况组成的，它不仅对系统负荷起到了调峰填谷的作用，而且大为改善了系统中火电机组的运行情况。

抽水蓄能电站根据利用水量的情况可分为两大类：一类是纯抽水蓄能电站，它是利用一定的水量为储能介质，在上、下游水库之间循环进行抽水和发电；另一类是混合式抽水蓄能电站，修建在河道上，上游水库有天然来水，电站厂房内装有水泵水轮机组和常规水轮发电机组，既可进行水流的能量转换，又能进行径流发电。

2. 潮汐水电站

潮汐水电站是在沿海的港湾或河口建造围坝，形成水库，利用大海涨潮和退潮时所形

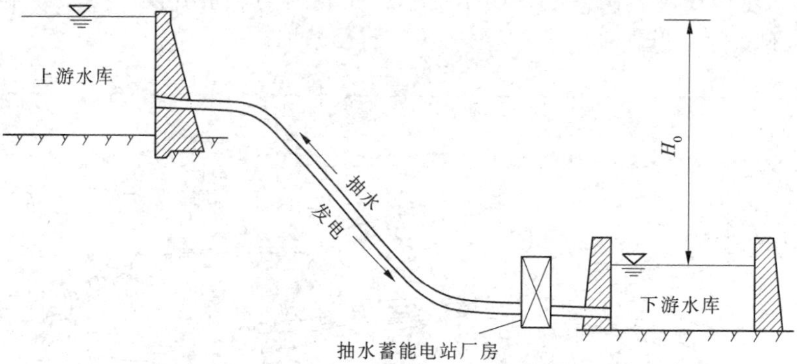

图 1-9　抽水蓄能电站示意图

成的水头进行发电，如图 1-10 所示。

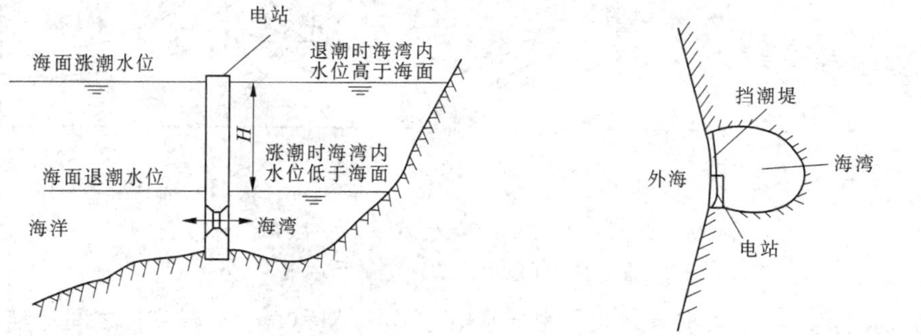

(a)潮汐水电站立面布置示意图　　(b)潮汐水电站平面布置示意图

图 1-10　潮汐水电站布置示意图

潮汐水电站分为单向潮汐水电站和双向潮汐水电站。单向潮汐水电站仅在退潮时利用海湾内高水位与退潮低水位的落差发电；双向潮汐水电站不仅在退潮时发电，而且在涨潮时利用涨潮高水位与海湾内低水位的水位差发电。

二、水电站的组成建筑物

水电站枢纽由一般的水工建筑物和水电站特有建筑物组成。

(1)挡水建筑物：用以截断河流，集中落差，形成水库。一般为坝或闸。

(2)泄水建筑物：用以下泄多余的洪水，或放水以供下游使用，或放水以降低水库水位，如溢洪道、泄洪隧洞、放水底孔等。

(3)水电站进水建筑物：用以按水电站发电要求将水引进引水道，如有压进水口、无压进水口等。

(4)水电站引水建筑物：用以将发电用水由进水建筑物输送给水轮发电机组，并将发电用过的水流排向下游河道，如明渠、隧洞、管道等。

(5)水电站平水建筑物：当水电站负荷变化时，用以平稳引水建筑物中流量及压力的变化，如有压引水式水电站中的调压室及无压引水式水电站中的压力前池等。

(6)厂房枢纽建筑物：包括安装水轮发电机组及其控制、辅助设备的厂房，安装变压器的变压器场及安装高压开关的开关站。厂房枢纽是发电、变电、配电的中心，是电能生产的直接场所。

(7)其他建筑物：如过船、过木、过鱼、拦沙、冲沙等建筑物。

其中，水电站进水建筑物、引水建筑物、平水建筑物和厂房枢纽建筑物为水电站特有建筑物。

第四节 本课程的特点及课程目标

水电站课程是水利水电工程专业的主干专业课之一，是一门包含固体、流体、机械、电气设备等课堂理论知识单元，同时包含实验、实习、课程设计等实践教学环节的综合性专业主干课。在本课程中，着重讲解水轮机和水电站进水建筑物、引水建筑物、平水建筑物及厂房枢纽建筑物等水电站特有建筑物，其余各种建筑物则在水工建筑物课程中讨论。

水电站的布置及各种建筑物的设计、施工及运行特点，不仅取决于当地的自然条件和社会对该水电站提出的要求，而且取决于当时的政治形势和经济政策、设计及施工的水平、物资器材设备的供应情况等。因此，世界上没有完全相同的两座水电站，水电站建筑物的形式复杂多样。但是，在这种错综复杂的情况中，却存在着一定的规律。本课程的任务，就是结合某些实例来讲解这些一般规律的，并力图使学生学会运用这些规律去解决实际问题。

伴随着国内外大型、超大型水电站枢纽的建设，大量的水电站设计新理论、新技术、新成果不断出现，相应的设计规范也相继修订完成并实行。在本课程学习中，应及时把国内外的最新研究成果、工程建设动态和设计规范引入教学，使学生在掌握知识的同时，具备相应的工程设计理念和开放式学习理念。

本课程具体教学目标如下：

(1)使学生掌握水电站的典型布置，水电站进水口、渠道及隧洞、压力管道、调压室工作原理和适用条件，输水系统建筑物的水力计算和结构设计方法，厂房的布置设计、类型选择、荷载的确定及其结构设计原理等知识。

(2)使学生能运用有关水电站基本设计方法和相关规范，完成一般水电站的初步布置设计和结构设计，并在设计中能够综合考虑经济、环境、法律、安全、健康、伦理等方面的影响因素。

(3)使学生能及时跟踪了解当代水电站枢纽工程相关的新技术、新趋势。为今后从事相关工程技术设计、科研和管理工作打下基础。

第一篇 水力机械

第二章 水轮机的类型、构造及工作原理

第一节 水轮机的主要类型

水轮机是将水能转换成旋转机械能的一种水力原动机,能量的转换是借助转轮叶片与水流相互作用来实现的。根据转轮内水流运动的特征和转轮转换水流能量形式的不同,水轮机分成两大类:反击式水轮机和冲击式水轮机。反击式水轮机包括混流式、轴流式、斜流式和贯流式;冲击式水轮机包括水斗式/切击式、斜击式和双击式。各类型水轮机及其代表符号如图 2-1 所示。

- 水轮机
  - 反击式
    - 混流式(HL)
    - 轴流式(ZL)
      - 轴流定桨式(ZD)
      - 轴流转桨式(ZZ)
    - 斜流式(XL)
      - 斜流定桨式(XD)
      - 斜流转桨式(XZ)
    - 贯流式(GL)
      - 全贯流式
      - 半贯流式
        - 轴伸式
        - 竖井式
        - 灯泡式
  - 冲击式
    - 水斗式/切击式(CJ)
    - 斜击式(XJ)
    - 双击式(SJ)

图 2-1 各类型水轮机及其代表符号

一、反击式水轮机

反击式水轮机转轮区内的水流在通过转轮叶片流道时,始终是连续地充满整个转轮的有压流动,并在转轮空间曲面形叶片的约束下,连续不断地改变流速的大小和方向,从而对转轮叶片产生一个反作用力,驱动转轮旋转。当水流通过水轮机后,其动能和势能(包括位能和压能)均大部分被转换成转轮的旋转机械能。

反击式水轮机按转轮区内水流相对于主轴流动方向的不同,可分为混流式、轴流式、

斜流式和贯流式四种。此外，根据转轮叶片是否可转动，又将轴流式、斜流式和贯流式分别分为定桨式和转桨式。

（一）混流式水轮机（Francis turbine）

如图 2-2 所示，水流从四周沿径向进入转轮，然后近似以轴向流出转轮。混流式水轮机也曾被称为辐轴流式水轮机，又因其由美国工程师弗朗西斯（Francis）于 1849 年发明，故又称为弗朗西斯水轮机。混流式水轮机的应用水头范围广（一般为 20～700 m）、结构简单、运行稳定且效率高，是现代应用最广泛的一种水轮机。目前，最高水头已应用到 734 m，在奥地利豪依斯林（Hausling）水电站；最大单机容量已达到 716 MW，在美国大古力（Grand Coulee）水电站。我国单机容量 700 MW 的机组已经在三峡水电站投入运行，设计制造技术已较成熟，向家坝水电站已采用了单机容量 800 MW 的混流式机组。

（二）轴流式水轮机（Kaplan turbine）

如图 2-3 所示，水流在导叶与转轮之间由径向流动转变为轴向流动，而在转轮区内水流保持轴向流动。轴流式水轮机的应用水头一般为 3～80 m，目前最高水头已应用到 88.4 m，在意大利那姆比亚水电站；国内已应用的最高水头为 77 m，在陕西石门水电站。

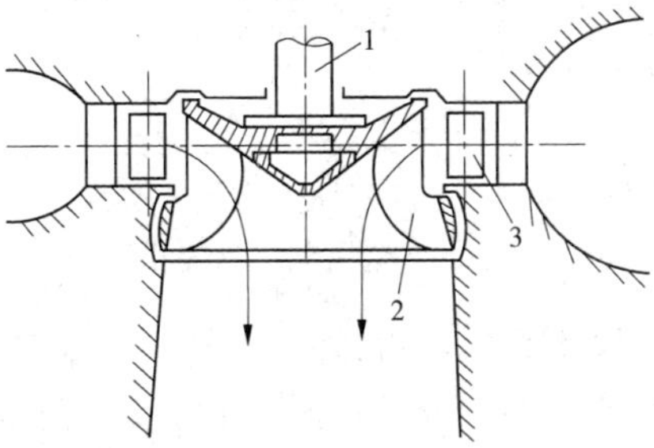

1—主轴；2—叶片；3—导叶

图 2-2　混流式水轮机

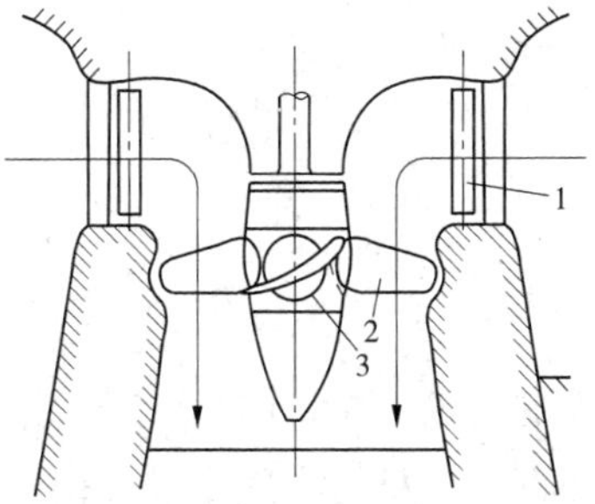

1—导叶；2—叶片；3—轮毂

图 2-3　轴流式水轮机

轴流式水轮机在中低水头、大流量水电站中得到了广泛应用。根据其转轮叶片在运行中能否转动，可分为轴流定桨式和轴流转桨式两种。轴流定桨式水轮机的转轮叶片是固定不动的，因而结构简单、造价较低，但它在偏离设计工况时效率会急剧下降，因此主要适用于水头较低、出力较小及水头变化幅度较小的水电站。轴流转桨式水轮机是由奥地利工程师卡普兰（Kaplan）在 1920 年发明的，故又称为卡普兰水轮机，其转轮叶片可根据运行工况的改变而转动，从而扩大了高效率区的范围，提高了运行的稳定性。但是，这种水轮机需要有一个操作叶片转动的机构，因此其结构较复杂、造价较高，一般应用于水头、出力均有较大变化幅度的大中型水电站。目前，轴流转桨式水轮机最大单机容量为 200 MW，在福建水口水电站；最大转轮直径为 11.3 m，在湖北葛洲坝水电站，其单机容量为 170 MW。

（三）斜流式水轮机（Deriaz flow turbine）

如图 2-4 所示，水流在转轮区内沿着与主轴成某一角度的方向流动。斜流式水轮机的转轮叶片大多做成可转动的形式，具有较宽的高效率区，适用水头为 40～200 m。斜流式水轮机是为了提高轴流式水轮机的适用水头而在轴流转桨式水轮机的基础上改进提出的新机型，是由瑞士工程师德里亚(Deriaz)于1956年发明的，故又称为德里亚水轮机。其结构形式及性能特征与轴流转桨式水轮机类似，但由于其倾斜桨叶操作机构的结构特别复杂，加工工艺要求和造价均较高，因此一般只在大中型水电站中使用，目前应用还不普遍。世界上容量最大的斜流式水轮机在苏联的泽雅(Zeya)水电站，单机功率215 MW，设计水头78.5 m。

(四)贯流式水轮机(Tubular turbine)

如图2-5～图2-8所示，贯流式水轮机是一种流道近似为直筒状的卧轴式水轮机，不设引水蜗壳，叶片可采用固定的或可转动的两种。根据其发电机装置形式的不同，可分为全贯流式和半贯流式两类。

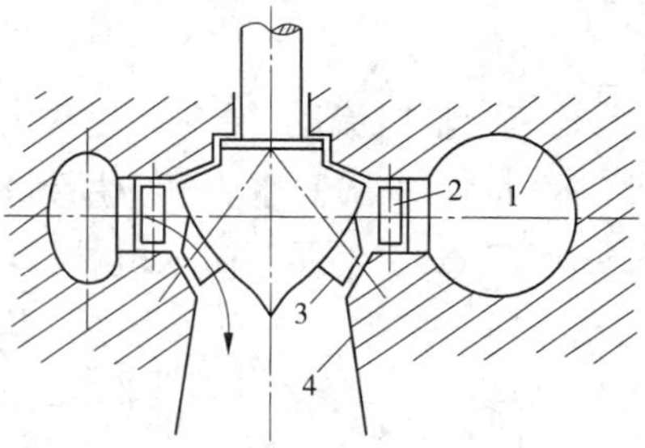

1—蜗壳；2—导叶；3—叶片；4—尾水管

图2-4　斜流式水轮机

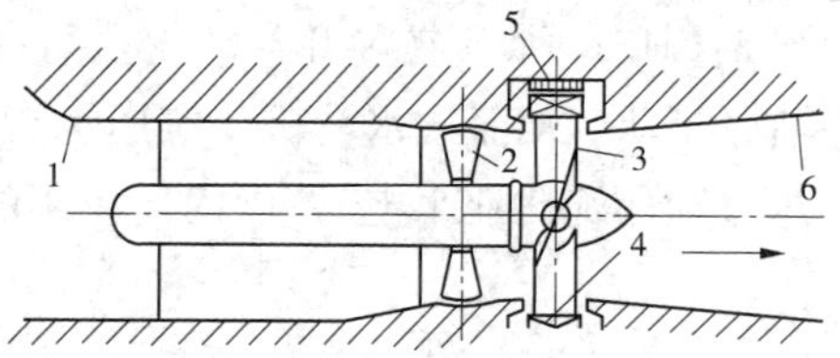

1—进水管；2—导叶；3—叶片；
4—发电机转子；5—发电机定子；6—尾水管

图2-5　全贯流式水轮机

全贯流式水轮机(见图2-5)的发电机转子直接安装在转轮叶片的外缘。它的优点是流道平直、过流量大、效率高。但由于转轮叶片外缘的线速度大、周线长，因此其旋转密封很困难，目前很少使用。

半贯流式水轮机有轴伸式、竖井式和灯泡式等形式，如图2-6～图2-8所示。其中，轴伸式和竖井式结构简单、维护方便，但效率较低，一般只用于小型水电站。目前，广泛使用的是灯泡贯流式水轮机，其结构紧凑、稳定性好、效率较高。灯泡贯流式机组的发电机布置在被水绕流的钢制灯泡体内，水轮机与发电机可直接连接，也可通过增速装置连接。

贯流式水轮机的适用水头为1～25 m。它是低水头、大流量水电站的一种专用机型，由于其卧轴式布置及流道形式简单，所以土建工程量小、施工简便，因而在开发平原地区河道和沿海地区潮汐等水力资源中得到了广泛的应用。在已运行的灯泡贯流式水电站中，总装机容量最大的是美国石岛(Rock Island)水电站，总装机容量410.2 MW，单机容量51.3 MW，转轮直径7.4 m，设计水头12.1 m；单机容量最大的是日本只见(Tadami)水电站，达65.8 MW，转轮直径6.7 m，最大水头20.7 m；转轮直径最大的是美国悉尼墨累(Sidney A. Murray Jr.)水电站，达8.2 m。目前，我国自行研制的最大灯泡贯流式水轮机直径7 m，单机容量50 MW，广西桥巩水电站规划采用单机容量57 MW的灯泡贯流式机组。

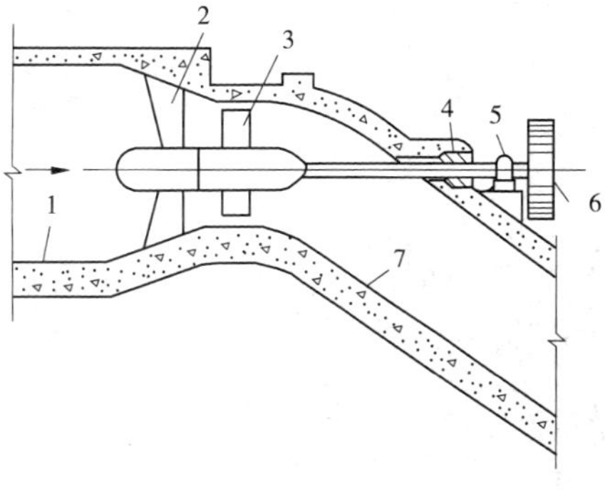

1—进水管;2—固定导叶;3—叶片;4—止水套;
5—轴承座;6—增速装置;7—尾水管

图 2-6　轴伸贯流式水轮机(纵剖面图)

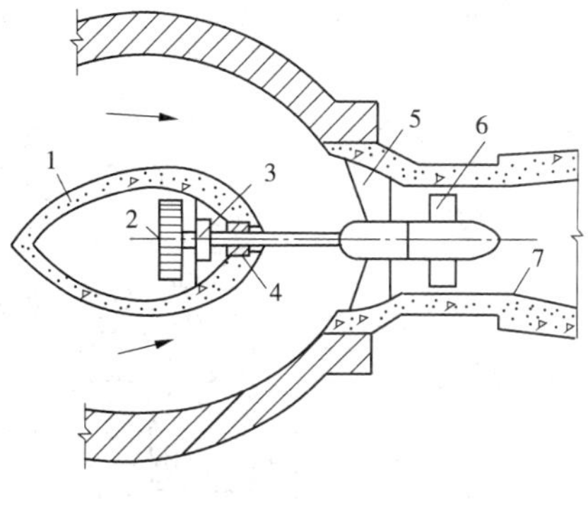

1—竖井;2—增速装置;3—轴承座;
4—止水套;5—固定导叶;6—叶片;7—尾水管

图 2-7　竖井贯流式水轮机(水平剖面图)

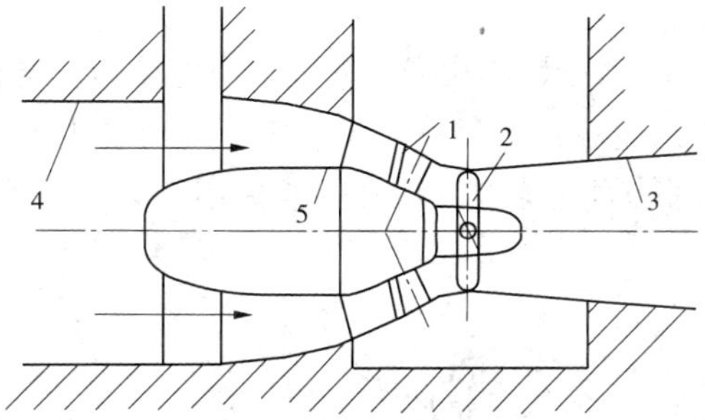

1—导叶;2—叶片;3—尾水管;4—进水管;5—灯泡体

图 2-8　灯泡贯流式水轮机

二、冲击式水轮机

冲击式水轮机的转轮始终处在大气中,来自压力钢管的高压水流在进入水轮机之前已转变成高速自由射流,该射流冲击转轮的部分轮叶,并在轮叶的约束下发生流速大小和方向的改变,从而将其动能大部分传递给轮叶,驱动转轮旋转。在射流冲击轮叶的整个过程中,射流内的压力基本保持为大气压不变,而转轮出口流速明显地减小。显然,冲击式水轮机仅利用了水流的动能。由于转轮不是整周进水,因此其过流量较小。

冲击式水轮机按射流冲击转轮的方式不同,可分为水斗式、斜击式和双击式三种。

(一)水斗式水轮机(Pelton turbine)

水斗式水轮机如图 2-9 所示,从喷嘴出来的高速自由射流沿转轮圆周切线方向垂直冲击轮叶。水斗式水轮机也称为切击式水轮机,又因其由美国工程师培尔顿(Pelton)于 1889 年发明,故又称为培尔顿水轮机。水斗式水轮机适用于高水头、小流量的水电站,特别是当水头超过 600 m 时,由于结构强度和气蚀等条件的限制,混流式水轮机已不大适用,则大多采用这种机型。大型水斗式水轮机的应用水头一般为 300 ~ 1 700 m,小型水斗式水轮机的应用水头为 40 ~ 250 m。目前,最高水头已应用到 1 767 m,在奥地利的莱塞克(Reissek)水电站。我国天湖水电站的设计水头为 1 022. 4 m。单机容量最大的已达

315 MW,在挪威的悉西马(Si-Sima)水电站,其设计水头为 885 m。

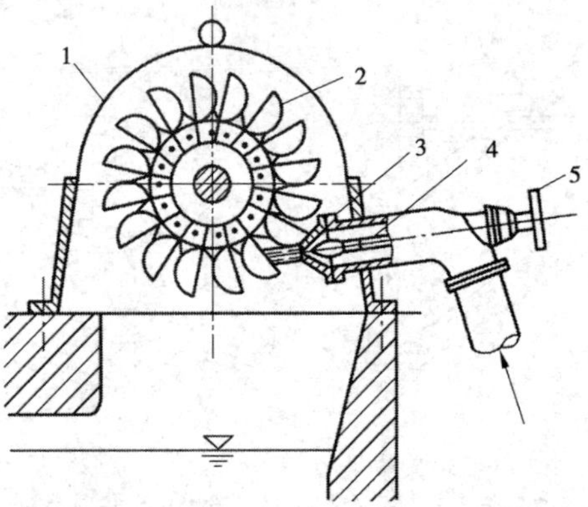

1—机壳;2—轮叶;3—喷嘴;4—喷针;5—控制机构

图 2-9 水斗式水轮机

(二)斜击式水轮机

斜击式水轮机如图 2-10 所示,从喷嘴出来的自由射流沿着与转轮旋转平面成一角度的方向,从转轮的一侧进入轮叶再从另一侧流出轮叶。与水斗式水轮机相比,斜击式水轮机过流量较大,但效率较低,因此这种水轮机一般多用于中小型水电站,适用水头一般为 20 ~ 300 m。

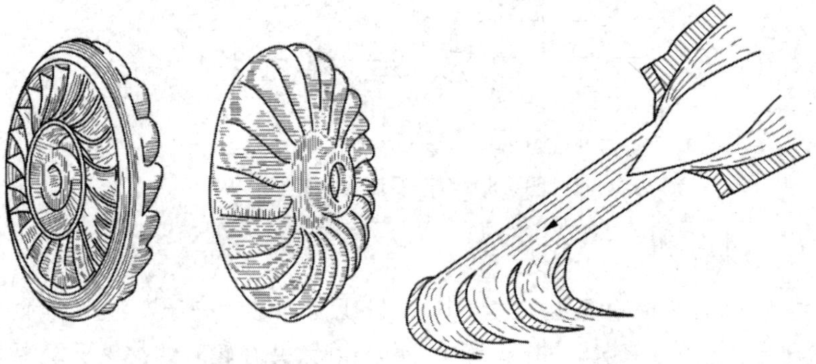

(a) 转轮进口侧 (b) 转轮出口侧 (c) 射流冲击轮叶

图 2-10 斜击式水轮机

(三)双击式水轮机

双击式水轮机如图 2-11 所示,从喷嘴出来的射流先后两次冲击转轮叶片。这种水轮机结构简单、制作方便,但效率低、转轮叶片强度差,仅适用于单机出力不超过 1 000 kW 的小型水电站,适用水头一般为 5 ~ 100 m。

除上述各种机型外,随着抽水蓄能电站和潮汐水电站的发展,可逆式水轮机正愈来愈多地得到应用。它与上述各种机型的差异在于其可以反向转动运行。抽水蓄能电站的可逆式水轮机(通常称为水泵水轮机)的常用形式有混流式和斜流式。其中,混流式水泵水轮机的适用水头一般为 30 ~700 m,是目前抽水蓄能电站中应用最广泛的机型;斜流式水泵水轮机的适用水头较低,其叶片与导叶可联动以适应水头的较大幅度变化,但操作较复杂。潮汐水电站的可逆式水轮机的常用形式为灯泡贯流转桨式,其大型机组既可双向发

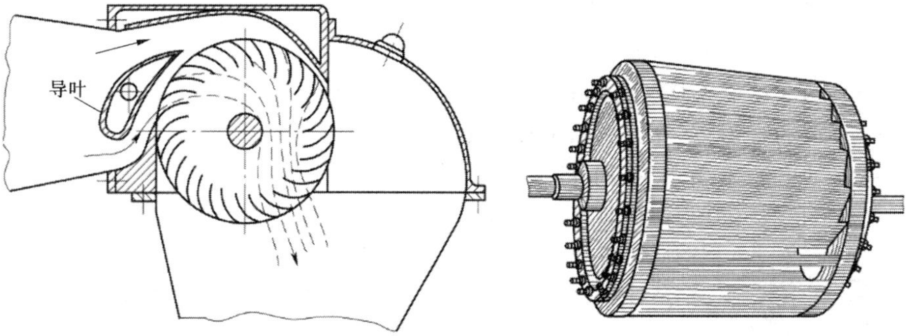

图 2-11　双击式水轮机

电又可双向抽水。

第二节　水轮机的工作参数

水流经引水道进入水轮机，由于水流和水轮机的相互作用，水流便把自己的能量传给了水轮机，水轮机获得了能量后开始旋转而做功。因为水轮机和发电机相连，水轮机便把它获得的能量传给了发电机，带动发电机转子旋转，在定子内感应出电势，带上外负荷后便输出了电流。水流流经水轮机时，水流能量发生改变的过程，就是水轮机的工作过程。水轮机的工作参数是表征水流通过水轮机时水流能量转换为转轮机械能过程中的一些特性的数据。水轮机的基本工作参数主要有水头 H、流量 Q、出力 N、效率 η、转速 n。

一、水头 H

水总是由高处向低处流，这就是水流流动的客观规律，它不以人们的意志而转移，人们只能根据这一规律来利用。水流为什么能从高处流向低处呢？从能量的观点来说，就是高处的水流能量大，低处的水流能量小，这样高处与低处就自然形成一个水流能量差。根据能量不灭定律，这种能量差不能消灭，它只能通过由高处向低处流动而做功，将水流能量差转变成其他形式的能量。当某河段修建水电站装置水轮机后，水流便由水轮机进口经水轮机流向出口，这就在水轮机进口和出口存在着能量差，其大小可以根据水流能量转换规律来确定。

水轮机的水头（亦称工作水头）是指水轮机进口和出口截面处单位重量的水流能量差，单位为 m。

对反击式水轮机，进口断面取在蜗壳进口处Ⅰ—Ⅰ断面，出口断面取在尾水管出口处Ⅱ—Ⅱ断面，如图 2-12 所示。列出水轮机进、出口断面的能量方程，根据水轮机工作水头的定义可写出其基本表达式：

$$H = E_{\mathrm{I}} - E_{\mathrm{II}} = \left(Z_{\mathrm{I}} + \frac{P_{\mathrm{I}}}{\gamma} + \frac{\alpha_{\mathrm{I}} V_{\mathrm{I}}^2}{2g}\right) - \left(Z_{\mathrm{II}} + \frac{P_{\mathrm{II}}}{\gamma} + \frac{\alpha_{\mathrm{II}} V_{\mathrm{II}}^2}{2g}\right) \tag{2-1}$$

式中　E——单位重量水体的能量，m；

Z——相对某一基准的位置高度，m；

P——相对压力，N/m^2 或 Pa；

V——断面平均流速，m/s；

α——断面动能不均匀系数；

γ——水的容重，其值为 9 810 N/m^3；

g——重力加速度，取 9.81 m/s^2。

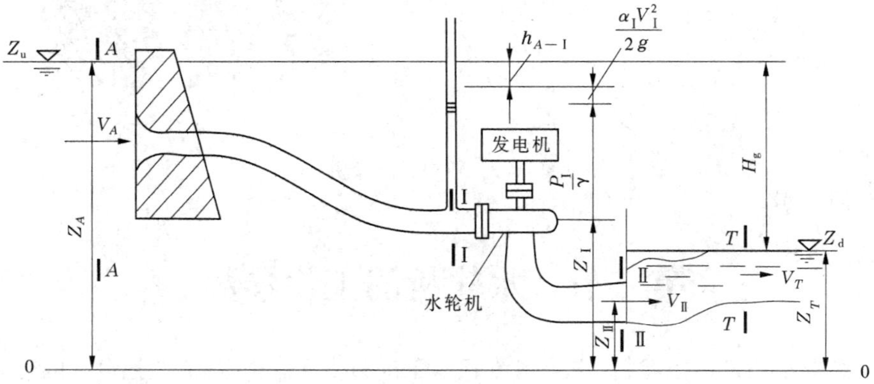

图 2-12　反击式水轮机的水头示意图

式(2-1)中，计算常取 $\alpha_I = \alpha_{II} = 1$，$\alpha V^2/2g$ 称为某截面的水流单位动能，即比动能，m；P/γ 称为某截面的水流单位压力势能，即比压能，m；Z 称为某截面的水流单位位置势能，即比位能，m。$\alpha V^2/2g$、P/γ 与 Z 三项之和为某水流截面水的总比能。

水轮机水头 H 又称净水头，是水轮机做功的有效水头。上游水库的水流经过进水口拦污栅、闸门和压力水管进入水轮机，水流通过水轮机做功后，由尾水管排至下游，在这一过程中，产生水头损失 Δh。上下游水位差值称为水电站毛水头 H_g。

因而，水轮机的工作水头又可表示为

$$H = H_g - \Delta h \tag{2-2}$$

式中　H_g——水电站毛水头，m；

Δh——水电站引水建筑物中的水力损失，m。

由式(2-2)可知，水轮机的水头随着水电站的上下游水位的变化而改变，常用几个特征水头表示水轮机水头的范围。特征水头包括最大水头 H_{max}、最小水头 H_{min}、加权平均水头 H_a、设计水头 H_r 等，这些特征水头由水能计算给出。

(1)最大水头 H_{max}，是允许水轮机运行的最大净水头。它对水轮机结构的设计有决定性的影响。

(2)最小水头 H_{min}，是保证水轮机安全、稳定运行的最小水头。

(3)加权平均水头 H_a，是在一定时间内(视水库调节性能而定)，所有可能出现的水轮机水头的加权平均值，是水轮机在其附近运行时间最长的净水头。

(4)设计水头 H_r，是水轮机发出额定出力时所需要的最小净水头。

对冲击式水轮机，如图 2-13 所示，以水斗式水轮机为例，工作水头定义为喷嘴进口断面与射流中心线跟转轮节圆相切处单位重量水流能量之差，即

$$H = (Z_1 + a + \frac{P_1}{\gamma} + \frac{V_1^2}{2g}) - Z_2 \tag{2-3}$$

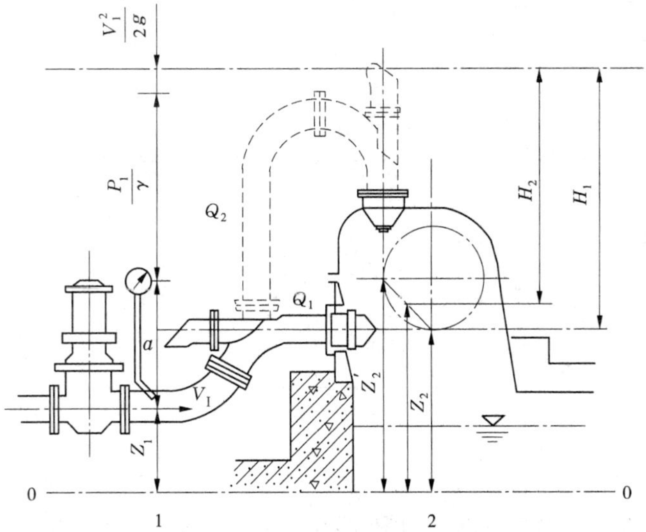

图 2-13　水斗式水轮机的水头示意图

水轮机的水头，表明水轮机利用水流单位机械能的多少，是水轮机最重要的基本工作参数，其大小直接影响着水电站的开发方式、机组类型及技术经济指标。

二、流量 Q

水轮机的流量是单位时间内通过水轮机某一既定过流断面的水流体积，常用符号 Q 表示，常用的单位为 m^3/s。在设计水头下，水轮机以额定转速、额定出力运行时所对应的水流量称为设计流量 Q_r，设计流量是水轮机发出额定出力的最大流量。

三、转速 n

水轮机的转速是水轮机转轮在单位时间内的旋转次数，常用符号 n 表示，常用单位为 r/min。

对于大中型水轮发电机组，水轮机主轴与发电机主轴是直接连接的，所以水轮机的额定转速与发电机标准同步转速相同，即必须满足下列关系式：

$$f = \frac{np}{60} \tag{2-4}$$

式中　f——电网规定的电流频率，Hz，我国电网 $f = 50$ Hz；

p——发电机磁极对数。

由此可得，机组转速与发电机磁极对数的关系式为

$$n = \frac{3\ 000}{p} \tag{2-5}$$

对于不同磁极对数的发电机，其标准同步转速见表 2-1。对于主轴直接连接的水轮发电机组，发电机的同步转速就是该机组及其水轮机的额定转速 n_r。

表 2-1　磁极对数与同步转速关系

磁极对数 p	3	4	5	6	7	8	9
同步转速 n (r/min)	1 000	750	600	500	428.6	375	333.3
磁极对数 p	10	12	14	16	18	20	22
同步转速 n (r/min)	300	250	214.3	187.5	166.7	150	136.4
磁极对数 p	24	26	28	30	32	34	36
同步转速 n (r/min)	125	115.4	107.1	100	93.8	88.2	83.3
磁极对数 p	38	40	42	44	46	48	50
同步转速 n (r/min)	79	75	71.4	68.2	65.2	62.5	60

四、出力 N 与效率 η

水轮机出力是水轮机轴端输出的功率，常用符号 N 表示，常用单位 kW。

水轮机的输入功率为单位时间内通过水轮机的水流的总能量，即水流出力，常用符号 N_n 表示，则

$$N_n = \gamma QH = 9.81QH \quad (\text{kW}) \tag{2-6}$$

由于水流通过水轮机时存在一定的能量损耗，所以水轮机出力 N 总是小于水流出力 N_n。水轮机出力 N 与水流出力 N_n 之比称为水轮机的效率，用符号 η_t 表示，即

$$\eta_t = \frac{N}{N_n} \tag{2-7}$$

由于水轮机在工作过程中存在能量损耗，因此水轮机的效率 $\eta_t < 1$。

所以，水轮机的出力可写成

$$N = N_n \eta_t = 9.81QH\eta_t \quad (\text{kW}) \tag{2-8}$$

水轮机将水能转化为水轮机轴端的出力，产生旋转力矩 M 用来克服发电机的阻抗力矩，并以角速度 ω 旋转。水轮机出力 N、旋转力矩 M 和角速度 ω 之间有以下关系式：

$$N = M\omega = \frac{M \cdot 2\pi n}{60} \quad (\text{W}) \tag{2-9}$$

式中　ω——水轮机旋转角速度，rad/s；

M——水轮机主轴输出的旋转力矩，N · m；

n——水轮机转速，r/min。

第三节　水轮机的基本构造

水轮机是将水能转换为机械能的机械，它的基本部件是对能量转换有直接影响的过流部件，是绝大多数水轮机普遍具有的部件。近代水轮机一般都具有四个基本过流部分，它们分别为：引导并集中水流流入转轮的引水部分（称为引水部件）；使流入转轮的水具

有所需要的速度和大小的导向部分(称为导水部件);把引入水流的水能转换为转动机械能的能量转换部分[称为工作部件(转轮)];将转轮流出的水引向下游并利用其余能的泄水部分(称为泄水部件)。对不同类型的水轮机,上述四个重要部件在形式上都具有各自的特点。

本节主要介绍反击式(混流式、轴流式、斜流式、贯流式)水轮机和水斗式水轮机的部件及构成。

一、反击式水轮机的基本构造

反击式水轮机有以下几个主要部件,它们的功用如下:

(1)引水室:将水引入转轮前的导水机构。

(2)座环:用来承受水力发电机组的轴向载荷,并把载荷传递给混凝土基础。

(3)导水机构:引导水流按一定方向进入转轮,并通过改变导叶开度来改变流量,调整出力。此外,还用它来截断水流,以便检修与调相运行。

(4)转轮:将水流的机械能转换成固体机械能。

(5)尾水管:主要用来回收转轮出口水流中的剩余能量。

(6)主轴:将水轮机转轮的机械能传递给发电机。

(一)混流式水轮机结构概述

图 2-14 是混流式水轮机结构示意图。从压力水管来的水流经蜗壳、座环和导叶,进入转轮,然后由尾水管排走。

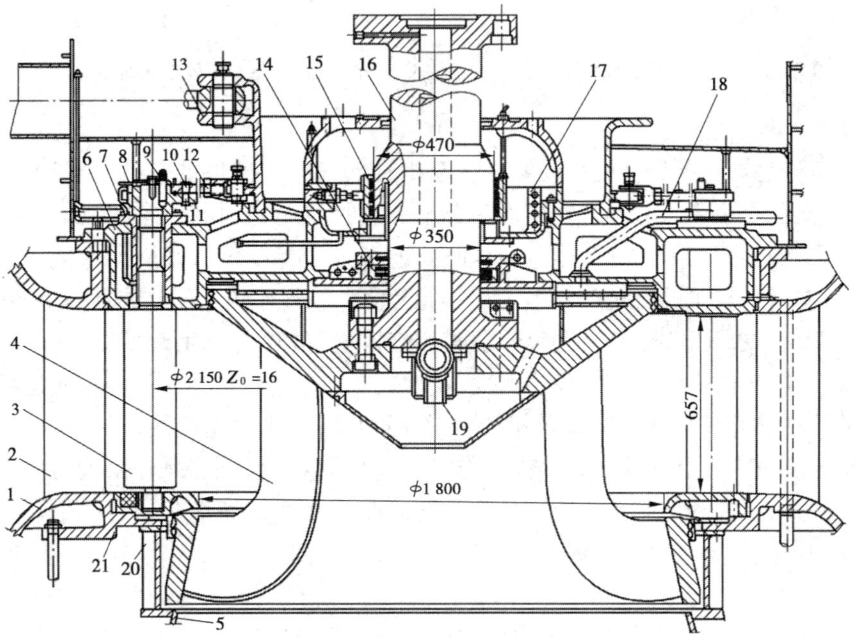

1—蜗壳;2—座环;3—导叶;4—转轮;5—尾水管;6—顶盖; 7—上轴套;8—连接板;9—分半键;10—剪断销;11—拐臂;12—连杆;13—控制环;14—密封装置;15—导轴承;16—主轴;17—油冷却器;18—顶盖排水管;19—补气装置;20—基础环;21—底环

图 2-14　混流式水轮机结构示意图　(单位:mm)

1. 引水部件

混流式水轮机引水部件主要有明槽式、鼓壳式(罐式)、蜗壳式。大中型反击式水轮机的引水室都采用蜗壳,水流在其中一方面环绕导水机构做圆周运动;另一方面又做径向运动,以使得水流均匀、对称地进入导水机构。根据使用水头和单机容量不同,蜗壳的制作材料有金属和混凝土,金属蜗壳的截面形状为圆形(见图 2-15),混凝土蜗壳为梯形。它的形状如蜗牛的壳体从蜗壳进口到鼻端,又像一个断面逐渐收缩的管子,蜗壳内侧是敞开的,由座环支承。

2. 座环

混流式水轮机的座环一般由上、下环和固定导叶组成,见图 2-16。固定导叶横截面形状为翼形,从而保证水流绕固定导叶流动时水力损失最小。蜗壳与座环的上、下环圆周相连接(见图 2-17),在座环的上、下环之间有若干个沿圆周均匀布置的固定导叶,用以承受轴向载荷,并把载荷传递给混凝土基础。

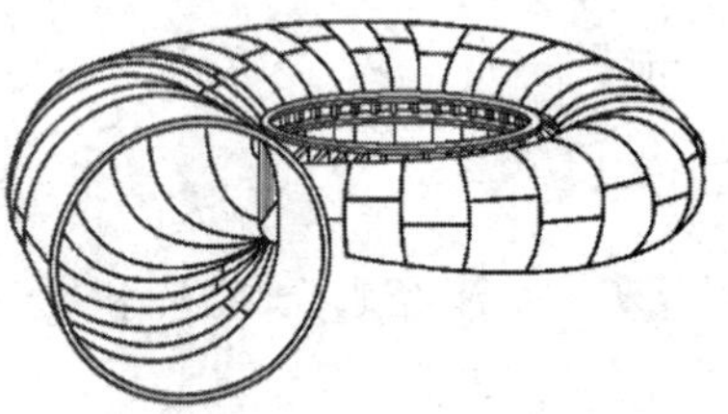

图 2-15　水轮机的金属蜗壳

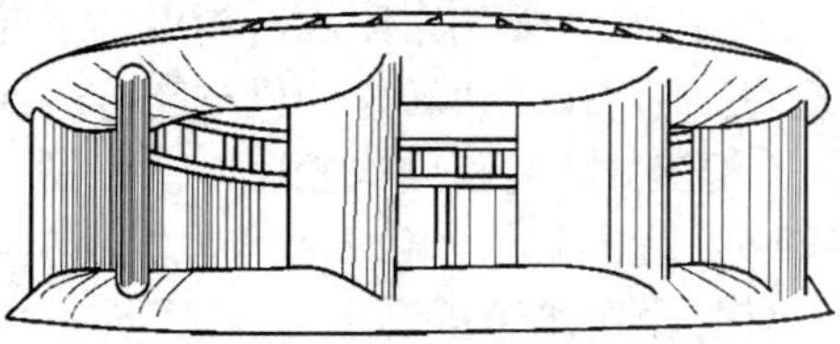

图 2-16　水轮机的座环

3. 导水机构

导水机构是导叶及导叶的传动零件一起组合起来的零部件的总称,用于调节水轮机流量,导叶支承在位于顶盖和下环内的轴套上,因而导叶能绕本身的轴线旋转。导叶沿圆周均匀布置于座环和转轮之间的环形空间内,通过改变导叶位置来引导水流按一定方向进入转轮,调节水轮机的流量和出力。相邻导叶之间构成水流通道,此通道的最小宽度叫作导叶开度 a_0(见图 2-18)。当导叶转动时,导叶的安放位置发生改变,导叶的开度也随之改变,进入转轮的水流方向也发生改变,使水轮机的流量增大或减小,从而达到调节出力的目的。在导叶完全关闭时,相邻两导叶首尾相接,进入水轮机的水流通路被截断,通过水轮机的流量为零。导叶的转动由操作机构(见图 2-19)控制,操作机构由安置在导叶上轴颈的拐臂、连杆和控制环组成。导叶开度的改变是通过导水机构的两个接力器活塞产生的驱动力使推拉杆移动,并带动控制环转动来实现的。

4. 转轮

水流通过导水机构获得必要的水流方向和速度后进入转轮,它是水轮机的核心部件。转轮由上冠、下环和叶片组成(见图 2-20)。转轮叶片之间的通道称为流道,水流经过流道时,叶片迫使水流按其形状改变方向和大小,使水流动量改变,水流反过来给叶片一个反作用力,此力的合力对转轮轴心产生一个力矩,推动转轮旋转,从而将水流能量转换为旋转的机械能。混流式转轮的叶片数随着应用水头的提高而增加,一般为 12 ~21 片。转

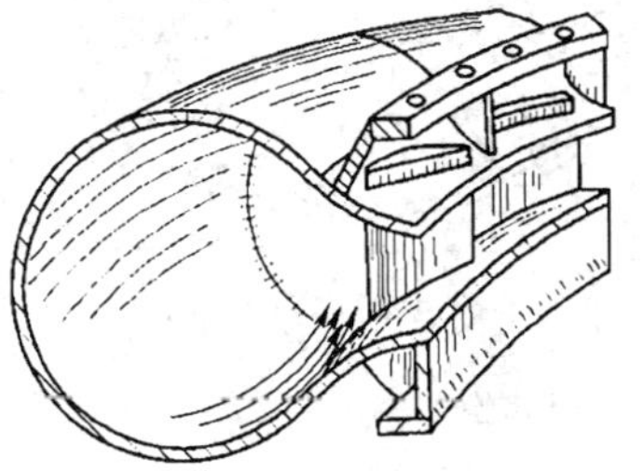

图 2-17　蜗壳与座环的连接

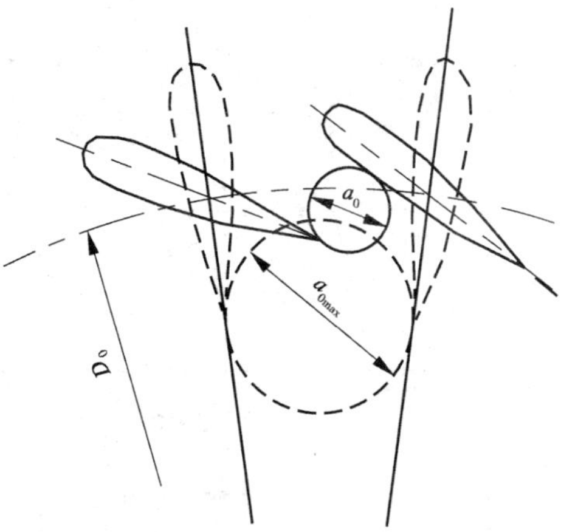

图 2-18　导叶开度

轮通过上冠与主轴连接，上冠下部装有泄水锥，用来引导水流均匀流出转轮，减少叶片出流的漩涡。为了减少漏损，在上冠与顶盖之间、下环与基础环之间装有迷宫环。为了减小轴向水推力，在上冠上设有减压孔。

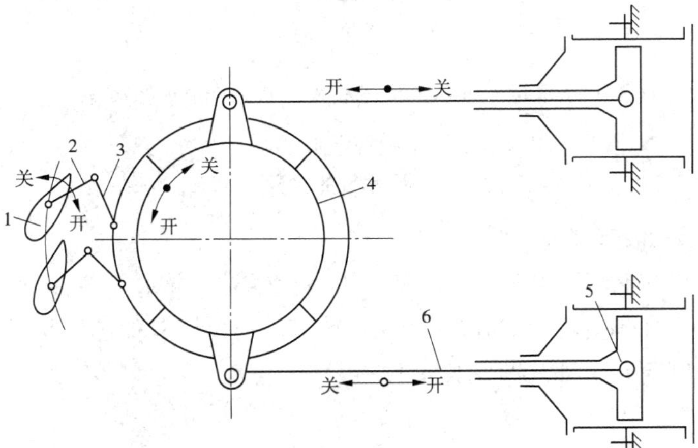

1—导叶；2—拐臂；3—连杆；4—控制环；5—接力器活塞；6—推拉杆

图 2-19　导叶操作机构传动原理图

5. 尾水管

水流从转轮出来，经过尾水管排至下游，尾水管是一个扩散形的管子，其断面面积沿着水流方向逐渐扩大，从而使流速减小，在转轮下方形成真空，使转轮出口动能的大部分得以回收，并使转轮到下游水位之间的位能加以利用。它回收动能的程度与其形状紧密联系，也直接影响到水轮机的经济性和安全性及整个水电站的建筑费用。常用尾水管有三种形式：第一种是直锥形尾水管，主要用于小型水电站；第二种为弯锥形尾水管，主要用于小型卧轴混流式水轮机；第三种是弯肘形尾水管，主要用于大中型水电站（见图 2-21）。

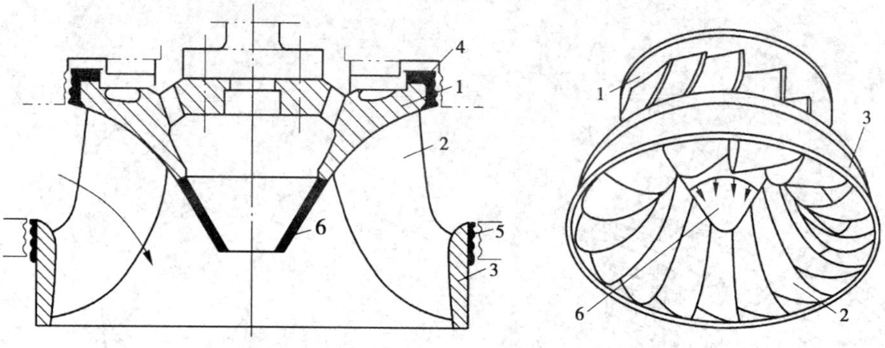

(a) 纵剖面图　　(b) 透视图

1—上冠;2—叶片;3—下环;4、5—止漏环;6—泄水锥

图 2-20　混流式水轮机转轮

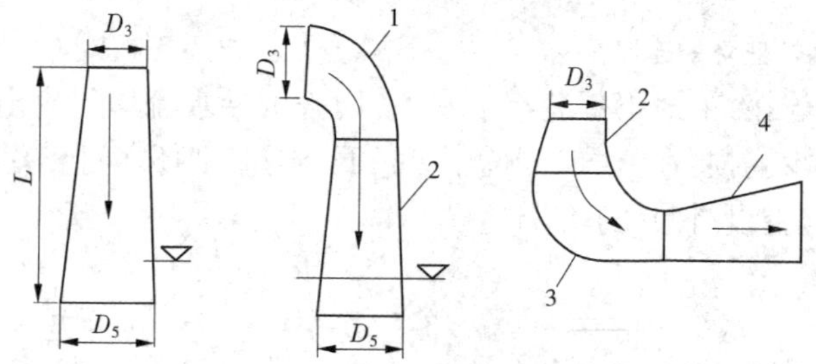

(a)直锥形尾水管　(b)弯锥形尾水管　(c)弯肘形尾水管

1—弯管;2—直锥管;3—肘管;4—扩散管

图 2-21　尾水管的主要形式

(二)轴流式水轮机结构概述

轴流式水轮机和混流式水轮机一样有转轮、引水部件、导水部件、尾水管四大通流部件,除转轮室和转轮(包括转轮的流道、叶片及转桨机构)外,其他部件与混流式水轮机相似。图 2-22 是轴流转桨式水轮机结构示意图。

1. 转轮室

轴流式水轮机的转轮室内壁经常承受很大的脉动压力,因此常在其外侧布筋并用拉紧器或千斤顶等将其固定在外围混凝土上。在叶片转动轴线以上的转轮室内表面通常做成圆柱形,以便于转轮的安装和拆卸,在叶片转动轴线以下的转轮室内表面通常做成球形曲面,以保证叶片转动时其外缘间隙为较小的定值,从而减小水流的漏损。

2. 转轮

轴流式水轮机的叶片(或称桨叶)是沿轮毂四周径向均匀分布的略有扭曲的翼形曲面体,其内侧弧线短,曲度和厚度较大;外侧弧线长,较薄而平整。叶片数一般为 4 ~8 片,叶片数愈多,适用水头愈大。

定桨式转轮的叶片固定在轮毂上。叶片的安放角 φ 始终固定在设计工况时的最优位置,通常定义此时 $\varphi = 0°$。

转桨式转轮的叶片用球面法兰与轮毂连接。叶片可根据工况的改变而转动,以保持

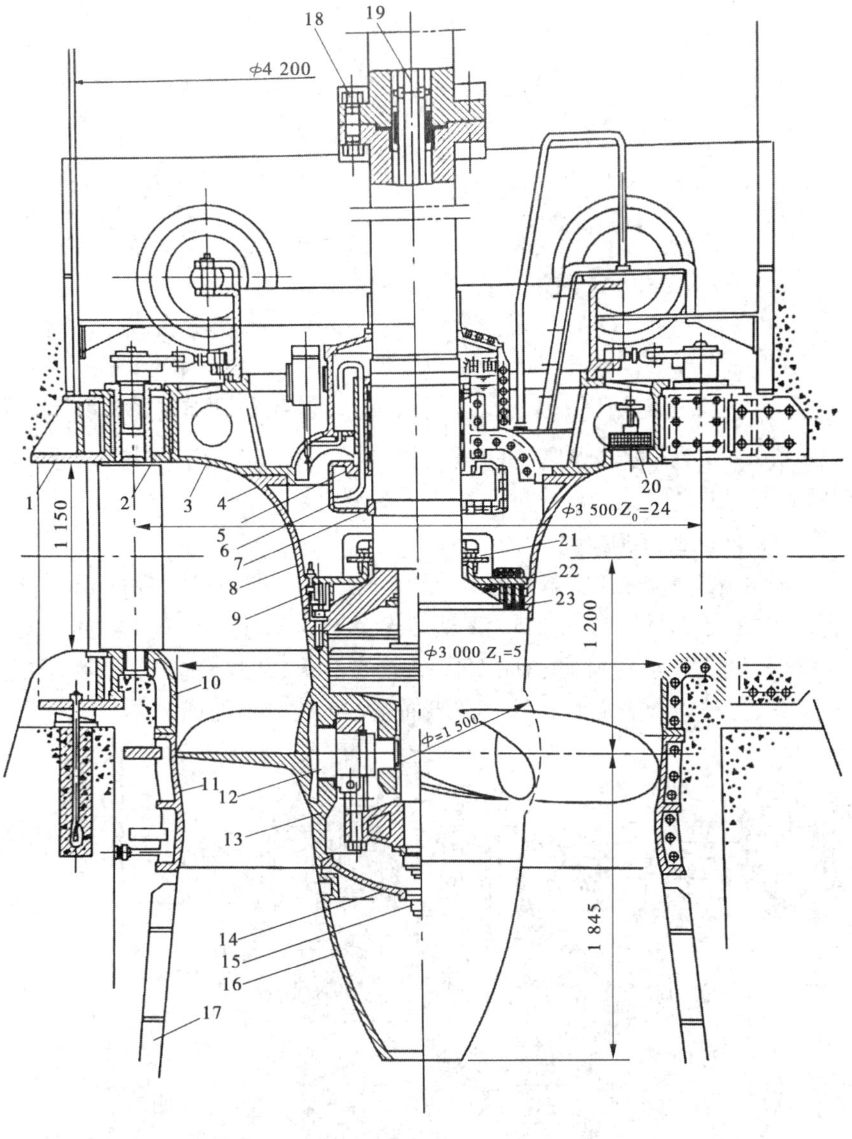

1—座环；2—顶环；3—顶盖；4—轴承座；5—导轴承；6—升油管；7—转动油盆；
8—支承盖；9—橡皮密封环；10—底环；11—转轮室；12—叶片；13—轮毂；14—轮毂端盖；
15—放油阀；16—泄水锥；17—尾水管里衬；18—主轴连接螺栓；19—操作油管；
20—真空破坏阀；21—炭精密封；22、23—梳齿形止漏环；24—转轮接力器；25—千斤顶

图 2-22　轴流转桨式水轮机结构示意图　（单位：mm）

最优的安放角。安放角 $\varphi>0°$，即叶片安放斜度大于设计工况的最优安放斜度，表示叶片往开启方向转动；$\varphi<0°$则反之。φ 一般为 $-15°\sim+20°$，如图 2-23 所示。叶片转动的操作机构安装在轮毂内，其传动原理如图 2-24 所示，当主轴中心操作油管中的油压发生改变时，转轮接力器的活塞发生上、下移动，从而带动连杆和转臂使叶片转动。叶片的转动与导叶的转动在调速器的控制下协联动作，以达到最优的运行工况。

由于轮毂直径加大会影响转轮的流道尺寸，恶化水流状态，因此轮毂直径 d_g 与转轮

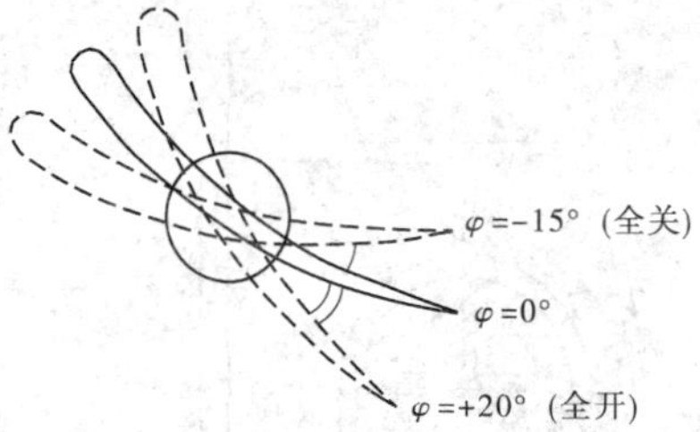

图 2-23 叶片安放角

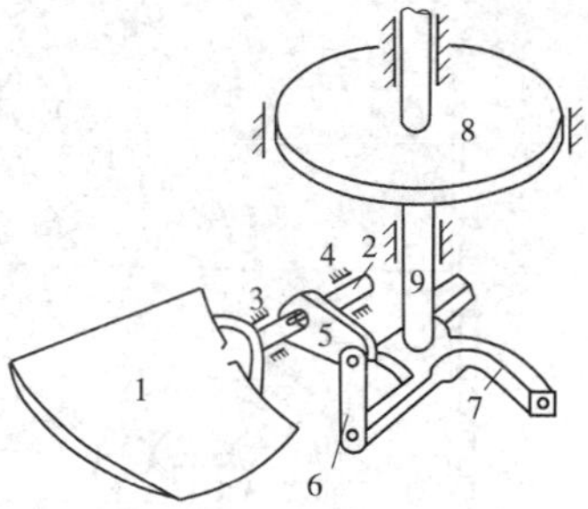

1—叶片；2—枢轴；3、4—轴承；5—转臂；6—连杆；7—操作架；8—转轮接力器活塞；9—活塞杆

图 2-24 叶片转动操作机构示意图

直径 D_1 的比值 d_g/D_1（简称轮毂比）一般限制在 0.33～0.55。由于叶片转动的操作机构复杂、安装困难，因此转桨式转轮一般只用于大中型机组。

（三）斜流式水轮机结构概述

图 2-25 是斜流式水轮机结构示意图。斜流式水轮机的埋设部件蜗壳、座环、导水机构、尾水管及主轴、导轴承等与混流式和高水头轴流转桨式水轮机基本相同。而主要不同的是其叶片转动轴线与水轮机主轴成 45°～60°的锥角，叶片数介于混流式和轴流式之间，为 8～12 片，其轮毂外表面及转轮室内表面基本上为球形曲面。

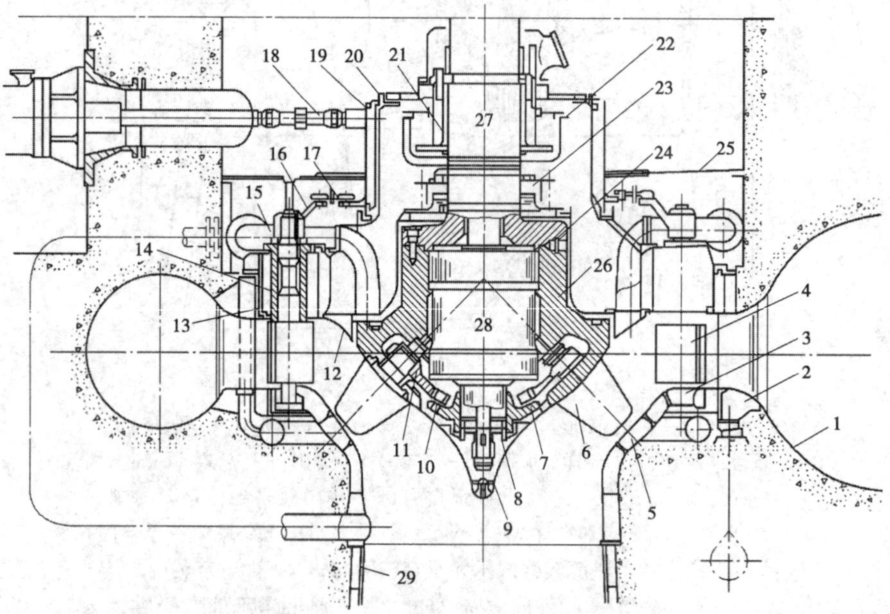

1—蜗壳；2—座环；3—底环；4—导叶；5—转轮室；6—叶片；7—操作盘；8—下端盘；9—泄水锥；10—滑块；11—转臂；12—顶盖；13—顶环；14—轴套；15—水压平衡管；16—拐臂；17—连杆；18—推拉杆；19—控制环；20—支承架；21—导轴承；22—油盆；23—主轴密封；24—键；25—盖板；26—轮毂；27—主轴；28—刮板接力器；29—尾水管

图 2-25 斜流式水轮机结构示意图

斜流式水轮机的转轮叶片操作机构常用的有两种形式：一种是与轴流转桨式类似的活塞式接力器的操作机构，这种结构较复杂，应用较少；另一种是利用刮板接力器或环形接力器带动操作盘转动，然后通过滑块、转臂带动叶片转动，这种结构较简单，目前应用较多，但其接力器油路密封要求较高。

对于斜流式水轮机，值得注意的是：当由于轴向水推力和温度变化等引起水轮机轴向位移时，其叶片不得与转轮室内壁接触。对此所采用的对策是：装设轴向位移信号继电保护装置，以便在轴向位移超出允许范围时可自动紧急停机。

（四）贯流式水轮机结构概述

当轴流式水轮机的主轴水平（或倾斜），转轮前后过流道为直线形或近于直线形，导水机构是圆盘式或圆锥式，而又采用了直尾水管时，则为贯流式水轮机。图 2-26 为全贯流式水轮机结构示意图，轴承 1 和轴承 2、推力轴承 3 及受油器 4 布置在管状壳体内，直接装在转轮 6 外缘的发电机转子与定子一起布置在环形坑内，导水机构 7 是圆盘式的。显然，在整个水轮机中水流沿轴向流动。

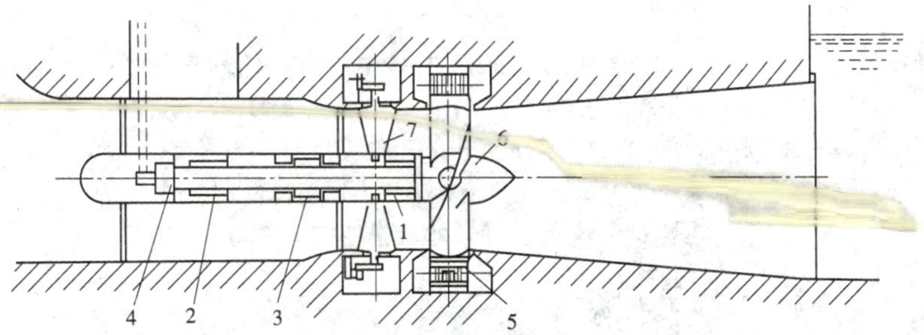

1,2—轴承；3—推力轴承；4—受油器；5—发电机转子；6—转轮；7—导水机构

图 2-26　全贯流式水轮机结构示意图

把发电机安装在灯泡状的机室内就叫作灯泡式（或半贯流式）机组，见图 2-27，其发电机安装在灯泡形壳体 15 内，从而使机组主轴很短、结构很紧凑。灯泡形壳体 15 由前支柱 16 和后支柱 4 固定在外壳上。导叶 2 采用斜向圆锥形布置。叶片 1 有定桨和转桨两种形式，叶片的形状及其转动操作机构与轴流转桨式相似，叶片数常为 4 片。机组的转动部分由径向导轴承 6、7 支承，并用推力轴承 8 限制轴向位移。进水管 17 近似为渐缩形圆直管，尾水管 20 近似为渐扩形圆直管。

灯泡形壳体可放在转轮的进水侧或尾水侧。当水头低时，灯泡形壳体放在进水侧的机组效率较高；当水头高时，灯泡形壳体放在尾水侧的机组强度和运行稳定性较好。

当水头较低而机组容量又较大时，若水轮机与发电机的主轴直接连接，则发电机将因转速较低而直径较大，这会导致灯泡形壳体尺寸过大而使流道水力损失增加。为此，常在水轮机与发电机之间设置齿轮增速传动机构，使发电机转速比水轮机转速大 3 ~ 10 倍，从而缩小发电机尺寸和灯泡形壳体尺寸，改善流道的过流条件。但这种增速机构结构复杂，加工工艺要求较高，传动效率一般较低，因此目前仅应用于小型贯流式机组。

灯泡贯流式机组中导水机构为圆锥式，尾水管中的水流不转弯，因此水力损失也较小。这种水轮机比同水头同直径的立式机组功率增大 20% ~35%，厂房造价也可低

10%～15%。所以,对于低水头的水电站采用灯泡贯流式机组的趋势越来越大。

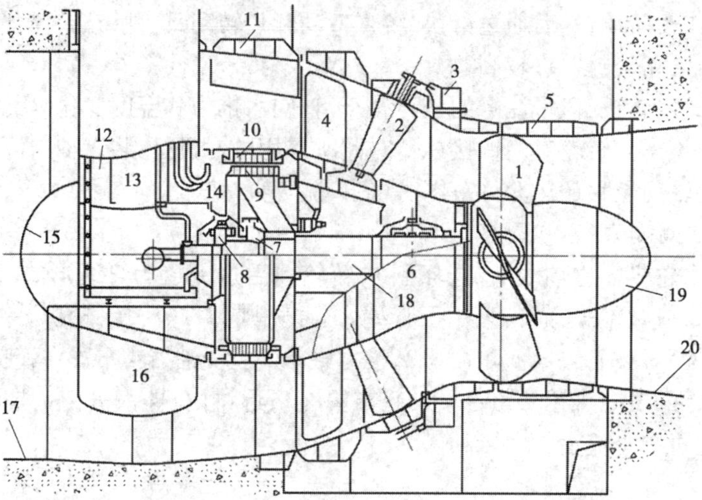

1—叶片;2—导叶;3—控制环;4—后支柱(固定导叶);5—转轮室;6—水轮机导轴承;7—发电机导轴承;
8—发电机推力轴承;9—发电机转子;10—发电机定子;11—检修进人孔;
12—管路通道;13—前支柱内的进人孔;14—电缆出线孔;15—灯泡形壳体;
16—前支柱;17—进水管;18—主轴;19—泄水锥;20—尾水管

图 2-27　灯泡贯流式水轮机结构示意图

二、水斗式水轮机的基本构造

水斗式水轮机有以下过流部件,它们的功用如下:

(1)喷嘴。由压力水管来的水流经喷嘴后形成一股射流冲击到转轮上,在喷嘴内水流的压力能转换成射流的动能。

(2)喷针。借助喷针的移动,改变由喷嘴喷出的射流直径,因而也改变了水轮机的流量。

(3)转轮。由圆盘和固定在它上面的若干个水斗组成,射流冲向水斗,将自己的动能传给水斗从而推动转轮旋转做功。

(4)折向器。位于喷嘴和转轮之间,当水轮机突减负荷时,折向器迅速地使喷向水斗的射流偏转,同时缓慢地关闭喷针到新负荷相应位置,以避免压力水管中引起过大的压力上升,当喷针稳定在新位置后,折向器又回到射流旁边,准备下一次动作。

(5)机壳。使做完功的水流流畅地排至下游,机壳内压力与大气压相当。机壳也用来支承水轮机轴承。

图 2-28 是一个双喷嘴水斗式水轮机剖面图,由压力输水管来的水流经喷嘴后冲击在转轮的斗叶上。水斗形状见图 2-29A—A、B—B 截面,射流进入叶片时被分水刃分成相等的两部分,被分开的这两部分水流绕流斗叶后,速度的大小和方向发生了改变从而产生作用在叶片上的力,使叶片对转轮轴心形成一个旋转力矩。流量的调节是通过移动喷针以改变喷嘴出口的环形过水断面来实现的,而喷针的移动是由调速器控制的接力器来操纵的。

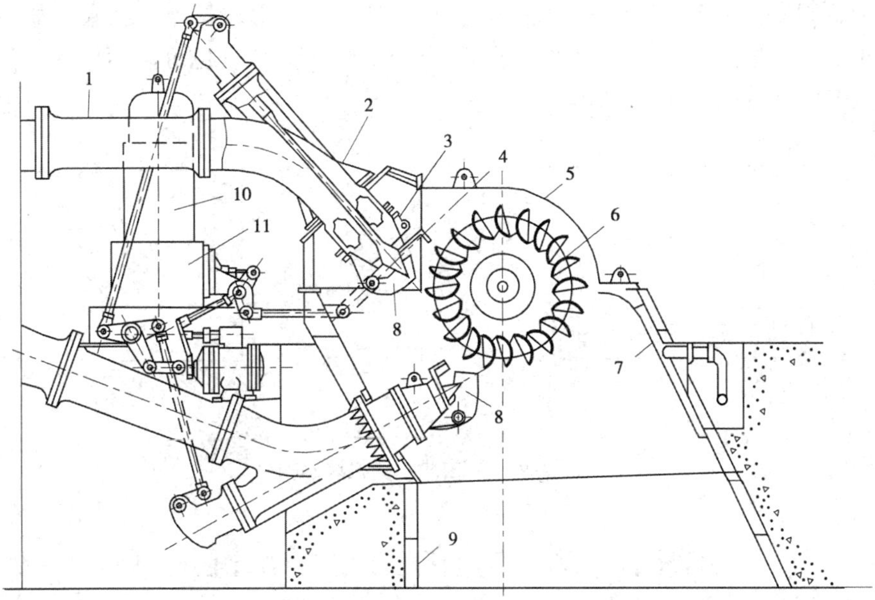

1—压力管道;2—喷嘴管;3—喷嘴;4—喷针;5—机壳;6—转轮;7—导流板;8—折向器;
9—尾水槽;10—接力器;11—调速器

图 2-28　水斗式水轮机剖面图

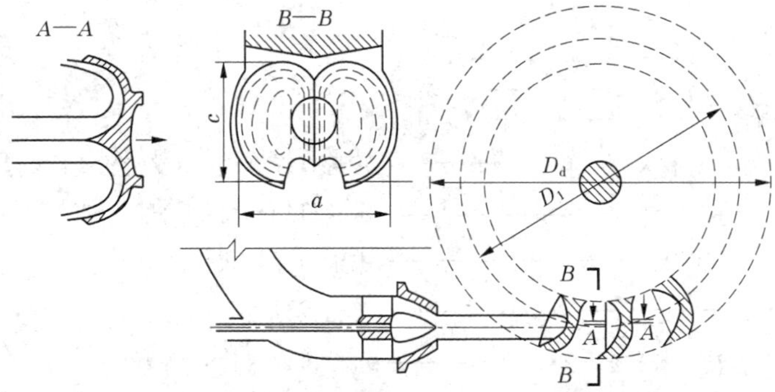

图 2-29　水斗式水轮机工作原理

水流沿很长的压力水管到达喷嘴,当喷嘴快速关闭时,在压力水管中会发生水锤。为避免由于喷嘴快速动作而造成的水锤,在喷嘴前面装有折向器(见图 2-28),当要求快速减小水轮机输出功率时,信号作用在折向器接力器上,操纵折向器快速(2 ~3 s)动作,以偏转射流,从而达到减小功率的要求。信号也同时作用于喷针,但是以缓慢的动作移动,从而使喷嘴的出流缓慢地减小(15 ~40 s),避免了较大的水锤压力升高。随着喷针的关闭,折向器不接触射流,各系统处于正常位置。喷嘴和转轮均置于机壳内,以防水流溅入厂房。有时在机壳内装置有制动喷嘴,在关闭喷嘴停机时打开,让制动水流冲击在斗叶背面上,使机组较快停车。

另外,冲击式水轮机的泄水部件是一个建筑在转轮下方的尾水槽,它几乎与水轮机无直接联系，因而也不具有尾水管的那些作用，只是用它将由转轮流出的水引向下游。因此，冲击式水轮机的泄水部件，不像反击式水轮机那样重要，它也可以不作为冲击式水轮机的组成部分，见图 2-30。

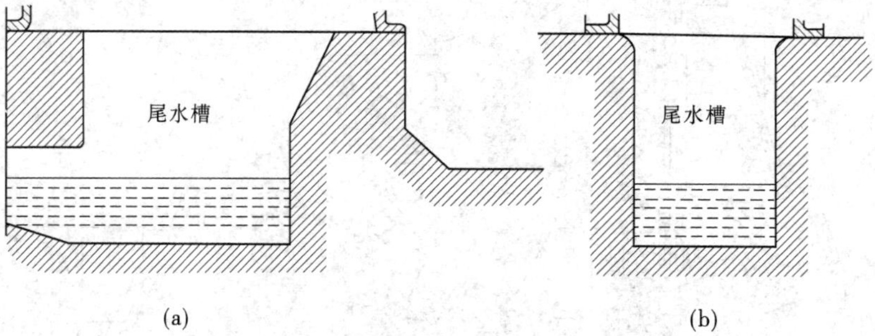

图 2-30 冲击式水轮机尾水槽

第四节 水轮机的型号与装置形式

一、水轮机的型号

水轮机的型号由三部分组成，如图 2-31 及表 2-2 所示，每一部分用短横线“－”隔开。

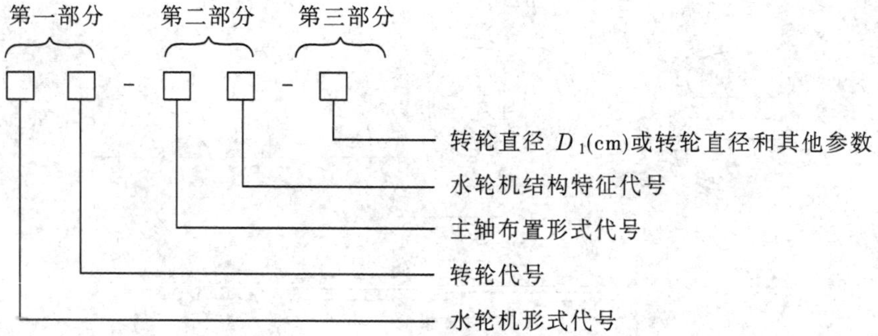

图 2-31 水轮机型号排列顺序规定

第一部分由汉语拼音字母与阿拉伯数字组成，其中汉语拼音字母表示水轮机形式，阿拉伯数字表示转轮型号，入型谱的转轮型号为比转速数值，未入型谱的转轮型号为各单位自己的编号，旧型号为模型转轮的编号。水泵水轮机在水轮机形式代表符号后加“B”表示，可逆式水轮机在水轮机形式代表符号后加“N”表示。

第二部分由两个汉语拼音字母组成，分别表示水轮机主轴布置形式和结构特征。

第三部分是阿拉伯数字，表示以 cm 为单位的水轮机转轮标称直径或转轮标称直径和其他参数组合。对于水斗式水轮机和斜击式水轮机，该部分表示为：转轮标称直径(cm)/每个转轮上的喷嘴数×设计射流直径(cm)；对于双击式水轮机，该部分表示为：转轮标称直径(cm)/转轮宽度(cm)。如果在同一根轴上装有一个以上的转轮，则在水轮机型号的第一部分前加上转轮数。

表 2-2　水轮机型号编制规则

<table>
<tr><td colspan="3">第一部分</td><td colspan="4">第二部分</td><td>第三部分</td></tr>
<tr><td colspan="2">水轮机形式</td><td>注释</td><td colspan="2">主轴布置形式</td><td colspan="2">水轮机结构特征</td><td rowspan="13">转轮标称直径或转轮标称直径和其他参数组合(cm)</td></tr>
<tr><td>形式</td><td>符号</td><td rowspan="12">采用水轮机比转速或转轮代号表示。当用比转速代号表示时，其代号统一由归口单位编制，用阿拉伯数字表示。当用转轮代号表示时，可由制造厂自行编号</td><td>形式</td><td>符号</td><td>特征</td><td>符号</td></tr>
<tr><td>混流式</td><td>HL</td><td>立式</td><td>L</td><td>金属蜗壳</td><td>J</td></tr>
<tr><td>轴流定桨式</td><td>ZD</td><td>卧式</td><td>W</td><td>混凝土蜗壳</td><td>H</td></tr>
<tr><td>轴流转桨式</td><td>ZZ</td><td rowspan="9">其他主轴非垂直布置形式</td><td rowspan="9">W</td><td>全贯流式</td><td>Q</td></tr>
<tr><td>轴流调桨式</td><td>ZT</td><td>灯泡式</td><td>P</td></tr>
<tr><td>斜流式</td><td>XL</td><td>竖井式</td><td>S</td></tr>
<tr><td>贯流定桨式</td><td>GD</td><td>轴伸式</td><td>Z</td></tr>
<tr><td>贯流转桨式</td><td>GZ</td><td>罐式</td><td>G</td></tr>
<tr><td>贯流调桨式</td><td>GT</td><td>虹吸式</td><td>X</td></tr>
<tr><td>冲击(水斗)式</td><td>CJ</td><td>明槽式</td><td>M</td></tr>
<tr><td>斜击式</td><td>XJ</td><td>有压明槽式</td><td>My</td></tr>
<tr><td>双击式</td><td>SJ</td><td></td><td></td></tr>
</table>

各种形式水轮机的转轮标称直径(简称转轮直径，常用 D_1 表示，见图 2-32)规定如下：

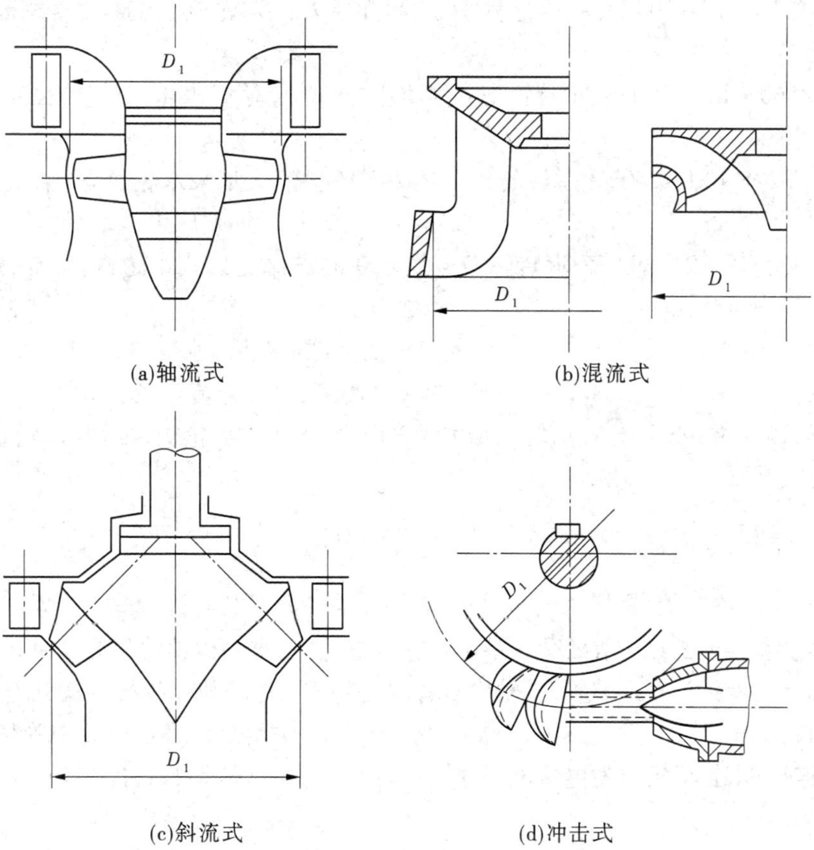

(a)轴流式　(b)混流式　(c)斜流式　(d)冲击式

图 2-32　各种形式水轮机的转轮标称直径示意图

(1)对于混流式水轮机,是指其转轮叶片进水边的最大直径。

(2)对于轴流式水轮机、斜流式水轮机和贯流式水轮机,是指与转轮叶片轴线相交处的转轮室内径。

(3)对于冲击式水轮机,是指转轮与射流中心线相切处的节圆直径。

反击式水轮机的转轮标称直径 D_1 的尺寸系列规定见表2-3。双击式水轮机转轮尺寸为:转轮直径 $D_1 = 32$ cm、40 cm、50 cm、63 cm;转轮宽度(不包括中间隔板厚度)$B = 8$ cm、10 cm、13 cm、16 cm、20 cm、25 cm、32 cm、40 cm、50 cm、63 cm、80 cm。

表2-3 反击式水轮机转轮标称直径 D_1 的尺寸系列 (单位:cm)

转轮标称直径 D_1	25	30	35	(40)	42	50	60	71	(80)	84
转轮标称直径 D_1	100	120	140	160	180	200	225	250	275	300
转轮标称直径 D_1	330	380	410	450	500	550	600	650	700	750
转轮标称直径 D_1	800	850	900	950	1 000					

注:( )中的数字仅适用于轴流式水轮机。

水轮机型号示例:

(1)HL220-LJ-500,表示转轮型号为220的混流式水轮机,立轴,金属蜗壳,转轮直径为500 cm。

(2)ZZ560-LH-800,表示转轮型号为560的轴流转桨式水轮机,立轴,混凝土蜗壳,转轮直径为800 cm。

(3)XLB245-LJ-250,表示转轮型号为245的斜流式水泵水轮机,立轴,金属蜗壳,转轮直径为250 cm。

(4)GD600-WP-300,表示转轮型号为600的贯流定桨式水轮机,卧轴,灯泡式引水,转轮直径为300 cm。

(5)2CJ20-W-120/2×10,表示转轮型号为20的水斗式水轮机,一根轴上装有2个转轮,卧轴,转轮直径为120 cm,每个转轮有2个喷嘴,设计射流直径为10 cm。

(6)SJ115-W-40/20,表示转轮型号为115的双击式水轮机,卧轴,转轮直径为40 cm,转轮宽度为20 cm。

二、水轮机的装置形式

水轮机的装置形式,是指水轮机轴的装置方向和机组的连接方式,它取决于使用水头、单机容量和上下游水位等的变化情况。在水电站中,水轮机轴的装置分为立式和卧式两种,主轴竖装者称为立式装置,主轴横装者称为卧式装置。机组连接方式分为直接和间接两种形式:水轮机轴与发电机轴在同一轴线上,通过法兰盘用螺栓刚性或弹性连接者,称为直接连接;水轮机轴与发电机轴不在同一轴线上,通过传动装置连接者,称为间接连接。

立式装置方式:为水轮机轴与发电机在同一垂直平面内。其优点是:安装、拆卸方便,轴与轴承受力情况良好,发电机安装位置较高,不易受潮,管理维护方便;其缺点是:负载比较集中，水下部分深度增加，因而使土建投资大。立式装置方式多应用在大中型水轮机中。按其连接方式又可分为直接连接和间接连接。直接连接不需装设复杂的传动装置，机械损失小，传动效率高，运行维护方便，因此机组尽可能采用直接连接方式，特别是大中型水轮机应用最为普遍；间接连接主要应用在农村小水电站，因水轮机转速较低，而发电机的转速一般较高，无法直接连接，在这种情况下，就必须采用间接连接。

卧式装置方式：因机组支承面积较大，故不致产生很大的集中荷重，厂房高度较低但轴和轴承受力情况不好。目前，在我国水斗式水轮机、贯流式水轮机和小型混流式水轮机多采用卧式装置方式。它按连接方式不同亦可分为直接连接和间接连接。卧式直接连接主要应用于大中型水斗式水轮机、贯流式水轮机和中小型混流式水轮机；卧式间接连接的传动方式与立式间接连接的传动方式基本相同，主要应用于农村小型水轮机。

第五节　水流在反击式水轮机中的运动

水流在流经水轮机转轮时，转轮流道形状复杂，而转轮本身又在旋转，同时水轮机在实际工作时随着工作状态的变化，如增减负荷等，导致了水流在水轮机转轮中是一种随时间变化的空间运动，要完全真实地描述这种运动，则非常困难。但无论是在水轮机新转轮的设计研究过程中，还是在水轮机实际应用时，都需要对水轮机工作状态和特性进行分析，也需要对水流在转轮中的运动有一个合理的描述。因此，在进行这种分析之前，首先需要对水流进行一定的简化与假定。

水流进入水轮机转轮以后，相对于叶片的运动在周围方向的分析实际上是不均匀的，叶片的头部也就是进口边较厚，由于绕流的原因，叶片背面（凸面）的相对速度大于叶片正面（凹面也就是工作面）的相对速度，转轮中任一点的水流速度都是随着空间坐标的位置而变化的。

考虑到叶片数目较多，而叶片的厚度与流道相比又很小，所以近似地假定转轮是由无限多、无限薄的叶片组成的，从而认为转轮中的水流是均匀的，而且是轴对称的，其相对运动的轨迹与叶片表面重合。另外，假定在所研究的时段不考虑水轮机的工作状态的变化，水流的运动和时间无关，即假定水流为恒定流。

一、相关定义

根据转轮内水流运动特点，为了方便起见，采用圆柱坐标系（见图 2-33）进行分析。z 轴和水轮机轴线一致，r 轴为垂直于轴线的径向，φ 为轴向平面与起始平面的夹角，由 r、z、φ 三个坐标便可以确定空间任意一点的位置。

（一）轴面

轴线与轴线外任意一点所组成的平面称为轴面，又称子午面或径向面。图 2-33 中阴影部分，由 r 轴、z 轴组成的平面（通过轴心线）即为水轮机的一个轴面。

（二）轴面投影

按半径和高度不变，将空间一点或某一物体旋转投影到轴面上所得到的投影。转轮在某个轴平面上的投影称为转轮的轴面投影，其间所形成的水流通道称为轴面流道。

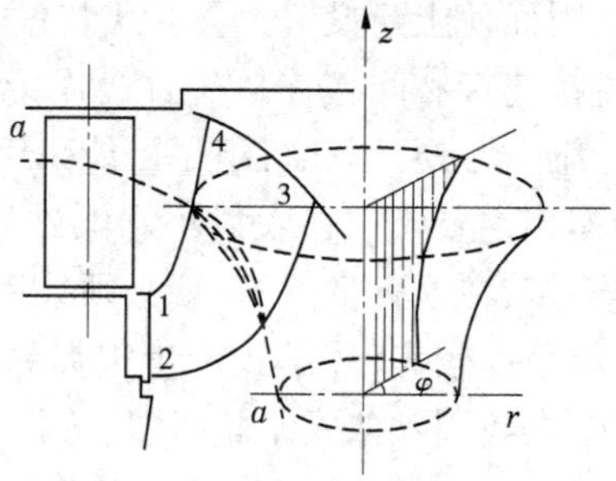

图 2-33　转轮的圆柱坐标系

(三)轴面流线

空间流线在轴面流道上的投影称为轴面流线。

如图 2-34 所示,叶片进水边 1′2′在 $\varphi=180°$的轴面上,出水边 3′4′在 $\varphi=150°$的轴面上。1′3′是上冠流线,2′4′是下环流线。进水边、出水边沿逆时针各旋转 180°、150°,上冠线和下环线上的各点也旋转投影到右边的轴面($\varphi=0°$)上,即得混流式转轮叶片的轴面投影 1243,$L'L'$为空间相对流线,$F'F'$为叶片的轴面截线,右边的 LL、FF 是各自的轴面投影。

叶片进水边 1′2′与出水边 3′4′两轴面辐角 φ 之差称为转轮叶片的包角,有的转轮进口边(或出水边)不在同一轴面内,如 X 形叶片转轮。

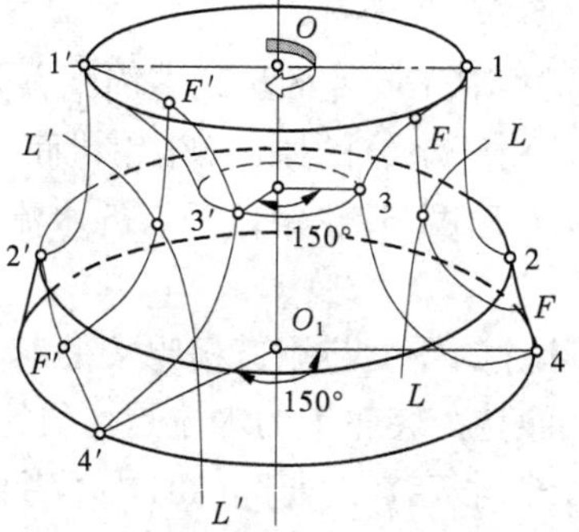

图 2-34　传统转轮叶片及其轴面投影

(四)流面

流面是由轴面流线绕轴旋转生成的旋转面。转轮流道中,从上冠到下环有无限多的流面,水流质点也在这些流面上运动,无限多的流面构成了整个转轮的流场,把流面展开,可得到由一系列叶片组成的流道。

混流式水轮机水流流线是曲线,水流在转轮内由径向改变为轴向,因此由轴面流线旋转生成的流面呈喇叭形(花篮形),将喇叭形流面近似按圆锥面展开,可得环形展开面(见图 2-35)。

轴流式水轮机水流流线近似为与轴向平行的直线,水流在转轮内均为轴向,因此流面为一个圆柱形或腰鼓形,将其展开,可得矩形展开面(见图 2-36)。

分析水流在转轮中的流动就是在流面展开面上进行的。

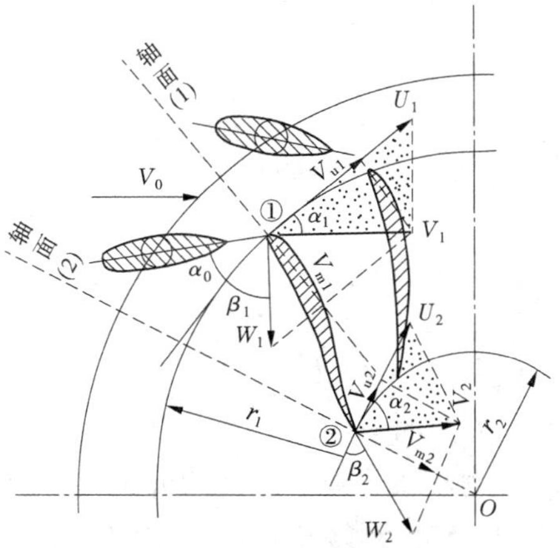

图 2-35　混流式水轮机流面展开图

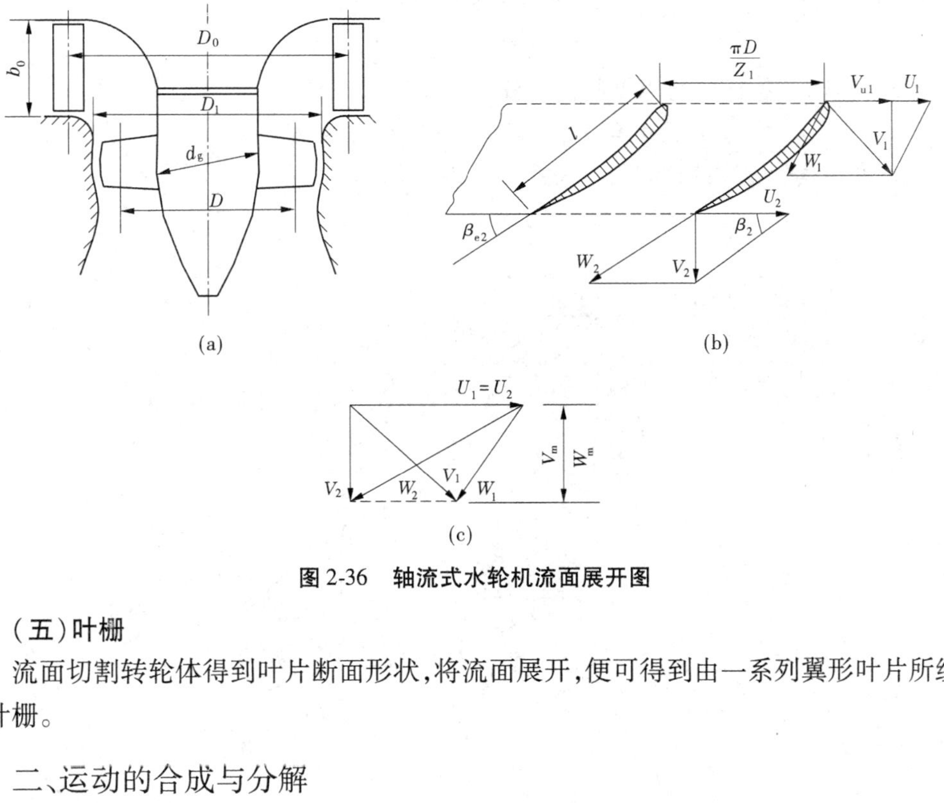

图 2-36　轴流式水轮机流面展开图

(五)叶栅

流面切割转轮体得到叶片断面形状,将流面展开,便可得到由一系列翼形叶片所组成的叶栅。

二、运动的合成与分解

水流在转轮中的运动,一方面是水流相对于转轮叶片流动,即相对运动;另一方面随转轮转动,即圆周运动或牵连运动。转轮中的水流的绝对运动可看成这两种运动的合成。若用速度关系表示,则绝对速度 $\boldsymbol{V}$(在静止的地面上看到的水流速度)是相对速度 $\boldsymbol{W}$(随转轮一起运动时看到的水流速度)与圆周速度 $\boldsymbol{U}$(考察点随转轮转动时的线速度)的矢量和,即

$$\boldsymbol{V} = \boldsymbol{W} + \boldsymbol{U} \tag{2-10}$$

由此，可以得到水流运动的速度三角形，如图 2-37 所示。图 2-37 中，α 为绝对速度与圆周速度之间的夹角，称为绝对速度方向角；β 为相对速度与圆周速度之间的夹角，称为相对速度方向角。

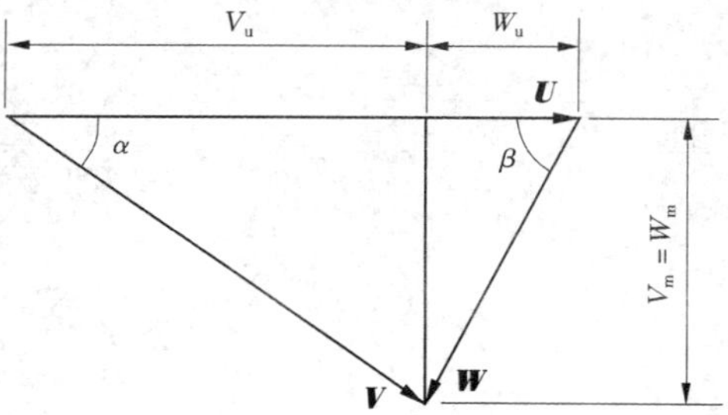

图 2-37　速度三角形

在实际应用中为了分析的方便，常把绝对速度分解为

$$\boldsymbol{V} = \boldsymbol{V}_u + \boldsymbol{V}_m \qquad (2\text{-}11)$$

式中：$\boldsymbol{V}_u$ 为绝对速度沿圆周方向的分量，称为绝对速度圆周分速度；$\boldsymbol{V}_m$ 为垂直于圆周方向的分量，因垂直圆周方向的平面都通过水轮机轴向，因而 $\boldsymbol{V}_m$ 在轴面上，故称其为轴面分速度。转轮水力设计或分析水流在转轮中的流动时，常用到这两个速度分量。

轴面分速度还可以再次分解成径向分速度 $\boldsymbol{V}_r$ 和轴向分速度 $\boldsymbol{V}_z$ 之和，即有

$$\boldsymbol{V} = \boldsymbol{V}_u + \boldsymbol{V}_m = \boldsymbol{V}_u + \boldsymbol{V}_r + \boldsymbol{V}_z \qquad (2\text{-}12)$$

同理，相对速度 $\boldsymbol{W}$ 也可以做同样的分解，即

$$\boldsymbol{W} = \boldsymbol{W}_u + \boldsymbol{W}_m = \boldsymbol{W}_u + \boldsymbol{W}_r + \boldsymbol{W}_z \qquad (2\text{-}13)$$

各速度与其分速度的空间矢量关系如图 2-38 所示。

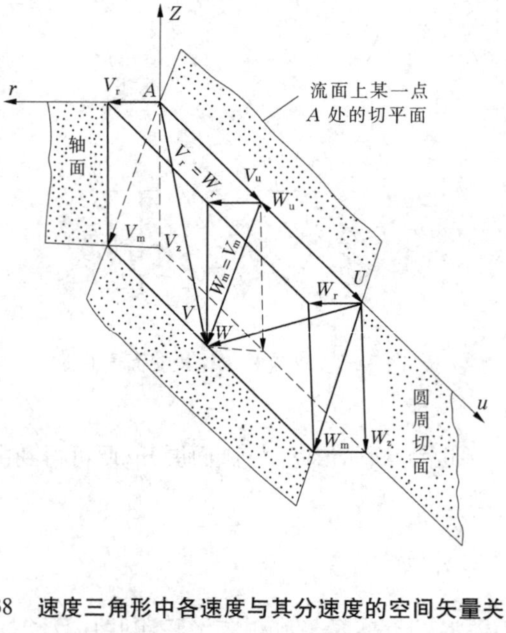

图 2-38　速度三角形中各速度与其分速度的空间矢量关系

图 2-35 绘出了混流式水轮机直径 D_1 的圆柱形流面展开图及转轮叶片进、出口速度三角形；图 2-36 绘出了轴流式水轮机直径为 D_1 的圆柱形流面展开图及转轮叶片进、出口速度三角形，图中 β_{e2} 称为叶片出口安放角，即叶片断面骨线在出口处的切线与该点圆周切线的夹角。

第六节　水轮机的基本方程式

水轮机基本方程式是描述水轮机转轮内能量转换关系式的数学方程式，是水轮机转轮设计和运行工况分析的理论依据。利用水轮机的基本方程式可以从本质上分析水流能量转换成水轮机旋转机械能的实质。

一、水轮机基本方程式的推导

水轮机基本方程式的推导可以从动量矩定理入手，水流在水轮机转轮内部将水能转换成旋转机械能的过程可以应用动量矩定理来表示，即单位时间内水流质量对水轮机主轴的动量矩变化应等于作用在该质量上全部外力对同一轴的力矩总和，即

$$\frac{\Delta L}{\Delta t} = \sum M_{\omega} \tag{2-14}$$

式中　ΔL——Δt 时间内水流质量对水轮机主轴的动量矩变化；

Δt——时间；

$\sum M_{\omega}$——作用在水流质量上全部外力对同一轴的力矩总和。

由于假定叶片无限多、无限薄，且认为进入转轮中的水流是轴对称的，因此可以取整个转轮来进行分析。水流质量的动量矩与水流的速度成正比，转轮中水流的绝对速度 V 可分解为三个正交分量，即 V_r、V_u、V_z，其中 V_r 通过轴心，而 V_z 又与主轴平行，所以两者都不对主轴产生速度矩，因此根据动量矩定律得出

$$\sum M_{\omega} = \frac{\Delta L}{\Delta t} = \frac{\Delta(r \times mV_u)}{\Delta t} = \frac{\Delta(mV_u r)}{\Delta t} \tag{2-15}$$

式中　r——半径；

m——Δt 时间内通过水轮机转轮的水体质量，当进入转轮的有效流量为 Q_e 时，

$$m = \rho V_{体积} = \rho Q_e \Delta t = \frac{\gamma Q_e}{g}\Delta t$$

当水轮机在稳定工作时，认为转轮中的水流运动是恒定流，速度矩 $V_u r$ 并不随时间而变化，假定水流不可压缩，又根据水流连续原理，流进转轮和流出转轮的流量不变，均为有效流量 Q_e。因此，Δt 时间内流进转轮外缘的动量矩 $m_1 V_{u1} r_1 = mV_{u1} r_1 = \frac{\gamma Q_e}{g}\Delta t V_{u1} r_1$，流出转轮内缘的动量矩 $m_2 V_{u2} r_2 = mV_{u2} r_2 = \frac{\gamma Q_e}{g}\Delta t V_{u2} r_2$，所以在单位时间内水流质量 m 动量矩的增量应等于此质量在转轮出口与进口间的动量差，即

$$\frac{\Delta L}{\Delta t} = \frac{\Delta(mV_u r)}{\Delta t} = \frac{\gamma Q_e}{g}(V_{u2} r_2 - V_{u1} r_1) \tag{2-16}$$

对于式(2-15)左端的外力矩 $\sum M_{\omega}$，可根据可能作用在水流质量上的外力来讨论这些外力形成力矩的情况：

(1)转轮叶片的作用力。迫使水流改变其运动的方向和速度的大小，因而对水流产

生作用力矩，设为 M_0。

(2)转轮外的水流在转轮进、出口处的水压力。转轮轴是轴对称的，通过轴心，不产生作用力矩。

(3)上冠、下环内表面对水流的压力。由于这些内表面均为轴对称的旋转面，因此压力也是轴对称的，不产生作用力矩。

(4)重力。水流质量重力的合力与轴线重合，故不产生力矩。

另外，还有控制面的摩擦力，由于其数值很小，因此可不考虑。这样，作用在水流质量上的外力矩就仅有转轮叶片对水流作用力所产生的力矩 M_0，即 $\sum M_\omega = M_0$。

根据作用力与反作用力的定律，水流对转轮的作用力矩 M 与上述外力矩 M_0 在数值上相等而方向相反，即 $M = -M_0$，则有

$$M = \frac{\gamma Q_e}{g}(V_{u1}r_1 - V_{u2}r_2) \tag{2-17}$$

式(2-17)说明了水轮机中水流能量转换为机械能的基本平衡关系。为了应用方便，常将这种机械能力矩 M 乘以转轮角速度 ω，用功率的形式来表示，这样可得出水流作用于转轮的功率为

$$N = M\omega = \frac{\gamma Q_e}{g}(V_{u1}r_1 - V_{u2}r_2)\omega \tag{2-18}$$

又由于通过水轮机水流的有效功率为

$$N = \gamma Q_e H\eta_h \tag{2-19}$$

式中 η_h——水力效率。

将式(2-19)代入式(2-18)得

$$H\eta_h = \frac{\omega}{g}(V_{u1}r_1 - V_{u2}r_2) \tag{2-20}$$

或

$$H\eta_h = \frac{1}{g}(U_1V_{u1} - U_2V_{u2}) \tag{2-21}$$

由图 2-37 得 $V_u = V\cos\alpha$ 知，所以式(2-21)亦可以写为

$$H\eta_h = \frac{1}{g}(U_1V_1\cos\alpha_1 - U_2V_2\cos\alpha_2) \tag{2-22}$$

式(2-20)~式(2-22)均称为水轮机的基本方程式，只是表现的形式有所不同。当水轮机的角速度 ω 保持一定时，上述方程式说明了单位重量水流的有效出力是和转轮进、出口速度矩的改变相平衡的，所以速度矩的变化是转轮做功的主要依据。

水轮机的基本方程式还可以用环量来表示。转轮的速度环量 $\Gamma = 2\pi rV_u$，可以看作是速度 V_u 沿着圆周所做的功。将式(2-20)两端各乘以 2π 后得

$$H\eta_h = \frac{\omega}{2\pi g}(\Gamma_1 - \Gamma_2) \tag{2-23}$$

进口速度环量 Γ_1 主要由导水机构形成，Γ_2 为出口损失的速度环量，所以转轮的输出功率主要取决于转轮进、出口环量。

又由进、出口速度三角形得

$$W_1^2 = V_1^2 + U_1^2 - 2U_1V_1\cos\alpha_1 = V_1^2 + U_1^2 - 2U_1V_{u1} \tag{2-24}$$

$$W_2^2 = V_2^2 + U_2^2 - 2U_2V_2\cos\alpha_2 = V_2^2 + U_2^2 - 2U_2V_{u2} \tag{2-25}$$

将上列关系代入式(2-21)得

$$H\eta_h = \frac{V_1^2 - V_2^2}{2g} + \frac{U_1^2 - U_2^2}{2g} + \frac{W_2^2 - W_1^2}{2g} \tag{2-26}$$

式(2-26)为另一种形式的水轮机基本方程式，它明显给出了有效水头与速度三角形中各速度之间的关系，并表征了转轮形状与水轮机水头的关系。式中第一项为水流作用在转轮上的动能水头，第二、三项为势能水头，它主要用于克服水流因旋转产生的离心力和加速转轮中水流的相对速度。

对轴流式水轮机，式(2-26)中 $U_1 = U_2$，此时水轮机的有效水头 $H\eta_h$ 便取决于绝对速度和相对速度，但它们不能过分增大，否则会增大水力损失，这也就限制了轴流式水轮机的水头应用范围。随着水头的提高，采用混流式或斜流式更为合适。因为在这两种水轮机中，圆周速度 U_1、U_2 的差值在起作用，且水头 H 越高，作用越大。这也可解释高水头混流式水轮机 D_1/D_2 比值增加的原因。

二、基本方程式的物理意义

水轮机基本方程式是一个在实际应用中很有用的理论表达式，其物理意义可从以下几个方面来认识：

(1)水轮机基本方程式实际上是水能转变为固体旋转机械能的能量平衡方程式。右边表示单位水体的能量和工作条件，工作条件(状态)越好，能量的转换效率越高；左边则对应水流能量转换成的机械能。

(2)从理论上说明了水轮机利用水能做功的原理，它是由水流和转轮叶片相互作用的结果。水流通过水轮机时，转轮的叶片迫使水流动量矩发生变化，水流在其动量矩改变的同时，以反作用力作用于叶片，使转轮产生旋转的力矩。

(3)揭示了水能转变为旋转机械能的必要条件，要产生有效出力，则必须使转轮出口的水流能量小于其进口的水流能量，即转轮的进、出口必须存在速度矩的差值，且 $V_{u1}r_1 - V_{u2}r_2 > 0$，水轮机才能产生有效出力。需要说明的是，虽然水轮机叶片出口形状和安放角度对水流的出口速度矩的形成起着决定性的作用，但是如果在叶片设计时一味追求过小的 $V_{u2}r_2$(绝对值为较大的负值)，由于实际中叶片并非真是无限多的，流道对水流的挟持能力有限，水流在转轮出口处并不一定会按叶片限定的方向运动，可能会产生严重脱流，达不到预定的效果。这也就是在水轮机实际应用中，当严重偏离设计工况时，水轮机效率降低的原因之一。

第七节　水轮机的效率及最优工况

一、水轮机的效率

水轮机与其他运动机械一样，存在能量损失，输入功率与输出功率的差值就是水轮机工作过程中的能量损失，分析水轮机中的各种能量损失对评价水轮机的性能及确定水轮机的基本尺寸都是必需的。能量损失的表现形式有三种，即容积损失、水力损失和机械损失。无论何种形式的损失，均是水流能量的损失，最终都影响水轮机的效率，与各类损失相对应的效率是容积效率、水力效率和机械效率。

（一）水轮机的容积损失与容积效率

在水轮机运行的过程中有一部分流量$\sum q$从水轮机的固定部分与旋转部分之间的空隙（如混流式水轮机的上、下止漏环间隙，轴流式水轮机叶片与转轮之间的间隙等）中流出，这部分流量没有对转轮做功，所以称为容积损失。设进入水轮机的流量为Q，则有效流量$Q_e = Q - \sum q$，考虑了容积损失的水流净功率$N_v = \gamma(Q - \sum q)H$，水轮机的容积效率为

$$\eta_v = \frac{N_v}{N_h} = \frac{Q - \sum q}{Q} = 1 - \frac{\sum q}{Q} = \frac{Q_e}{Q} \tag{2-27}$$

为提高水轮机的容积效率，应采取有效的止漏措施，如迷宫止漏环结构，就是以减小间隙的宽度、增大间隙的长度和使间隙通道复杂化以增大漏水水流的阻力，从而达到减小漏水流量的目的，现在大型水轮机的容积效率高达99.5%~99.75%。

（二）水轮机的水力损失与水力效率

当水流通过水轮机时，为克服各过流部件的水力阻力而引起的水头损失称为水力损失。这些损失包括沿程摩擦损失、局部阻力损失和尾水管出口断面的出口流速损失等。水轮机的运行工况不同，各种水力损失的大小也不同。

(1)沿程摩擦损失。是由于水的黏性，流经蜗壳、座环、导水机构、转轮直到尾水管等所有过流部件时产生的，主要与流速及过流部件的表面粗糙度有关。

(2)局部阻力损失。是由于流道形状、过流断面面积及流动方向的突然改变，产生脱流、回流、漩涡等；绕流导叶、转轮叶片时产生的头部撞击或尾流脱流损失，局部阻力损失除与流速分布有关外，更主要取决于各过流部件形状及水轮机运行工况。

(3)尾水管出口断面的出口流速损失。水流通过转轮做功以后，仍有一部分能量以动能的形式从转轮出口流出。这部分动能虽经尾水管进行能量回收，但尾水管出口的水流仍以某一速度流出，则这部分就完全损失在下游，称为出口动能损失。水轮机偏离设计工况，尾水管回收能量的效率就会下降。

在水轮机各种损失中，以水力损失最大。

设水轮机的工作水头为H，通过水轮机的水头损失为$\sum h$，则水轮机的有效水头$H_e = H - \sum h$。考虑了流量、水头损失后，水流交付给水轮机的有效功率$N_e = \gamma Q_e H_e$，水轮机的水力效率为

$$\eta_h = \frac{N_e}{N_v} = \frac{\gamma(Q - \sum q)(H - \sum \Delta H)}{\gamma(Q - \sum q)H} = \frac{H - \sum \Delta H}{H} \tag{2-28}$$

水轮机的水力效率为水轮机有效水头与水轮机水头之比，正确设计过流部件的流线形状和提高其表面质量及控制水轮机的运行工况，可以提高水力效率。

（三）水轮机的机械损失与机械效率

在扣除水力损失与容积损失后，便可得出水流交付给水轮机的有效功率（N_e =

$\gamma Q_e H_e$)，而这些有效功率也不可能全部转换为机械能输出，其中一部分消耗在各种机械损失上，如轴承及轴承密封处的摩擦损失。对混流式水轮机还存在着不属于过流部分的外表面(如上冠背面)与周围水流之间的摩擦损失，称为轮盘损失。考虑了这些损失后，可得水轮机主轴的输出功率 $N = N_e - \sum \Delta N_m$，$\sum \Delta N_m$ 为各机械摩擦损失综合，则水轮机的机械效率为

$$\eta_m = \frac{N}{N_e} = \frac{N_e - \sum \Delta N_m}{N_e} \tag{2-29}$$

机械效率等于水轮机主轴输出功率与水流有效功率之比，近代大型水轮机的机械效率可达98% ~99%。

水轮机的总效率为

$$\eta = \frac{N}{N_h} = \frac{N_v}{N_h} \cdot \frac{N_e}{N_v} \cdot \frac{N}{N_e} = \eta_v \eta_h \eta_m \tag{2-30}$$

即水轮机效率等于其水力效率、容积效率和机械效率的乘积。

水轮机的效率是评价水轮机能量性能的基本依据。由于水轮机的效率与水轮机的形式、尺寸及运行工况等有关，因此从理论上确定效率的数值是很困难的。目前，所采用的方法是首先进行模型试验，然后将模型试验所得到的效率值经过理论换算，最后得出原型水轮机的效率。现代大型水轮机的总效率可达95% ~96%。

研究表明，对于一个确定尺寸的水轮机，在转速和工作水头不变的情况下，容积损失和机械损失的大小并不随出力的变化发生太大的变化，而水力损失则随着水轮机工况的不同，存在着非常大的差异，如图2-39所示。

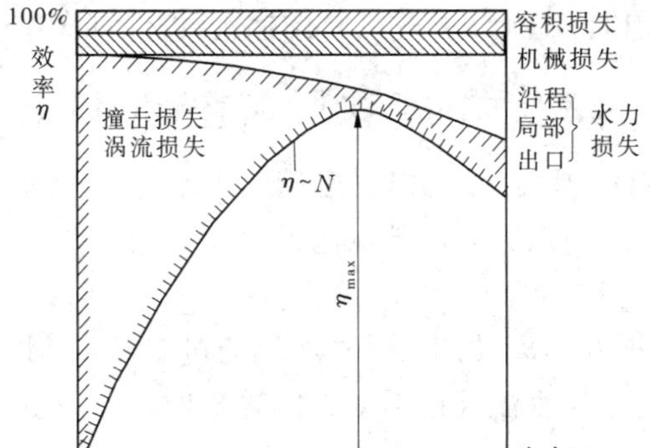

图2-39　水轮机效率与出力的关系

二、水轮机的最优工况

在水轮机的各种不同运行工况中，必然存在着一个效率最高的工况，该工况即为水轮机的最优工况。只有当转轮进、出口及流道中的各种损失之和最小时水轮机的效率才最高。从水轮机的基本方程式可以看出，水轮机的效率高低只和水流的进、出口状态有关，和中间过程无关，只有进、出口获得最佳的水流条件，水轮机的损失才最小，才可能是所谓的最优工况。

(一)无撞击进口

所谓无撞击进口,是指转轮进口的水流相对速度 W_1 的方向与转轮叶片骨线(叶片剖面型线内切圆圆心的连线)在进口处的切线方向一致,进口水流角 β_1(转轮进口水流相对速度与圆周切向的夹角)与进口叶片安放角 β_{b1}(转轮进口叶片骨线与该点圆周切线的夹角)相等,即 $\beta_1=\beta_{b1}$,如图 2-40(b)所示。

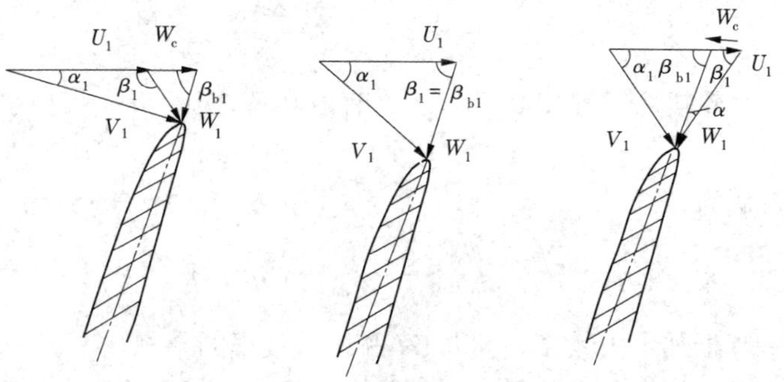

图 2-40　水流的进口情况

当水流为无撞击进口时,水流与叶片不发生撞击,其绕流是平顺的,不会产生脱流,水流和转轮进口处不存在撞击损失。

当转轮进口处水流的相对速度 W_1 与进口骨线不一致时,不可避免地要产生撞击。

(1)当 W_1 和叶片骨线的冲角 α($\alpha=\beta_1-\beta_{b1}$)为正值时,水流从叶片的正面撞击叶片,如图 2-40(a)所示。

(2)当冲角 α 为负值时,水流从叶片的背面撞击叶片,如图 2-40(c)所示。

只要有冲角 α 存在,就会产生撞击速度 W_c,造成撞击损失 $\frac{W_c^2}{2g}$,冲角 α 的绝对值越大,产生撞击速度 W_c 的绝对值越大,撞击损失也越大。水轮机的设计工况一般为无撞击进口状态或有较小的正冲角,以最大限度地减小进口撞击损失,所以无撞击进口是水轮机最优工况的条件之一。

为了改善水轮机工况在偏离设计工况时水流的进口状态,水轮机转轮叶片头部前缘一般为圆头,这种形式在进口水流存在不太大的冲角时,产生的撞击损失较小,扩大了水轮机高效区域范围。

(二)法向出口

法向出口是指转轮出口水流绝对速度 V_2 的方向是法向的,即垂直于圆周速度 U_2,如图 2-41(a)所示。根据出口速度三角形可知,出口水流绝对速度的圆周分量 $V_{u2}=0$,这种水流的出口状态不仅使转轮出口动能 $\frac{V_2^2}{2g}$ 最小,而且使进入尾水管内的水流基本不发生旋转,使尾水管的动能回收效率较高,从而减少尾水管的出口动能损失,增加水轮机的有效利用水头。所以,法向出口是水流的最优出口状态,从理论上讲,这是水轮机最优工况的另一个条件。

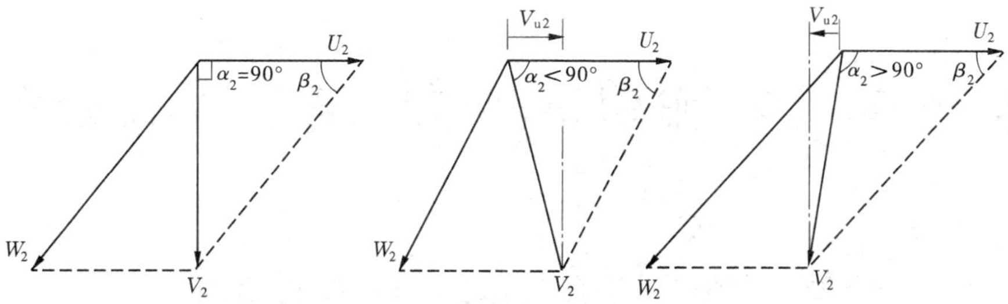

图 2-41　转轮出口处速度三角形比较

实际上，许多水轮机在设计时，往往采用使水流略带正环量($V_{u2}>0$)的出口状态。实践表明，当出口水流具有不大的正环量时，一方面可以使尾水管的水流在离心力作用下贴着尾水管的管壁流动，避免在尾水管内产生脱流损失；另一方面由于在转轮出口处带有一定的V_{u2}成分，可以使出口处水流的相对速度W_2减小，从而减少了转轮中的摩擦损失，水轮机的效率不仅不会降低，而且有利于改善水轮机的空蚀性能。但V_{u2}无论正、负，当绝对值过大时，尾水管中将会出现偏流的旋转真空涡带，引起水流压力脉动，也会引起水轮机的空蚀与振动。

水轮机在实际工作过程中，其工况是经常变动的。当在最优工况运行时，不仅效率最高，而且运行稳定，空蚀性能也好；当偏离最优工况时，效率就会下降，空蚀也会随之加剧，严重时甚至会使水轮机的工作遭到破坏。因此，必须对水轮机的工作范围即运行工况的范围加以限制，避免造成水力资源浪费和影响水轮机的使用寿命。

第三章　水轮机的蜗壳、尾水管及空蚀

第一节　蜗壳的形式及主要参数

一、水轮机蜗壳的形式

水轮机蜗壳是水流流经水轮机的第一个部件，也是水轮机尺寸最大的部件之一，某些情况下，蜗壳尺寸的大小，直接决定着水电站厂房平面尺寸的大小。蜗壳的功用是能形成一定的环量，具有合理的断面尺寸、形状和强度，保证在蜗壳内有较小的水力损失，使水流进入导水机构时撞击小、流量均匀并形成轴对称进水。

按照水轮机的形式、水头和流量的不同，蜗壳的形式也有所不同：

(1)当工作水头 $H>40$ m 时，通常采用金属蜗壳。这种蜗壳水头条件好，损失大，多适用于中高水头水电站。蜗壳在座环外缘包围的角度称为蜗壳的包角，包角越大，水流进入座环时的对称性和均匀性越好。金属蜗壳的包角较大，一般为 345°左右[由于金属蜗壳尾部(也称鼻端)的结构尺寸及座环蝶边连接上的要求，包角不能达到 360°]，也称为全蜗壳。

按制造方法不同，金属蜗壳又可分为焊接、铸焊和铸造三种类型。金属蜗壳的结构形式取决于水轮机的水头和尺寸，对于尺寸较大的中低水头混流式水轮机一般都采用钢板焊接结构(见图 3-1)。为了节省钢板，钢板厚度应根据蜗壳断面受力不同而不同，通常蜗壳进口断面厚度较大，愈接近蜗壳鼻端则厚度愈小。对于转轮直径 $D_1<3$ m 的高水头混流式水轮机，一般采用铸焊或铸造结构，图 3-2 为分四块铸造的蜗壳。铸造蜗壳刚度较大，能承受一定的外压力，故常作为水轮机的支承点，并在其上面直接布置导水结构及其传动装置。铸造蜗壳一般不全部埋入混凝土。焊接蜗壳的刚度较小，常埋入混凝土，在其上半圆周外壁铺设沥青、毛毡或泡沫塑料等形成一定厚度的软性层，或在其内部按最大工作水头充压的情况下浇筑混凝土，以减小金属蜗壳和外围混凝土间力的传递。

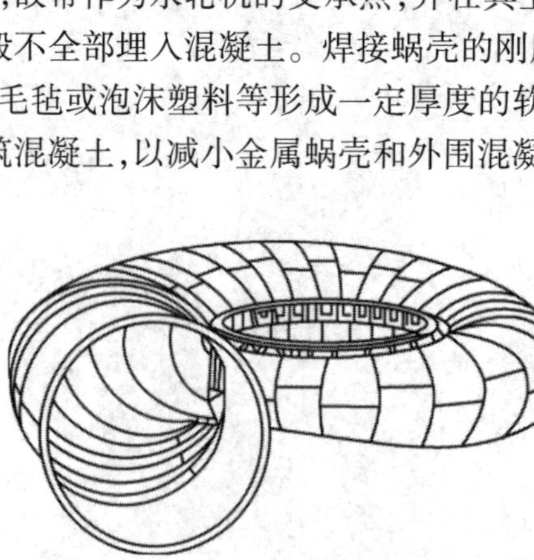

图 3-1　钢板焊接蜗壳

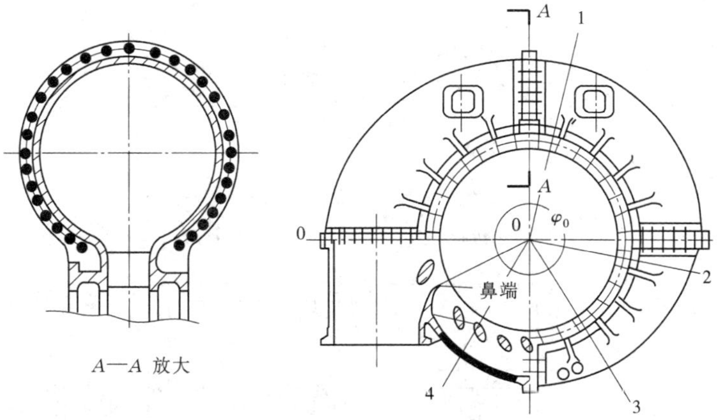

图 3-2　分四块铸造的蜗壳

(2)当工作水头 $H<40$ m 时,多采用钢筋混凝土浇筑成的蜗壳,简称混凝土蜗壳。适用于低水头、大流量水电站,这种蜗壳比金属蜗壳水流条件差,损失大,但混凝土蜗壳的断面在一定范围内可以沿轴向向上或向下延伸,做成窄长形的,在断面相等的情况下,比圆形断面有较小的径向尺寸,另外包角较小(180°~270°),其平面外轮廓尺寸也相对较小,在一定程度上可以减小水电站厂房的平面尺寸。混凝土蜗壳实际上是直接在厂房下部大体积混凝土中形成的蜗形空腔,当采取钢板衬砌及混凝土预应力等措施后,混凝土蜗壳适用水头可大于 40 m,目前最大用到 80 m。

二、水轮机蜗壳的断面形式

(一)金属蜗壳断面形式

为了改善金属蜗壳的受力状态,金属蜗壳的断面采用接近于圆形的断面,在接近鼻端,由于和座环蝶形边光滑过渡及焊接上的需要,断面形状接近于椭圆形。如果将金属蜗壳自鼻端每隔一定角度的断面,全部旋转到蜗壳的进口处,如图 3-3 所示,则可看出金属蜗壳断面变化的情况。图 3-3 中,0、1、2、3、4 分别对应图 3-2 中的相应断面。

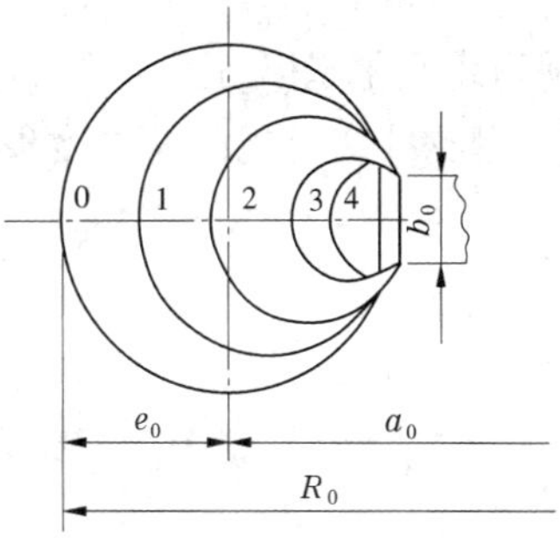

图 3-3　金属蜗壳的断面形式

(二)混凝土蜗壳断面形式

混凝土蜗壳的断面常做成梯形, 以便于施工和减小其径向尺寸, 降低厂房的土建投资。这种蜗壳的进口断面形式有四种,如图 3-4 所示。图 3-4(a)、(b)是两种($m=n$、$m>n$)常用的形式,其优点是便于布置导水机构接力器及其传动机构和可以降低水轮机层的地面高程,缩短主轴长度。当尾水管高度较小、地基岩体开挖困难时,可采用图 3-4(c)($m<n$)的形式。图 3-4(d)($n=0$)的形式,由于其断面过分下伸对水流进入导水机构不利,因此很少采用。

混凝土蜗壳进口断面形式的选择应满足下列条件:

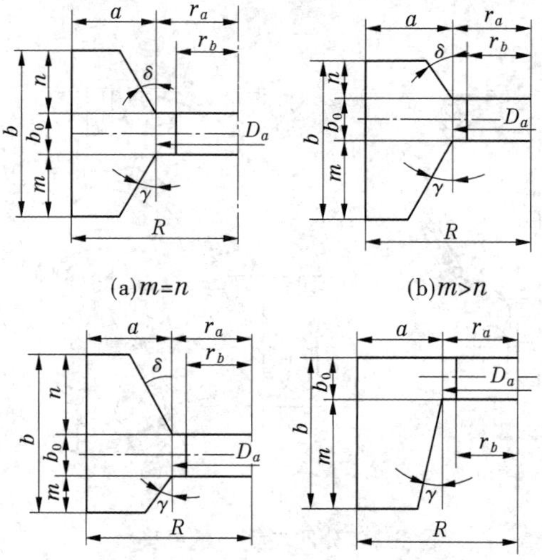

(a)$m=n$　(b)$m>n$

(c)$m<n$　(d)$n=0$

图 3-4　混凝土蜗壳进口断面形式

(1)一般情况下,角度 $\delta=20°\sim30°$,通常取 $\delta=20°\sim35°$。

(2)当 $n=0$ 时,$\gamma=10°\sim15°$,$b/a=1.5\sim1.7$,可达 2.0。

(3)当 $m>n$ 时,$\gamma=10°\sim20°$,$(b-n)/a=1.2\sim1.7$,可达 1.85。

(4)当 $m\leqslant n$ 时,$\gamma=20°\sim35°$,$(b-m)/a=1.2\sim1.7$,可达 1.85。

当混凝土蜗壳的进口断面形式确定后,其中间断面形状可由各断面的顶角点及底角点的变化规律来确定。通常采用直线变化规律[图 3-5(a)中的 AB、CD 虚线]或向内弯曲的抛物线变化规律[图 3-5(b)中的 EF、GH 虚线]。直线变化规律对设计及施工比较方便,而抛物线变化规律的水力条件较好。

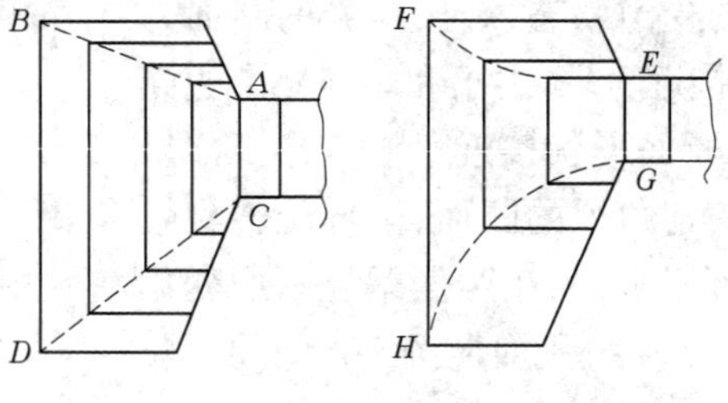

(a)直线变化规律　(b)曲线变化规律

图 3-5　混凝土蜗壳的断面变化规律

三、蜗壳水力计算及外轮廓尺寸确定

(一)蜗壳进口流量确定

对于已选定的水轮机,最大流量 Q_{max} 为已知,根据由蜗壳进入水轮机座环的水流要求均匀轴对称的原理,蜗壳进口断面流量和蜗壳包角 φ_0 有关,则蜗壳的进口流量为

$$Q_c=\frac{\varphi_0 Q_{max}}{360°} \tag{3-1}$$

对于由鼻端算起包角为 φ_i 的任一断面，对应的过流量为

$$Q_i = \frac{\varphi_i Q_{max}}{360°} \tag{3-2}$$

（二）蜗壳进口平均流速确定

蜗壳进口平均流速 V_c 越大，蜗壳的断面尺寸就越小，就越有可能减小水电站厂房的平面尺寸。但过大的蜗壳进口平均流速，必将使蜗壳内的水力损失增大，减小了水流能量的有效转换程度，使水轮机的整体效率下降。因此，合理选择蜗壳进口的平均流速非常重要。蜗壳进口平均流速可根据水轮机设计水头 H_r从图3-6中的经验曲线查取。在一般情况下，可取图3-6中的中间值；对金属蜗壳和有钢板里衬的混凝土蜗壳，可以取上限值；当布置不受限制时，也可以取下限值，但 V_c不应小于引水道中的流速。

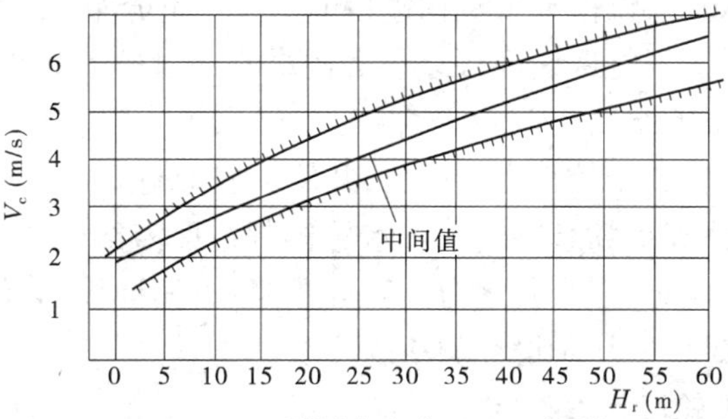

(a)适用水头小于60 m情况

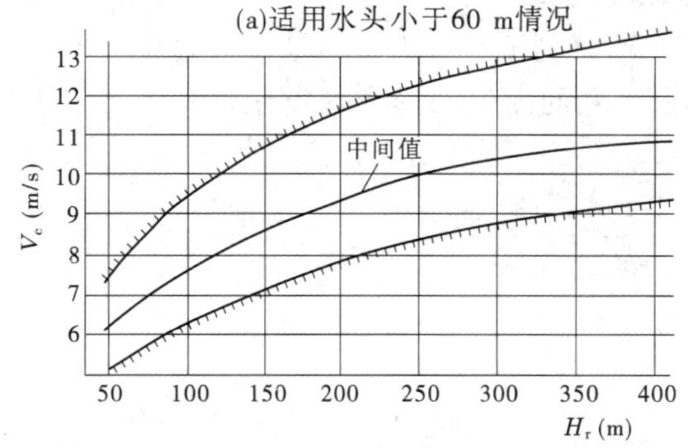

(b)适用水头50~400 m情况

图3-6　蜗壳进口断面平均流速经验曲线

（三）对蜗壳内水流运动的假定

蜗壳内进口平均速度确定后，依据蜗壳的进口流量可以得出蜗壳的进口面积。为了使蜗壳满足轴对称均匀进水的要求，并且尽量要减小水流在蜗壳内的水力损失，就必须研究水流在蜗壳内的运动规律，设计出合理的蜗壳中间断面的形式。

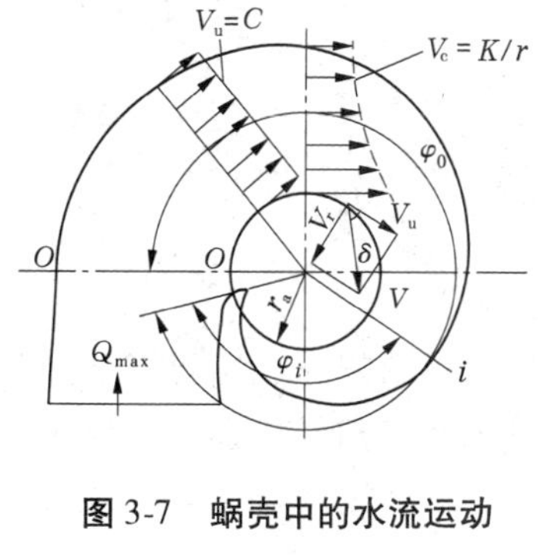

图3-7　蜗壳中的水流运动

目前，关于水流在蜗壳中的运动规律（见图3-7）说法不一，常用的有以下两种假定：

（1）认为水流基本上是一种有势流动，假定

水流的黏性很小，可忽略其内在的摩擦损失；假定蜗壳内壁光滑且无异物，水流自身不旋转，在蜗壳内不做功；假定水流的运动是轴对称运动。

基于以上假定，水流在蜗壳内做无旋转有势轴对称运动，从而满足等速度矩定理，即

$$V_u r = C \tag{3-3}$$

式中　V_u——速度的切向分量；

r——水流质点到水轮机轴心的距离；

C——常数。

（2）任一断面上沿径向各点的水流圆周分速度等于一个常数，即

$$V_u = C \tag{3-4}$$

式中　C——常数，显然 $C = V_c$。

当采用式(3-3)假定时，可使导水机构进口的水流环量分布满足均匀、轴对称的要求。而采用式(3-4)假定时，则不能保证进入导水机构水流环量的轴对称性，从而可能导致转轮径向受力的不平衡，影响水轮机运动的稳定性。但采用式(3-4)设计的蜗壳在其尾部流速较小，断面尺寸较大，有利于减小水头损失，并便于加工制造。

在水电站设计时，蜗壳尺寸最终应采用水轮机制造厂家给定的数据。在初步设计估算时，建议采用式(3-4)假定，因为其水力计算方法简单，而计算结果与式(3-3)假定的计算结果很接近，能够满足厂房初步设计的精度要求。

（四）金属蜗壳的外轮廓尺寸确定

假定蜗壳自进口到鼻端任意断面 i 均认为是一个紧靠在固定导叶外侧的完整圆形断面面积，如图 3-8 所示。对于进口断面

$$F_c = \frac{Q_c}{V_c} = \frac{Q_{max}\varphi_0}{360°V_c} \tag{3-5}$$

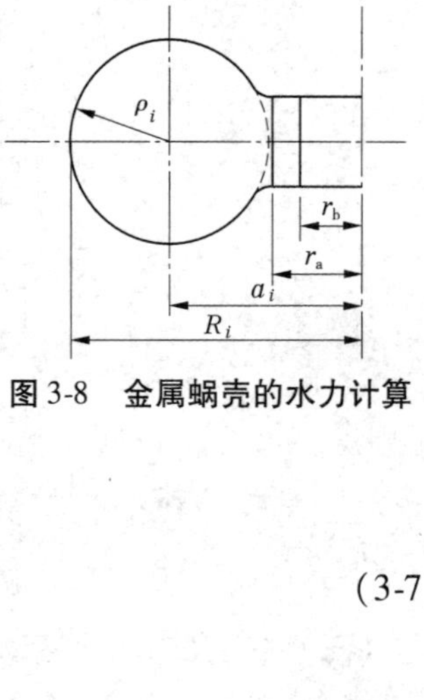

图 3-8　金属蜗壳的水力计算

则进口断面的半径

$$\rho_c = \rho_{max} = \sqrt{\frac{F_c}{\pi}} = \sqrt{\frac{Q_{max}\varphi_0}{360°V_c\pi}} \tag{3-6}$$

从水轮机主轴中心线到蜗壳进口外边缘的半径为

$$R_{max} = r_a + 2\rho_{max} \tag{3-7}$$

对中间任一断面 i，流量为

$$Q_i = \frac{\varphi_i}{360°}Q_{max} \tag{3-8}$$

断面半径

$$\rho_i = \sqrt{\frac{Q_{max}\varphi_i}{360°V_c\pi}} \tag{3-9}$$

式中　φ_i——自蜗壳鼻端起算至计算断面的角度。

从主轴中心到该断面的外缘半径为

$$R_i = r_a + 2\rho_i \tag{3-10}$$

式中　r_a——水轮机座环固定导叶的外半径。

将蜗壳各计算断面的外缘连接起来，便可得到蜗壳的平面单线图，如图 3-9 所示的外轮廓线。

用这种方法得出的蜗壳各断面，没有考虑蜗壳断面和水轮机座环蝶形边的实际连接方式，相当于用蜗壳各断面圆（实际上蜗壳各断面不是标准的圆形）和座环固定导叶外缘相切，从而得出该断面蜗壳外缘的半径。但确定出来的蜗壳外轮廓与实际轮廓的差别很小，并不影响确定水电站厂房平面尺寸的精度。

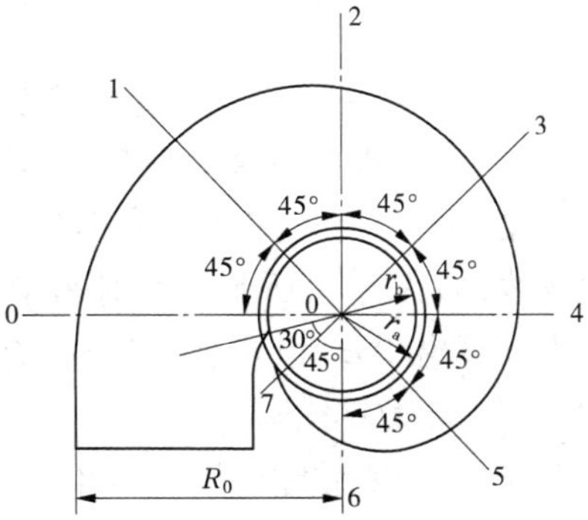

0 ~7—蜗壳 8 个断面的平面位置

图 3-9　金属蜗壳的平面单线图

（五）混凝土蜗壳的外轮廓尺寸确定

确定混凝土蜗壳的断面尺寸，首先要假设蜗壳自进口到鼻端各断面的变化规律。通常蜗壳断面的变化规律有两种形式：顶角和底角按直线变化，如图 3-5（a）所示；顶角和底角按抛物线变化，如图 3-5（b）所示。

下面以图 3-5（a）的直线变化规律为例，说明由几何关系计算断面面积及推算对应角度的过程。

如图 3-10 所示，进口断面面积由几何关系可知

$$F_c = ab - \frac{1}{2}n^2\tan\delta - \frac{1}{2}m^2\tan\gamma \tag{3-11}$$

式中　$b = m + n + b_0$

根据选定的进口断面形式及式（3-5）和式（3-11）可求出面积为 F_c 的断面尺寸，包括 a、b、m、n。

从水轮机主轴到蜗壳进口的外边缘半径为

$$R_0 = r_a + a \tag{3-12}$$

式中　r_a——座环固定导叶外缘半径。

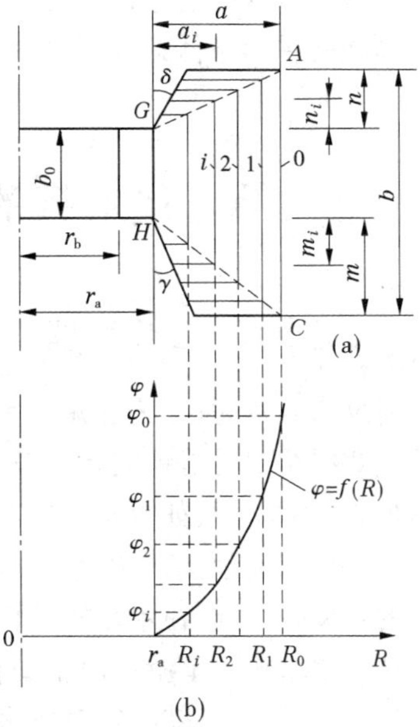

图 3-10　混凝土蜗壳的水力计算

对于中间的第 i 个断面，可根据图 3-10 中的 R_i 确定 a_i、n_i、m_i、b_i，即

$$a_i = R_i - r_a \tag{3-13}$$

$$n_i = k_1 a_i \tag{3-14}$$

$$m_i = k_2 a_i \tag{3-15}$$

$$b_i = b_0 + n_i + m_i \tag{3-16}$$

其中，$k_1 = n/a$、$k_2 = m/a$。

又

$$F_i = a_i b_i - \frac{1}{2}m_i^2\tan\gamma - \frac{1}{2}n_i^2\tan\delta = \frac{Q_{\max}\varphi_i}{360°V_c} \tag{3-17}$$

根据式(3-17)及式(3-5)可计算出 i 断面所对应的蜗壳包角 φ_i，即

$$\varphi_i = \frac{\varphi_0}{F_c} F_i \tag{3-18}$$

根据 φ_i（$i=1$、$2\cdots$，φ_1 为蜗壳进口断面的包角 φ_0）依次做出自水轮机轴心的射线，在射线上截取对应于 φ_i 的 R_i，光滑连接各点可得到混凝土蜗壳外缘的轮廓线，如图 3-11 所示。有时为了便于做图，也可以根据计算出的 φ_i 和 R_i，绘制 $\varphi_i = f(R_i)$ 曲线，按特殊角绘制外轮廓单线图。

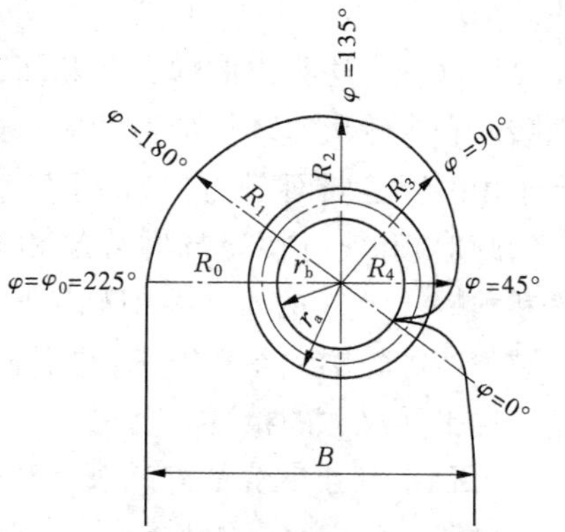

图 3-11　混凝土蜗壳平面单线图

图 3-11 中蜗壳宽度 B 值可由下式确定：

$$B = R_0 + (1.0 \sim 1.1)D_1 \tag{3-19}$$

蜗壳包角 $\varphi_0 > 180°$时通常取

$$B = R_0 + D_1 \tag{3-20}$$

当混凝土蜗壳的进口宽度 B 很大时，为了改善进水道顶板的受力条件，可在进口段中间增设中间支墩，支墩末端与机组中心的距离一般应小于 $1.3D_1$。

第二节　尾水管的工作原理、形式及主要尺寸确定

一、尾水管的工作原理

对反击式水轮机，为了减小水电站地下厂房的下挖深度和水轮机安装检修上的方便，希望立式机组尽可能地安装在较高的位置，并尽可能高出下游水位。对于只能安装在下游水位以下的机组，如果水轮机转轮出口的水流直接排入范围较大的水体中，不仅会引起转轮出口处水流紊乱，影响水轮机平稳运行，而且会损失水轮机工作水流的能量，降低水轮机的效率。因此，在水轮机的转轮出口装置尾水管，使从转轮流出的水流进入尾水管，并通过尾水管排入下游。由于安装了尾水管，必然会使水流的流态发生变化。为了提高水轮机的运行效率，就必须对尾水管的工作情况和工作原理进行分析。

为了说明问题，将水电站的构造建筑物进行简化（见图 3-12），1—1 断面表示上游水面，2—2 断面表示水轮机转轮的出口断面，5—5 断面表示下游水面，也作为分析的基准面。

当水轮机装置在下游水面以上，设转轮出口下游水面的高度为 H_2，转轮出口流速为 V_2，转轮出口处相对于基准面单位水体的能量就是未被水轮机利用的能量，可表示为

$$E_2 = \frac{P_2}{\gamma} + H_2 + \frac{\alpha_2 V_2^2}{2g} \tag{3-21}$$

式中　α_2——2—2 断面处的水流动能校正系数；

P_2——2—2 断面处的压力。

当水轮机不设置尾水管时，如图 3-12(a)所示，水流自转轮流出后即进入大气并自由

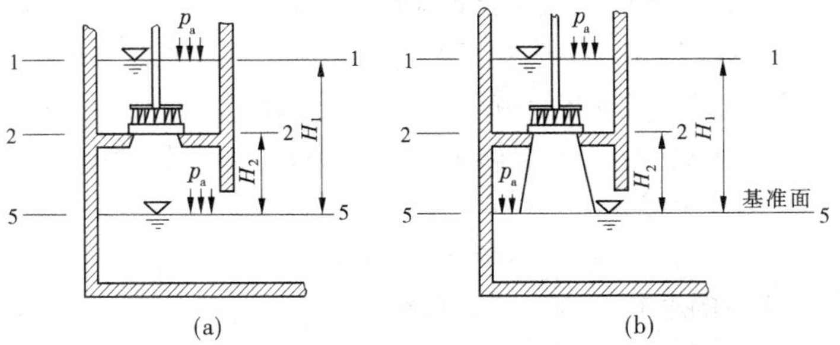

图 3-12　尾水管工作原理分析简图

落入下游水面，2—2 断面处的压力 P_2 为大气压，则转轮出口的损失能量 E_2' 为

$$E_2' = H_2 + \frac{\alpha_2 V_2^2}{2g} \tag{3-22}$$

为了减小损失，以提高水轮机的利用能量，则在水轮机出口处装置了圆锥形的尾水管并保持密闭，如图 3-12(b)所示。此时转轮出口 2—2 断面，即尾水管进口断面处的压力 P_2 就不再是大气压，其值可由 2—2 断面与尾水管出口 5—5 断面的伯努利方程式求得

$$\frac{P_2}{\gamma} + H_2 + \frac{\alpha_2 V_2^2}{2g} = \frac{P_5}{\gamma} - H_5 + \frac{\alpha_5 V_5^2}{2g} + h_{2-5} \tag{3-23}$$

式中　P_5——5—5 断面处的压力；

h_{2-5}——尾水管从进口至出口的水头损失。

式(3-23)亦可写为

$$\frac{P_2}{\gamma} = -H_2 - \left(\frac{\alpha_2 V_2^2 - \alpha_5 V_5^2}{2g} - h_{2-5}\right) \tag{3-24}$$

式(3-24)说明，在设置尾水管后，转轮出口形成了压力降低，即出现了真空现象，此真空值由两部分组成：一部分由落差 H_2 形成，称为静力真空，H_2 也称为吸出高，可用专门的符号 H_s 表示；另一部分则由尾水管进、出口动能差并扣除水头损失形成，称为动力真空，它是通过圆锥形尾水管对水流的扩散作用而形成的。

将式(3-24)代入式(3-21)，则可得出当设置尾水管时，转轮出口处水流的能量损失 E_2'' 为

$$E_2'' = -H_s - \left(\frac{\alpha_2 V_2^2 - \alpha_5 V_5^2}{2g} - h_{2-5}\right) + H_s + \frac{\alpha_2 V_2^2}{2g} = \frac{\alpha_5 V_5^2}{2g} + h_{2-5} \tag{3-25}$$

由式(3-25)可以得出，由于设置了尾水管，水流在转轮出口的能量损失大大减小，其值取决于尾水管的出口动能损失和内部水力损失。

从 E_2' 中减去 E_2''，便可得出由于设置了尾水管后水轮机能够多利用的能量 ΔE 为

$$\Delta E = E_2' - E_2'' = H_s + \left(\frac{\alpha_2 V_2^2 - \alpha_5 V_5^2}{2g} - h_{2-5}\right) \tag{3-26}$$

式(3-26)说明，水轮机利用的能量多是由势能落差 H_s 和大部分转轮出口动能所组成的。由于这部分能量在尾水管进口处形成压力降低，出现真空，于是便增大了转轮进、出口的压力差，因此也增加了转轮可利用的能量。

为了增大转轮可利用的能量，可采用增大尾水管的出口断面以减小出口流速 V_5 的办法来实现。在尾水管高度一定时，若过分增大出口断面会形成管壁脱流现象，所以一般限制尾水管的扩散角 $\theta<8°$。但也有利用 θ 为 12°～14°的情况，因为当选择的最优工况使水流的出口角 α_2 略小于 90°时，这样旋转不大的水流离心力可阻止脱壁现象，增大了出口断面，可使尾水管的能量增加。

综上所述，水轮机尾水管的作用可归纳如下：

(1)汇集转轮出口的水流，并引导水流排至下游。

(2)当 $H_s>0$ 时，以静力真空的方式使水轮机完全利用这一高度所具有的势能。

(3)以动力真空的方式使水轮机回收转轮出口水流的大部分动能。

吸出高 H_s 值，完全取决于水轮机的安装高程。它是水电站设计人员根据需要确定的，与尾水管自身的性能并无直接关系。

水轮机转轮出口动能占动能的比值往往是很可观的，对混流式水轮机可达 5%～10%，对低水头轴流式水轮机可达 30%～40%，而这一部分动能的恢复却紧密地与尾水管的扩散作用和内部的损失有关。所以，衡量尾水管性能指标，主要看它对转轮出口动能的恢复程度如何，这种恢复程度一般用尾水管的动能恢复系数 η_ω 来表示，它是尾水管内形成的动力真空值与转轮出口势能的比值，即

$$\eta_\omega=\frac{\dfrac{\alpha_2 V_2^2-\alpha_5 V_5^2}{2g}-h_{2-5}}{\dfrac{\alpha_2 V_2^2}{2g}} \tag{3-27}$$

当尾水管的扩散角 θ 及其他尺寸选择最优时，直锥形尾水管的动能恢复系数 η_ω 可取 80%～85%。

在式(3-27)中，将尾水管总的水头损失采用 $\sum h$ 表示，其值为

$$\sum h=\frac{\alpha_5 V_5^2}{2g}+h_{2-5}=\zeta_\omega\frac{\alpha_2 V_2^2}{2g} \tag{3-28}$$

式中　ζ_ω——尾水管的水力损失系数。

将式(3-28)代入式(3-27)中，整理后得

$$\eta_\omega=1-\zeta_\omega \tag{3-29}$$

尾水管是反击式水轮机过流通道的最后一个部件，转轮出口的水流通过尾水管将流速逐渐减小后排入下游，因而尾水管的形式和尺寸对转轮出口动能的恢复有很大的影响，这种影响具体以尾水管的动能恢复系数 η_ω 来衡量。在水电站设计中，尾水管的形式和尺寸在很大程度上还影响着厂房基础开挖和下部混凝土块体的尺寸。增大尾水管的尺寸可以提高水轮机的效率和过水能力，但使水电站的工程量和投资增大。因此，合理地选择尾水管的形式和尺寸在水电站设计中有着重要的意义。

二、尾水管的形式及主要尺寸的确定

尾水管的形式有很多种，目前工程上常用的有直锥形、弯锥形和弯肘形三种形式的尾水管。

（一）直锥形尾水管

直锥形尾水管一般用钢板制作，其结构简单、性能良好，其动能恢复系数可达0.8～0.85。这是一种最简单且性能最好的尾水管，但其厂房下部开挖量大，故仅适用于小型水轮机。

图3-13为直锥形尾水管及其尾水室尺寸，图中D_3为尾水管的进口直径，它与转轮的下环相衔接；D_5为尾水管的出口直径，与出口流速V_5有关，当减小V_5时可以提高动能恢复系数η_ω，但减小到一定程度时，根据经验η_ω提高得很少，反而会使尾水管的长度增加，所以一般都将出口流速控制在$V_5=(0.235\sim0.7)\sqrt{H}$；$L$为尾水管长度，$\theta$为尾水管的锥角，为了减少挖方，一般合理的$\frac{L}{D_3}=3\sim4$，相应的$\theta=12°\sim14°$，锥角$\theta$过大会引起脱流。为了保证尾水管排出的水流在尾水渠中能够顺畅，尾水渠的尺寸应不小于下列数值：$h=(1.1\sim1.5)D_3$；$B=(1.2\sim1.0)D_3$；$C=0.85B$。

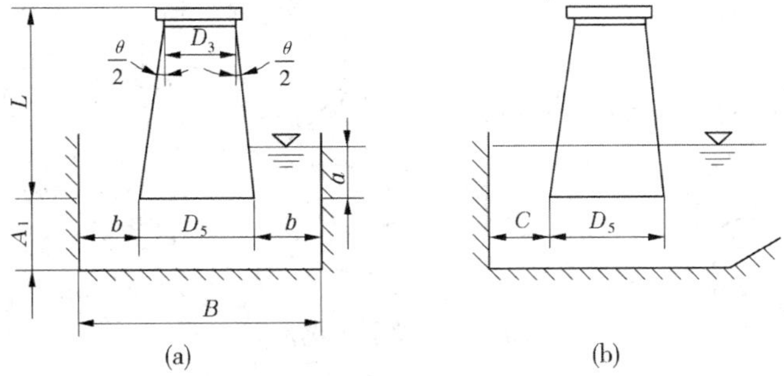

图3-13　直锥形尾水管及其尾水室尺寸

同时，为了保证尾水管的工作，其出口应淹没在下游水位以下，淹没深度应不小于0.3～0.5 m。

（二）弯锥形尾水管

弯锥形尾水管由弯管和直锥管两部分组成。由于水流出转轮后急剧转弯，水力损失大，效率较低，但构造简单，用于小型卧轴混流式水轮机。一般随水轮机配套供应。弯锥形尾水管动能恢复系数一般为0.4～0.6。

图3-14为弯锥形尾水管，由一等直径的90°弯管和一直锥管组成，其直锥管的形式与尺寸的确定和直锥形尾水管完全一样。

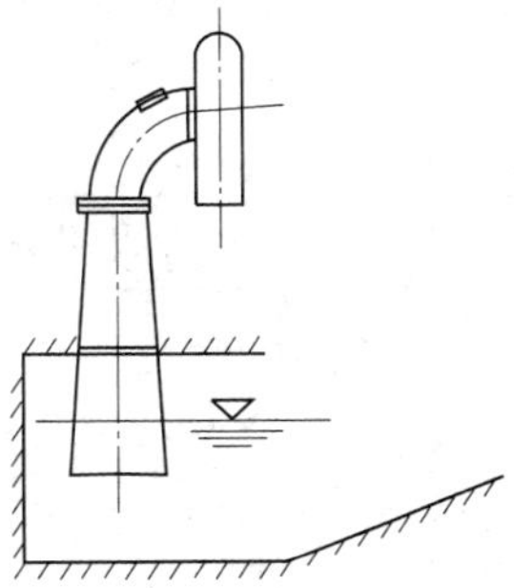

图3-14　弯锥形尾水管

（三）弯肘形尾水管

对于大中型水轮机，为了减小水电站厂房的开挖深度，几乎全部采用弯肘形尾水管。弯肘形尾水管由直锥管、肘管和水平扩散管三部分组成，肘管进口是圆形断面，和直锥管相接；肘管的出口是矩形断面，和水平扩散管相接；肘管中间各断面则由圆形逐渐变为矩形。弯肘形尾水管增加了水流转弯及流速不均匀所造成的附加水头损失，所以弯肘形尾水管的动能恢复系数较直锥形尾水管低，为0.75～0.8。

图3-15为弯肘形尾水管。轴流式水轮机的弯肘形尾水管和混流式水轮机的弯肘形尾

水管没有原则上的区别。单纯从能量观点看,混流式水轮机过水能力比轴流式小,尾水管的高度可以取得小一些,但由于混流式水轮机的叶片不能转动,在非设计工况下,转轮出口的水流会产生旋转形成涡带,发生空腔空蚀。为了保证机组安全运行,混流式水轮机尾水管的高度反而需要取得较大一些,使涡带作用不到肘管底部,从而减弱由此引起的厂房振动。

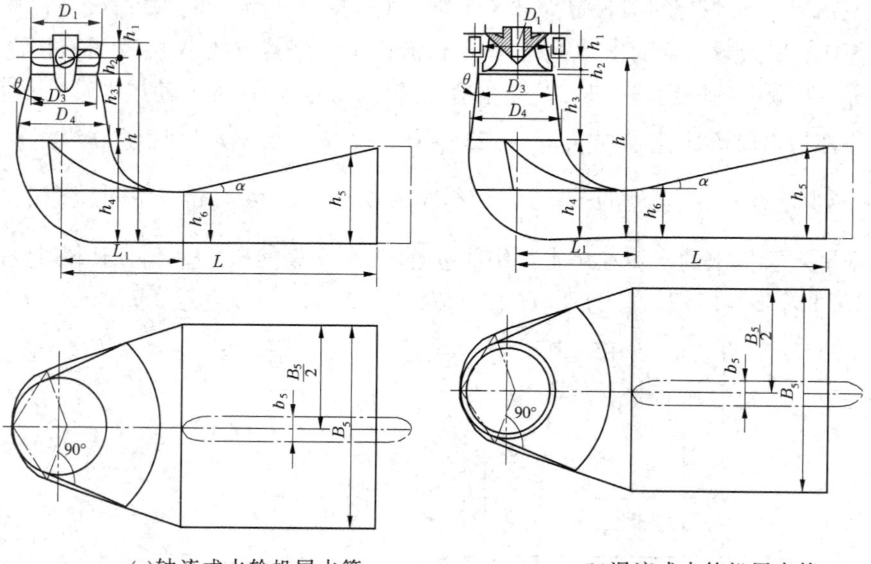

(a)轴流式水轮机尾水管　　(b)混流式水轮机尾水管

图 3-15　弯肘形尾水管

由于弯肘形尾水管内的水流运动非常复杂,目前,还找不到一种满意的理论计算方法。因此,一般均是通过试验来确定弯肘形尾水管的最优尺寸。对于标准型号的水轮机转轮,通过试验都配有水力性能良好的标准化尾水管。在水电站初步设计时,可根据选择的水轮机,使用对应推荐的尾水管来确定相关的尺寸,具体参见表 3-1。在实际水电站设计中,应采用水轮机厂家提供的尺寸。

表 3-1　推荐的尾水管尺寸

h/D_1	L/D_1	B_5/D_1	D_4/D_1	h_4/D_1	h_6/D_1	L_1/D_1	h_5/D_1	肘形	适用范围
2. 2	4. 5	1. 808	1. 10	1. 10	0. 574	0. 94	1. 30	金属里衬肘管 $h_4/D_1=1.1$	混流式 $D_1>D_2$
2. 3	4. 5	2. 420	1. 20	1. 20	0. 600	1. 62	1. 27	标准混凝土肘管	轴流式
2. 6	4. 5	2. 720	1. 35	1. 35	0. 675	1. 82	1. 22	标准混凝土肘管	混流式 $D_1\leqslant D_2$

对于图 3-15 所示的混流式水轮机和轴流式水轮机的尾水管,在一般情况下,其尺寸可根据表 3-1 确定。图 3-15 中的 h_1、h_2 可按转轮型号从结构上确定。

下面简要介绍弯肘形尾水管各部分形状和尺寸的选择方法。

1. 进口直锥段

进口直锥段是一段垂直的圆锥形扩散管,其内壁设金属里衬,以防止旋转水流和涡带脉动压力对管壁的破坏。其单边扩散角 θ 最优值为:对于混流式水轮机 $\theta=7°\sim9°$;对于

转桨式水轮机 $\theta = 8° \sim 10°$，轮毂比 $d_g/D_1 > 0.45$ 时，取下限值。

2. 中间弯肘段（肘管）

中间弯肘段常称为肘管，它是一段 90°转弯的变截面弯管，其进口断面为圆形，出口断面为矩形，如图 3-16 所示。水流在肘管中的运动很复杂，其压力和流速的分布很不均匀，从而产生较大的水力损失，直接影响尾水管的性能。但是目前尚无法采用理论计算的办法来完成肘管断面形状及其尺寸的设计，因此通常只能经过反复试验后才能找到一些性能良好的肘管形式。为了便于实际工程设计应用，目前已有一些定型的标准肘管。

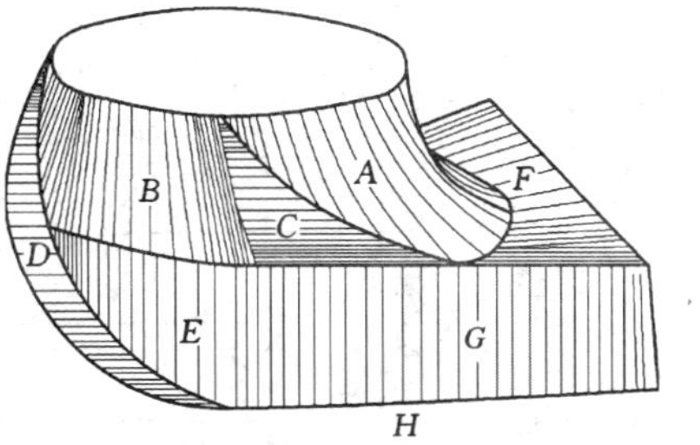

图 3-16　标准混凝土肘管的透视图

在表 3 1 推荐使用的标准混凝土肘管的尺寸如表 3 2 和图 3 17 所示。其中，所列的数据对应 $h_4 = D_4 = 1\ 000$ mm，应用时乘以选定的 h_4（或与之相等的 D_4）即可得到所需值。

表 3-2　标准混凝土肘管尺寸　（单位：mm）

Z	y_1	x_1	y_2	x_2	y_3	x_3	R_1	R_2	F
50.00	−71.90	605.20							
100.00	41.70	569.45							
150.00	124.56	542.45			94.36	552.89		579.61	79.61
200.00	190.69	512.72			94.36	552.89		579.61	79.61
250.00	245.60	479.77			94.36	552.89		579.61	79.61
300.00	292.12	444.70			94.36	552.89		579.61	79.61
350.00	331.94	408.13			94.36	552.89		579.61	79.61
400.00	366.17	370.44			94.36	552.89		579.61	79.61
450.00	395.57	331.91			94.36	552.89		579.61	79.61
500.00	420.65	292.72	−732.66	813.12	94.36	552.89	1 094.52	579.61	79.61
550.00	441.86	251.18	−457.96	720.84	99.93	545.79	854.01	571.65	71.65
600.00	459.48	209.85	−344.72	679.36	105.50	537.70	761.82	563.69	63.69
650.00	473.74	168.80	−258.78	616.48	111.07	530.10	696.36	555.73	55.73
700.00	484.81	128.09	−187.07	618.07	116.65	522.51	645.71	547.77	47.77
750.00	492.81	87.76	−124.36	592.50	122.22	514.92	605.41	539.80	39.80
800.00	497.84	47.86	−67.85	568.80	127.79	507.32	572.92	531.84	31.84
850.00	499.94	8.00	−15.75	546.65	133.36	499.73	546.87	523.88	23.88
900.00	500.00	0	33.40	525.33	138.93	492.13	526.40	515.92	15.92
950.00	500.00	0	81.50	504.36	144.50	484.54	510.90	507.96	7.96
1 000.00	500.00	0	150.07	476.95	150.07	476.95	500.00	500.00	0

由于肘管形状太复杂，因此肘管内一般不设金属里衬，但当水头大于 150 m 或尾水管内平均流速大于 6 m/s 时，为防止高速水流，特别是高含沙量水流对肘管内壁混凝土的冲刷和磨蚀，一般应设金属里衬。此时，为便于里衬钢板成型，肘管形状常为由进口圆形经

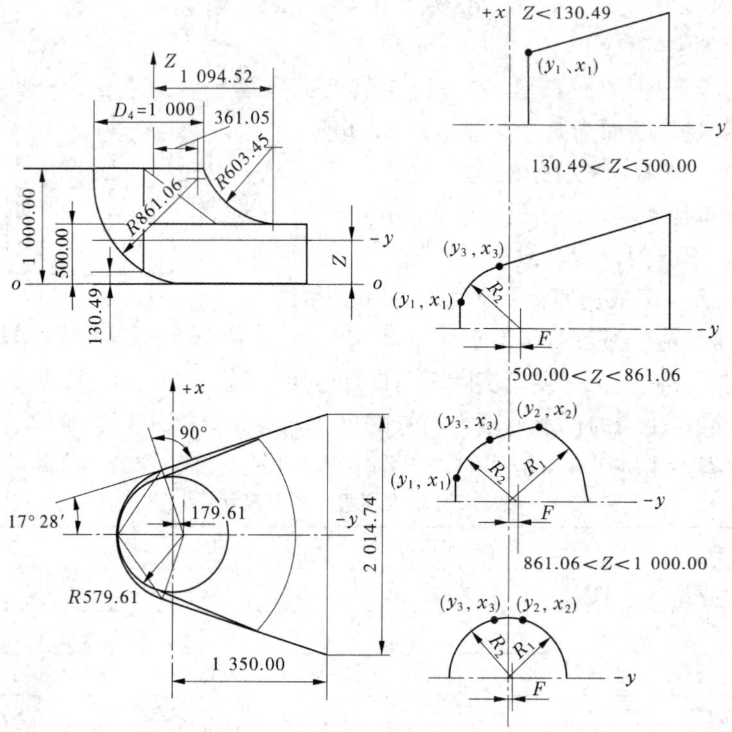

图 3-17　标准混凝土肘管　（单位:mm）

椭圆过渡到出口矩形,这种肘管也已有定型尺寸,可参阅有关设计手册。

3. 出口扩散段

出口扩散段是一段水平放置、两侧平行、顶板上翘 α 角矩形扩散管。其顶板和仰角一般取 $\alpha=10°\sim13°$。当出口宽度过大时,可按水工结构要求加设中间支墩,支墩厚度取 $b_5=(0.1\sim0.15)B_5$,并考虑尾水门槽布置的需要,如图 3-15 所示。出口扩散段内通常不加金属里衬。

4. 尾水管的高度

尾水管的高度 h 指水轮机底环平面至尾水管底板的高度,如图 3-15 所示,它是决定尾水管性能的主要参数。增大 h 可提高尾水管的效率,但将增加厂房土建投资;减小 h 会影响尾水管的工作性能,降低水轮机效率,甚至影响机组运行的稳定性。根据实践经验,高度 h 应满足如下要求:对于转桨式水轮机,$h\geq2.3D_1$,最低不得小于 $2.0D_1$;对于高水头混流式水轮机($D_1>D_2$),$h\geq2.2D_1$;对于低水头混流式水轮机($D_1<D_2$),$h\geq2.6D_1$,最低不得小于 $2.3D_1$。

5. 尾水管的水平长度

尾水管的水平长度 L 是指机组中心线至尾水管出口断面的距离,如图 3-15 所示。增大 L 可使尾水管出口面积增大,从而降低尾水管的出口动能损失,但过分增大 L 将使尾水管的内部水力损失及厂房尺寸增大。通常取 $L=(3.5\sim4.5)D_1$。

三、尾水管的局部尺寸变动

在水电站设计时，有时为了满足施工方便、厂房布置紧凑及适应地形、地质条件等实际工程要求，需要对上述推荐的尾水管尺寸做适当的变动，但这些变动不可对尾水管的性能指标造成严重影响，有些尺寸的变动（如高度 h 小于推荐值下限）需经过水轮机制造厂家同意，并需经过充分的论证或试验研究后才可确定。下面介绍一些常用的尺寸变动形式及其允许的变动范围：

（1）当厂房底部岩石开挖受到限制，又需要保持尾水管高度时，允许将出口扩散段底板向上倾斜，其倾斜角 β 一般不超过 $6° \sim 12°$（高水头水轮机可取上限值）。试验证明，这种变动对尾水管性能影响不大。在特殊情况下，也有取 β 值较大的，此时，尾水管性能靠加大高度 h 和长度 L 来保证。

（2）对大中型反击式水轮机，由于其蜗壳的尺寸较大，厂房机组段长度在很大程度上取决于蜗壳的宽度。而蜗壳的宽度在机组中心线两边是不对称的，若采用对称的尾水管则可能增大厂房机组段长度。此时，常采用不对称布置的尾水管，即将出口扩散段的中心线向蜗壳进口侧偏心布置，偏心距 d 由厂房布置决定。偏移后肘管的长度水平 L_1 和各断面形状保持不变，只是其水平出水段的中心线转动了一个角度 φ 及其两侧的长度变得不等了。

（3）在地下式水电站中，为了保持岩石的稳定，常将尾水管水平扩散段的断面做成高而窄的形状。例如，将 $h=2.6D_1$ 的标准尾水管变成 $h \geqslant 3.5D_1$、$B_5=(1.5 \sim 2.0)D_1$ 的高窄形时，经试验证明，其能量指标和运行稳定性均未受到影响，也不会增大水电站的土建投资。

（4）在地下式水电站中，为了适应地形、地质条件及厂房布置的需要，常需采用超长度的尾水管（目前国内最大取到 $L=108D_1$），此时需对转轮出口真空度大小及机组的抬机可能性进行充分的理论论证或试验研究。从国内已建成的长尾水管运行状况看，部分机组的尾水管效率有所下降，但未影响机组的稳定运行。对于轴流式机组，抬机的危险性较大；而对于混流式机组，在甩负荷时转轮出口的真空度较大，但尚未发生过反水锤抬机现象。

第三节　水轮机的空蚀及空蚀系数

一、水轮机的空化和空蚀

（一）空化和空蚀概述

空蚀现象最早发现于1894年，英国驱逐舰“达令”号在做高速试航时，原设计航速50 km/h，但当航速达到45 km/h时，无论怎么增大螺旋桨推进器的转速，也无法再将航速提高。寻找原因时发现，随着螺旋桨转速的提高，桨叶背面压力下降而形成空穴造成螺旋桨推力下降，并且金属桨叶会在很短的时间内遭到破坏。当时，把这种现象称为水流的空化，相应对过流表面产生的作用称为空蚀。后来在水轮机、水泵等水利机械中，也都发现有类似的破坏情况。当早期的水力机械尚处于低速阶段，即使有空蚀破坏也并不显得十分严重，并且研究工作也不是很深入，后来随着水轮机不断向大容量、高水头、高转速方向发展，由于空蚀而造成的效率下降、过流表面破坏、噪声和振动等情况逐步加剧，特别是水轮机长期偏离设计工况附近区域运行时，情况尤为严重。因而，水轮机的空蚀问题成了很多科技人员关注和研究的重大课题，在一定程度上对空化与空蚀的机制有了一定的了解，但由于它们的机制十分复杂，目前仍有许多没有搞清楚的问题，研究人员对同样现象的看法存在着分歧。下面的一些介绍也是建立在一些普遍认识的基础上。

（二）空蚀的危害

空蚀对水轮机的运行存在着严重的危害，主要有以下几个方面：

（1）增大水力损失，降低水轮机的效率和出力。因为空化的产生破坏了水流的连续性，空泡的破灭使水流质点相互碰撞而消耗了部分能量，从而降低了水轮机的效率与出力。

（2）造成水轮机过流部件破坏。水轮机长期在空蚀条件下运行时，空泡破灭处造成局部的表面损坏，开始是金属表面失去光泽，进而毛糙以致出现麻点、蜂窝，更严重时造成水轮机出水边较薄部位穿孔甚至整块脱落。

（3）引发振动和噪声。伴随着空化和空蚀的发生还会产生噪声和压力脉动，尤其是尾水管中的脉动涡带，当其频率一旦与相关部件的自振频率相吻合，则必然引起共振，造成机组的振动、出力的摆动等，严重威胁着机组的安全运行。

（4）缩短检修周期，增加检修复杂性。空蚀检修不仅耗用大量钢材，而且延长工期，影响电力生成。

综上所述，了解空化和空蚀产生的机制，改善水轮机的空化性能已成为水力机械设计及运行人员的重要任务。

（三）空化和空蚀的机制

1. 空化的机制

学术界普遍认为，水之所以发生空化，有外部原因，也有内部原因。空化发生的外部原因是流体中压力的降低，内部原因是水体内部存在着能诱发空化的“空化核”。

空化的实质是液体的汽化现象，但它又不完全等同于一般概念下液体的沸腾汽化。在一个标准大气压（一个标准大气压 = 10.33 mH_2O）下，将水加热到 100 ℃时，水便开始沸腾汽化；而在海拔 3 776 m、气压为 0.62 个标准大气压的高山区煮水时，温度上升到 87 ℃时水便开始沸腾汽化。这样就可以得出，水即使在常温下，当压力降低到某一值时，也会沸腾汽化。我们就把这种常温低压条件下的汽化称为水的空化。在一定温度下，水开始汽化的压力称为空化压力，通常用 P_v（Pa）表示。为了应用方便，水温与空化压力之间的关系可用表 3-3 列出的一组对应数据进行参考。

表 3-3　水在各种温度下的空化压力

温度 t（℃）	0	5	10	20	30	40	50	60	70	80	90	100
空化压力 P_v/γ（mH_2O）	0.06	0.09	0.12	0.24	0.43	0.75	1.26	2.03	3.17	4.83	7.15	10.33

注：γ 为水的容重，其值为 9.81 N/m^3。

研究发现，专门处理过的纯净水有较高的抗拉强度，检测值为 26 ~ 27 MPa，理论计算值为 160 ~ 325 MPa。这样的纯净水在低压下几乎不会发生空化，而自然界中的水几乎都不能承受拉力。20 ℃的水在 0.24 mH_2O(2 400 Pa)时连续性就被破坏而发生空化。也就是说，实际的水易于空化的原因是其中存在着空气、蒸汽、微颗粒等异相介质，也就是所谓的空化核。这些空化核在压力降到某个值时，就会膨胀发育，导致空化发生。

2. 空蚀的机制

反击式水轮机主要利用水流的压强，水轮机进口是高压水流，水轮机尾水管出口的水流则几乎变为常压。在水流流经水轮机流道的过程中，压力不能充分均匀地降低，当压力等于或低于空化压力时，水就会空化，产生大量的气泡。同时，水中溶解的气体向气泡内析出，使气泡的体积迅速扩大，再激发气泡周围的水发生"沸腾"，大量的水蒸气向气泡内集聚，形成气泡大的爆发性膨胀，这些气泡随着水体流动过程中，在遇到高于空化压力的区域时，蒸汽泡迅速凝结为很小的水珠。由于蒸汽体积的突然收缩，气泡内的压力也迅速降低，使原气泡形成了空气非常稀薄的真空腔，其周围相对压力较高的水流质点便以极大的速度向气泡中心冲击，速度可达 100 m/s 以上，形成巨大的水击压力。通过测定，水击压力最高可达到数百个大气压。在水击压力作用下，空腔内的空气也被压缩，直到气体的弹性压力大于水击压力时，这种压缩停止，接着在气泡内部的高压作用下产生膨胀，使水流质体又以同样的速度向外扩散，又导致气泡内部的压力再急剧降低，周围的水流质点再向中心冲击。经过这样几次反复之后，气泡才最终溃灭，整个过程在几百分之一秒或几千分之一秒内完成。如果气泡形成到溃灭这一系列过程发生在水轮机过流表面的附近，将会对水轮机的过流表面造成一定的破坏。所以，人们把水轮机过流道内从气泡的形成到溃灭及对流道表面产生侵蚀作用的这一系列过程，称为水轮机的空蚀。

水轮机过流表面发生空蚀破坏作用的机制非常复杂，大体可归纳如下几个方面。

1）机械破坏作用

水轮机过流表面附近的气泡所产生的强大冲击作用力作用于过流表面，足以形成对材料的直接损伤。此外，由于气泡不断形成，数量极大，从形成到溃灭持续的时间又极短，对过流表面同一部位的"敲击"频率经检测可达每秒上亿次，使发生空蚀的过流表面处于反复的脉动冲击荷载作用下，久而久之形成了材料的疲劳损伤，降低了材料的强度，使水轮机过流表面的材料在空蚀持续作用下逐渐剥落。

2）电化学作用

气泡在溃灭的过程中，随着能量的释放和对过流表面的打击，会使空化区和被冲击部位局部温升，最高可达 300 ℃，从而使局部受热的材料与周围的材料之间出现温差形成热电偶，引起材料内部电流流动和发生电解电离现象，从而产生电化腐蚀。

3）化学作用

在气泡溃灭及对材料所产生的局部高温作用下，会从水体中析出臭氧或其他有害气体，可能引起对过流表面的化学腐蚀。

4）联合作用

水轮机的空蚀破坏，一般不是某单一的因素起作用，而是集中因素联合作用的结果。比如上述所说的三种作用，其中以机械破坏作用为主，电化学作用和化学作用的腐蚀对机械破坏起到了促进作用,加剧了空蚀破坏的速度。

在多泥沙河流上的水电站,泥沙磨损与空蚀也会产生联合作用。水中的泥沙颗粒除本身对过流表面产生磨损外,还促进空化的发生与加剧。空蚀与泥沙磨损联合作用所产生的破坏力比单纯空蚀或单独泥沙磨损都要严重得多。当水流中含沙量越大、颗粒越硬、水电站水头越高、制造精度越差和运行时间越长时,水轮机过流部件的损坏就越严重。

(四)水轮机空蚀的类型

根据水轮机空化和空蚀发生的条件与部位的不同,一般可分为翼形空蚀、间隙空蚀、局部空蚀和空腔空蚀等四种基本类型。

1. 翼形空蚀

翼形空蚀是由于水流绕流叶片引起压力降低而产生的。叶片背面的压力往往为负压,当背面低压区的压力降低到环境汽化压力 P_v 以下时,便发生空化和空蚀。这种空蚀与叶片翼形断面的几何形状密切相关,所以称为翼形空化和空蚀。翼形空化和空蚀是反击式水轮机主要的空化和空蚀形态。翼形空蚀的程度与水中杂质含量、叶片的材质、水轮机的运行工况有关,尤其当水轮机长时间处于非最优工况区运行时,则会诱发或加剧翼形空蚀。当然设计不良、制造质量不高都会扩大翼形背面的低压区,导致大面积的翼形空蚀。

根据国内许多水电站水轮机的调查,混流式水轮机的翼形空蚀主要可能发生在图 3-18(a)所示的 $A \sim D$ 四个区域:A 区为叶片背面下半部出水边;B 区为叶片背面与下环靠近处;C 区为下环立面内侧;D 区为转轮叶片背面与上冠交界处。轴流式水轮机的翼形空蚀主要发生在叶片背面的出水边和叶片与轮毂的连接处附近,如图 3-18(b)所示。

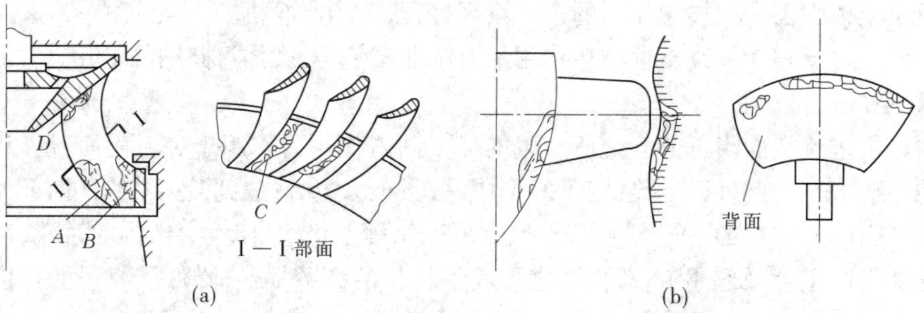

图 3-18　水轮机翼形空蚀的主要部位

2. 间隙空蚀

当水流通过狭小通道或间隙时,因局部流速升高而形成了压力降低,当压力降低到空化压力以下时,所产生的空蚀叫作间隙空蚀,如图 3-19 所示。间隙空蚀主要发生在混流式水轮机上下止漏环间隙处、轴流转桨式水轮机叶片端部外缘与转轮室内壁、叶片根部与轮毂间隙处。此外,间隙空蚀也常发生在导叶上下端面附近及导叶关闭时的立面结合处附近,水斗式水轮机的喷嘴和喷针间隙处。

3. 局部空蚀

局部空蚀主要是由于铸造和加工缺陷形成表面不平整、砂眼、气孔等所引起的局部流态突然变化而造成的。例如,转桨式水轮机的局部空蚀,一般发生在转轮室连接的不光滑

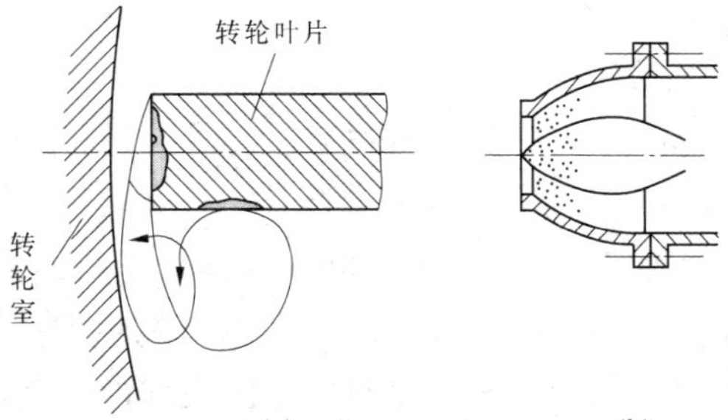

(a)　(b)

图 3-19　水轮机间隙空蚀的主要部位

台阶处或局部凹坑处的后方,还可能发生在叶片固定螺钉及密封螺钉处,这是因螺钉的凹入或突出造成的,混流式水轮机往往发生在转轮上冠减压孔的后面,如图 3-20 所示。

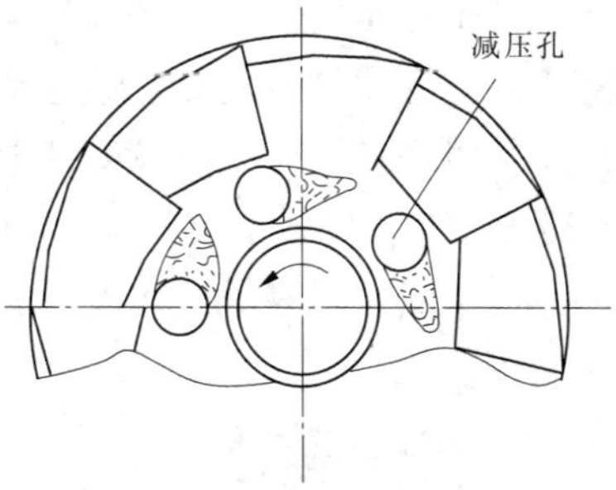

图 3-20　减压孔的局部空蚀

4. 空腔空蚀

空腔空蚀是反击式水轮机所特有的一种漩涡空化,尤以混流式水轮机最为突出。当反击式水轮机在非最优工况运行时,转轮出口水流总有一定的圆周分速度,使水流在尾水管内产生旋转,形成真空涡带。当涡带中心出现的负压小于空化压力时,水流会产生空化现象。这种涡带一般以低于水轮机转速频率在尾水管中旋转,造成尾水管中的流速场和压力场也发生周期性变化,并引起相关部件的振动和噪声,严重时将引起运行不稳定及在尾水管进口段边壁处引起空蚀。

空腔空蚀的发生一般与运行工况有关。在较大负荷时,尾水管中涡带形状呈柱状形,如图 3-21(a)所示,几乎与尾水管中心线同轴,直径较小也较为稳定;在最优工况时,涡带甚至可消失;在低负荷时,空腔涡带较粗,呈螺旋形,而且自身也在旋转,这种偏心的螺旋形涡带,在空间极不稳定,将发生强烈的空腔空蚀,如图 3-21(b)所示。

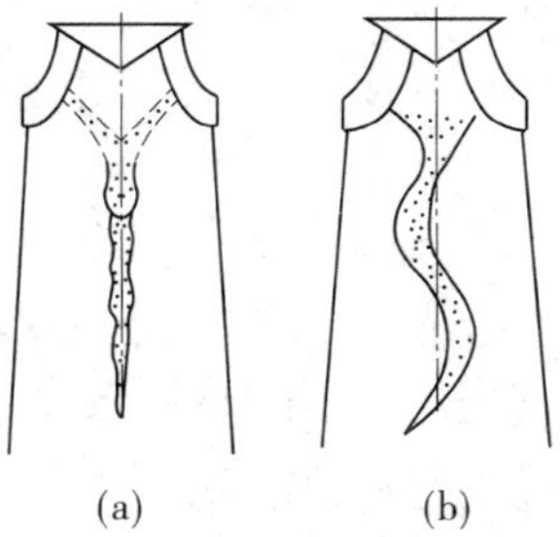

(a)　(b)

图 3-21　空腔空蚀涡带形状

综上所述,混流式水轮机以翼形空蚀为主,转桨式水轮机以间隙空蚀为主,冲击式水轮机的空蚀主要发生在喷嘴和喷针处,在水斗分水刃处由于承受高速水流也常常有空蚀发生。在上述四种空蚀中,间隙空蚀、局部空蚀一般只发生在局部较小的范围内,翼形空蚀则是最为普遍和严重的空蚀类型,而空腔空蚀对某些水电站的影响可能比较严重。

(五)水轮机空化和空蚀的防护

为了防止和减少空蚀对水轮机的破坏及其对运行带来的不良后果,研究防止和改善水轮机空蚀性能的措施显得非常必要。影响水轮机空蚀的原因是很多的,因此也必须从多方面采取措施进行防护。其中,在转轮中流速和压力的变化是产生空蚀最主要的原因,所以首先必须采取措施控制流速和压力的急剧变化。通常认为,对水轮机空蚀有成效的减轻和防护措施,可以从以下几个方面着手。

1. 在水轮机的设计制造方面

应注意设计合理的叶形,使叶片具有平滑的线形,尽可能地使叶片背面上的压力分布均匀。为了避免出现压力突变并缩小低压区,对用于多泥沙或安装在大中型水电站上的水轮机,应选择抗空蚀性能较好的材料来制造叶片和其他易空蚀的过流部件。抗空蚀材料(如常用不锈钢等)的特点是金属晶格密、应变硬化好、韧性和抗拉性能强、强度和疲劳极限较高。和普通钢材相比,在同等条件下应用,空蚀破坏的程度明显减弱,并应注意提高加工精度,保证加工后的叶片几何形状及过流表面的光洁度符合原设计要求。

2. 在工程措施方面

合理确定水轮机的安装高程,在保证尾水管对能量回收有较好效果的同时,兼顾水电站基础开挖深度和水轮机空蚀性能之间的关系,限制转轮出口真空度的值,在水轮机的正常运行范围内使水轮机转轮叶片背面低压区的压力不低于常温下水的空化压力。在多泥沙河流上,如条件允许,可采取防沙、排沙措施,如注意生态环境保护、加强水土保持以减少入库泥沙量。对径流式水电站,采用修建排沙底孔和沉沙池等,以防止粗颗粒的泥沙进入水轮机。

3. 在运行管理方面

一般来说,在最优工况下运行,水轮机的抗空蚀性能相对较好。偏离了最优工况时,水轮机的抗空蚀性能会逐渐恶化。因此,尽可能较少或避免在负荷过低、水头过低等抗空蚀性能较差的区域运行。在尾水管发生空腔空蚀时,以适当的方式向尾水管内补气,以破坏有害的真空涡带。定期检修,对由空蚀造成破坏到一定程度的过流表面应及时进行修复。通常采用不锈钢焊条进行焊后打磨,也可涂金属或非金属材料,作为过流表面防空蚀破坏的保护层,修护好的过流表面应保持和原设计的特性吻合。

二、水轮机的空蚀系数

水轮机的各类空蚀中,最为严重的为翼形空蚀,转轮翼形空蚀主要发生在叶片背面靠近出口的区域,因为这些区域压力最低,可从叶片正、背面压力分布(见图 3-22)可看出。根据叶片正、背面压力分布,可以分析和推导叶片不发生翼形空蚀的条件和表征水轮机空蚀性能的空蚀系数。

图 3-22 中,P_1 为转轮叶片进口压力,P_2 为转轮叶片出口压力,而且 $P_1 > P_2$。当水流在进口以相对速度 W_1 对叶片进行绕流时,由于叶片弯曲产生的离心力作用,叶片背面水流发生脱流现象而导致压力急剧下降,在叶片正面则形成压力上升。以后在水流沿叶片流动的过程中,由于水流不断地对转轮做功,水流的压力越来越低。叶片背面的压力在 K 点达到最低,随后稍有回升,在出口与正面的压力趋于一致。由图 3-22 可见,在叶片的正、背面形成了压力差。在叶片正面大部分区域为正压(大于大气压),在叶片背面几乎全部为负压,而且在 K 点降到最低,这是发生空蚀最危险的地方。

如图 3-23 所示,为了求得 K 点的压力 P_K,可写出 K 点和转轮叶片出口 2 点相对运动的伯努利方程式

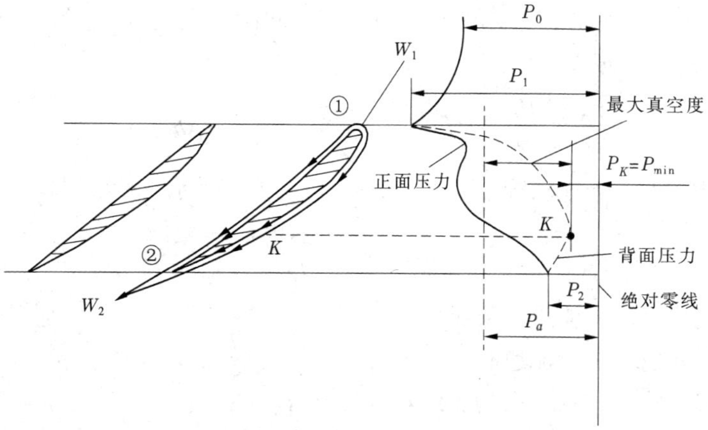

图 3-22　叶片正、背面压力分布

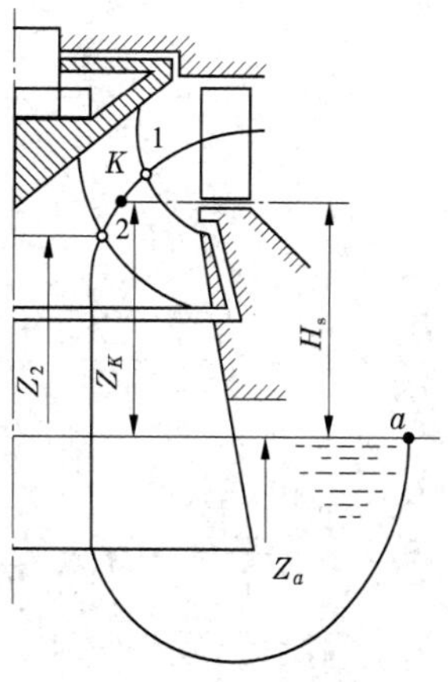

图 3-23　翼形空蚀发生的条件分析

$$\frac{P_K}{\gamma}+Z_K+\frac{W_K^2-U_K^2}{2g}=\frac{P_2}{\gamma}+Z_2+\frac{W_2^2-U_2^2}{2g}+\Delta h_{K-2} \tag{3-30}$$

式中　Δh_{K-2}——由 K 点至 2 点的水头损失。

另外，点 2—a（下游水面）的绝对运动的伯努利方程为

$$\frac{P_2}{\gamma}+Z_2+\frac{V_2^2}{2g}=\frac{P_a}{\gamma}+Z_a+\frac{V_a^2}{2g}+\Delta h_{2-a} \tag{3-31}$$

式中　Δh_{2-a}——由 2 点到 a 点的水头损失。

出口流速很小，可认为 $V_a\approx 0$，则式(3-31)可写成

$$\frac{P_2}{\gamma}+Z_2=\frac{P_a}{\gamma}+Z_a+\Delta h_{2-a}-\frac{V_2^2}{2g} \tag{3-32}$$

将式(3-32)代入式(3-30)移项可得

$$\frac{P_K}{\gamma}=\frac{P_a}{\gamma}-(Z_K-Z_a)-\left[\frac{V_2^2+(W_K^2-W_2^2)-(U_K^2-U_2^2)}{2g}-\Delta h_{K-2}-\Delta h_{2-a}\right] \tag{3-33}$$

考虑到点 K 和点 2 很靠近，故两点的圆周速度很接近，即 $U_K \approx U_2$，$\Delta h_{K-2} \approx 0$，取下游水面为基准面，从空蚀现象最危险的 K 点到下游之间的垂直高度 Z_K 为水轮机的吸出高度 H_s，则式(3-33)可写成

$$\frac{P_K}{\gamma} = \frac{P_a}{\gamma} - H_s - \left(\frac{W_K^2 - W_2^2}{2g} + \frac{V_2^2}{2g} - \Delta h_{2-a}\right) \tag{3-34}$$

式(3-34)中，Δh_{2-a}为尾水管中的水力损失，可用下式表示

$$\Delta h_{2-a} = \xi_w \frac{V_2^2}{2g} \tag{3-35}$$

式中 ξ_w——尾水管的水能损失系数；

V_2——尾水管的进口流速。

于是式(3-34)右端方括号中的表达式可写成

$$\begin{aligned}\frac{W_K^2 - W_2^2}{2g} + \frac{V_2^2}{2g} - \Delta h_{2-a} &= \frac{W_K^2 - W_2^2}{2g} + (1 - \xi_w)\frac{V_2^2}{2g} \\ &= \frac{W_K^2 - W_2^2}{2g} + \eta_w \frac{V_2^2}{2g}\end{aligned} \tag{3-36}$$

式中 η_w——尾水管的恢复系数。

将式(3-36)代入式(3-34)可得

$$\frac{P_K}{\gamma} = \frac{P_a}{\gamma} - H_s - \left(\frac{W_K^2 - W_2^2}{2g} + \eta_w \frac{V_2^2}{2g}\right) \tag{3-37}$$

令

$$\sigma = \frac{W_K^2 - W_2^2}{2gH} + \eta_w \frac{V_2^2}{2gH} \tag{3-38}$$

σ 称为水轮机空蚀系数，σ 越大，越容易发生空蚀。

则式(3-37)可写成

$$\frac{P_K}{\gamma} = \frac{P_a}{\gamma} - H_s - \sigma H \tag{3-39}$$

对于水轮机的空蚀系数 σ，需要说明以下几点：

(1) σ 是动力真空值的相对值，是一个无因次量。

(2) σ 值与尾水管的性能有关，尾水管的恢复系数越大，σ 也越大，水轮机发生空蚀的可能性越大，即水轮机的空蚀性能与能量性能存在冲突。

(3) 几何形状相似的水轮机，在相似工况下其 σ 值是相同的值，对于某一水轮机，在既定的某一工况下，其 σ 值是定值。

(4) 由于影响空蚀系数的因素较为复杂，要直接用理论计算或直接在叶片上测量空蚀系数均有一定困难。目前，应用最广的是模型试验方法，通过模型试验可间接求得水轮机的空蚀系数。

(5) 对于某一系列的水轮机在相似工况下，水轮机的空蚀系数 σ 相同，翼形空蚀取决于吸出高度 H_s的大小。为了保证水轮机在无翼形空蚀的条件下运行，可以通过选择适当的 H_s值来达到。

第四节　水轮机的吸出高度及安装高程

一、水轮机的吸出高度

为了保证水轮机不发生空蚀，则必须限制 K 点的压力 P_K，并使其大于或等于水的空化压力 P_v，即

$$\frac{P_K}{\gamma}=\frac{P_a}{\gamma}-H_s-\sigma H\geqslant\frac{P_v}{\gamma}\tag{3-40}$$

水轮机在一定工况下工作时，其动力真空值 σH 为一定值，因此由式(3-40)可知，在设计水电站时，可采取选择合适的水轮机安装高程，即确定吸出高度 H_s，以达到限定空蚀的目的。此时，H_s 应满足

$$H_s\leqslant\frac{P_a}{\gamma}-\frac{P_v}{\gamma}-\sigma H\tag{3-41}$$

海平面的标准大气压力为 10.33 mH_2O，水轮机安装处的大气压力应随其海拔高度而有所降低。一般在高程 3 000 m 以下时，每升高 900 m，则大气压力降低 1 mH_2O。当水轮机安装处的海拔高度为 ▽m 时，则该处的大气压力 $\frac{P_a}{\gamma}=10.33-\frac{\nabla}{900}$，通常流过水轮机的水温一般为 5 ~ 20 ℃，其相应的空化压力 $\frac{P_v}{\gamma}=0.09\sim0.24$ mH_2O，则式(3-41)可写为

$$H_s\leqslant 10.33-\frac{\nabla}{900}-(0.09\sim0.24)-\sigma H$$

对水轮机安装处的海拔高度▽，在初步计算时可采用下游平均水位。

考虑到由于气候的变化，实际的大气压有时比平均值可能还要降低 0.3 ~ 0.4 mH_2O，为了简化，将上式可近似地写为

$$H_s=10.0-\frac{\nabla}{900}-\sigma H\tag{3-42}$$

在模型试验时，所得到的空蚀系数由于试验精度和测量手段的限制而存在着误差，同时模型和原型水轮机之间还存在着尺寸比例的影响，所以对式(3-42)中的空蚀系数还必须予以修正。一般采用引入一安全裕量 $\Delta\sigma$，或引入一安全系数 k。当引入安全裕量 $\Delta\sigma$ 时，式(3-42)可写为

$$H_s=10.0-\frac{\nabla}{900}-(\sigma+\Delta\sigma)H\tag{3-43}$$

式中，安全裕量 $\Delta\sigma$ 可由图 3-24 查得，或根据已运行机组的经验，用统计方法合理地选择 $\Delta\sigma$ 值。

当引入安全系数 k 时，则

$$H_s=10.0-\frac{\nabla}{900}-k\sigma H\tag{3-44}$$

一般可取 $k=1.1\sim1.2$。

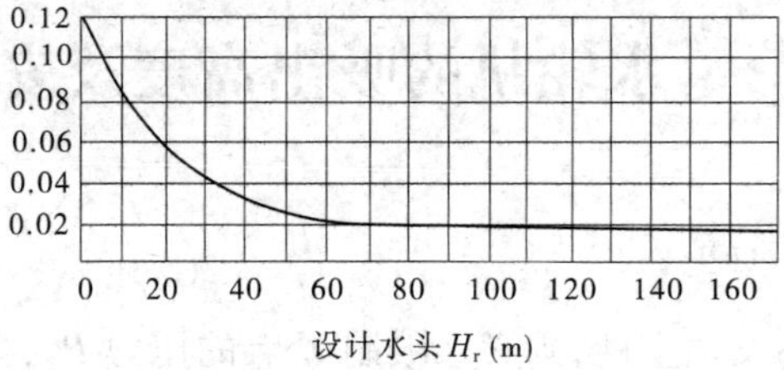

图 3-24　空蚀系数修正曲线

水轮机的吸出高度 H_s 是从转轮叶片上压力最低点到下游水面的垂直高度，也就是是 K 点到下游水面的垂直高度，但 K 点的位置在计算时很难确定，同时在不同工况时 K 点的位置亦有所改变，所以对不同类型和不同装置方式的水轮机，工程上做了如下的规定（见图 3-25）：

（1）对立轴混流式水轮机：H_s 是从导叶下部底环平面到设计尾水位的垂直高度。

（2）对立轴轴流式水轮机：H_s 是从转轮叶片轴线到设计尾水位的垂直高度。

（3）对卧轴反击式水轮机：H_s 是从转轮叶片最高点到设计尾水位的垂直高度。

当计算得到的 H_s 为负值时，说明需要将上述规定的水轮机位置装置在设计尾水位以下，使转轮后不再出现静力真空而产生了正压，以抵消由于过大的动力真空所形成的危险的压力降低。

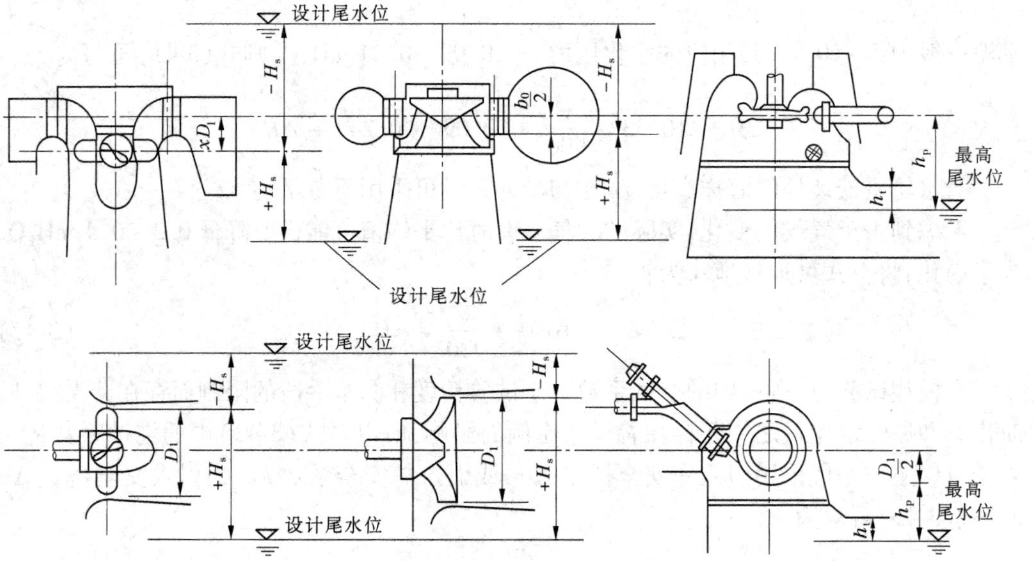

图 3-25　水轮机吸出高度和安装高程示意图

在采用式(3-43)、式(3-44)计算水轮机的吸出高度时，H 为水电站的设计水头，σ 为水电站设计工况下对应的水轮机模型空蚀系数，水轮机在实际工作时，H、Q、N 等工作参数是变化的，最严重的水轮机空蚀情况一般发生在最大工作水头及水电站担负最大负荷和最小负荷的情况下。式(3-43)、式(3-44)计算的吸出高度，是否需要变更和怎样变更，须结合水电站的具体情况做进一步的分析论证。对重要的水电站和大中型水电站在技术设计阶段，应拟定若干个吸出高度方案，通过动能经济比较选出合理的吸出高度。

二、水轮机的安装高程

水轮机的安装高程是水电站非常重要的一个特征高程，在进行水电站厂房设计时，该高程是计算水电站厂房其他高程的基准值。对不同形式和不同装置方式的水轮机，它们的安装高程，在工程上也都分别做了规定：对立轴反击式水轮机，是指导叶片中心高程；对卧轴水轮机，是指主轴中心线高程；对立轴水斗式水轮机，是指喷嘴中心高程。

在确定了吸出高度 H_s 后，便可分别按下式计算水轮机的安装高程 Z_s（见图 3-25）：

（1）立轴混流式水轮机

$$Z_s = \nabla_\omega + H_s + \frac{b_0}{2} \tag{3-45}$$

式中　∇_ω——设计尾水位；

b_0——水轮机导叶高度。

（2）立轴轴流式水轮机

$$Z_s = \nabla_\omega + H_s + xD_1 \tag{3-46}$$

式中　D_1——水轮机标称直径；

x——轴流式水轮机高度系数，不同型号转轮的 x 值见表 3-4。

表 3-4　轴流式水轮机高度系数

转轮型号	ZZ360	ZZ440	ZZ460	ZZ560	ZZ600
x	0.383 5	0.396 0	0.436 0	0.408 5	0.483 0

（3）卧轴反击式水轮机

$$Z_s = \nabla_\omega + H_s - \frac{D_1}{2} \tag{3-47}$$

（4）水斗式水轮机

立轴

$$Z_s = \nabla_{\omega m} + h_p \tag{3-48}$$

卧轴

$$Z_s = \nabla_{\omega m} + h_p + \frac{D_1}{2} \tag{3-49}$$

式中　$\nabla_{\omega m}$——最高尾水位；

h_p——排出高度。

式(3-48)、式(3-49)中的排出高度 h_p 是使水轮机安全稳定运行、避开变负荷时的涌浪、保证通风和防止尾水渠中的水流飞溅及涡流而造成转轮能量损失所必需的高度。根据经验统计，$h_p = (1 \sim 1.5)D_1$，对立轴机组取较大值，对卧轴机组取较小值。在确定 h_p 时，要注意保证必要的通风高度 h_t（见图 3-25），以免在尾水渠中产生过大的涌浪和涡流，一般 h_t 不宜小于 0.4 m。

确定水轮机安装高程的尾水位 ∇_ω，通常称为设计尾水位。设计尾水位可根据表 3-5 的水轮机过流量从下游水位与流量关系曲线中查取。

表 3-5　确定设计尾水位的水轮机过流量

电站装机台数	水轮机的过流量
1 台或 2 台	1 台水轮机 50% 的额定流量
3 台或 4 台	1 台水轮机的额定流量
5 台及以上	1.5 ~2 台水轮机的额定流量

第四章　水轮机的特性及选型

第一节　水轮机的相似原理及单位参数

一、相似原理

水轮机各工作参数之间的关系及工作效果称为水轮机的特性。安装在水电站上原型水轮机特性的好坏,不仅关系到水轮机是否能够安全稳定地运行,而且对水电站是否能正常发挥效益起着决定性的作用。由于水轮机在能量转换过程中水流流动的复杂性,用现有的水力学理论和计算方法,还不能完全做到提供完整的水轮机运行特性,直接设计制造出能够安装在水电站正常工作的水轮机。

随着水轮机的尺寸和容量越来越大,假如在未知其真实性能的情况下,直接生产出原型水轮机,安装到水电站以后才发现不能满足要求,不仅会造成设备报废的直接经济损失及带来影响工期和发电等间接经济损失,还有可能造成不良的社会影响。为了避免这种情况的发生,目前行之有效的手段仍然是进行水轮机的模型试验研究。模型试验费用少,数据检测方便,可以根据需要随意变化工作状况,在实践中被广泛采用。也有一些研究机构采用计算机模拟的方法来代替模型试验的成果,虽然取得了较大的进展,但在一些诸如水轮机振动区是否存在及存在的位置等具体环节上,还很不完善,有待于进一步改进。

水轮机的模型试验研究通常可分为两种类型:一种是基础性的或常规性的试验研究,这种研究没有特定的应用对象,它是将水轮机的应用水头划分为若干个水头段,在每个水头段内通过反复的试验研究,寻找一个或几个性能相对较好的水轮机模型作为系列新产品,向用户推荐,用户根据水电站运行的水头范围,采用同水头段模型试验的研究成果;另一种是针对特定应用对象进行的专门试验研究,这种研究的对象通常是一些特大型水电站(如我国的葛洲坝、三峡、小浪底等)或特殊用途的水电站,根据其自然条件和存在的问题,通过不同方案的对比研究提出相应的解决方法,从而获得较好性能的水轮机模型。

模型机和原型机的几何尺寸不一样,最大可相差20多倍。需要通过转换和换算将水轮机模型试验研究的成果应用到原型机上去,而这种特性和参数转换及换算的依据就是水轮机的相似原理。

(一)相似条件

相似概念最早起源于几何图形的相似,科学的发展把相似概念扩展到了物理现象的相似领域,使相似的意义更加深刻和丰富。物理现象的相似是指两个几何相似的物体在相似的时间与空间中,发生着相似的物理过程。水轮机的相似就是物理现象的相似。要保证模型水轮机和原型水轮机之间水流的相似,使得模型的特性和参数能够换算到原型水轮机上,从严格意义上讲,应该满足三个基本条件,即几何相似、运动相似和动力相似。

对这些相似条件可以简单地分述如下。

1. 几何相似

几何相似是指原型水轮机和模型水轮机过流通道的所有对应角相等,所有对应尺寸成比例,如图 4-1 所示。通俗地说,几何相似就是一种成像相似,几何形状完全一样,而对应尺寸不同,即

$$\frac{D_{1P}}{D_{1M}} = \frac{b_{0P}}{b_{0M}} = \frac{a_{0P}}{a_{0M}} = \cdots = 常数 \tag{4-1}$$

$$\begin{aligned} \beta_{b1P} &= \beta_{b1M} \\ \beta_{b2P} &= \beta_{b2M} \\ &\vdots \\ \varphi_P &= \varphi_M \end{aligned} \tag{4-2}$$

式中　D_1(转轮标称直径)、b_0(导叶高度)、a_0(导叶开度)——水轮机的线性尺度;

β_{b1}、β_{b2}——叶片进口、出口安放角;

φ——桨叶转角;下标“P”代表原型(Prototype)水轮机,可省略,“M”代表模型(Model)水轮机。

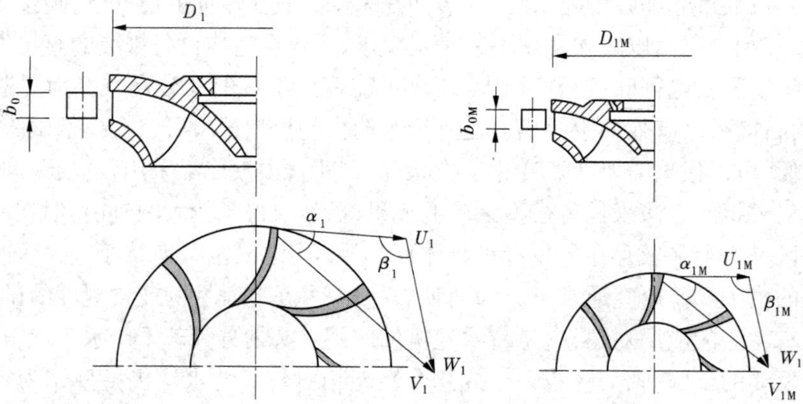

图 4-1　水轮机的几何相似和运动相似示意图

几何相似而转轮直径不同的一套水轮机称为水轮机系列或简称同一轮系。几何相似是水轮机相似的最基本条件,即必要条件。只有在几何相似的基础上,才能存在水轮机的运动相似和动力相似。

几何相似还应该包括相对粗糙度的相似,即

$$\frac{\Delta_P}{D_{1P}} = \frac{\Delta_M}{D_{1M}} \tag{4-3}$$

式中　Δ——水轮机过流表面的粗糙度。

实际上,要保证原型水轮机和模型水轮机相对粗糙度相似是非常困难的,有时为了分析问题方便,其影响暂不予考虑,应用时可以用其他一些手段加以弥补。

2. 运动相似

运动相似是指同一轮系的水轮机,水流在过流部分同一个对应点的速度三角形相似,

也就是说，对应点上同名速度的方向相同，速度大小相互成比例，如图 4-1 所示，即

$$\alpha_1 = \alpha_{1M}; \beta_1 = \beta_{1M}; \cdots \tag{4-4}$$

$$\frac{V_{1P}}{V_{1M}} = \frac{U_{1P}}{U_{1M}} = \frac{W_{1P}}{W_{1M}} = \cdots \tag{4-5}$$

运动相似又是保证动力相似的基本条件。

3. 动力相似

水流对水轮机过流部分的作用有压力、惯性力、黏滞力、重力、表面张力等。动力相似是指原型水轮机和模型水轮机过流部分对应点作用的同名力方向相同，大小对应成比例，即

$$\frac{F_{1P}}{F_{1M}} = \frac{F_{2P}}{F_{2M}} = \frac{F_{3P}}{F_{3M}} = \frac{\sum F_P}{\sum F_M} = \text{常数} \tag{4-6}$$

实际上，在考虑原型水轮机和模型水轮机之间的相似问题时，要完全满足上述三个相似条件是困难的，真正的流动相似应该包括宏观流场的相似和微观流场的相似，微观流场是指在黏滞力作用下边界层内的流动，这在模型试验中是难以实现的。因此，在研究水轮机相似特性时，忽略微观流场的差异，只考虑宏观流场；忽略相对糙度、水流的黏滞力、重力等一些次要因素的影响，以便抓住主要矛盾，得出初步的相似公式和相似判别方法，然后针对某些能够造成实际影响的不足之处加以修正，以便能将模型的研究成果应用、换算到原型水轮机上去，这对探讨水轮机的相似原理并不失一般性。因此，我们把同一系列的水轮机保持运动相似的工作状况，称为相似工况，或称等角工况，水轮机在相似工况下运行时，其工作参数之间的固定关系称为水轮机的相似定律。

（二）相似定律

在将水轮机模型试验研究的成果用于原型水轮机时，要进行两者之间的参数换算。这并不能简单地应用水轮机的相似条件来进行，而应利用两个水轮机工况相似的概念，寻找两个水轮机在相似工况下的水头、流量、出力、转速等工作参数之间的关系，推导出水轮机的相似律。然后，在进行参数换算时反过来应用，认为满足水轮机的相似律，两个水轮机的工况就是相似的。把模型水轮机不同工况的参数按相似定律逐一进行换算，就得到原型水轮机和模型水轮机对应相似工况下的不同参数，从而得到原型水轮机的特性。水轮机的相似定律主要包括转速相似律、流量相似律和出力相似律。

1. 转速相似律

根据几何相似关系，原型水轮机和模型水轮机的速度三角形相似，因此存在比例关系：$V_{u1P} = kV_{u1M}$、$U_{1P} = kU_{1M}$、$V_{u2P} = kV_{u2M}$、$U_{2P} = kU_{2M}$。将这些关系代入水轮机原型和模型基本方程式 $H\eta_h = \frac{1}{g}(V_{u1}U_1 - V_{u2}U_2)$ 中，合并各比例常数后得

$$\frac{H_P\eta_{hP}}{H_M\eta_{hM}} = k^2 \tag{4-7}$$

利用 $U_{1P}/U_{1M} = n_P D_{1P}/n_M D_{1M} = k$，可将式(4-7)写成

$$\frac{n_P}{n_M} = \frac{D_{1M}\sqrt{H_P\eta_{hP}}}{D_{1P}\sqrt{H_M\eta_{hM}}} \tag{4-8}$$

假定 $\eta_{hP}=\eta_{hM}$,可得

$$\frac{n_P}{n_M}=\frac{D_{1M}\sqrt{H_P}}{D_{1P}\sqrt{H_M}} \tag{4-9}$$

式(4-9)为转速相似律,即几何相似水轮机在相似工况下,其转速与直径成反比,与水头的平方根成正比。

2. 流量相似律

几何相似水轮机的有效流量分别为

$$\begin{aligned} Q_{eP} &= Q_P\eta_{vP} = V_{1mP}F_{1P} \\ Q_{eM} &= Q_M\eta_{vM} = V_{1mM}F_{1M} \end{aligned} \tag{4-10}$$

式中 V_{1m}——水流在转轮进口处的轴面流速,m/s;

F_1——转轮进口处的过水面积,m^2。

由运动相似,得

$$\frac{V_{1mP}}{V_{1mM}}=\frac{U_{1P}}{U_{1M}}=\frac{\sqrt{H_P\eta_{hP}}}{\sqrt{H_M\eta_{hM}}} \tag{4-11}$$

由几何相似,得

$$\frac{F_{1P}}{F_{1M}}=\frac{D_{1P}^2}{D_{1M}^2} \tag{4-12}$$

将式(4-11)、式(4-12)代入式(4-10)得

$$\frac{Q_P\eta_{vP}}{Q_M\eta_{vM}}=\frac{D_{1P}^2\sqrt{H_P\eta_{hP}}}{D_{1M}^2\sqrt{H_M\eta_{hM}}} \tag{4-13}$$

假定 $\eta_{hP}=\eta_{hM}$、$\eta_{vP}=\eta_{vM}$,可得

$$\frac{Q_P}{Q_M}=\frac{D_{1P}^2\sqrt{H_P}}{D_{1M}^2\sqrt{H_M}} \tag{4-14}$$

式(4-14)为流量相似律,即几何相似水轮机在相似工况下,流量与直径的平方成正比,与水头的平方根成正比。

3. 出力相似律

根据水轮机出力计算公式

$$\begin{aligned} N_P &= 9.81H_P\eta_{hP}\cdot Q_P\eta_{vP}\cdot\eta_{mP} \\ N_M &= 9.81H_M\eta_{hM}\cdot Q_M\eta_{vM}\cdot\eta_{mM} \end{aligned} \tag{4-15}$$

则

$$\frac{N_P}{N_M}=\frac{H_P\eta_{hP}\cdot Q_P\eta_{vP}\cdot\eta_{mP}}{H_M\eta_{hM}\cdot Q_M\eta_{vM}\cdot\eta_{mM}} \tag{4-16}$$

即

$$\frac{N_P}{N_M}=\left(\frac{D_{1P}}{D_{1M}}\right)^2\cdot\left(\frac{H_P\eta_{hP}}{H_M\eta_{hM}}\right)^{3/2}\cdot\frac{\eta_{mP}}{\eta_{mM}} \tag{4-17}$$

假定 $\eta_{hP}=\eta_{hM}$、$\eta_{vP}=\eta_{vM}$、$\eta_{mP}=\eta_{mM}$,可得

$$\frac{N_P}{N_M}=\frac{D_{1P}^2H_P^{3/2}}{D_{1M}^2H_M^{3/2}} \tag{4-18}$$

式(4-18)为出力相似律，即几何相似水轮机在相似工况下，出力与直径的平方成正比，与水头的1.5次方成正比。

二、水轮机的单位参数

根据上述水轮机相似律，就可对几何相似的水轮机在相似工况下的参数进行换算，但是也存在一定问题，水轮机模型试验时，由于试验装置条件及要求不同，水轮机的模型直径及试验水头也不同，因此由模型试验所得的参数也不同。若直接用试验所得数据绘制水轮机的特性曲线，则便是对同一型号的转轮，也会有数量繁多的特性曲线，这样既不便于应用，也不便于水轮机之间的比较。实践中，常把模型试验所得的模型水轮机参数按照相似律换算成一个直径 $D_1=1$ m、有效水头 $H\eta_h=1$ m 的标准相似水轮机在相似工况下的参数。把直径 $D_1=1$ m、有效水头 $H\eta_h=1$ m 的水轮机的参数称为单位参数，分别用 n_{11}、Q_{11}、N_{11} 等表示。

（一）单位转速

令式(4-8)中，直径 $D_1=1$ m、有效水头 $H\eta_h=1$ m，得

$$n_M=\frac{n_PD_{1P}}{\sqrt{H_P\eta_{hP}}} \tag{4-19}$$

则

$$n_{11}=\frac{nD_1}{\sqrt{H\eta_h}} \tag{4-20}$$

式中，n_{11}表示几何相似的水轮机当转轮直径为1 m、有效水头为1 m时的转速。式(4-20)表明，几何相似水轮机在相似工况下，$nD_1/\sqrt{H\eta_h}$值相同，均等于 n_{11}。

水轮机的单位转速反映了该型号水轮机的转速特性，因为它直接影响水轮机的实际转速。在相同直径和有效水头条件下，单位转速越高的水轮机型号，其水轮机的实际转速也越高。因此，在选择水轮机时，在可能的条件下，选择单位转速较高的水轮机，可以缩减发电机的直径。

（二）单位流量

令式(4-13)中，直径 $D_1=1$ m、有效水头 $H\eta_h=1$ m，得

$$Q_M\eta_{vM}=\frac{Q_P\eta_{vP}}{D_{1P}^2\sqrt{H_P\eta_{hP}}} \tag{4-21}$$

则

$$Q_{11}=\frac{Q\eta_v}{D_1^2\sqrt{H\eta_h}} \tag{4-22}$$

Q_{11}表示几何相似的水轮机转轮直径为1 m、有效水头为1 m时的有效流量。

式(4-22)表明,几何相似水轮机在相似工况下,$Q\eta_v/D_1^2\sqrt{H\eta_h}$的值相同,均等于$Q_{11}$。

单位流量反映该系列水轮机的过流能力,在相同直径和有效水头条件下,单位流量越大的水轮机型号,其实际过流量也越大。因此,选择Q_{11}大的机型能获得更大的水轮机功率,或者在规定的功率下可缩减水轮机直径。

(三)单位出力

令式(4-17)中,直径$D_1=1$ m、有效水头$H\eta_h=1$ m,得

$$\frac{N_M}{\eta_{mM}} = \frac{N_P/\eta_{mP}}{D_{1P}^2\ (H_P\eta_{hP})^{3/2}} \tag{4-23}$$

则

$$N_{11} = \frac{N/\eta_m}{D_1^2\ (H\eta_h)^{3/2}} \tag{4-24}$$

N_{11}表示几何相似的水轮机转轮直径为1 m、有效水头为1 m时的转轮出力。

式(4-24)表明,几何相似水轮机在相似工况下,$N/[\eta_m D_1^2(H\eta_h)^{3/2}]$的值相同,均等于$N_{11}$。

考虑到式(4-20)、式(4-22)及式(4-24)在计算时较麻烦,而且水力效率η_h、容积效率η_v、机械效率η_m也难于分项求得。因此,常做以下近似计算:

$$n_{11} = \frac{nD_1}{\sqrt{H}} \tag{4-25}$$

$$Q_{11} = \frac{Q}{D_1^2\sqrt{H}} \tag{4-26}$$

$$N_{11} = \frac{N}{D_1^2 H^{3/2}} \tag{4-27}$$

这些量是单位参数的一次近似值,它们分别表示水轮机转轮直径D_1为1 m、水头H为1 m时水轮机的转速、流量和功率。几何相似的水轮机在相似工况下,其n_{11}、Q_{11}、N_{11}的值对应相同,分别等于$nD_1/\sqrt{H}$、$Q/(D_1^2\sqrt{H})$和$N/[D_1^2H^{3/2}]$。

对于单位参数的几点说明如下:

(1)对于几何相似的水轮机,在相似工况下,单位参数n_{11}、Q_{11}和N_{11}是不改变(分别相等)的,因此它们是几何相似水轮机保持相似工况的一种判别准则。

(2)单位参数随工况而改变,各型号水轮机的单位参数常以最优工况时的单位参数为代表,称为最优单位参数,分别以n_{110}、Q_{110}和N_{110}等表示。

(3)单位参数反映同系列水轮机的某种特性。如单位流量反映同系列水轮机的过流能力。

(4)可利用单位参数整理模型试验数据及进行原型、模型之间的参数换算,例如,根据单位参数的一次近似值,可采用式$n=n_{11}\sqrt{H}/D_1$和$Q=Q_{11}D_1^2\sqrt{H}$计算原型水轮机的转速和流量。式中,n_{11}和Q_{11}由模型试验确定,可在转轮综合特性曲线上查出。

第二节　水轮机的效率换算及单位参数的修正

一、水轮机的效率换算

在推导水轮机相似工况的单位参数公式时,曾假定模型水轮机和原型水轮机在相似工况下效率是相等的,而实际上两者之间的效率是有差别的。引起效率不等的因素主要有以下三种:

(1)原型和模型水轮机的金属加工的精度基本相同,即过流表面粗糙度基本相同,但对于直径较大的原型水轮机,其过流表面的相对粗糙度较小,因此其水力损失较小,水力效率 η_h 较高。

(2)原型和模型水轮机中的过流介质均为水,即其黏滞力相同。但对于使用水头较高的原型水轮机,其中水流的黏滞力与惯性力(或压力)的比值较小,因此其相对水力损失较小,水力效率 η_h 较高。

(3)基于加工精度的限制,模型水轮机的容积损失和机械损失不可能按其所需要的相似关系缩小,因此原型水轮机 η_v 和 η_m 均较高。

由于以上原因,原型水轮机的总效率高于模型水轮机的总效率。对于大型水轮机,有时差值可达7%以上。为了较精确地推算出原型水轮机的效率,应考虑由于损失不同而对模型试验所得数据进行修正。

反击式水轮机的效率按《水轮机基本技术条件》(GB/T 15468—2006)附录 A 中的公式进行修正。

(一)第一种方法

混流式[Moody(摩奇)公式]:

$$\Delta\eta = K \times (1 - \eta_{Mmax}) \times [1 - (D_{1M}/D_{1P})^{0.2}] \tag{4-28}$$

轴流式[Hutton(胡顿)公式]:

$$\Delta\eta = 0.7K \times (1 - \eta_{Mmax}) \times [1 - (D_{1M}/D_{1P})^{0.2} \times (H_M/H_P)^{0.1}] \tag{4-29}$$

式中　$\Delta\eta$——模型效率换算为原型效率的修正值,即 $\eta_P = \eta_M + \Delta\eta$;

η_{Mmax}——模型水轮机的最优效率,对转桨式水轮机为叶片在不同转角条件下的最高效率;

K——系数,$K = 0.5 \sim 0.7$,改造机组取小值,新机组取大值;

D_{1M}——模型水轮机转轮公称直径,m;

D_{1P}——原型水轮机转轮公称直径,m;

H_M——模型水轮机试验水头,m;

H_P——原型水轮机水头,m。

对转桨式水轮机,桨叶转角 φ 不同时,相应的最高效率也不同,故效率修正值 $\Delta\eta$ 随 φ 角改变,每个 φ 对应一个 $\Delta\eta$,原型水轮机效率修正时应采用对应于同一 φ 角的效率修正值。

效率修正公式表明，随着水轮机尺寸的增加，水轮机的效率也增加。

此法对一般工况时的效率修正采用了简化的方法，即认为非最优工况时原型、模型的效率差值 $\Delta\eta=\eta_P-\eta_M$ 均与最优工况时的 $\Delta\eta_0=\eta_{Pmax}-\eta_{Mmax}$ 相同。实际上，当水轮机偏离最优工况，按最优工况的 $\Delta\eta_0$ 进行效率修正时，修正后的原型效率会偏高。

（二）第二种方法

IEC 60193 推荐的反击式水轮机效率修正计算公式为

$$\Delta\eta_h=\delta_{ref}\left[\left(\frac{Re_{uref}}{Re_{uM}}\right)^{0.16}-\left(\frac{Re_{uref}}{Re_{uP}}\right)^{0.16}\right] \tag{4-30}$$

$$\delta_{ref}=\frac{1-\eta_{hoptM}}{\left(\frac{Re_{uref}}{Re_{uoptM}}\right)^{0.16}+\frac{1-V_{ref}}{V_{ref}}} \tag{4-31}$$

式中　$\Delta\eta_h$——模型效率换算为原型效率的修正值；

δ_{ref}——标称的可换算为原型效率的修正值；

Re_{uref}——标准的雷诺数；

Re_{uM}——计算点模型雷诺数；

Re_{uP}——计算点原型雷诺数；

Re_{uoptM}——模型最优效率点雷诺数；

η_{hoptM}——模型最优效率；

V_{ref}——标准的损失分布系数，轴流转桨式、斜流转桨式和贯流转桨式水轮机取 0.8，混流和轴流定桨式、斜流定桨式和贯流定桨式水轮机取 0.7。

（三）第三种方法

对过去已有的模型试验曲线及注明雷诺数和水温的模型试验资料，建议按下式计算：

$$\Delta\eta_h=(1-\eta_{hoptM})\times V_M\times\left[1-\left(\frac{Re_{uM}}{Re_{uP}}\right)^{0.16}\right] \tag{4-32}$$

$$V_M=V_{optM}=V_{ref} \tag{4-33}$$

$$Re_{uM}=Re_{uref}=7\times10^6 \tag{4-34}$$

式中　V_M——模型的损失分布系数，轴流转桨式、斜流转桨式和贯流转桨式水轮机取 0.8，混流和轴流定桨式、斜流定桨式和贯流定桨式水轮机取 0.7；

V_{optM}——模型最优效率点的损失分布系数。

二、水轮机的单位参数修正

在整理模型试验数据时，一般用式(4-25)、式(4-26)确定单位参数的一次近似值。但是由于原型、模型效率不同，为了得到准确的原型数据，应考虑原型、模型的效率差值，因此对单位参数也应该进行相应的修正。

水力效率是水轮机效率的主要组成部分，因此可足够精确地用水轮机总效率代替水力效率。

由式(4-25)、式(4-26)可得

$$\left.\begin{aligned}\left(\frac{nD_1}{\sqrt{H\eta}}\right)_P &= \left(\frac{nD_1}{\sqrt{H\eta}}\right)_M \\ \left(\frac{Q}{D_1^2\sqrt{H\eta}}\right)_P &= \left(\frac{Q}{D_1^2\sqrt{H\eta}}\right)_M\end{aligned}\right\} \tag{4-35}$$

式(4-35)为水轮机单位参数的二次近似值。

由式(4-25)、式(4-26)、式(4-35)可得

$$\left.\begin{aligned}n_{11P} &= n_{11M}\sqrt{\frac{\eta_P}{\eta_M}} \\ Q_{11P} &= Q_{11M}\sqrt{\frac{\eta_P}{\eta_M}}\end{aligned}\right\} \tag{4-36}$$

于是,原型与模型单位转速差为

$$\Delta n_{11} = n_{11P} - n_{11M} = n_{11M}\sqrt{\frac{\eta_P}{\eta_M}} - n_{11M} = n_{11M}\left(\sqrt{\frac{\eta_P}{\eta_M}} - 1\right) \tag{4-37}$$

原型与模型单位流量差为

$$\Delta Q_{11} = Q_{11P} - Q_{11M} = Q_{11M}\sqrt{\frac{\eta_P}{\eta_M}} - Q_{11M} = Q_{11M}\left(\sqrt{\frac{\eta_P}{\eta_M}} - 1\right) \tag{4-38}$$

根据此修正值,便可求得原型水轮机单位转速与单位流量分别为

$$n_{11P} = n_{11M} + \Delta n_{11} \tag{4-39}$$

$$Q_{11P} = Q_{11M} + \Delta Q_{11} \tag{4-40}$$

在使用式(4-39)、式(4-40)时,一般是取原型、模型最优工况时的效率值进行计算,在设计中一般规定,当 $\Delta n_{11} < 3\% n_{11M}$时可不修正,即忽略 Δn_{11};一般情况下,单位流量修正值 ΔQ_{11}较小,可不做修正。

第三节　水轮机的比转速

水轮机的单位参数 n_{11}、Q_{11}、N_{11}从不同的方面反映了水轮机的特性(都与 D_1有关)。但是这些参数仅仅从各自的一个方面反映水轮机的特性。为了能找到一个综合性的单位参数概括地反映水轮机的特性,提出了比转速的概念。

一、比转速的计算公式

比转速定义:几何相似的水轮机,当水头为 1 m,输出功率为 1 kW 时的转速(国标定义)。

由水轮机的转速相似律公式(4-9)和出力相似律公式(4-18)消去 D_1,可得

$$\frac{n_P}{n_M}\sqrt{\frac{N_P}{N_M}} = \left(\frac{H_P}{H_M}\right)^{\frac{5}{4}} \tag{4-41}$$

令 $H_M = 1$ m、$N_M = 1$ kW,则

$$n_M = \frac{n_P\sqrt{N_P}}{H_P^{5/4}} \tag{4-42}$$

对于同一个系列的水轮机，在相似工况工作时，n_M 相等，为常数，我们用 n_s 表示，即

$$n_s = \frac{n\sqrt{N}}{H^{5/4}} \tag{4-43}$$

n_s 称为水轮机的比转速，比转速的公式还可以用单位参数来表示，如果将 $n=\frac{n_{11}\sqrt{H}}{D_1}$、$N=9.81QH\eta$ 和 $Q=Q_{11}D_1^2\sqrt{H}$ 代入式(4-43)，整理后得

$$n_s = 3.13n_{11}\sqrt{Q_{11}\eta} \quad (\mathrm{m \cdot kW}) \tag{4-44}$$

将 $N=9.81QH\eta$ 代入式(4-43)，可得流量形式的比转速

$$n_s = 3.13\frac{n\sqrt{Q\eta}}{H^{3/4}} \quad (\mathrm{m \cdot kW}) \tag{4-45}$$

比转速 n_s 是一个与水轮机直径无关的常数，它反映了水轮机的转速 n、水头 H 和出力 N 之间的关系。从概念上讲，它是由水轮机单位参数派生出来的，仍是反映工况相似的判别数。对于不同的工况，对应不同的比转速。但在这里专门提出这样一个综合参数，目的不是同轮系水轮机之间进行比较，而是在可比条件下利用它来代表一个水轮机系列的特征，进行不同水轮机系列之间的比较。所以，规定水轮机在设计工况(也有采用最优工况)时的比转速作为代表该水轮机系列特征参数，其值在理论上是唯一的。

第二章述及的水轮机型号中，代表水轮机转轮型号的数字，指的就是该轮系水轮机的比转速，只不过应用时进行了适当的取整。对于不同的轮系，比转速也不同。不同类型的水轮机有一个大概的比转速范围，目前各类型水轮机比转速的大概范围为：贯流式 $n_s=600\sim1\,000$，轴流式 $n_s=200\sim850$，斜流式 $n_s=150\sim350$，混流式 $n_s=50\sim300$，水斗式 $n_s=10\sim35$(单喷嘴)。

从式(4-43)可以看出：随着比转速的增加，水轮机的转速增加，适应水头降低，转速增加可以减少发电机的磁极对数，缩小机组尺寸，减轻机组重量。

从式(4-44)可以看出：随着比转速的增加，单位流量 Q_{11} 增加，也就是水轮机的过流量 Q 增加。这时水轮机转轮内的绝对速度和相对速度就会增加，水力损失增加，转轮出口动能也越大，水轮机也易于发生空蚀。高比转速水轮机适合于低水头、大流量的场合，其抗空蚀性能相对于低比转速水轮机要差一些。

在设计水电站选择水轮机时，通常希望选用比转速高一些的水轮机，这对机组及水电站运行的技术经济指标较为有利，特别对大型机组尤为显著。但提高比转速，水轮机的空蚀系数较大，抗空蚀性能较差，这将会增大厂房开挖深度或影响水轮机的寿命，同时对水轮机的强度要求也有所提高。为避免顾此失彼，要进行综合比较。

二、比转速与转轮几何形状的关系

一定形状的转轮只能得到一定的比转速，如果要改变比转速必须相应地改变转轮形状。因此，比转速不同的水轮机系列，其几何外形尺寸之间的比例均不同(见图 4-2)，因

而其适用的范围及性能也不同。

随比转速增加，转轮主要几何尺寸的变化规律如下：

(1)导叶相对高度 b_0/D_1 逐渐增加。

当导叶高度增加时，转轮过水剖面面积随之加大，因而可以提高过流能力，增大比转速，近代水轮机的导叶相对高度与比转速的关系可近似表示为

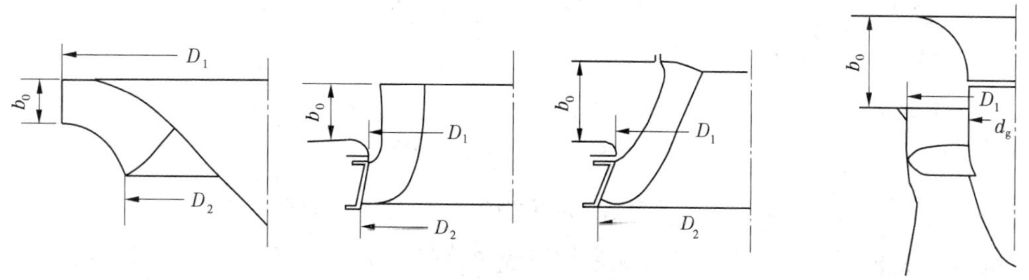

(a)低比转速混流式　(b)中比转速混流式　(c)高比转速混流式　(d)轴流式

图 4-2　不同比转速的水轮机转轮形状

混流式

$$\frac{b_0}{D_1} = 0.1 + 0.000\,65n_s \tag{4-46}$$

轴流式

$$\frac{b_0}{D_1} = 0.44 - \frac{21.47}{n_s} \tag{4-47}$$

(2)对混流式水轮机，直径比 D_2/D_1 逐渐增大。

增大 D_2/D_1 比值可以扩大转轮出口部分的过水剖面面积，因而提高过流能力，使比转速增大，并可减小转轮出口流速，降低空蚀系数。

根据近代国内外的设计、运行经验，D_2/D_1 与比转速的近似关系为

$$\frac{D_2}{D_1} = 0.96 + 0.000\,38n_s \tag{4-48}$$

(3)对轴流式水轮机，轮毂比 d_g/D_1 减小。

(4)叶片数逐渐减少。

(5)流道逐渐缩短，弯曲程度逐渐减弱(叶形趋于平坦)。

如图 4-3 所示，随着比转速的增大，β_1 逐渐减小，叶形弯曲程度逐渐减弱，叶形趋于平坦。

第四节　水轮机的模型试验

本章第一节讨论的相似条件从理论上解决了用较小尺寸的模型水轮机，在较低水头下工作去模拟大尺寸和高水头的原型水轮机的问题。按相似理论，模型水轮机的工作完全能反映任何尺寸的原型水轮机。模型水轮机的运转规模比原型水轮机运转规模小得多，费用少，试验方便，可以根据需要随意变动工况，能在较短的时间内测出模型水轮机的

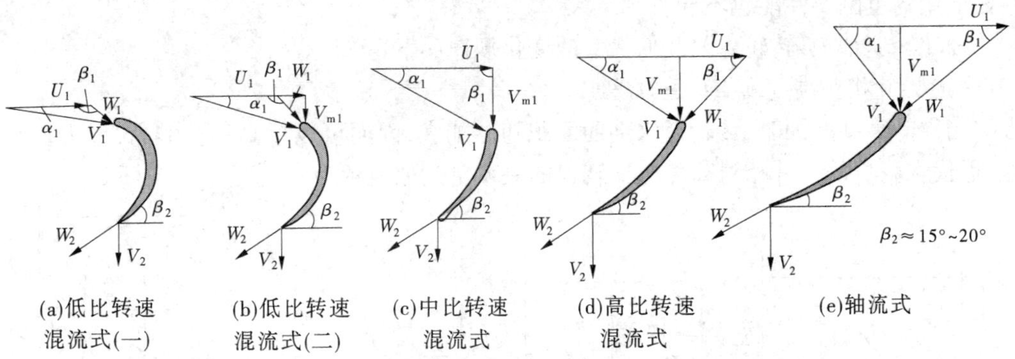

图 4-3　不同比转速水轮机的进、出口速度三角形

全面特性。将模型试验所得到的工况参数组成单位转速 n_{11} 和单位流量 Q_{11} 后,分别以它们作为纵、横坐标,可以得到水轮机综合特性曲线。此综合特性曲线不仅表示了模型水轮机的工作性能,同样反映了与该模型水轮机几何相似的所有不同尺寸工作在不同水头下的同类型真实水轮机的工作特性。

水轮机制造厂可通过模型试验来检验原型水力设计计算的结果,优选出性能良好的水轮机,为制造原型水轮机提供依据,向用户提供水轮机的保证参数。水电设计部门可根据模型试验资料,针对所设计的水电厂的原始参数,合理地进行选型设计,并运用相似定律利用模型试验所得出的综合特性曲线,绘出水电站的运转特性曲线。为运行部门提供发电依据。又鉴于原型水轮机的现场试验规模庞大,测量(主要是流量)不易准确,费用颇高而且影响发电生产。所以,国际电工委员会(IEC)于 1965 年出版的标准文件 193 号《水轮机模型验收试验国际规程》规定了,可以用模型试验对真机进行验收。这种验收方式在其他产业部门还是应用不多的。水电厂运行部门可根据模型水轮机试验资料,分析水轮机设备的运行特性,合理地拟定水电厂机组的运行方式,提高水电厂运行的经济性和可靠性。当运行中水轮机发生事故时也可以根据模型的特性分析可能产生事故的原因。

模型试验按其目的可分为能量试验、飞速特性试验、导叶水力矩和转轮叶片水力矩特性试验等。模型能量试验装置主要用于确定水轮机的能量综合性能,即确定各种工况下水轮机的运行效率,此外,还可用它进行下列一些试验:①水轮机某些过流部件(如导水机构)的水压力和水力矩等力特性试验;②过流部件水流的速度和压力分布试验;③主要过流部件的应力试验;④飞逸特性试验;⑤配以适合的控制操作部件后用来进行过渡过程中甩负荷参数变化情况及导水叶关闭规律的研究等。

能量试验台分为开敞式试验台和封闭式试验台;封闭式试验台无须设置测流槽,故平面尺寸要比开敞式试验台小,而且水头调节更加方便,但封闭式试验台投资较高。

本节主要介绍开敞式能量试验台的试验装置、参数测量、参数计算及试验成果整理等内容。

一、试验装置

反击式水轮机开敞式试验台如图 4-4 所示,所谓开敞式试验台,是指其上下游均有与大气相通的自由表面。表明了水箱循环系统的总体布置。在该循环系统中，水泵 1 自集水池 14 抽水至压力水箱 2 的水流通过模型水轮机 7 至尾水槽 9，经测流堰槽流至集水池稳定后，再由轴流泵抽吸，形成试验过程中往复循环的水流。

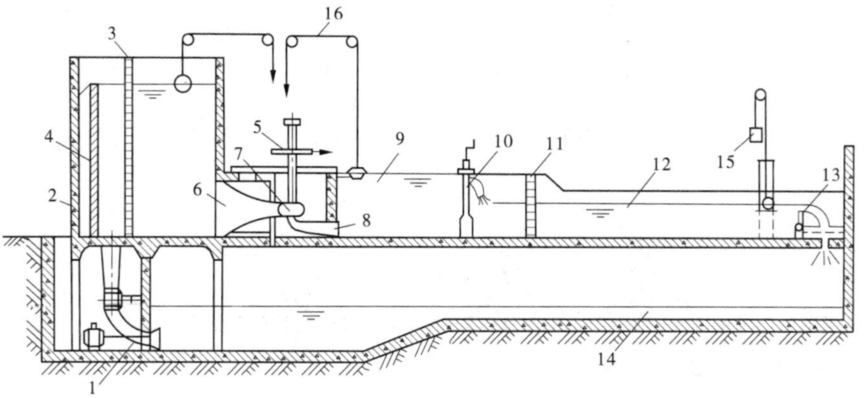

1—水泵；2—压力水箱；3、11—静水栅；4—溢流板；5—测功器；6—引水室；7—模型水轮机；8—尾水管；9—尾水槽；10—调节闸门；12—测流堰槽；13—堰板；14—集水池；15—浮筒；16—水头测量装置

图 4-4　反击式水轮机开敞式试验台

（1）水泵。可做成叶轮角度用手调节或以直流电机改变转速调节水泵的流量。

（2）压力水箱。是一个大容积的蓄水箱，其作用是在试验过程中保持一定的上游水位以形成试验水头。在压力水箱上部侧面装置有溢流板和排水隔层。水箱的下部装置旁通阀，利用它们来控制箱内水位恒定于定的高度。多余的水流经溢流板及旁通阀排至集水池。又为保证进入模型水轮机的水流流速分布均匀与稳定，在箱内出水部分还设置静水栅。

（3）机组段。包括引水室 6、模型水轮机 7、尾水管 8、测功器 5 及水头测量装置 16。

（4）测流堰槽。作用是测量模型水轮机的流量，在槽内首端装有静水栅 11，以稳定堰槽内的水流，末端装有堰板 13，用浮筒 15 测定堰上水位。

（5）集水池。水流经测流堰槽 12 流入集水池 14，然后用水泵 1 抽送至压力水箱 2，形成试验过程中水的循环。

二、参数测量

根据水轮机功率公式，水轮机效率为

$$\eta = \frac{N}{9.81QH} \tag{4-49}$$

又因为

$$N = M\omega = M\frac{2\pi n}{60} \quad (\mathrm{kW}) \tag{4-50}$$

因此，为求得水轮机效率，需测定的参数有水头 H、流量 Q、转速 n 和力矩 M 等四个参数。

（一）水头测量

水轮机水头为蜗壳进口断面与尾水管出口断面水流单位能量差。由于模型水轮机蜗壳进口前压力管道很短，因此水轮机的工作水头可表示为

$$H = (Z_1 + \frac{P_1}{\gamma} + \frac{\alpha_1 V_1^2}{2g}) - (Z_2 + \frac{P_2}{\gamma} + \frac{\alpha_2 V_2^2}{2g}) \tag{4-51}$$

式中，“1”表示压力水箱中的值，“2”表示尾水管出口处的值。

由于 $P_1 = P_2 = P_a$（大气压力），同时认为进、出口流速很小且数值上接近，即 $\frac{\alpha_1 V_1^2}{2g} = \frac{\alpha_2 V_2^2}{2g}$，则

$$H = Z_1 - Z_2 \tag{4-52}$$

模型水轮机的工作水头等于上游压力水箱与下游尾水箱的水位差。这些水位一般由浮标水尺和（或）水位测针测量。

（二）流量测量

常用堰板测量流量，对流量较大的试验台常用矩形堰。根据水力学相关知识，无侧向收缩矩形薄壁堰的自由溢流流量为

$$Q = m_0 b_0 \sqrt{2g} h^{3/2} \quad (m^3/s) \tag{4-53}$$

式中 m_0——流量系数；

b_0——堰宽，m；

h——堰顶水深，m。

计算时，堰宽 b_0 应取若干个水平宽度实测值的平均值。

为提高堰顶水深的测量精度，一般将水位引至静水量筒。

用水位测针或浮标水尺测量堰的流量系数 m_0 应采用更高精度的方法进行校正。容积法校正用标准的容器（水槽）量得记录时间内流过测流槽的总水量，再除以记录时间，即通过测流堰的流量，则测流堰的流量系数 m_0 为

$$m_0 = \frac{Q}{b_0 \sqrt{2g} h^{3/2}} \tag{4-54}$$

通过多次测量就可绘出 $m_0 = f(h)$ 或 $Q = f(h)$ 关系曲线。模型试验时，即可利用这个关系确定流量。

测流堰上的堰顶水位的波动对流量测量影响较大，因此要采取有效的稳流措施，如装设孔板、静水栅等稳流结构。

（三）转速测量

转速测量一般采用电磁测速法，而不用机械测速表，因其误差较大，电磁测速分为感应式和光电式。感应式电磁测速是在水轮机轴端装一个齿盘，齿盘边固定一个转速传感器。当水轮机转动时，齿盘随之旋转，在传感器中会感应出脉冲电流并触发脉冲计数器计数。实测转速为

$$n = \frac{60m}{ZT} \quad (r/min) \tag{4-55}$$

式中　T——转速记录时间；

m——在 T 时间内的脉冲数；

Z——齿盘的齿数，一般为 60 个、120 个齿。

（四）力矩测量

模型水轮机的输出功率常采用机械测功法或电磁测功法。两种方法原理相同，只是力矩的传递方式不同。根据模型水轮机的功率公式(4-50)，测出 M 和 n 值，即可计算出模型水轮机的功率 N。试验中，利用测功器完成力矩测量。

如图 4-5 所示，机械测功器实际上是一个机械制动器，其摩擦圆盘安装于水轮机轴上，圆盘周围包绕摩擦钢带（钢带内侧固定有牛皮），钢带的松紧可通过螺杆手轮来调节，以改变圆盘与钢带之间的摩擦力矩，即增、减水轮机负荷。当水轮机稳定在某一转速下运行时，水轮机轴的主动力矩与圆盘钢带之间的摩擦力矩相平衡。

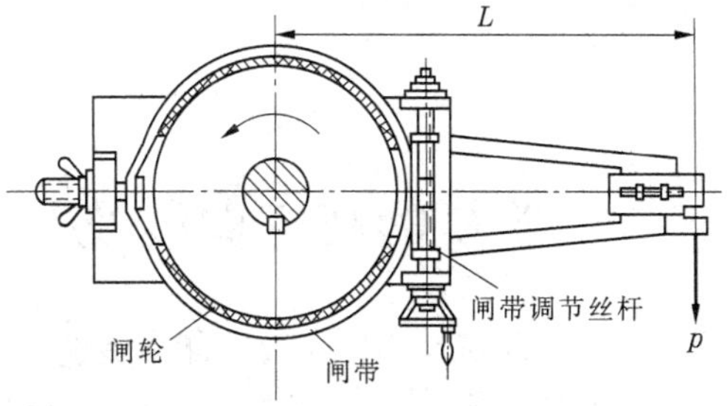

图 4-5　机械测功器

钢带支架上装置有测功臂，臂上的受力传给计重器（亦可用钢丝绳传递，用砝码计重），测功臂的力 P 与测功臂的长度 L 的乘积，即为力矩 $M(M = PL)$。

根据测量的力矩和转速，可按下式计算模型水轮机的轴功率：

$$N = M\omega = PL\frac{\pi n}{30} \quad (\text{W}) \tag{4-56}$$

或

$$N = 1.047 \times 10^{-4} PLn \quad (\text{kW}) \tag{4-57}$$

式中　P——测功臂的力，N。

三、参数计算及试验成果整理

参数计算就是对模型水轮机的每一个工况，测出 H、Q、n、M 等参数后，依据式(4-25)、式(4-26)、式(4-49)、式(4-50)计算出模型水轮机的 n_{11}、Q_{11} 和 η 值。

混流式水轮机能量试验一般选用 8 ~ 10 个导叶开度，分别在各个开度下进行若干个(5 ~ 10 个)不同工况点的测试。试验可按如下步骤进行：

(1)调整上下游水位，得到稳定的模型试验水头。

(2)调整导叶在某一开度 a_0。

(3)用测功器改变转轮的转速，一般速度间隔 100 r/min 做一个试验工况点。

(4)待转速稳定后，记录各参数(a_0、H、Q、n 和 N)于表 4-1 中。

表 4-1 能量试验数据记录计算表

导叶开度 a_0 (mm)	工况点试验序号	试验水头 H_M (m)	转速 n_M (r/min)	制动力 P (N)	轴功率 N_M (kW)	堰顶水深 h (m)	流量 Q_M (m^3/s)	单位流量 Q_{11} (L/s)	单位转速 n_{11} (r/min)	效率 η_M (%)	备注
a_{01}	1 2 3 ⋮										
a_{02}	1 2 3 ⋮										

转桨式水轮机可以选定几个桨叶开度，在各桨叶开度下依混流式水轮机的试验程序进行。

试验数据整理后绘成特性曲线，详细内容见本章第五节。

第五节 水轮机的特性曲线及其绘制

水轮机的特性曲线用于表达水轮机在不同工况下能量转换及空化等方面的性能。这些性能是水轮机内部流动规律的外部表现，称为水轮机的(外)特性。

目前的一些理论方法还难于全面地、精确地计算水轮机的各种性能，因此水轮机的特性常通过模型试验或现场试验的方法获得，将试验所获得的水轮机性能参数绘制成不同形式的曲线图，即水轮机的特性曲线。水轮机特性曲线有着广泛的用途，可以用它来分析水轮机的特性。在水电站设计中选择水轮机的基本参数、确定其合理的运行方式都要用到水轮机特性曲线。

一、水轮机特性曲线的类型

水轮机各参数间的相互关系比较复杂，为了明确某些参数之间的关系，有时需要把一些参数固定，而单独考察某两个参数之间的关系，这种表示两个参数之间关系的特性，可用一条曲线表示，这种曲线称为水轮机的线型特性曲线；当需要综合考虑水轮机各参数之间的相互关系时，则把水轮机的各种性能曲线绘于同一张图上，这种曲线称为水轮机的综合特性曲线。

(一)水轮机的线型特性曲线

水轮机的线型特性曲线分为工作特性曲线、转速特性曲线及水头特性曲线。

1. 工作特性曲线

水轮机在水头 H 和转速 n 为常数时的特性曲线称为水轮机的工作特性曲线。水轮机的工作特性曲线反映了水轮机实际运行的工作情况，可用来比较不同水轮机的工作性能。

以水轮机的功率为参数变量可以绘制出表示水轮机的流量 Q、效率 η、导水机构开度 a_0与功率 N 之间关系的曲线，其函数关系可用 Q、η、$a_0 = f(N)$ 表达，习惯上称为横轴功率工作特性曲线，如图 4-6(a)所示，这种曲线表示水轮机不同功率时的流量、效率与相应的导水机构开度。

以流量为参数变量可以绘制出表示功率 N、效率 η、导水机构开度 a_0 与流量 Q 之间关系的曲线，即 $N、\eta、a_0=f(Q)$ 曲线，习惯上称为横轴流量工作特性曲线，如图 4-6(b)所示，这种曲线表示水轮机不同流量时所对应的功率、效率与相应的导水机构开度。

以导水机构开度为参数变量可以绘制出表示功率 N、流量 Q、效率 η 与导水机构开度 a_0 之间关系的曲线，即 $N、Q、\eta=f(a_0)$ 曲线，习惯上称为横轴开度工作特性曲线，如图 4-6(c)所示，这种曲线表示水轮机在某导水机构开度时对应的功率、流量与效率。

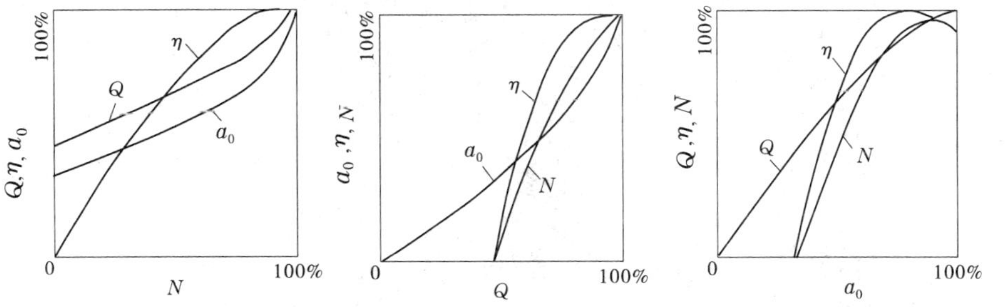

(a)横轴功率工作特性曲线　(b)横轴流量工作特性曲线　(c)横轴开度工作特性曲线

图 4-6　水轮机的工作特性曲线

以上三种工作特性曲线可以相互转换，将一种形式变换成任何其他一种形式。从任何一种工作特性曲线上都可以看出水轮机的空载开度及所对应的流量，以及水轮机的最优工况所对应的导水机构开度、流量和出力。

2. 转速特性曲线

转速特性曲线如图 4-7 所示，表示水轮机的导叶开度和水头为某常数时，水轮机的流量、出力、效率与转速之间的关系。

由水轮机转速特性曲线可以看出，水轮机在某导叶开度时的最高效率、最大出力及水轮机的飞逸转速。

3. 水头特性曲线

水头特性曲线表示水轮机在转速、导叶开度为某常数时，其出力、流量及效率与水头之间的关系。

水电站的水头一般变化较慢，在短时间内可看作定值。但在比较长的时期内，水头可能发生较显著的变化。对低水头的径流式水电站，可能由于洪水期或电站在大负荷运行时流量的增多而使下游水位升高，或者由于防洪需要而必须降低上游水位，因此水头变化较大。对高水头并具有长引水管道的水电站，流量改变时会引起水力损失改变而导致水头发生较大变化。因此，考察水头变化对水轮机性能的影响具有实际意义。

在模型试验中，通常使试验水头为固定值，通过改变转速的方法获得水轮机在不同 n_{11} 时的特性。这是因为在实验室中改变水轮机的转速要比改变其水头容易得多。由水轮机的相似律 $n_{11}=nD_1/\sqrt{H}$ 可知，模型水轮机在水头固定而不同转速下的特性，相当于水电站的原型水轮机在额定转速下而不同水头时的特性。

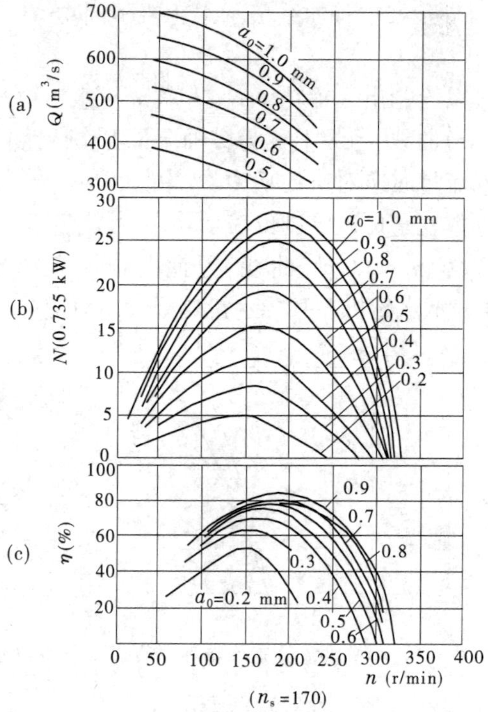

图 4-7　水轮机转速特性曲线

（二）水轮机的综合特性曲线

1. 水轮机的模型综合特性曲线

在水轮机相似理论中曾指出，同系列水轮机在相似工况下其单位流量 Q_{11} 及单位转速 n_{11} 分别相等，而且一定的 Q_{11}、n_{11} 值就决定了一个相似工况。因此，以 Q_{11}、n_{11} 为参变量可表示出同系列水轮机在不同工况下，效率 η、开度 a_0 及空蚀系数 σ 等的变化情况。在以 n_{11} 为纵坐标、Q_{11} 为横坐标的 $Q_{11} \sim n_{11}$ 坐标系中同时给出等效率线 $\eta = f_1(Q_{11}, n_{11})$、等开度线 $a_0 = f_2(Q_{11}, n_{11})$ 及等空蚀系数线 $\sigma = f_3(Q_{11}, n_{11})$，对于转桨式水轮机还给出等叶片转角线 $\varphi = f_3(Q_{11}, n_{11})$ 等，故称为水轮机的主要综合特性曲线。这种主要综合特性曲线一般由模型试验的方法获得，因此又称为模型综合特性曲线。目前，世界上各国对于水轮机模型综合特性曲线的表示方法不尽相同，但上述表示方法采用单位转速和单位流量为参变量，将各水轮机模型综合特性曲线均用统一的尺度绘制。这样，利用模型综合特性曲线就可以方便地进行不同类型、不同比转速、不同参数水轮机性能之间的相互比较。

不同类型的水轮机，其模型综合特性曲线具有不同的特点，掌握它们的特点，对于正确地选择水轮机及分析水轮机的性能都是十分重要的。

1) 混流式及定桨式水轮机模型综合特性曲线

图 4-8 为某混流式水轮机模型综合特性曲线。它由等效率线、等开度线、等空蚀系数线与出力限制线所组成。

同一等效率线（η = 常数）上各点的效率均等于某常数，这说明等效率线的各点尽管工况不同，但水轮机中的诸损失之和相等，因此水轮机具有相等的效率。

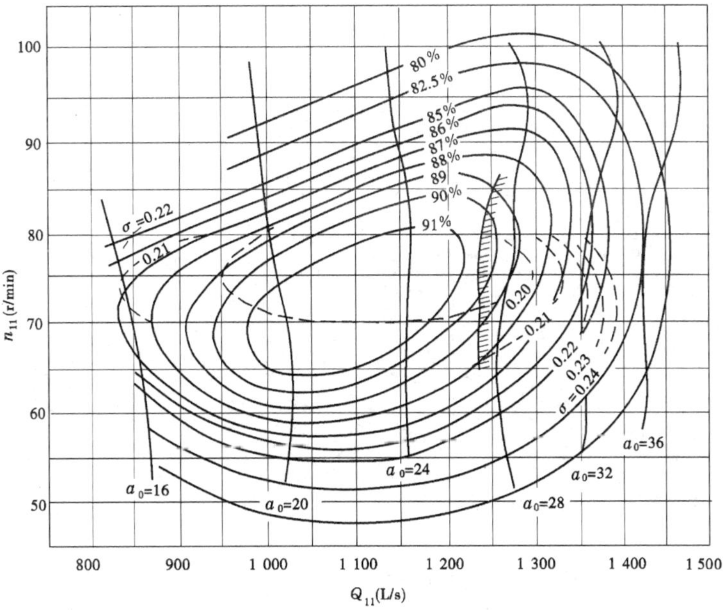

图 4-8　混流式水轮机模型综合特性曲线

等开度线（a_0 = 常数）表示模型水轮机导叶开度为某固定值时，水轮机的单位流量随单位转速的改变而发生变化的特性。水轮机的比转速不同时，等开度线的形状亦不同。

等空蚀系数线（σ = 常数）表示水轮机工作在不同工况下而空蚀系数 σ 为同一数值。但是，由于模型水轮机的空蚀系数大多数是通过能量法试验而获得的，因此尽管等空蚀系数线上的所有工况点具有相同的空蚀系数，但其空蚀发生的状态可能是不相似的。

混流式水轮机模型综合特性曲线上通常标有 5% 出力限制线，它是在某单位转速下水轮机的出力达到最大出力的 95% 时各工况点的连线。绘制出力限制线的目的是考虑到水轮机在最大出力工况下运行时，会使功率的调节变得困难，而且在超过 95% 最大功率运行时，由于流量的增加较多而出力减少，从而使得调速器对水轮机的调节性能较差。为了避免这些情况，并使水轮机具有一定的出力储备，因此将水轮机限制在最大出力的 95%（或 97%）范围内运行。

轴流定桨式水轮机及其他固定叶片式反击式水轮机的模型综合特性曲线与混流式水轮机具有相同的形式。

2）转桨式水轮机模型综合特性曲线

图 4-9 为某轴流转桨式水轮机模型综合特性曲线。转桨式水轮机叶片可以改变其角度，当水轮机的工作水头或负荷发生变化时，通过协联机构使叶片角度做相应的改变，从而保持水轮机具有良好的工作效率。这种运行方式为协联方式。转桨式水轮机模型综合特性曲线上标有等效率线、等开度线、等空蚀系数线与等叶片转角线。

等效率线（η = 常数）为转桨式水轮机在协联方式下工作时的效率等值线，它是水轮机在不同叶片角度下各同类水轮机等效率曲线的包络线。

等开度线（a_0 = 常数）表示在协联方式下导叶开度为常数而叶片角度 φ 不同时水轮机单位流量与单位转速之间的关系，它代表了水轮机在协联方式的过流特性。

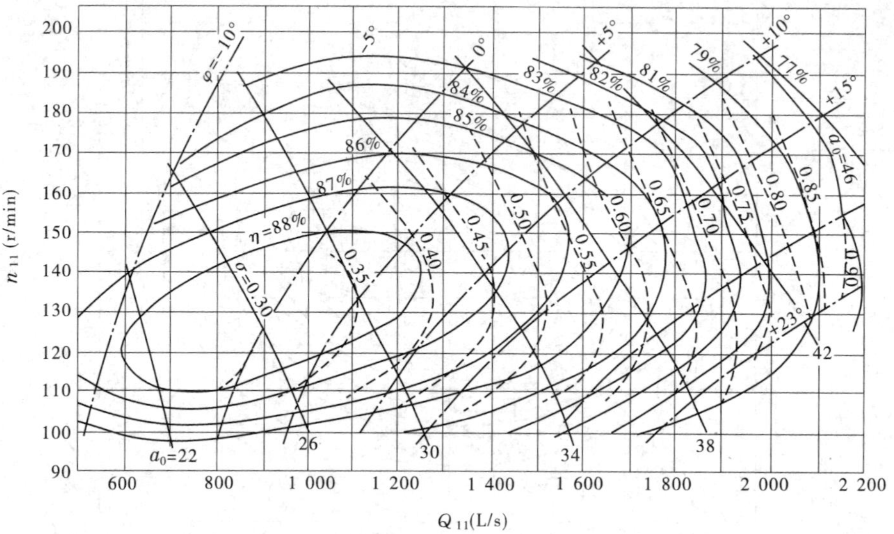

图 4-9　轴流转桨式水轮机模型综合特性曲线

等叶片转角线(φ = 常数)是同一叶片转角时各单位转速下的最高效率点的连线。

由等开度线与等叶片转角线可以查找出导叶开度 a_0 与叶片转角 φ 的最佳协联关系,协联工况点有无数个,但等叶片转角线与等开度线的交点是有代表性的协联工况点。

转桨式水轮机的等空蚀系数线(σ = 常数)与等效率线具有可类比的含义,它是各 φ 下的等空蚀系数线与等叶片转角线的一系列交点中 σ 值相等的点的连线。

转桨式水轮机具有宽广的高效率区,在相当大的单位流量下不出现流量增大而出力减小的情况,因此一般不绘出 5% 出力限制线。而水轮机的最大允许出力常受到空化条件的限制。

2. 水轮机的运转综合特性曲线

水轮机的模型综合特性曲线反映水轮机单位参数之间的关系。但在水电厂运行中,模型综合特性曲线不够直观,也不方便。因此,需要把模型综合特性曲线按相似公式换算成原型水轮机的综合特性曲线。这些曲线以水头为纵坐标,功率为横坐标,反映水头、功率、效率和吸出高度等参数之间的关系,称为水轮机运转综合特性曲线。图 4-10 为水轮机的运转综合特性曲线,在这种曲线图上包括等效率线、功率限制线和等吸出高度线。

二、水轮机特性曲线的绘制

(一)水轮机模型综合特性曲线的绘制

通过水轮机模型试验可以获得水轮机的各种参数,根据试验数据可以绘制出水轮机的模型综合特性曲线。

1. 混流式及定桨式水轮机模型综合特性曲线的绘制

1)等开度线的绘制

水轮机能量试验通常是在固定水头和确定的导叶开度下,通过水轮机转矩的控制去调节水轮机的转速,从而得到同一导叶开度下的一系列工况点的水轮机性能参数。按照各试

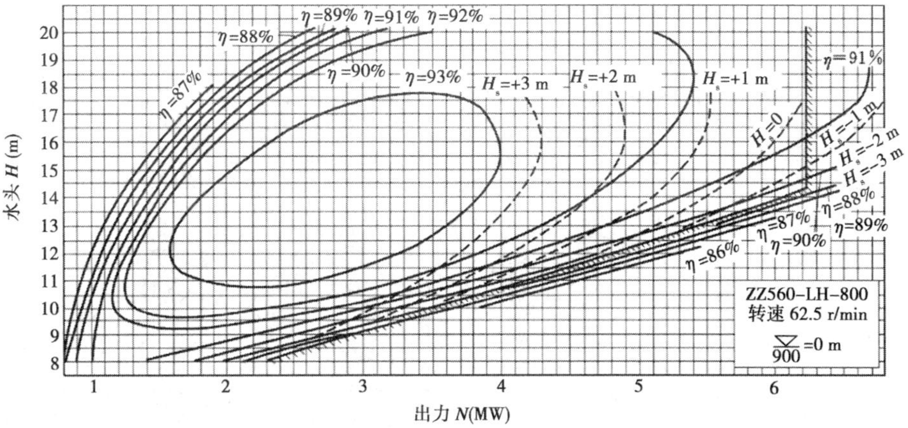

图 4-10　水轮机的运转综合特性曲线

验工况点的水轮机水头 H、流量 Q 及转速 n，可求出各工况点的 Q_{11} 和 n_{11}，将各工况点绘制到如图 4-11所示的 $Q_{11}\sim n_{11}$ 坐标系，用光滑曲线将各点连接，即得到模型水轮机的等开度线。

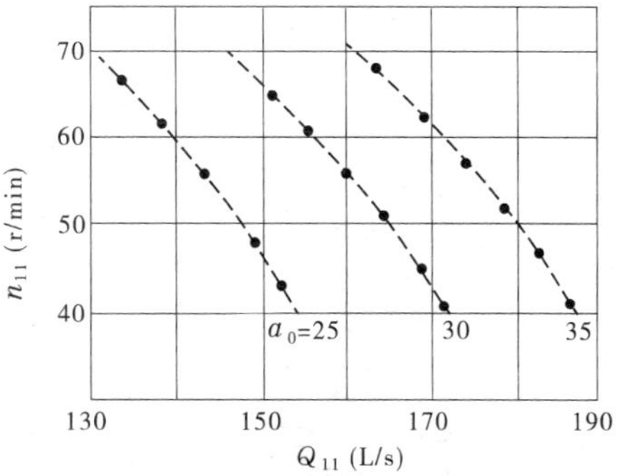

图 4-11　等开度线的绘制

2）等效率线的绘制

等效率线是水轮机运行范围内的效率等值线，它反映水轮机在同一效率情况下的 Q_{11} 和 n_{11} 之间的关系。绘制步骤如下：

（1）根据模型试验所获得的数据，计算各工况点的效率 η 与单位转速 n_{11}，绘出各开度下的 $\eta=f(n_{11})$ 曲线（见图 4-12），各开度有一条曲线。

（2）在 $\eta=f(n_{11})$ 曲线图上以 η 为某一常数做一直线与各开度下的 $\eta=f(n_{11})$ 曲线相交，得交点 b_1、b_1'、b_2、b_2'…找各交点相应的 a_0 与 n_{11}。

（3）以 Q_{11} 为横坐标、n_{11} 为纵坐标，绘 $Q_{11}\sim n_{11}$ 坐标图，并在其中绘出各导叶开度的等开度线。将步骤（2）中所得到的各交点按其 a_0、n_{11} 值绘到 $Q_{11}\sim n_{11}$ 坐标图中相应的等开度线上，将各点连成光滑的曲线，即得到相应于所取效率值的一条等效率曲线。

（4）在 $\eta=f(n_{11})$ 曲线图上取不同的效率值（间隔 1% 或 2% 做直线），按照步骤（2）、步骤（3）的方法可以绘出 $Q_{11}\sim n_{11}$ 坐标系中若干条等效率曲线。

3）出力限制线的绘制

出力限制线也称 5% 出力储备线，它是模型水轮机各单位转速下最大单位出力 $N_{11\max}$ 的 95% 相应的各工况点 Q_{11}、n_{11} 的连线。由出力限制线把综合特性曲线分为两部分，其左边为水轮机的工作区，右边为非工作区。出力限制线的绘制步骤如下：

（1）在模型综合特性曲线图（见图 4-13）上取一单位转速 n_{11} 值，过此点做水平线与各等效率线相交于若干点，记下各交点对应的 Q_{11}、η 值。

（2）将各点的 Q_{11}、η 值代入单位出力计算式 $N_{11}=9.81Q_{11}\eta$ 中，求出对应的 N_{11}。

（3）根据各交点对应的 Q_{11}、N_{11} 值做出该 n_{11} 下的 $N_{11}=f(Q_{11})$ 曲线（见图 4-14），从曲

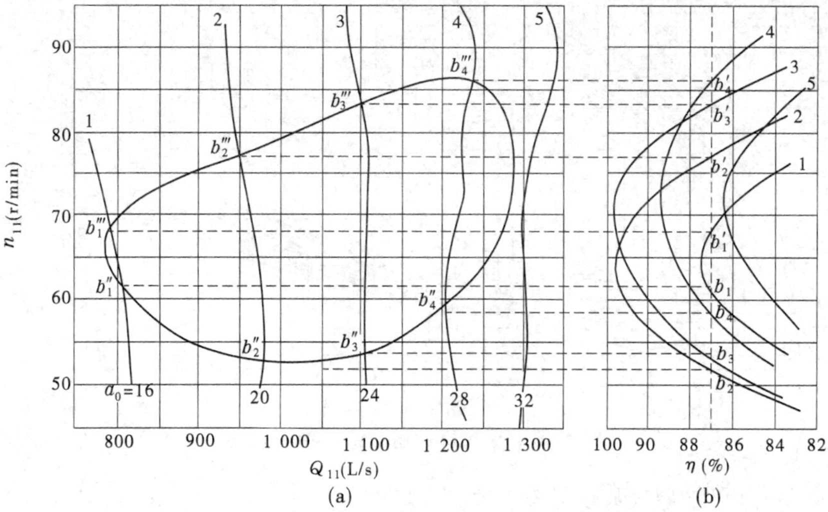

图 4-12　混流式水轮机等效率线的绘制

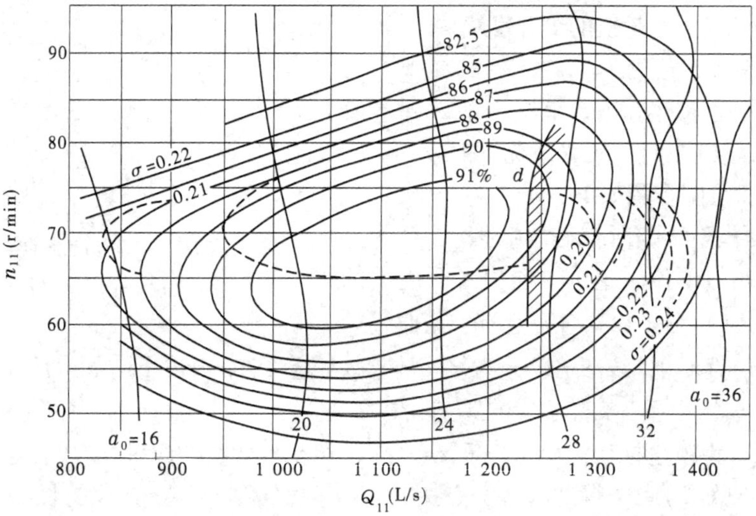

图 4-13　混流式水轮机模型综合特性曲线

线上找到最大单位出力 $N_{11\max}$对应的点 N。

(4) 以 $N_{11\max}$的 95% 做一水平线与 $N_{11}=f(Q_{11})$ 曲线相交，得交点 d，该点对应的单位流量为 Q_{11d}。

(5) 在模型综合特性曲线上所选定的 n_{11} - const 线上绘出 $Q_{11}-Q_{11d}$点 d，d 点即选定的 n_{11}对应的 5% 出力限制线上的一个工况点。

(6) 同样方法，取不同的 n_{11}，并给出所对应的出力限制工况点，将这些点连成光滑曲线即水轮机综合特性曲线的 5% 出力限制线（见图 4-13 上带阴影的曲线）。

4) 等空蚀系数线的绘制

模型水轮机的空化试验是在能量试验的基础上进行的，试验时一般按一定间隔选取若干条 n_{11} 为常数的水平线，取各水平线与各等开度线的交点作为空蚀试验的工况点，通

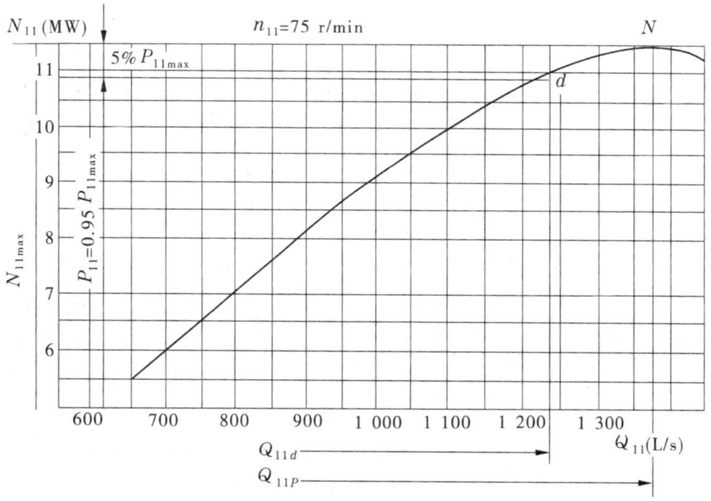

图 4-14　n_{11} = const 时的 $N_{11}=f(Q_{11})$ 曲线

过空蚀试验获得各工况点的空蚀系数 σ。将各 n_{11} 下的空蚀系数线绘成 $\sigma=f(Q_{11})$ 曲线，如图 4-15 所示。

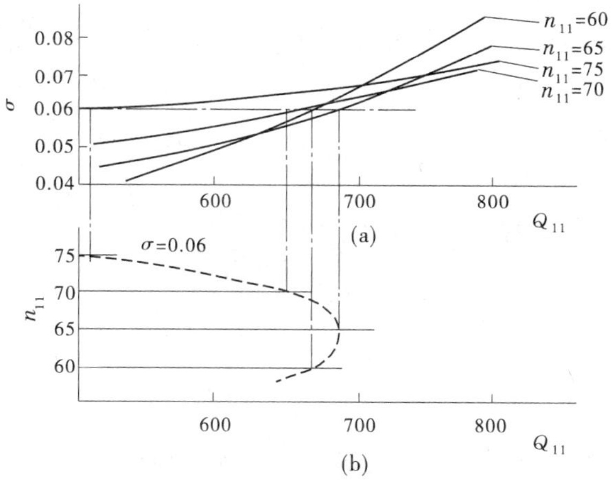

图 4-15　等空蚀系数线的绘制

在 $\sigma=f(Q_{11})$ 曲线图上取某空蚀系数值（如 $\sigma=0.06$）做 σ = 常数水平线，与各 n_{11} 下的 $\sigma=f(Q_{11})$ 线相交于一系列点，记下各点的 n_{11}、Q_{11} 值，并将这些点绘于 $Q_{11}\sim n_{11}$ 坐标图上，将这些点连成光滑曲线即所取的 σ = 常数的等空蚀系数线。按照以上做法可绘出 σ 不同常数时的等空蚀系数线。

2. 轴流转桨式水轮机模型综合特性曲线绘制

轴流转桨式模型综合特性曲线代表了水轮机以协联方式工作时的特性。水轮机在协联方式下运行可以看作是一组同类型水轮机在不同叶片转角下运行时的组合。模型试验中，先进行不同转角下定桨式水轮机的试验，并做出各 φ 下的综合特性曲线，然后以此为基础做出转桨式水轮机的综合特性曲线。不同 φ 下轴流定浆式水轮机的模型综合特性曲线如图 4-16 所示。

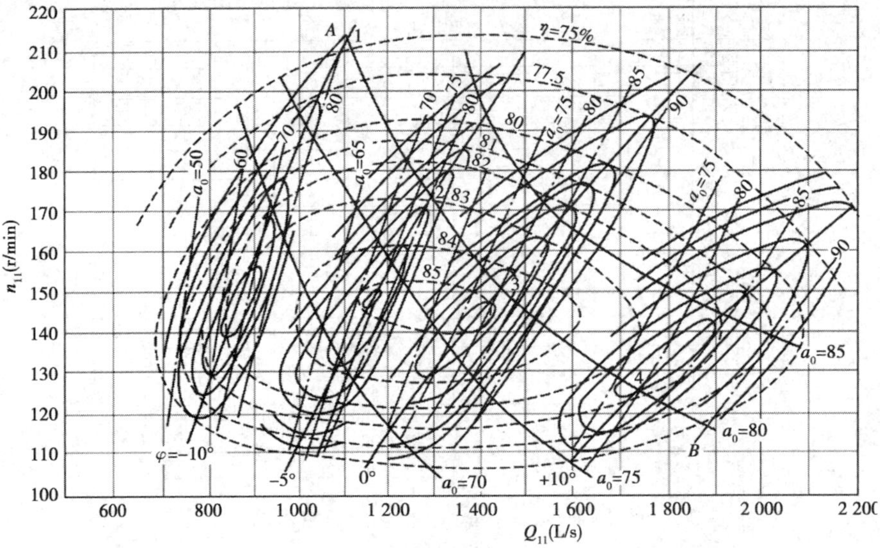

图 4-16　不同 φ 下轴流定桨式水轮机的模型综合特性曲线

1)等叶片转角线的绘制

(1)在图 4-16 所示的特性曲线上做出不同的 n_{11} = 常数线,该直线与各 φ 的等效率线相交的若干交点,根据各点的 η 和 Q_{11} 值在如图 4-17 所示的 $Q_{11} \sim \eta$ 坐标图内描点,并将各点用光滑曲线连接即可得到如图 4-17 所示的某 n_{11} 下各 φ 的 $\eta = f(Q_{11})$ 曲线。

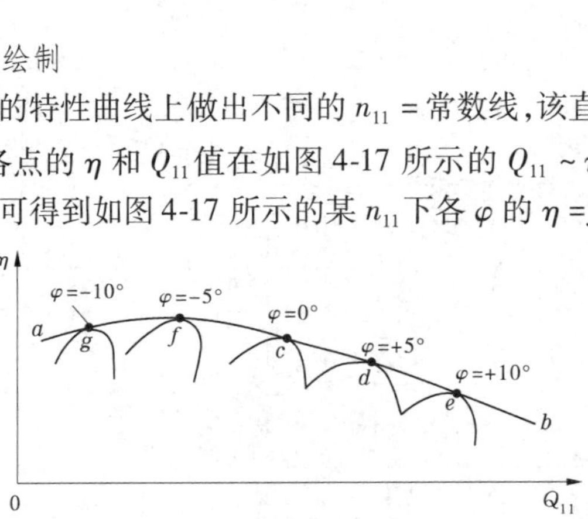

图 4-17　n_{11} = 常数的 $\eta = f(Q_{11})$ 曲线

(2)做各 φ 下的 $\eta = f(Q_{11})$ 曲线的包络线,并找出该包络线与各 φ 下 $\eta = f(Q_{11})$ 曲线的切点 g、f、c、d、e。

(3)同样方法做出不同 n_{11} 时 $\eta = f(Q_{11})$ 曲线的包络线并找出包络线与 $\eta = f(Q_{11})$ 曲线的切点,将同 φ 的各切点按其坐标参数 Q_{11}、n_{11} 描点到 $Q_{11} \sim \eta$ 坐标图上用光滑曲线连接各点,即得到一条等叶片转角线。同样方法可绘出其他叶片转角所对应的等叶片转角线。

2)等开度线的绘制

以上绘制的各等叶片转角线与各固定 φ 下水轮机综合特性曲线的等开度线相交得到一系列相同开度的交点,将它们连接起来即为转桨式水轮机的等开度线,见图 4-18。

3)等效率线的绘制

转桨式水轮机的等效率线实质上就是各固定 φ 下同值水轮机等效率线的包络线,因

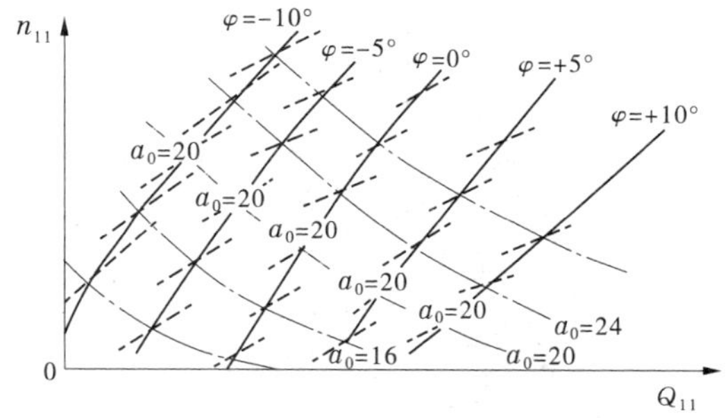

图 4-18　协联关系下等开度线的绘制原理

此,在绘出如图 4-16 所示的各 φ 下的水轮机等效率线之后,可做出同一效率值的各等效率曲线的封闭包络线,此包络线即转桨式水轮机在协联工况下的等效率线。但是按此方法绘出的等效率曲线在某些局部可能产生较大的误差。为了更精确地绘出转桨式水轮机的等效率曲线,常用下面的方法。

(1)以各 φ 下的定桨式水轮机模型综合特性曲线为基础,对于若干 n_{11} = 常数,做出如图 4-17 所示的 $\eta=f(Q_{11})$ 曲线,将这些曲线绘于同一坐标系中。

(2)在各 n_{11} = 常数的 $\eta=f(Q_{11})$ 曲线上取不同的效率值做水平线分别与各 $\eta=f(Q_{11})$ 曲线相交于若干点,找出各点对应的 Q_{11} 和 n_{11},将其转绘到 $Q_{11}\sim n_{11}$ 坐标内,连接各点即得到转桨式水轮机的等效率曲线,其方法同绘制混流式水轮机等效率线。

4)等空蚀系数线的绘制

首先按定桨式水轮机等空蚀系数线的绘制方法绘出各 φ 下水轮机的等空蚀系数线,然后将各 φ 下的等空蚀系数线与等叶片转角线的一系列交点中 σ 值相等的点连成光滑曲线,即得到转桨式水轮机的等空蚀系数线。

按照上述方法绘制的转桨式水轮机模型综合特性曲线如图 4-19 所示。

(二)水轮机运转综合特性曲线的绘制

水轮机在水电站中运行时,是在固定的额定转速 n 下工作的。但是,当功率 P 和水头 H 变化时,流量 Q、效率 η 和空蚀系数 σ 随着发生变化。在水轮机转速不变的情况下,其各主要工作参数之间的关系,可概括地表达在水轮机的综合运转特性曲线上。

如图 4-20 所示,原型水轮机的运转综合特性曲线是在转轮直径 D_1 和转速 n 为常数时以水头 H、出力 N 为纵、横坐标做出的 $\eta=f(P,H)$ 等效率线、出力限制线和等吸出高度 $H_s=f(P,H)$ 曲线。

水轮机运转综合特性曲线一般由模型综合特性曲线换算而来。由水轮机的相似律可知,当水轮机的 n、D_1 为常数时,具有下列关系存在:

$$\left.\begin{aligned} H &= f(n_{11}) = \left(\frac{nD_1}{n_{11}}\right)^2 \\ \eta &= \eta_M + \Delta\eta \\ N &= f(Q_{11}) = 9.81Q_{11}H^{1.5}\eta D_1^2 \\ H_s &= f(\sigma) = 10 - \frac{\nabla}{900} - (\sigma+\Delta\sigma)H \end{aligned}\right\} \tag{4-58}$$

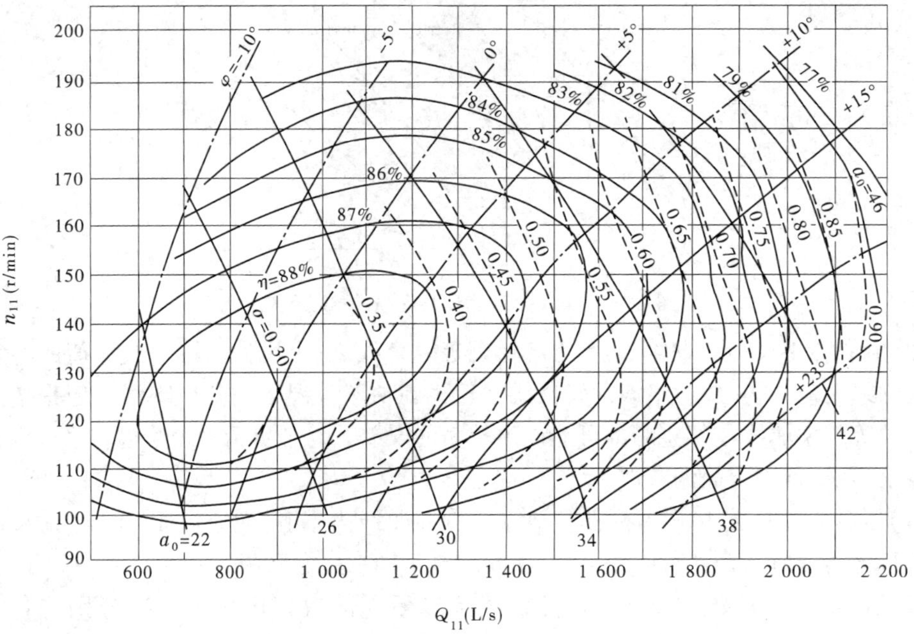

图 4-19　转桨式水轮机模型综合特性曲线

根据上述关系式,可以把以 $Q_{11} \sim n_{11}$ 为坐标系的模型综合特性曲线换算为以 $N \sim H$ 为坐标系的原型水轮机运转综合特性曲线。

由于混流式水轮机和轴流转桨式水轮机在结构上有所不同,因而其运转特性曲线的形式也存在一定的差别,下面就这两种水轮机运转特性曲线的计算和绘制方法分别进行叙述。

1. 混流式水轮机运转综合特性曲线的绘制

1) 等效率线的绘制

在水轮机工作水头范围以内可取 4 ~ 6 个水头(其中包括 H_{max}、H_r、H_{min} 在内),并绘制每个水头下的 $\eta = f(N)$ 曲线,如图 4-20(a)所示。在该曲线图上,以某一效率(如 $\eta = 91\%$)为常数做水平线,它与诸曲线相交得出各点上的 H、N 值。然后依 H、N 值将各点落在 $H \sim N$ 坐标图上,并把它们连成光滑的曲线,即为该效率值($\eta = 91\%$)的等效率曲线图,如图 4-20(b)所示。同样可得出其他效率值的等效率线。

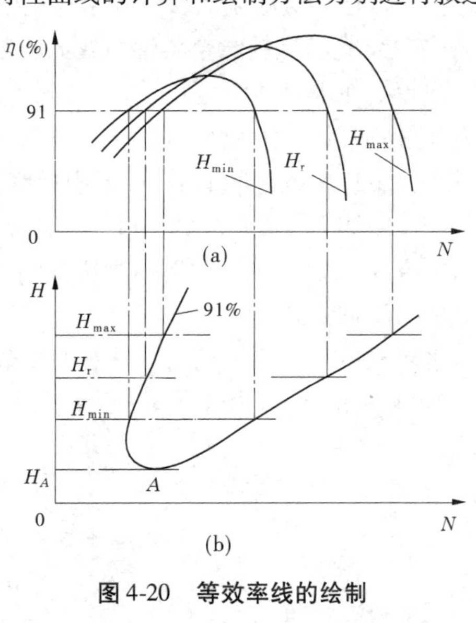

图 4-20　等效率线的绘制

等效率线换算时,可按表 4-2 的形式计算。

为了找到每条等效率线的拐点[如图 4-21(b)中的 A 点],需要确定拐点所对应的水头与出力值(H_A,N_A)。为此,可根据计算表中各水头 H 所对应的最高效率点的效率值 η_{P0} 及出力 N_0 做出 $\eta_{P0} \sim H$ 曲线[见图 4-21(a)]及 $N_0 \sim H$ 曲线[见图 4-21(b)]。需要确定某效率值 η_A 的拐点时,可以从如图 4-21(a)所示的曲线上查到拐点对应的水头 H_A,再根据 H_A 从图 4-21(b)上查出拐点对应的出力 N_A。

表 4-2　等效率线与等出力限制线计算表

H	H_1				H_2				…
$n_{11} = nD_1/\sqrt{H}$									
$n_{11M} = n_{11} - \Delta n_{11}$									
工作特性计算	η_M	Q_{11}	η_P	N	η_M	Q_{11}	η_P	N	
出力限制线									

2)出力限制线的绘制

出力限制线表示水轮机在不同水头下可以发出或允许发出的最大出力,在水轮机与发电机配套的情况下水轮机的出力受发电机的额定容量的限制。因此,实际的出力限制线以设计水头 H_r 为界分为两部分。在 H_{min} 与 H_r 之间,水轮机的出力限制线一般由模型综合特性曲线的 5% 出力限制线换算而得,通常在模型水轮机的出力限制线上取若干点,根据各点的效率、单位流量经相似计算求出对应的水头 H 与出力 N,将这些点绘到 $N \sim H$ 坐标中,并连成光滑曲线即 $H_{min} \sim H_r$ 范围的出力限制线。为了计算简便,有时只选两个水头(如 H_{min},H_r),分别计算出其最大允许出力,然后过(H_r, N_r)和(H_{min},N_{min})两点连一直线以此作为 $H < H_r$ 时的出力限制线。在 $H \geq H_r$ 时,水轮机出力由发电机的出力来限制,即 $N \sim N_r$(见图 4-22)。

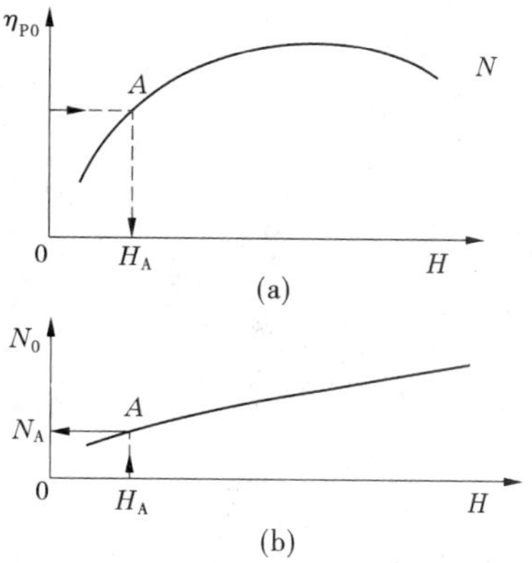

图 4-21　确定等效率线拐点的辅助曲线

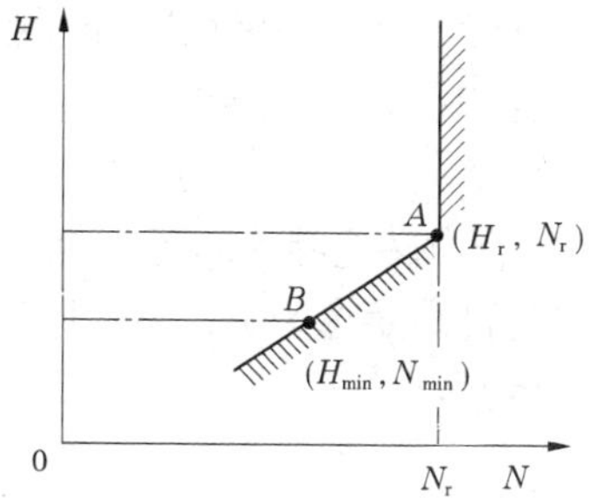

图 4-22　水轮机的出力限制线

3)等吸出高度线的绘制

等吸出高度线表达水轮机在各运行工况时的最大允许吸出高度 H_s。等吸出高度线是根据模型特性曲线的等空蚀系数线换算而得的,计算与绘制等吸出高度线的步骤如下:

(1)计算各水头相应的单位转速 n_{11M}。在模型综合特性曲线上过 n_{11M} 做水平线与各等空蚀系数线相交,记下各点的 σ、Q_{11} 及 η_M 值。

(2)根据吸出高度计算公式 $H_s = f(\sigma) = 10 - \frac{\nabla}{900} - (\sigma + \Delta\sigma)H$ 计算出各点的 H_s,并计算出各点的出力 N。

(3)根据各工况点的(H_s,N)值绘制出各水头下的 $H_s = f(N)$ 曲线[见图4-23(a)]。

(4)在 $H_s = f(N)$ 曲线图上取某 H_s 值(例 $H_s = -3.0$ m)做水平线与各 $H_s = f(N)$ 曲线相交,记下各交点的(H,N)值并点绘到 $N \sim H$ 坐标内,把各点连成光滑曲线即为某 H_s 值的等吸出高度线。

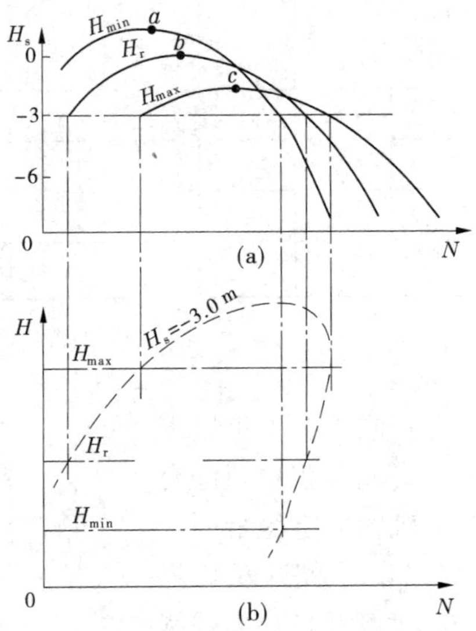

图4-23 等吸出高度线的绘制

2. 转桨式水轮机运转综合特性曲线的绘制

转桨式水轮机运转综合特性曲线的绘制原理与混流式水轮机基本相同,但由于转桨式水轮机具有双重调节机构,一般在协联方式下运行,水轮机效率的修正采用非等值修正法,因此运转综合特性曲线绘制的某些方面与混流式水轮机有所差别。转桨式水轮机运转综合特性曲线的绘制方法如下。

1)等效率线的绘制

(1)对转轮叶片的每一个安放角 φ 求出一个效率修正值 $\Delta\eta(\varphi)$。若各 φ 下模型水轮机的最高效率为 $\eta_{M0}(\varphi)$,原型水轮机的各 φ 下的最高效率值为 $\eta_{P0}(\varphi)$,见表4-3,则有如下关系:

$$\left.\begin{aligned} \eta_{P0}(\varphi) &= 1 - [1 - \eta_{M0}(\varphi)](0.3 + 0.7\sqrt[5]{\frac{D_{1M}}{D_{1P}}\sqrt[10]{\frac{H_M}{H_P}}}) \\ \Delta\eta(\varphi) &= \eta_{P0}(\varphi) - \eta_{M0}(\varphi) \end{aligned}\right\} \quad (4\text{-}59)$$

表 4-3　转桨式水轮机效率修正值计算表

φ	$-10°$	$-5°$	$0°$	$5°$	$10°$	…
$\eta_{M0}(\varphi)$						
$\eta_{P0}(\varphi)$						
$\Delta\eta(\varphi)$						

(2)在 $H_{min} \sim H_{max}$ 间取若干水头计算各水头对应的 n_{11M}，过各 n_{11M} 做水平线与转桨式水轮机模型综合特性曲线的各等叶片转角线相交，找出各交点的 Q_{11M}、η_M 值，η_M 值由内插确定。把 η_M 值修正为 η_P 值，$\eta_P(\varphi)=\eta_M+\Delta\eta(\varphi)$，并计算出各点出力 N，绘制出各水头下的 $\eta_P=f(N)$ 曲线。计算时可采用表 4-4 的形式。

表 4-4　转桨式水轮机等效率线计算表

H		H_{min}				H_r				H_{max}			
$n_{11}=nD_1/\sqrt{H}$													
$n_{11M}=n_{11}-\Delta n_{11}$													
$\varphi(°)$	$\Delta\eta(\%)$	η_M	Q_{11}	η_P	N	…				…			

2)出力限制线的绘制

转桨式水轮机模型综合特性曲线上不标 5% 出力限制线，但其最大出力受空化的限制。在确定了水轮机的额定工况之后，通常把通过额定工况点的等开度线作为水轮机的出力限制线。在确定为出力限制线的等开度线上取一系列工况点查找出各点 η_M、Q_{11}、n_{11}。由相似计算公式求出各工况点对应的水头 H 及出力 N，将该点绘在 $N \sim H$ 坐标系内，连接各点即得到原型水轮机的出力限制线。转桨式水轮机的出力限制线也可以采用简化绘制方法，如图 4-24 所示。

由水轮机的最小水头 H_{min} 与额定水头 H_r 分别计算出对应的模型水轮机的单位转速 n_{11A}、n_{11B}，在模型综合特性曲线上以 n_{11A}、n_{11B} 分别做水平线，与确定为出力限制线的等开度线分别相交于 A 点与 B 点，查出 A 点的 η_{MA}、Q_{11A}，B 点的 η_{MB}、Q_{11B}，根据这些参数计算出 A 点的出力 N_A 与 B 点的出力 N_B，由 (H_{min}, N_A) 可确定运转综合特性曲线上的 A 点，由 (H_{min}, N_B) 可确定运转综合特性曲线上的 B 点，用直线连接 A 点与 B 点，该直线即 $H<H_r$ 时原型水轮机的出力限制线。当 $H>H_r$ 时，水轮机的出力由发电机的额定容量确定。

3)等吸出高度线的绘制

绘制转桨式水轮机等吸出高度线的原理与混流式水轮机相同。按各水头所对应的

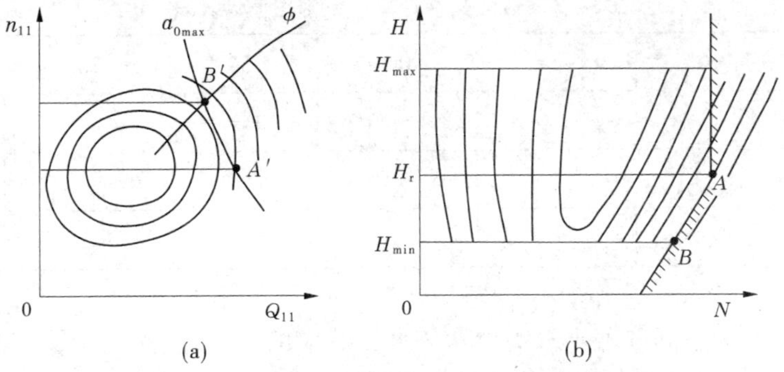

图 4-24　轴流转桨式水轮机出力限制线的绘制

n_{11M}值做水平线，与模型综合特性曲线的等空蚀系数线相交，查出各交点的 Q_{11}、σ 值。由各交点的 σ 值计算出原型水轮机的 H_s，由交点的 Q_{11} 值利用 $N=f(Q_{11})$ 辅助曲线确定对应的出力 N，然后可做出各水头下的 $H_s=f(N)$ 曲线，在此基础上可做出等吸出高度线，其方法与混流式水轮机相同。

第六节　水轮机的选型设计

水轮机的选型设计也叫水轮机选择。水轮机是水电站中最重要的动力设备之一，由于它关系到水电站的工程投资、安全运行和经济效益等重大问题，因此在水能规划的基础上，根据水电站的水头和负荷的工作范围、水电站的运行方式，正确进行水轮机选择是水电站设计中的主要任务之一。

一、水轮机选型设计的基本内容

(1)根据水能规划推荐的水电站总容量确定机组的台数和单机容量。
(2)选择水轮机的型号及装置方式。
(3)确定水轮机的转轮直径、额定出力、同步转速、安装高程等基本参数。
(4)绘制水轮机的运转特性曲线。
(5)确定蜗壳、尾水管的形式及它们的主要尺寸，以及估算水轮机的重量和价格。
(6)选择调速设备。
(7)结合水电站运行方式和水轮机的技术标准，拟定设备定购技术条件。

二、水轮机选型设计的基本要求

水轮机的选型设计要充分考虑水能、水文、地质、枢纽布置及水轮机制造、运输、安装、运行维护和电力系统等诸方面的因素，并和水工、电气设计协调，列出水轮机可能的待选方案进行动能经济比较和综合分析，力求选出技术上可靠、经济上合理的水轮机，具体的要求可归纳如下：

(1)水轮机有较好的能量特性，在额定水头能保证发出额定出力，额定水头以下的机组受阻容量小，水电站全厂机组平均效率高。

(2)水轮机性能要与水电站的整体运行方式和谐一致,运行稳定,可靠灵活。有良好的抗空蚀性能和抗磨损性能,对多泥沙河流上的水电站更应该如此。

(3)水轮机的结构设计合理,便于安装与操作、检修与维护。

(4)选择生产实力强、制造技术水平高、合作信誉好的制造厂商,使机组制造、供货、设备的技术要求能得到可靠的保证。

(5)考虑适度合理的经济节省原则。

三、水轮机选型设计需要收集和整理的基本资料

(1)枢纽工程资料。包括河流水能规划、开发方式、水文、地质、水库调节性能、枢纽布置、电站类型、厂房形式、工程施工组织、工期安排等资料。其中,水电站的总装机容量、保证出力、径流数据、水质状况、上游特征水位与下泄流量间的关系,下游水位与流量的关系,引水渠道特征尺寸与底坡等都是选型设计时要直接使用的主要资料。

(2)电力系统资料。包括电站所在系统负荷构成、负荷规划、电站在系统中担当的角色、系统对电站的特殊要求及与其他电站并列调配运行方式等。

(3)水轮机产品技术资料。包括国内外水轮机型谱、产品目录及相关技术特性资料,水轮机生产厂商的技术水平、执行标准、经营状况与信誉等级,国内外正在设计、施工和已经运行的同类水电站的水轮机选型设计及运行效果等方面的有关资料。

(4)运输及安装条件。了解设备供应地和水电站之间的交通条件、设备的现场装配条件、现场使用专用加工设备的可行性等。

(5)其他。工程投资意向及一些其他特殊要求。

四、确定机组台数和单机容量时要考虑的因素

除有特殊要求或在小型水电站中受来流条件限制,才考虑安装不同型号和不同容量的机组外,一般情况下,同一水电站中希望安装同一型号和相同容量的水轮机。这对水电站的设计、建设以及运行维护都是有利的。下面的讨论是基于安装相同型号和相同单机容量的机组进行的。

依据水能计算结果确定水电站总装机容量时,不仅要考虑水电站设计保证率、保证出力、备用容量、多年平均发电量、水电站年利用小时等动能参数,还要从宏观上考虑水电站的总投资、年效益等经济指标。在水电站的装机容量基本已确定的情况下,确定水电站机组台数和单机容量时,还要综合考虑下面的因素。

(一)机组台数与工程建设费用的关系

机组台数增多,单机容量减少。通常大机组单位千瓦耗材少,整体设备费用低;另外,机组台数少,厂房所占的平面尺寸也会缩小。因此,较少的机组台数有利于降低工程建设费用。

(二)机组台数与设备制造、运输、安装及枢纽布置的关系

单机容量大,可能会在制造、安装和运输方面增加一定的难度。然而,有些大型或特大型水电站,由于受枢纽平面尺寸的限制,因此总希望单机容量制造得大些,如葛洲坝、三峡水电站。

（三）机组台数与水电站运行效率的关系

水轮机在额定出力或接近额定出力时，运行效率较高。机组台数不同，水电站的平均效率也不同。图 4-25 中给出了水电站安装 1 台、2 台和 4 台机时单机效率和水电站平均效率的关系。机组台数越少，平均效率越低。但机组台数多到一定程度，再增加台数对水电站运行效率增加的效果就不显著了。通常在系统中担任基荷的水电站，经常满负荷运行，一般选择较少的机组台数。若在系统中担任峰荷且承担调频任务，由于负荷经常变动，为了使每台机组都能在高效率区工作，则应选择较多的机组台数。

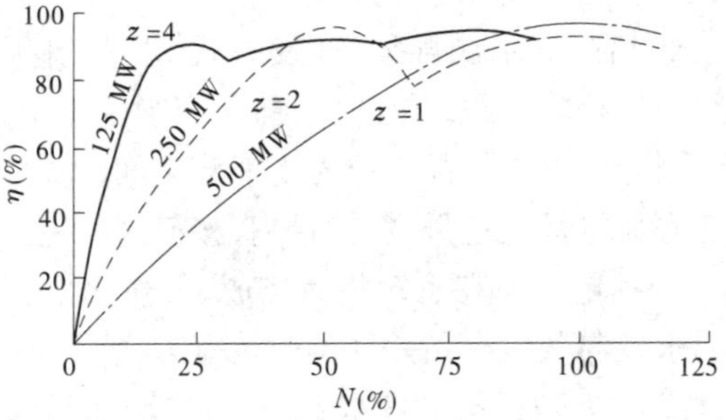

图 4-25　机组台数对效率的影响

另外，机型不同，高效区范围大小也不同。如轴流转桨式水轮机或水斗式水轮机就要比混流式机组高效率区域宽，而轴流定桨式水轮机高效率工作区域最窄。对于高效率工作区较窄的，机组台数适应当多一些。

（四）机组台数与水电站运行维护的关系

机组台数多，单机容量小，运行方式灵活，单台事故所产生的影响小，机组轮换检修容易安排，难度也小。但机组台数多，发生事故的概率也随之增高，同时管理人员多，维护耗材多，运行费用也相应提高。

（五）机组台数与电气主接线的关系

对采用扩大单元的电气主接线方式，机组台数为偶数有利。但由于大型机组主变压器受容量限制，采用单元接线方式，机组台数的单、偶数就无所谓了。

从上面的分析可以看出，在选择水电站机组台数时，要考虑的因素很多，彼此关联，甚至相互制约。因此，在确定机组台数时，要根据具体条件具体分析，进行综合平衡。一般电站机组不应少于 2 台，对于具体的水电站，要经过充分的技术、经济分析论证，从而确定出合适的机组台数。

五、确定水轮机型号及主要参数的基本方法

水轮机的选型设计通常和水电站的设计过程同步进行，水电站的设计大致可分为五个阶段，即任务书阶段、可行性研究阶段、初步设计阶段（一般又把初步设计和技术设计合为一个阶段，称为扩大初设）和施工阶段。对于不同的设计阶段，水轮机选型设计所做的工作深度也不同。

在水轮机选型设计中，确定水轮机型号及主要参数的方法有多种，具体使用哪种方法，与工程的建设体制、工程的规模、技术观念和水平、工程设计的不同阶段、工程的重要

程度，甚至和工程设计人员的习惯等多种因素有关。下面仅做一般性的归纳。

（一）用系列型谱（或标准系列）结合综合特性曲线法

我国在 1974 年汇总编制了反击式水轮机暂行系列型谱及其参数，见表 4-5 ~ 表 4-9。型谱中列出的转轮，是经长期实践验证适用于某一水头段的优秀转轮。水轮机选型时可以根据水电站的水头段查系列型谱或标准系列选出合适的水轮机型号，然后结合该系列水轮机的综合特性曲线换算出原型机的各种参数。如果在该水头段有几种型号入选，要根据计算结果、不同型号的特点和适用性等进行综合比较，从中选出相对较优的水轮机。该方法普遍用于大中型水电站的选型设计，精度能基本满足工程设计的最终要求，其缺陷是受标准系列的局限性、时效性制约，有时难以获得符合工程条件的最佳设计效果。

表 4-5　大中型轴流式转轮参数（暂行系列型谱）

适用水头范围 H(m)	转轮型号		转轮叶片数 Z_1	轮毂比 d_g/D_1	导叶相对高度 b_0/D_1	最优单位转速 n'_{10} (r/min)	推荐使用的最大单位流量 Q'_1(L/s)	模型气蚀系数 σ_M
	适用型号	旧型号						
3 ~ 8	ZZ600	ZZ55，4K	4	0.33	0.488	142	2 000	0.70
10 ~ 22	ZZ560	ZZA30，ZZ005	4	0.40	0.400	130	2 000	0.59 ~ 0.77
15 ~ 26	ZZ460	ZZ105，5K	5	0.50	0.382	116	1 750	0.60
20 ~ 36(40)	ZZ440	ZZ587	6	0.50	0.375	115	1 650	0.38 ~ 0.65
30 ~ 35	ZZ360	ZZA79	8	0.55	0.350	107	1 300	0.23 ~ 0.40

表 4-6　大中型混流式转轮参数（暂行系列型谱）

适用水头范围 H(m)	转轮型号		导叶相对高度 b_0/D_1	最优单位转速 n'_{10} (r/min)	推荐使用的最大单位流量 Q'_{10}(L/s)	模型气蚀系数 σ_M
	适用型号	旧型号				
< 30	HL310	HL365，Q	0.391	88.3	1 400	0.360*
25 ~ 45	HL240	HL123	0.365	72.0	1 240	0.200
35 ~ 65	HL230	HL263，H_2	0.315	71.0	1 110	0.170*
50 ~ 85	HL220	HL702	0.250	70.0	1 150	0.133
90 ~ 125	HL200	HL741	0.200	68.0	960	0.100
	HL180	HL662(改型)	0.200	67.0	860	0.085
110 ~ 150	HL160	HL638	0.224	67.0	670	0.065
140 ~ 200	HL110	HL129，E_2	0.118	61.5	380	0.055
180 ~ 250	HL120	HLA41	0.120	62.5	380	0.060
230 ~ 320	HL100	HLA45	0.100	61.5	280	0.045

注：* 为装置空蚀系数 σ_z，$\sigma_z = \dfrac{10 - \dfrac{\nabla}{900} - H_s}{H}$。

表 4-7　ZD760 转轮参数

转轮叶片数 Z_1	4		
导叶相对高度 b_0/D_1	0.45		
叶片装置角 φ(°)	5	10	15
最优单位转速 n'_{10}(r/min)	165	148	140
最优单位流量 Q'_{10}(L/s)	1 670	1 795	1 965
模型气蚀系数 σ_M	0.99	0.99	1.15

表 4-8　混流式水轮机模型转轮主要参数

转轮型号	推荐使用水头范围(m)	模型转轮			导叶相对高度 b_0/D_1	最优工况					限制工况		
		试验水头 H	直径 D_1(mm)	叶片数 Z_1		单位转速 n'_{10}(r/min)	单位流量 Q'_{10}(L/s)	效率 η(%)	气蚀系数 σ	比转速 n_s	单位流量 Q'_{10}(L/s)	效率 η(%)	气蚀系数 σ
HL310	<30	0.305	390	15	0.391	88.3	1 120	89.6		355	1 400	82.6	0.360*
HL260	10~25		385	15	0.378	72.5	1 180	89.4		286	1 370	82.8	0.280
HL240	25~45	4.00	460	14	0.365	72.0	1 100	92.0	0.200	275	1 240	90.4	0.200
HL230	35~65	0.305	404	15	0.315	71.0	913	90.7		247	1 110	85.2	0.170*
HL220	50~85	4.00	460	14	0.250	70.0	1 000	91.0	0.115	255	1 150	89.0	0.133
HL200	90~125	3.00	460	14	0.200	68.0	800	90.7	0.088	210	950	89.4	0.088
HL180	90~125	4.00	460	14	0.200	67.0	720	92.0	0.075	207	860	89.5	0.083
HL160	110~150	4.00	460	17	0.224	67.0	580	91.0	0.057	187	670	89.0	0.065
HL120	180~250	4.00	380	15	0.120	62.5	320	90.5	0.050	122	380	88.4	0.065
HL110	140~200	0.305	540	17	0.118	61.5	313	90.4		125	380	86.8	0.055*
HL100	230~320	4.00	400	17	0.100	61.5	225	90.5	0.017	101	305	86.5	0.070

注：* 为装置空蚀系数 σ_z，$\sigma_z=\dfrac{10-\dfrac{\nabla}{900}-H_s}{H}$。

(二)专题研究

对于特别重要的工程或特大型水力发电工程(如我国的葛洲坝、小浪底、三峡水电站等)，为了避免第一种方法的缺陷，根据水电站的水头段、枢纽布置、制造技术等相关的其他因素，参考现有的标准系列和实际应用成果，拟定水轮机比转速的范围，专门设计出不同型号的水轮机模型转轮进行反复的试验研究，从中选出最适合该工程的模型，再依据最

表 4-9　轴流式水轮机模型转轮主要参数

转轮型号	推荐使用水头范围（m）	模型转轮				导叶相对高度 b_0/D_1	最优工况					限制工况		
		试验水头 H	直径 D_1（mm）	轮毂比 d_g/D_1	叶片数 Z_1		单位转速 n'_{10}（r/min）	单位流量 Q'_{10}（L/s）	效率 η（%）	气蚀系数 σ	比转速 n_s	单位流量 Q'_{10}（L/s）	效率 η（%）	气蚀系数 σ
ZZ600	3～8	1.5	195	0.333	4	0.488	142	1 030	85.5	0.32	518	2 000	77.0	0.70
ZZ560	10～22	3.0	460	0.400	4	0.400	130	940	89.0	0.30	438	2 000	81.0	0.75
ZZ460	15～26	15.0	195	0.500	5	0.382	116	1 050	85.0	0.24	418	1 750	79.0	0.60
ZZ440	20～36(40)	3.5	460	0.500	6	0.375	115	800	89.0	0.30	275	1 650	81.0	0.72
ZZ360	30～35		350	0.550	8	0.350	107	750	88.0	0.16		1 300	81.0	0.41
ZD760	2～6				4	0.450	165	1 670						0.99

终选定的模型机组的综合特性曲线和工作参数，换成该工程原型机的特性和工作参数。这种方法的优点是针对性强，设计效果好；其缺陷是进行研究耗费的时间长，所需的费用也很高。

（三）查系列范围图法

依据水电站的水头范围和单机出力，在系列范围综合图（见图 4-26）中查出对应的型号。对于每一种型号（轮系），都有一张系列应用范围图与之对应，如图 4-27 所示。在应用时，根据设计水头和单机的额定容量，即可在图中查出对应的原型机转轮直径和转速。当水头和出力的坐标点正好落在斜线上时，说明上、下两种直径和转速都可用，为了使水轮机的容量有富裕，一般应选用较大的直径。

在每种系列应用范围图的旁边还给出了吸出高度和水头的关系曲线 $h_s = f(H)$。根据设计水头即可查出对应的 h_s 值，h_s 代表水轮机装置地点的海拔高度为零时的水轮机允许最大吸出高度，而实际上水轮机装置地点的海拔高度 ∇ 都大于零，因此对图中查出的吸出高度要进行修正，实际的水轮机吸出高度为

$$H_s = h_s - \frac{\nabla}{900} \tag{4-60}$$

对混流式机组，空蚀系数的变化范围不大，$h_s = f(H)$ 线为一条，根据水头查取 h_s 后，再按式（4-60）计算即可。而对于轴流转桨式水轮机，在水头和出力变化时，空蚀系数 σ 的变化范围较大，因此在应用范围中绘出了两条 $h_s = f(H)$ 线，可按设计水头和额定出力的坐标点在斜方格中的比例位置，在两条 $h_s = f(H)$ 线之间按相同比例定出对应的 h_s 值，再用式（4-60）确定出吸出高度。

用系列应用图法选择水轮机的型号和主要参数非常简便，但结果不是很精确，故多用于河流梯级规划、任务书及工程的可行性研究阶段。

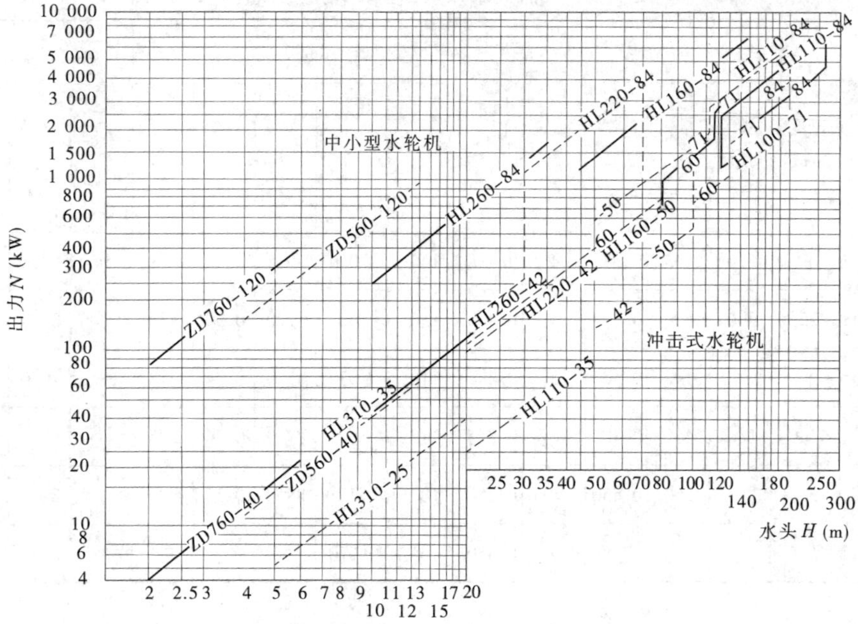

图 4-26　中小型水轮机应用范围综合图

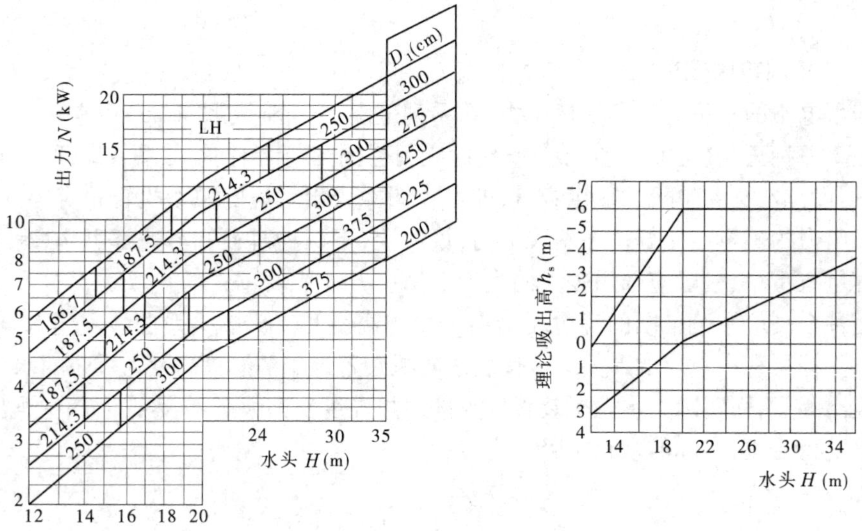

图 4-27　转桨式水轮机(ZZ440)应用范围图

(四)套用法

套用法也称类比法。这种方法是直接套用条件相近、已建成且运行效果良好的水电站的水轮机设计资料。该方法大大简化了设计工作,加快了设计进度。但由于工程条件的多样性和复杂性,两个工程时间总会或大或小地存在一些差别,应用该方法时,应分析拟建水电站和已建成水电站的具体条件,必要时进行适当的修改,切忌生搬硬套。该法多用于小型水电站的设计或工程设计的前期阶段。

（五）直接查产品样本法

对于小型水电站特别是小(2)型水电站，由于工程规模和机组额定容量较小，整体设计都比较简单，同类和相近的已有设计也较多，可依据水电站的水头和单机容量直接查设备生产厂家的产品样本，确定水轮机的型号和主要参数，再参考同类和相近的设计加以验证即可。

（六）统计分析法

统计分析法建立在对已建水电站的生产、设计、运行等大量资料的统计分析基础上，经过汇集已建水电站水轮机的基本参数，获得水轮机机型、单机容量、应用水头等诸参数的分类资料，再运用数理统计方法做出水轮机各参数之间的关系曲线或经验公式，如$N_s=f(H)$、$n_{11}=f(H)$、$Q_{11}=f(H)$、$\sigma=f(N_s)$等。

在水轮机选型设计时，可以根据水电站的水头和单机容量等参数，利用统计曲线或经验公式，确定出水轮机的型号和基本参数；再依据选定的型号和参数，比照与其基本吻合的现有产品，展开进一步的设计。对于大型或特大型水电站，还可以向中标的水轮机厂商提出设备定购技术文件，由厂商负责完成“创新设计”及其专题研究，从而生产出符合要求的水轮机。

在实际应用时，往往是不同方法相结合，取长补短，从而提高水轮机选型设计的水平。

六、水轮机主要参数确定算例分析

下面利用一个算例，介绍用综合特性曲线来确定水轮机主要参数的具体步骤。

已知某水电站最大水头$H_{max}=35.87$ m，加权平均水头$H_{av}=30.0$ m，设计水头$H_r=28.5$ m，最小水头$H_{min}=24.72$ m，水轮机的额定出力$N=17\ 750$ kW，水电站的海拔高度$\nabla=24.0$ m，最大允许吸出高度$H_s\geq-4$ m。

根据水电站的工作水头范围，在反击式水轮机系列型谱表中查得HL240型水轮机和ZZ440型水轮机都可以使用。这样就需要将两种水轮机都列入比较方案，并对其主要参数分别进行计算。

（一）HL240型水轮机方案主要参数的计算

1. 确定水轮机的转轮直径

由$N=9.81H_rQ\eta$和$Q_{11}=\dfrac{Q}{D_1^2\sqrt{H_r}}$可得

$$D_1=\sqrt{\frac{N}{9.81Q_{11}H_r^{2/3}\eta}} \tag{4-61}$$

在本例中，给出的是水轮机的额定出力，而在实际设计中，已知的往往是发电机的额定出力，即单机容量N_d，水轮机的出力为

$$N=\frac{N_d}{\eta_d}$$

η_d为发电机的效率，对大中型水轮发电机，$\eta_d=96\%\sim99\%$；对中小型水轮发电机，$\eta_d=90\%\sim96\%$。

在式(4-61)中，Q_{11}和η为未知量，Q_{11}可从对应于HL240的主要综合特性曲线图上查

取。具体的方法为,用 HL240 的最优单位转速 n_{110} 在主要综合特性曲线上做一水平线,通常 Q_{11} 取该水平线和 5% 出力限制线交点处的值,即限制工况时的 Q_{11} 值。从 HL240 的主要综合特性曲线图上可以看出,Q_{11} 不取最优单位流量 Q_{110} 的原因是,该点的 Q_{11} 有可能对应的就是水轮机的额定出力即设计工况点,额定出力是水轮机在该水电站的最大出力,水轮机工作时的正常出力只能小于或等于额定出力,水轮机在 70% ~100% 额定出力的范围工作的机会较多。如果取 Q_{110} 为计算的 Q_{11},当水轮机在额定出力工作时效率最高,而在低于额定出力工作时,效率虽不算最高,但效率比最高效率低得有限;当水轮机以稍低于额定出力工作时,则刚好进入高效率区。如果经论证水轮机绝大多数时间都是在设计工况点工作,这时可考虑将设计点定在最优工况点。

由于转轮直径尚未确定,原型水轮机的效率 η 目前尚不能求出。通常计算时,可根据经验初步选取,待确定了 D_1 之后再做校核。虽然限制工况点处的模型效率为 $\eta_M = 90.4\%$,但由于在该点处原型机的效率高于模型机,因此初步假定原型机在该工况点的效率为 92%。

由式(4-61)可得出:$D_1 = 3.23$ m。

计算出的转轮直径应该符合水轮机转轮的标准尺寸系列。通常是选用比计算值稍大的标准直径作为水轮机的标称直径。查表 4-10,取与之接近而偏大的标准直径 $D_1 = 3.3$ m。

表 4-10　反击式水轮机转轮标准直径系列　　(单位:cm)

标准直径	25	30	35	(40)	42	50	60	71	(80)	84
标准直径	100	120	140	160	180	200	225	250	275	300
标准直径	330	380	410	450	500	550	600	650	700	750
标准直径	800	850	900	950	1 000					

注:(　)中的数字仅适用于轴流式水轮机。

2. 确定水轮机的转速

根据水轮机的单位转速公式,可得水轮机转速为

$$n = \frac{n_{11}\sqrt{H}}{D_1} \tag{4-62}$$

在式(4-62)中,水轮机的单位转速应取最优单位转速,查表 4-8 知 HL240 型水轮机的最优单位转速 $n_{110} = 72.0$;水头应用加权平均水头 H_{av} 代入,当设计阶段加权平均水头未知时,有人也提议用算术平均水头,则水轮机转速的计算值为

$$n = \frac{n_{110}\sqrt{H_{av}}}{D_1} = \frac{72.0 \times \sqrt{30.0}}{3.3} = 119.5(\text{r/min})$$

查表 4-11 选用与之接近而偏大的发电机标准同步转速,取 125.0 r/min。发电机的转速越高,磁极对数就越小。在这里选择偏大级别的标准同步转速,目的是在相同容量下使发电机具有较小的尺寸和重量,有可能降低设备造价和减小水电站厂房的平面尺寸。但转速偏离计算值太多,也有可能使水轮机的正常工作范围偏离高效率区。

表 4-11　磁极对数与同步转速的关系

磁极对数 p	3	4	5	7	8	9	10	12	14
同步转速 n(r/min)	1 000	750	600	428.6	375	333.3	300.0	250.0	214.3
磁极对数 p	16	18	20	22	24	26	28	30	32
同步转速 n(r/min)	187.5	166.7	150.0	136.4	125.0	115.4	107.1	100.0	93.8
磁极对数 p	34	36	38	40	42	44	48	50	
同步转速 n(r/min)	88.2	83.3	79.0	75.0	71.4	68.2	62.5	60.0	

3. 效率及单位参数的修正

采用式(4-28)进行效率修正。查表 4-8 可得 HL240 型水轮机在最优工况下的模型最高效率 $\eta_{Mmax}=92.0\%$，模型转轮直径 $D_{1M}=460$ mm，根据式(4-28)，可求出原型效率 $\eta_{max}=94.6\%$，则效率修正值 $\Delta\eta=\eta_{max}-\eta_{Mmax}=2.6\%$。考虑到模型水轮机与原型水轮机在制造工艺质量上的差异，常在已求得的 $\Delta\eta$ 值中再减去一个修正值 ε，现取 $\varepsilon=1\%$，则可得效率修正值 $\Delta\eta=\eta_{max}-\eta_{Mmax}-\varepsilon=1.6\%$，由此可得原型水轮机在最优工况和限制工况下的效率 $\eta_{max}=\eta_{Mmax}+\Delta\eta=93.6\%$，$\eta=\eta_M+\Delta\eta=90.4\%+1.6\%=92\%$(与上述假定值相同)。

单位转速的修正值按下式计算：

$$\frac{\Delta n_{11}}{n_{110}}=\sqrt{\eta_{max}/\eta_{Mmax}}-1=\sqrt{93.6\%/92.0\%}-1=0.87\%$$

由于 $\frac{\Delta n_{11}}{n_{110}}<3\%$，按规定单位转速可不加修正，同时单位流量 Q_{11} 也可不加修正。

由上述可见，原假定的 $\eta=92.0\%$，$Q_{11}=Q_{M11}$，$n_{11}=n_{M11}$ 是正确的，那么上述计算及选用的结果 $D_1=3.3$ m，$n=125.0$ r/min 也是正确的。

4. 工作范围的检验

在选定 $D_1=3.3$ m，$n=125.0$ r/min 后，水轮机的 Q_{11max} 及各特征水头相对应的 n_{11} 即可计算出来。水轮机在 H_r、P_r 下工作时，其 Q_{11} 即为 Q_{11max}，故

$$Q_{11max}=\frac{N}{9.81D_1^2H_r^{3/2}\eta}=\frac{17\ 750}{9.81\times3.3^2\times28.5^{3/2}\times92.0\%}=1.187(m^3/s)$$

$$n_{11max}=\frac{nD_1}{\sqrt{H_{min}}}=\frac{125.0\times3.3}{\sqrt{24.72}}=82.97(r/min)$$

$$n_{11min}=\frac{nD_1}{\sqrt{H_{max}}}=\frac{125.0\times3.3}{\sqrt{35.87}}=68.87(r/min)$$

$$n_{11r}=\frac{nD_1}{\sqrt{H_r}}=\frac{125.0\times3.3}{\sqrt{28.5}}=77.27(r/min)$$

在模型综合特性曲线上绘制 Q_{11max}、n_{11max}、n_{11min} 的直线，如图 4-28 阴影部分所示，所围成的区域为水轮机的工作范围，可以看出，由这三根直线所围成的水轮机工作范围基本包含了该特性曲线的高效区，所以对 HL240 型水轮机方案，所选定的 $D_1=3.3$ m，$n=125.0$

r/min 是合理的。

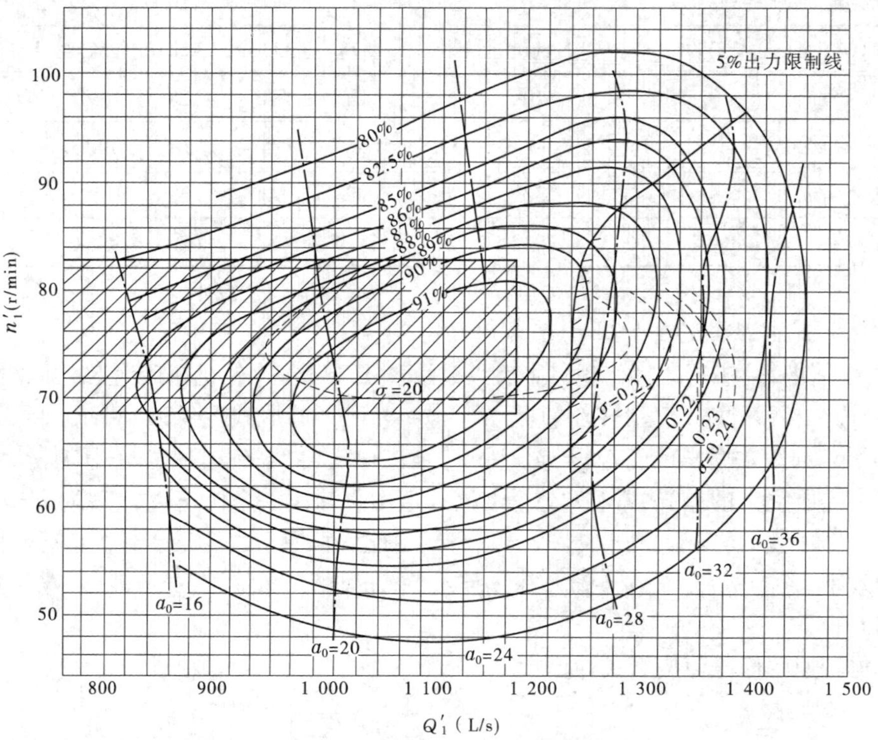

图 4-28　HL240 混流式水轮机工作范围检验

5. 吸出高度 H_s 的计算

由水轮机的设计工况参数，n_{11r} = 77. 27 r/min，Q_{11max} = 1 187 L/s，在图 4-28 上可查得相应空蚀系数 $\sigma \approx 0.195$，并在图 3-24 上查得空蚀系数修正值 $\Delta\sigma \approx 0.04$，由此可求出水轮机的吸出高度为

$$H_s = 10.0 - \frac{\nabla}{900} - (\sigma + \Delta\sigma)H_r$$

$$= 10.0 - \frac{24.0}{900} - (0.195 + 0.04) \times 28.5 = 3.27(\mathrm{m}) > -4.0\ \mathrm{m}$$

（二）ZZ440 型水轮机方案主要参数的计算

1. 转轮直径 D_1 的计算

由表 4-5 中查得该型号水轮机在限制工况下得 Q_{11} = 1. 65 m^3/s，该工况的空蚀系数 σ = 0. 72。当允许的吸出高度 [H_s] = −4 m 时，可以反推出对应的模型水轮机空蚀系数为

$$\sigma = \frac{10.0 - \frac{\nabla}{900} - [H_s]}{H_r} - \Delta\sigma = = \frac{10.0 - \frac{24.0}{900} + 4.0}{28.5} - 0.04 = 0.45 < 0.72$$

在满足 −4 m 吸出高度的前提下，从 ZZ440 模型综合特性曲线图中可查得选用工况点（n_{110} = 115 r/min，σ = 0. 45）处的单位流量 Q_{11} 为 1 205 L/s。同时，可查得该工况点的

模型效率 $\eta_M=86.2\%$，并据此假定水轮机的效率为 89.5%。

将以上的 P_r、H_r、Q_{11}、η 各参数值代入式(4-61)，可得 $D_1=3.32$ m，选用与之相近的标称直径 $D_1=-3.3$ m。

2. 转速 n 的计算

$$n=\frac{n_{110}\sqrt{H_{av}}}{D_1}=\frac{115\times\sqrt{30}}{3.3}=190.87(\text{r/min})$$

选择与之接近而偏大级别的标准同步转速 $n=214.3$ r/min。

3. 效率及单位参数修正

采用式(4-29)进行效率修正。对于轴流转桨式水轮机，必须对其模型综合特性曲线图上的每个转角 φ 的效率进行修正。

当叶片转角为 φ 时的原型水轮机最大效率可用下式计算：

$$\eta_{\varphi\max}=1-(1-\eta_{\varphi M\max})\left(0.3+0.7\times\sqrt[5]{\frac{D_{1M}}{D_1}}\sqrt[10]{\frac{H_M}{H_r}}\right)$$

已知 $D_{1M}=0.46$ m、$H_M=3.5$ m、$D_1=3.3$ m、$H_r=28.5$ m，代入上式得

$$\eta_{\varphi\max}=1-(1-\eta_{\varphi M\max})\left(0.3+0.7\times\sqrt[5]{\frac{0.46}{3.3}}\sqrt[10]{\frac{3.5}{28.5}}\right)=1-0.683(1-\eta_{\varphi M\max})$$

叶片在不同转角 φ 时的 $\eta_{\varphi M\max}$ 可由模型综合特性曲线查得，由此便可应用上式计算的相应于该转角 φ 时的水轮机最高效率 $\eta_{\varphi\max}$。

当选取制造工艺影响的修正系数 $\varepsilon=1\%$ 和不考虑异形部件的影响时，便可计算得不同转角 φ 时的修正值为

$$\Delta\eta_\varphi=\eta_{\varphi\max}-\eta_{\varphi M\max}-1\%$$

将 $\Delta\eta_\varphi$ 的计算结果亦同时列入表 4-12 中。

表 4-12　ZZ440 型水轮机效率修正值计算结果　(%)

叶片转角 φ	-10°	-5°	0°	+5°	+10°	+15°
$\eta_{\varphi M\max}$	84.9	88.0	88.8	88.3	87.2	86.0
$\eta_{\varphi\max}$	89.7	91.8	92.4	92.0	91.3	90.4
$\eta_{\varphi\max}-\eta_{\varphi M\max}$	4.8	3.8	3.6	3.7	4.1	4.4
$\Delta\eta_\varphi$	3.8	2.8	2.6	2.7	3.1	3.4

由表 4-9 查得在最优工况模型的最高效率为 $\eta_{M\max}=89.0\%$，由于最优工况近于 $\varphi=0°$ 的等叶片转角线，采用效率修正值 $\Delta\eta_\varphi=2.6\%$，这样便可得出原型水轮机的最高效率为

$$\eta_{\max}=89.0\%+2.6\%=91.6\%$$

已知在初选的设计工况($n_{110}=115$ r/min，$Q_{11}=1\ 205$ L/s)模型的效率 $\eta_M=86.2\%$，而该点处于 $\varphi=+10°$ 与 $\varphi=+15°$ 两等叶片转角线之间，用内插法可求得该点的修正值 $\Delta\eta_\varphi=3.22\%$，由此可求得在该工况下水轮机的效率为

$$\eta=86.2\%+3.22\%=89.42\%(\text{与原来假定的效率 }\eta=89.5\%\text{ 相近})$$

由于
$$\frac{\Delta n_{11}}{n_{11\mathrm{M}}}=\sqrt{\frac{\eta_{\max}}{\eta_{\mathrm{M}\max}}}-1=\sqrt{\frac{91.6\%}{89.0\%}}-1=0.0145<0.03$$

所以不考虑 n_{110} 的修正,由此可计算出水轮机的转速为

$$n=\frac{n_{110}\sqrt{H_{\mathrm{av}}}}{D_1}=\frac{115\times\sqrt{30.0}}{3.3}=190.87(\mathrm{r/min})$$

选用与之接近而稍偏大的同步转速 $n=214.3$ r/min。

4. 工作范围的检验

在标称直径 $D_1=3.3$ m,转速 $n=214.3$ r/min 的情况下,得

$$Q_{11\max}=\frac{N}{9.81D_1^2H_\mathrm{r}^{\frac{3}{2}}\eta}==\frac{17\,750}{9.81\times3.3^2\times28.5^{\frac{3}{2}}\times89.42\%}=1.22(\mathrm{m^3/s})$$

在 $H_{\max}=35.87$ m,$H_{\min}=24.72$ m 时,故

$$n_{11\min}=\frac{nD_1}{\sqrt{H_{\max}}}=\frac{214.3\times3.3}{\sqrt{35.87}}=118.08(\mathrm{r/min})$$

$$n_{11\max}=\frac{nD_1}{\sqrt{H_{\min}}}=\frac{214.3\times3.3}{\sqrt{24.72}}=142.24(\mathrm{r/min})$$

在模型综合特性曲线上分别画出 $n_{11\min}=118.08$ r/min、$n_{11\max}=142.24$ r/min 和 $Q_{11\max}=1.22$ m³/s 为常数的线,如图 4-29 所示,围成的阴影部分即为水轮机的工作范围。从图 4-29 中可以看出,水轮机的工作范围有些偏上,仅包括了部分高效率区。

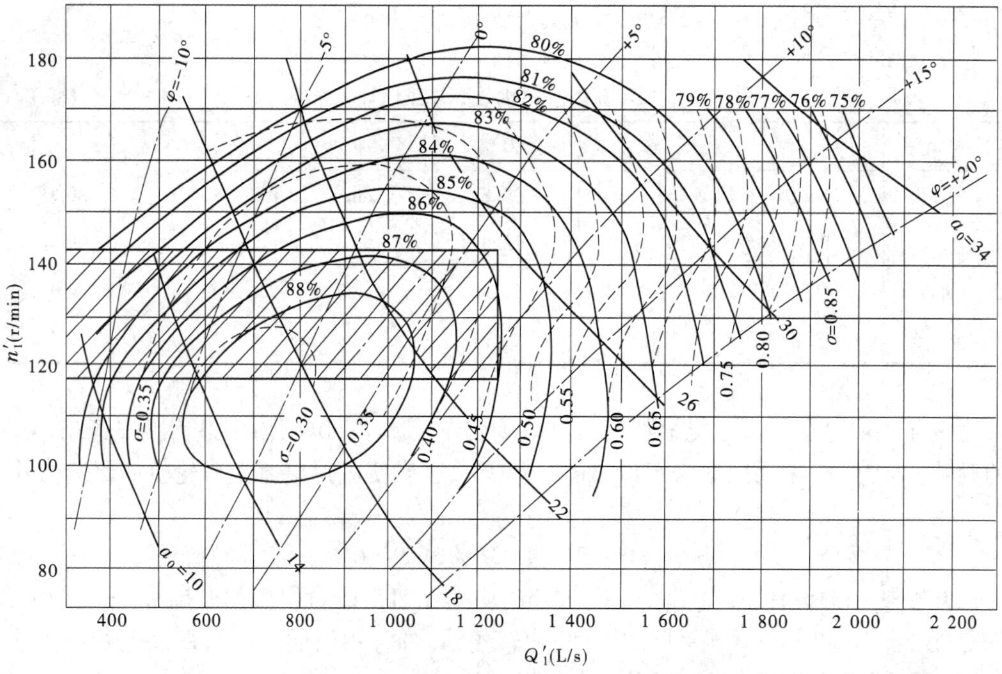

图 4-29　ZZ440 轴流转桨式水轮机工作范围检验

5. 确定水轮机的吸出高度 H_s

在标称直径 $D_1=3.3$ m、转速 $n=214.3$ r/min 的情况下，得

$$n_{11r}=\frac{nD_1}{\sqrt{H_r}}=\frac{214.3\times 3.3}{\sqrt{28.5}}=132.47(\text{r/min})$$

在新的设计工况点（$n_{11r}=132.47$ r/min，$Q_{11max}=1.22$ m^3/s），由 ZZ440 模型综合特性曲线可查得对应的空蚀系数 $\sigma=0.42$，则水轮机的吸出高度为

$$H_s=10.0-\frac{24.0}{900}-(0.42+0.04)\times 28.5=-3.14(\text{m})$$

由于 $H_s=-3.14$ m >-4 m，满足算例对吸出高度的要求。

为了便于分析比较，将两种方案的有关参数列于表4-13中。

从表4-13中可以看出，两种不同机型在同样水头下同时满足额定出力时，HL240方案具有效率高、工作范围广、空蚀系数小、安装高程较高等优点，这样可以提高水电站的年发电量和减少厂房的开挖量；而ZZ440方案的优点为水轮机的转速较高，可以选用较小尺寸的发电机以节省水电站的机电投资，另外较小的发电机尺寸有可能减少水电站厂房的平面尺寸。经综合考虑，初步选用HL240方案较为有利。在技术设计阶段，还需要计算出各方案的动能指标和经济指标，进一步分析比较，选出相对合理的方案。

表4-13　水轮机方案参数对照表

序号	项目		HL240	ZZ440
1	模型水轮机参数	推荐使用的水头范围(m)	25～45	20～36
2		最优单位转速 n_{110}(r/min)	72	115
3		最优单位流量 Q_{110}(L/s)	1 100	800
4		最高效率 η_{Mmax}(%)	92.0	89.0
5		空蚀系数 σ	0.195	0.42
6	原型水轮机参数	工作水头(m)	24.72～35.87	24.72～35.87
7		转轮直径(m)	3.3	3.3
8		转速 n(r/min)	125.0	214.3
9		最高效率 η_{max}(%)	94.6	91.6
10		额定出力 N(kW)	17 750	17 750
11		最大引用流量 Q_{max}(m^3/s)	69.18	70.9
12		吸出高度 H_s(m)	3.27	-3.14
13		工作范围	较好	较差

第五章　水轮机调节

第一节　水轮机调节的任务和途径

一、水轮机调节的任务

水电站在向电力系统供电的过程中，除保证供电的可靠性外，还应保证电压和电流频率的稳定。由于用户负荷的变化，使系统供电的电压和频率也随之发生了变化，此时发电机的励磁装置便自动调节使发电机的端电压恢复，并保持在规定的许可范围以内，而频率的调节则由水轮机的调速器来完成。

电力系统中，由于负荷的变化而引起的频率过大变化，将会严重影响供电质量，使电力用户的产品质量下降和正常生产遭受破坏。因此，我国规定电力系统的频率应保持在 50 Hz，其偏差值应不超过 ±0.5 Hz，对大电力系统的偏差值应不超过 ±0.2 Hz。这样就要求系统中所有承担负荷的机组，在系统负荷变化时能迅速地改变其输入的能量，使之适应于外界负荷的需要，并同时使电力系统的频率恢复和保持在上述允许范围以内。

发电机输出电流的频率与其磁极对数 p 和转速 n 有关。对一定的发电机来说，其磁极对数是固定不变的，因此要调节发电机的电流频率就需要调节机组（也就是水轮机）的转速。

所以，水轮机调节的基本任务就是根据负荷的变化不断地调节水轮发电机组的有功功率输出，以维持机组转速（频率）在规定范围内，或按某一预定规律变化。

二、水轮机调节的途径

如图 5-1 所示，水轮发电机组转动部分可描述为绕固定轴旋转的刚体运动，其运动方程为

$$J\frac{d\omega}{dt} = M_t - M_g \tag{5-1}$$

式中 J——机组转动部分转动惯量；

ω——机组的角速度，s^{-1}；

M_t——水轮机的主动力矩；

M_g——发电机负载力矩。

同步发电机角速度 ω、转速 n 和频率 f 之间的关系为

$$n = \frac{30}{\pi}\omega \quad (r/min)$$

$$f = \frac{p}{60}n$$

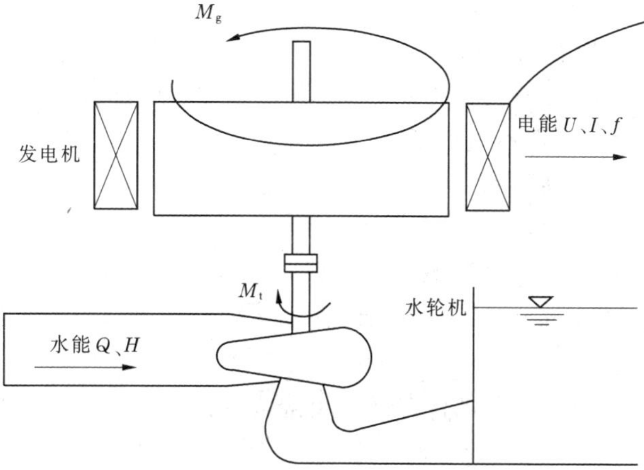

图 5-1　水轮发电机组转速调节原理图

三者保持严格的比例关系(未考虑功角摆动),其中 p 为同步发电机的极对数。为了使水轮发电机组频率保持不变,必须维持机组的转速及角速度为常数,即机组的旋转加速度 $\frac{d\omega}{dt}=0$,由式(5-1)可得出

$$M_t = M_g \tag{5-2}$$

由式(5-2)可知,水轮机主动力矩等于发电机的负载力矩,是维持水轮发电机组转速或频率恒定的必要条件。发电机负载力矩 M_g 为发电机负荷电流产生的电磁负载力矩 M_e,还包括轴承、空气等造成的机械摩擦负载力矩。M_e 与负荷大小的性质有关,随着用电需求的不同,电力负荷大小经常会发生变化。为了满足式(5-2)的条件,水轮机主动力矩必须跟随发电机负载力矩变化而变化,这样才能保证机组转速或频率恒定不变。

水轮机主动力矩由水流作用于转轮叶片而产生,水轮机的主动力矩可由下式表示:

$$M_t = \frac{N}{\omega} = \frac{\gamma QH\eta}{\omega} \tag{5-3}$$

式(5-3)中水的重度 γ 是常数,角速度 ω 是要其基本不变的被调参数,要改变水头 H 和效率 η 在技术上是很难做到的,而且是不经济的。因此,要调节水轮机输出的主动力矩(也就是要调节水轮机输出功率),最有效的方法和途径就是调节(控制)水轮机的流量。而流量的调节(控制)是通过改变导水机构(水轮机的活动导叶)的开度来实现的。对转桨式水轮机,还通过调节轮叶转角来共同实现对流量的调节。而实现这种调节(控制)的控制装置就是水轮机调速器(或称水轮机控制器)。

第二节　水轮机调速器的原理

一、水轮机调速器的类型

水轮机调速器品种繁多,形式多样,根据不同的分类方法,可分为不同形式的调速器。

(一)按工作容量分类

调速器工作容量,是指执行元件(接力器)对导水机构的操作能力,并以力矩(N·m)计算。由于受控水轮机出力一般从几百 kW 到几十万 kW,因此调速器分为:

(1)特小型调速器。工作容量小于 3 kN·m。

(2)小型调速器。工作容量 3~15 kN·m 以下。

(3)中型调速器。工作容量 15~50 kN·m。

(4)大、巨型调速器。工作容量 50 kN·m 以上,并按放大执行元件主配压阀直径(80 mm、100 mm、150 mm、200 mm、250 mm)来计算。

(二)按供油方式分类

由于调速器的压力油供给方式有直接和间接两种,因此调速器又可分为通流式和压力油罐式。

(1)通流式调速器。油泵连续运行,直接供给调速器的调节过程用油,非调节过程时,由限压溢流阀将油泵输出的油全部排回到集油箱。工作中油流反复循环不息,易恶化油质,但设备简单、造价低。主要用于小型和特小型调速器。

(2)压力油罐式调速器。有专门的油压设备,其中油泵断续运行,维持压力油罐的压力和油位,再由压力油罐随时提供给调速器调节过程用油,因而设备复杂、造价高。主要用于中、大型调速器。

压力油罐式调速器又分为组合式和分离式。整台调速器(包括执行元件——接力器)和油压设备组合成一体的,称为组合式调速器,主要用于中、小型调速设备;调速器的主接力器和油压设备均分别独立设置,称为分离式调速器,主要用于大、巨型调速设备。

(三)按调节机构数目分类

调速器按调节机构数目可分为单调节调速器和双重调节调速器两种。双重调节是指流量调节机构有两个,如转桨式水轮机调速器、贯流式水轮机调速器和冲击式水轮机调速器都是双重调节调速器。

(四)按元件结构分类

按元件结构不同,调速器可分为机械液压型和电气液压型两大类。而电气液压型又分为模拟型电气液压调速器和微机型电气液压调速器。

1. 机械液压型调速器

机械液压型调速器简称机调,其调节框图如图 5-2 所示,主要功能元件均为机械和机械液压部件。其转速测量元件采用离心摆。信号的综合元件采用引导阀及杠杆。放大执行元件是液压放大器,通常有两级液压放大:第一级由引导阀和辅助接力器组成;第二级由主配压阀和主接力器组成。反馈元件采用缓冲器和硬反馈调差机构,它们也是机械液压元件。

2. 模拟型电气液压调速器

模拟型电气液压调速器简称电调,其调节框图如图 5-3 所示。该调速器的有关单元,一部分是电气元件;另一部分则是机械液压元件。综合单元有的采用综合放大器,有的采用电气积分器电路。软反馈单元采用实际微分电路。测速单元采用测频电路,有的还带有测加速度回路。此外,硬反馈调差单元和功率给定等也都是电气电路。但放大执行单

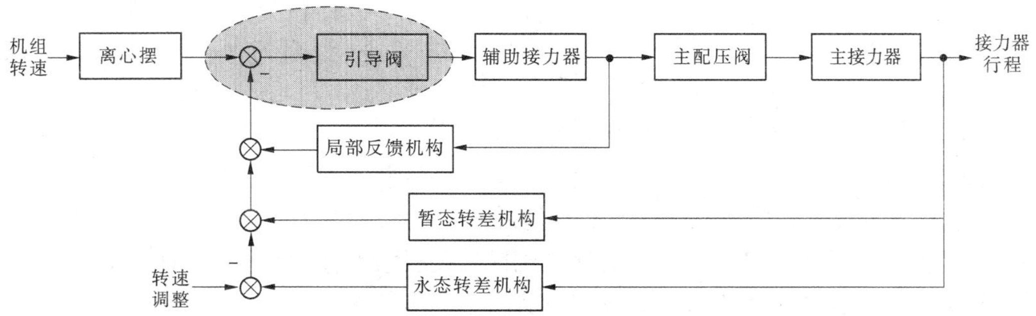

图 5-2　机械液压型调速器调节框图

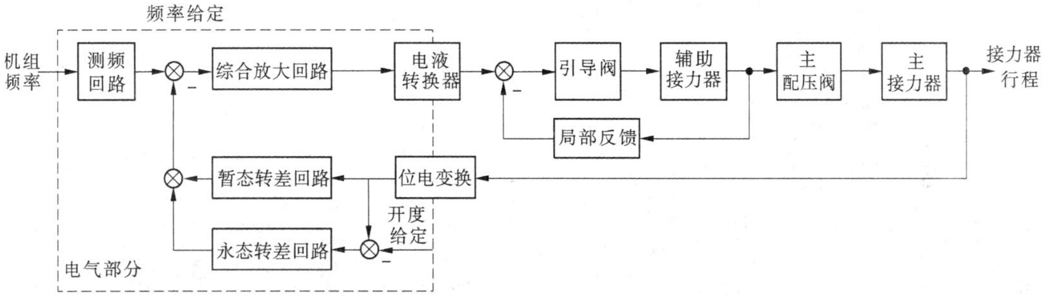

图 5-3　模拟型电气液压调速器调节框图

元仍采用二级液压放大器。另外,增加了一个连接电气部分与液压部分的电液转换单元,以及将主接力器的机械位移转化为电气信号的位移传感器(对于电液转换单元是流量输出的,还需将辅助接力器位移信号转换为电气信号的位移传感器)。

3. 微机型电气液压调速器

微机型电气液压调速器简称微机调,其调节框图如图 5-4 所示。该调速器仅将模拟型电气液压调速器的电气元件部分改由微机来实现,而机械液压元件部分基本一样。微机调的控制模式采用并联 PID 或串并联 PID 形式,而这些调节规律的实现是采用软件编程(即数学算式)来实现的。

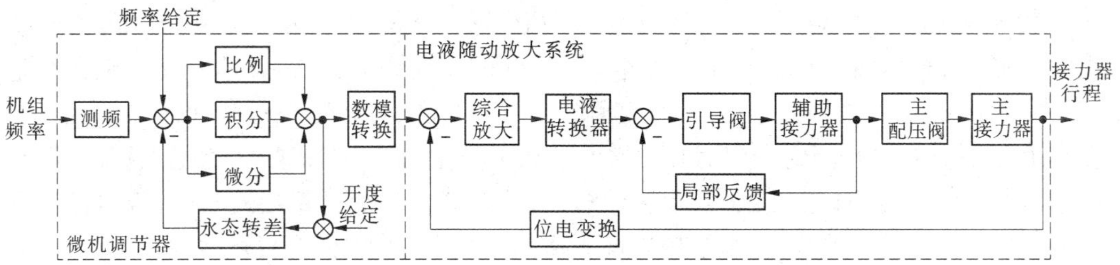

图 5-4　微机型电气液压调速器调节框图

二、水轮机调速器的工作原理

水轮机调速器的结构比较复杂,不同类型的调速器,其结构上的差异也比较大。但在完成调节的主要任务，即调节机组流量、改变机组出力（或转速）方面的工作原理都很相似，下面仅以机械液压型调速器为例，加以简化，以便简单地说明调节系统的基本工作原理。

如图5-5所示的调速器是结构十分成熟、应用最为广泛的缓冲式机械液压型调速器原理简图，它由测量元件（离心飞摆），比较元件（引导阀），放大元件（引导阀与辅助接力器、主配压阀与主接力器、拉杆1与杠杆1构成的局部反馈机构），软反馈元件（拐臂1、缓冲器、杠杆2、连杆、杠杆1构成的暂态转差机构），硬反馈元件（拐臂2、拉杆2、杠杆2、连杆、杠杆1），转速调整机构（螺母C、手轮）等组成。

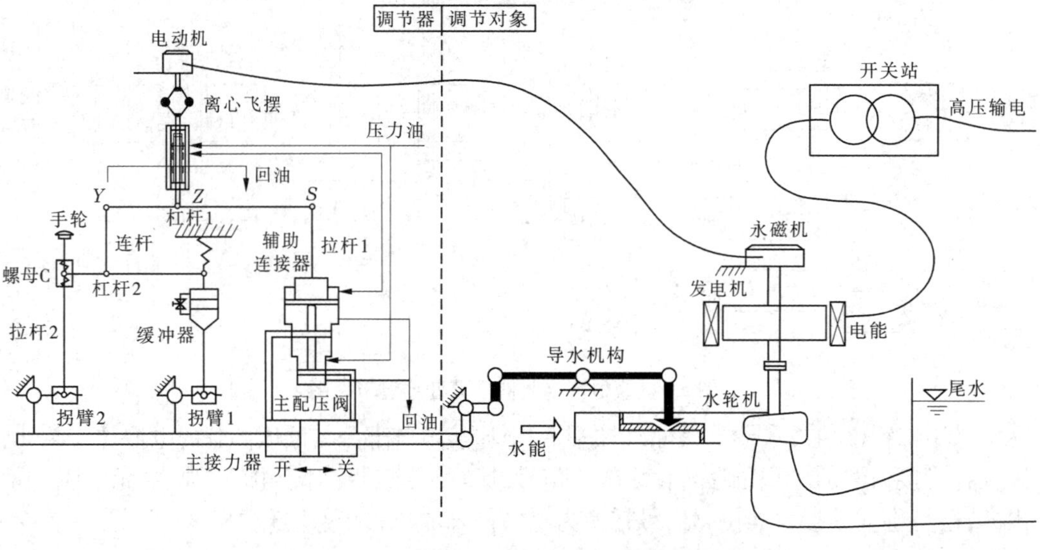

图5-5　水轮机自动调节系统动作原理示意图

当机组负荷增加时，发电机的负载力矩 M_g 大于水轮机的主动力矩 M_t，机组转速下降，通过传动机构带动离心飞摆旋转，飞摆离心力减小带动 Z 点下移，Y 点未动，S 点也下移，配压阀阀芯向下移动，压力油进入接力器下侧油管路，接力器上侧油管路接通回油，接力器活塞在油压力的作用下向上移动，Y 点上移，开大水轮机的导叶开度，水轮机流量增加，使水轮机的主动力矩 M_t 增加，从而抑制了机组转速下降，当主动力矩 M_t 增大到大于负载力矩 M_g 后，机组转速开始上升。经过一段时间的反复调节，机组转速重新稳定在给定值，将达到一个新的平衡状态；当机组负荷减小时，发电机的负载力矩 M_g 小于水轮机的主动力矩 M_t，机组转速上升，飞摆离心力增大带动 Z 点上移，Y 点未动，S 点也上移，配压阀阀芯向上移动，压力油进入接力器上侧油管路，接力器下侧油管路接通回油，接力器活塞在油压力的作用下向下移，导水机构右端下移，关小水轮机的导叶开度，水轮机流量减小，使水轮机的主动力矩 M_t 减小，从而抑制了机组转速上升。通过一段时间的调节，最后也将达到一个新的平衡状态。图5-5中反馈元件是把接力器位移反馈到输入端，能够改变接力器的运动规律，是保证调节系统动态过程稳定的关键元件。实际上，由于电力系统负荷是不断变化的，因此转速调节过程也是不断进行的。此外，调整转速给定把手可改变机组转速稳态值。

三、水轮机调节系统的特性及动作过程分析

按调节过程中的反馈作用将调节系统工作特性分为三类来讨论。

(1)无反馈作用时。调节系统的输出不会影响输入。相当于图 5-5 所示的缓冲器节流孔全开,缓冲活塞上下油路完全畅通,不会形成油压差,缓冲杯动作不会影响缓冲活塞,即缓冲活塞位置始终保持不变;由拐臂 2、拉杆 2、杠杆 2、连杆、杠杆 1 形成的硬反馈机构也不起作用,反馈量为零。

(2)硬反馈作用时。相当于缓冲器节流孔全部关闭,缓冲活塞上下油路被阻截,缓冲活塞完全跟随缓冲杯动作,由拐臂 2、拉杆 2、杠杆 2、连杆、杠杆 1 形成的硬反馈机构起作用,反馈量与主接力器位移成正比。

(3)软反馈作用时。相当于缓冲器节流孔部分开启,缓冲杯运动时会在缓冲活塞内形成油压差,在油压力作用下缓冲活塞也发生运动,当缓冲杯停止运动后,缓冲活塞在弹簧力作用下逐渐回到中间位置,反馈量逐渐变为零。

(一)调节系统静态特性

调节系统静态特性是指调节系统处于稳定的工作状态时的机组转速与出力之间的变化关系。可以这样理解,在一台水轮机单独运行且处于稳态工况时,其转速与具体出力之间的内在关系。要想保证调节系统处于稳定状态,则其必须满足三个条件:①机组主动力矩等于负载力矩。根据机组运动方程式,当主动力矩等于负载力矩($M_t = M_g$)时,机组加速度为零,机组转速不再变化。②配压阀开口为零。按照接力器运动方程式,只有引导阀开口和主配压阀开口为零,即 $\Delta S_A = 0$,$\Delta S_B = 0$,接力器才会停止运动。③反馈元件输出不再变化。如果引导阀针塞反馈量还在变化,必然引起新的不平衡。

1. 无反馈作用时

设 $t = t_0$时,调节系统处于初始平衡状态,取此时的工作点“0”为基准点,机组转速 $n = n_0$,机组出力 $N = N_0$,机组开度 $Y = Y_0$,如图 5-6 所示。当 $t > t_0$时,机组负荷从 N_0减小到 N_1,水轮机主动力矩大于发电机负载力矩,机组转速开始升高,引导阀转动套向上运动,通过两级液压放大,主接力器作用关小水轮机开度,调节系统进入动态调节过程。现假设调节系统能够稳定下来,求重新稳定工作点的位置。

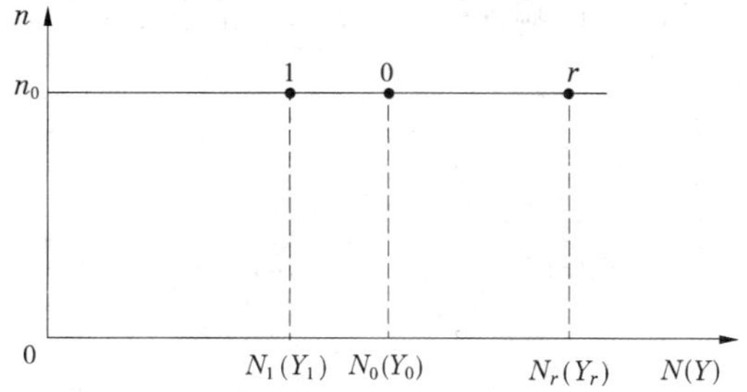

图 5-6　无反馈作用时调节系统静态特性

下面依据图 5-5 和调节系统稳定平衡状态时三个必要条件分析。按照第一个条件,主动力矩等于负载力矩。由于负荷减小到 N_1,对应的机组开度为 Y_1,主接力器开度发生变化。按照第二个条件,配压阀开口为零。主配压阀开口为零,说明拉杆 1 不动作,杠杆 1

上 S 点位置不变。按照第三个条件,反馈元件输出量不再变化。无反馈时缓冲活塞未动仍处于原来位置,杠杆 1 上的 Y 点位置不变。由以上三个条件分析可得,杠杆 1 上连接针塞的 Z 点位置也就不变。按照第二个条件还要求引导阀开口为零,转动套上下位置必须与针塞位置相对应,那么转动套位置也应该未发生变化,而转动套上下位置反映了机组转速,所以重新稳定下来的机组转速未变,即 $n=n_0$,于是可得出图 5-6 中的"1"点。同样地,机组负荷从 N_0增加到 N_r,按照同样的分析方法可得到图 5-6 中的"r"点。把所有稳态工作点连接起来,就得到了无反馈作用时的调节系统静态特性曲线。

如图 5-6 所示,无反馈作用时调节系统静态特性是一条水平线,称为无差静特性,表示无论机组带多少负荷,达到稳定状态时机组的转速都相同,此种调节系统称为恒值调节系统。

2. 硬反馈作用时

设初始工作点为"0"点,如图 5-7 所示。当 $t>t_0$时,机组负荷从 N_0减小到 N_1,机组转速开始升高,引导阀转动套向上运动,通过两级液压放大,主接力器动作,控制导叶开度关小到 Y_1,同时反馈系统接收到主接力器的动作信号,控制引导阀针塞动作,然后重复以上过程,调节系统进入动态调节,直到达到一个新的平衡。当重新稳定下来时,主接力器开度从 Y_0减小到 Y_1,由于有硬反馈作用,缓冲活塞也向上发生位移,导致原本水平的杠杆 1 的 Y 点上移,S 点位置未变,故针塞 Z 点也上移,因此稳定之后的转速($n=n_1$)大于原来转速(n_0),即得到图 5-7 中的"1"点。同样地,机组负荷从 N_0增加到 N_r,按照同样的分析方法可得到图 5-7 中的"r"点,连接所有的稳态工作点,可得到硬反馈作用时调节系统静态特性曲线,如图 5-7 所示。

如图 5-7 所示,硬反馈作用时调节系统静态特性是一条左高右低的曲线,表示机组所带负荷越大,机组稳定下来的转速越低;相反,机组所带负荷越小,机组稳定下来的转速越高,此种调节系统静态特性称为有差静特性,即静态误差不为零。

3. 软反馈作用时

软反馈作用时与无反馈作用时调节系统静态特性相同,调节系统静态特性是一条水平线。这是因为调节系统静态时,不论机组所带负荷多大,调节系统均能保持转速不变。因为无论主接力器在哪个位置,缓冲活塞最终都会在弹簧力作用下回到中间位置,杠杆 1 左端的 Y 点位置未变,因此不会影响到引导阀针塞的位置,故也是无差静态特性,即静态误差为零,如图 5-8 所示。

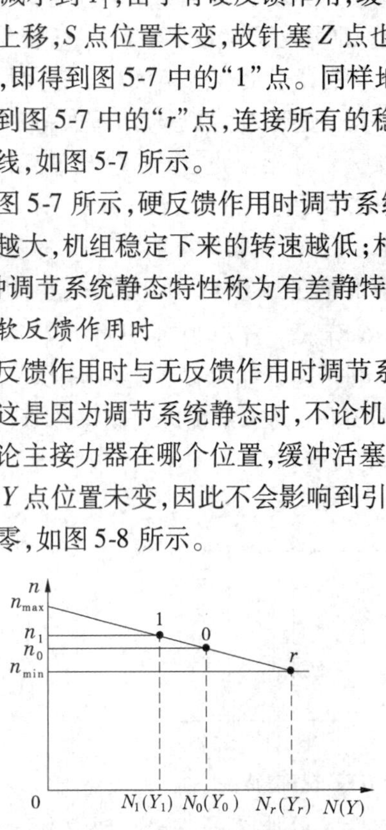

图 5-7 硬反馈作用时调节系统静态特性

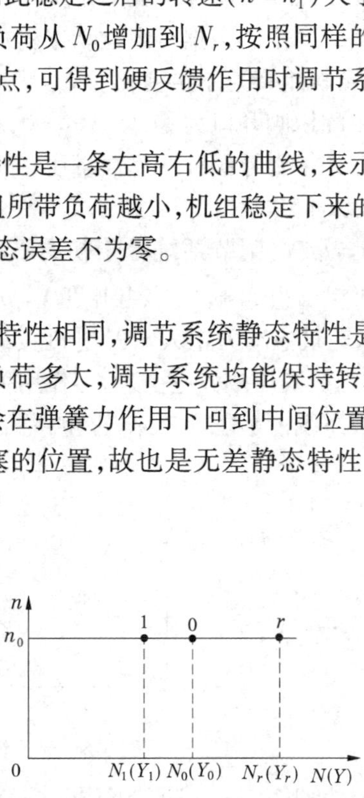

图 5-8 软反馈作用时调节系统静态特性

（二）调节系统动态特性

调节系统动态过程稳定才能得到静态特性，如果动态过程不稳定，就谈不上静态特性。影响动态过程的因素很多，为了便于分析调节系统动态特性及动作过程，这里我们忽略一些次要的影响因素，调节系统方块图如图5-9所示。

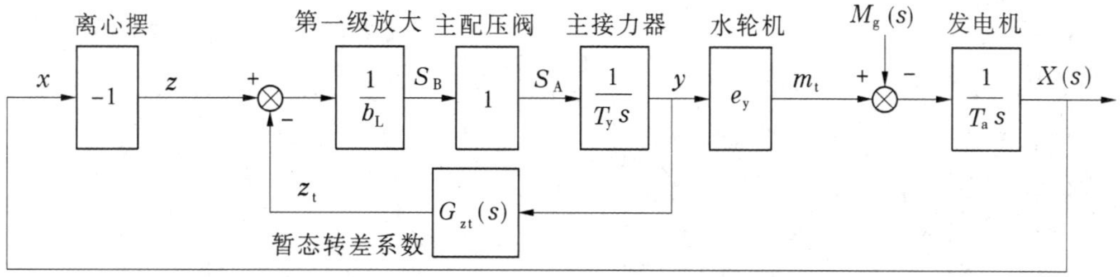

图5-9　调节系统方块图

1. 无反馈作用时

无反馈作用时，由图5-9可求出调节系统传递函数为

$$\frac{X(s)}{-M_g(s)} = \frac{e_y b_L T_y s}{b_L T_y T_a s^2 + e_y} \tag{5-4}$$

此时系统特征方程为

$$b_L T_y T_a s^2 + e_y = 0 \tag{5-5}$$

该二阶系统没有一次项，其阻尼比 $\zeta = 0$，系统处于临界稳定状态。通过仿真软件模拟机组突减负荷时该调节系统的动态过程，得出各变量的变化如图5-10所示，可以看出其动态过程为一个等幅振荡过程。因此，虽然无反馈调节系统静态特性是无差的，但其动态过程不稳定，所以说无反馈调节系统不能正常工作。

2. 硬反馈作用时

硬反馈作用时，由图5-9可求出调节系统传递函数为

$$\frac{X(s)}{-M_g(s)} = \frac{e_y b_L T_y s + e_y b_t}{b_L T_y T_a s^2 + b_{ty} T_a s + e_y} \tag{5-6}$$

此时系统特征方程为

$$b_L T_y T_a s^2 + b_{ty} T_a s + e_y = 0 \tag{5-7}$$

该二阶系统阻尼比为

$$\zeta = \frac{b_t}{2}\sqrt{\frac{T_a}{e_y b_L T_y}} \tag{5-8}$$

选择合适的参数，通过仿真可得出调节系统动态过程，如图5-11所示。硬反馈作用时的调节系统动态过程是一个先波动衰减最后达到稳定的过程。应注意到，新的平衡转速并不是原来的转速，所以具有硬反馈的调节系统会造成静态偏差，是有差调节。

3. 软反馈作用时

硬反馈为位置反馈，反馈的输出量与输入量成正比，不论是动态还是静态都对系统起作用。软反馈相当于速度反馈，反馈输出量与输入量的速率成正比，在调节系统动态过程中，调节系统结束后消失。根据硬反馈作用时分析结果可以推论，由于软反馈在调节系统动态过程存在，就可以使主配压阀提前回中，改善调节过程中的动态特性品质，从而保证

调节系统的稳定;同时由于软反馈调节过程结束后反馈量消失,不会造成静态偏差,从而能够实现恒值调节或无差调节。

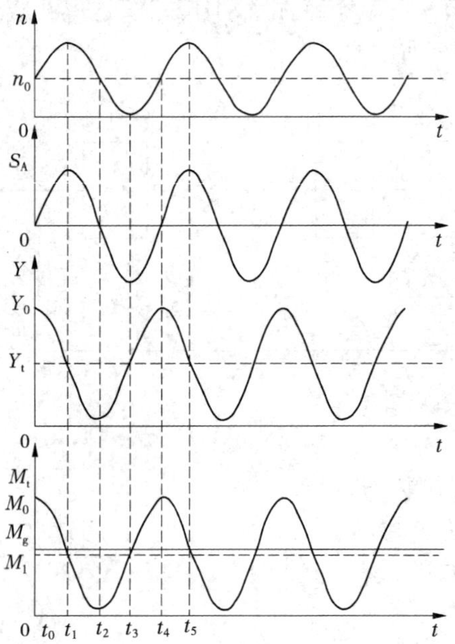

图 5-10　无反馈作用时调节系统动态过程

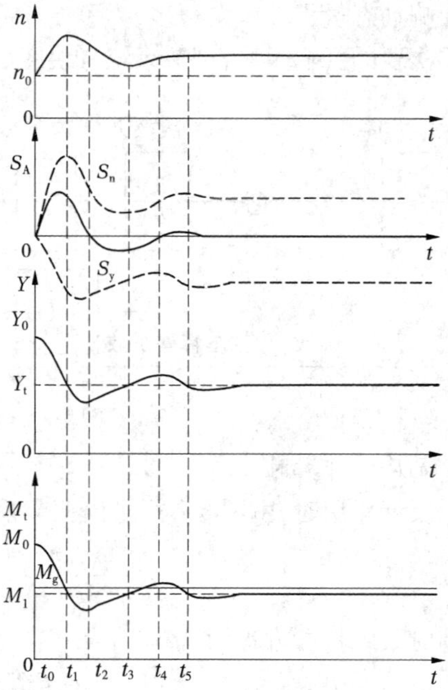

图 5-11　硬反馈作用时调节系统动态过程

由图 5-12 可知,软反馈机构传递函数 $G_{zt}(s)=\dfrac{b_t T_d s}{T_d s+1}$时调节系统传递函数为

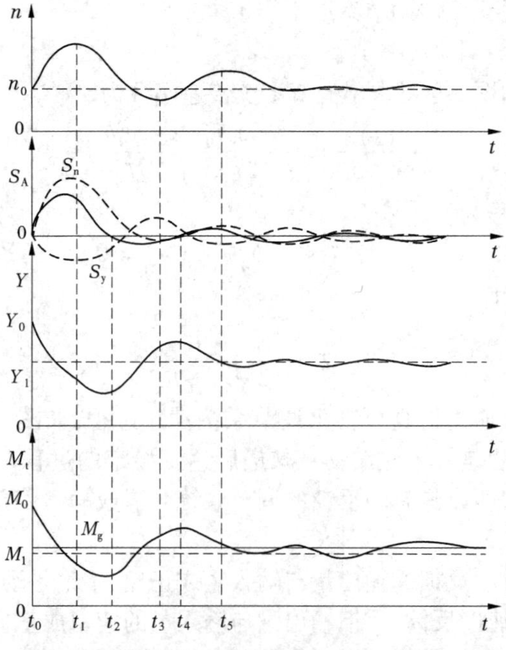

图 5-12　软反馈作用时调节系统动态过程

$$\frac{X(s)}{-M_g(s)}=\frac{e_y b_L T_y T_d s^2+e_y(b_L T_y+b_t T_d)s}{b_L T_y T_d T_a s^3+(b_L T_y+b_t T_d)T_a s^2+e_y} \tag{5-9}$$

调节系统变为三阶系统,与一阶、二阶系统相比,其动态特性更复杂。选择合适的参数,通过仿真得到系统的动态过程如图 5-12 所示,其动态是一个衰减调节过程。应该注意到,此时调节系统是一个恒值无差调节系统。

第三节　油压装置

一、油压装置的特点和要求

油压装置是供给调速器压力油源的设备,也是水轮机调速系统的重要设备之一。由于调速器所控制的水轮机体积庞大、需要足够大的接力器体积和容量克服导水机构承受的水力矩和摩擦负载力矩,因此其油压装置体积和压力油罐的容积都很大。目前,常用的油压装置整个体积比调速器大得多,其压力油罐体积可达 20 m^3,国外已采用的体积达 32 m^3,甚至更大些。常用额定油压 2.5 MPa、4 MPa 或 6.3 MPa,国外用到 7 MPa。

机组在运行中,经常发生负荷急剧变化,甩掉全负荷和紧急事故停机,需要调速器的操作在规定时间内完成,而且压力变化不得超过允许值。为此,常用爆发力强的连续释放较大能量的气压蓄能器来完成。所以,油压装置压力罐容积必须有 60% ~70% 的压缩空气和 30% ~40% 的压力油,以使油量变化时压力变化最小。

水轮机调节要求调速器动作灵敏、准确和安全可靠。当动力油不清洁或质量变坏,势必使调速器液压件产生锈蚀、磨损,尤其对精密液压件造成卡阻和堵塞,给调速器工作带来不良影响甚至严重后果。为此,油压装置内应充填和保持使用符合国家标准的汽轮机油。

随着调速器自动化程度的提高,要求油压装置在保证工作可靠的基础上,也必须具有较高的自动化水平。为此,通常每台机组都有它单独的调速器和与之相配合的油压装置。它们中间以油管路相通。

中小型调速器的油压装置与调速柜组成一个整体,在布置安装和运行上都较方便。大型调速器的油压装置,由于尺寸较大,是单独分开设置的。

二、油压装置的组成与工作原理

油压装置是由压力油罐、回油箱、油泵机组及其附件组成的。压力油罐是油压装置能量储存和供应的主要部件,它的作用是供给调速系统保持一定压能的压力油;回油箱是用作收集调速器的回油和漏油;油泵机组用作向压力油罐输送压力油。下面结合图 5-13 来介绍其工作原理。

(一)回油箱、油泵机组及其附件

回油箱 21 为一钢板焊接的油箱。油泵 13 采用螺杆泵,是由电动机 15 经联轴器 14 驱动的,箱内的油经吸油管被螺旋泵吸入后经安全阀 12、止回阀(在安全阀内)、三通管 1 输入压力油罐内。

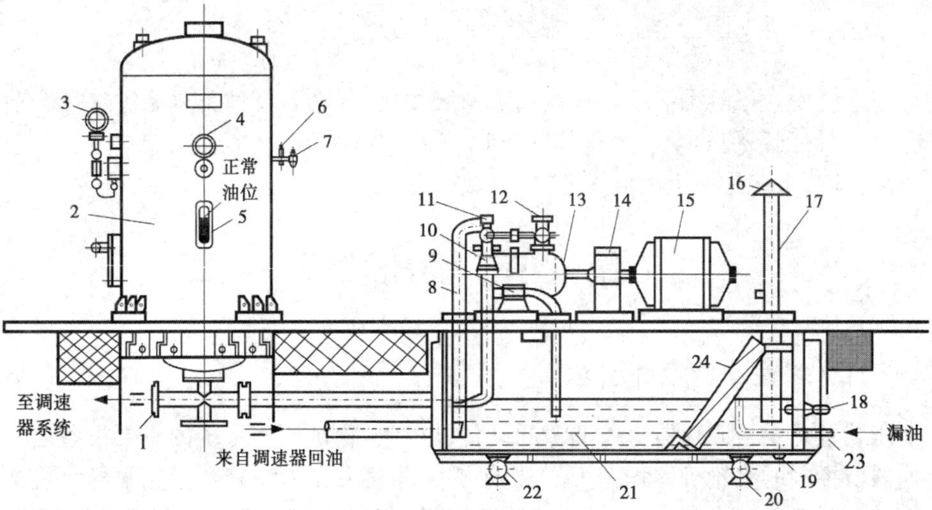

1—三通管;2—压力油罐;3—压力信号器;4—压力表;5—油位计;6—球阀;7—空气阀;8—吸油管;
9—截止阀;10—三通阀;11—逆止阀;12—安全阀;13—螺杆泵;14—联轴器;15—电动机;16—油位信号器;
17—油位指示器;18—温度计;19—螺塞;20、22—球阀;21—回油箱;23—漏油回收管;24—过滤器

图 5-13　油压装置的结构

螺杆泵机组并列设有两台:一台工作,另一台备用,均装置在回油箱顶面上。此外,还有浮子油位指示器 17 用来测量回油箱的油位,并在油位达到最低油位时发信号。

电阻温度计 18 用来测量回油箱的油温和发信号;螺塞 19 为取油样的孔口;球阀 20、22 为进油和放油用。

(二)压力油罐及其附件

压力油罐 2 也是由钢板组焊而成的圆筒形压力容器,其内部储存有一定比例的油和压缩空气,一般油占 30% ~40% ,其余为压缩空气。压缩空气专门用来增加油压,它通常是由水电站的压缩空气系统供给的。

为了使油压装置的工作过程能够自动控制,在压力油罐上装有四个压力信号器 3,它们分别控制:在油压达到下限时启动油泵;恢复到上限时油泵停机;低于下限时启动备用油泵;低于危险油位时紧急停机。压力表 4 用作测量压力油罐内的压力;空气阀 7 与压缩空气系统连接用作定期补气,压力过高时可以用来放气;油位计 5 用来观测压力油罐内油位的高低;球阀 6 用于当空气压力下降时截闭压力油罐内的压缩空气。调速系统用的压力油可通过三通管供给。

(三)安全阀、逆止阀、旁通阀及阀组

在油压装置工作中,为了实现油泵无载启动,连续运行地断续排油,防止压力过高和避免停泵后高压倒流,设置了与上述功能相应的各种结构形式的液压阀。它们都是由油压和弹簧相互作用下的柱塞或球塞动作完成各自功能的。

(1)安全阀。大部分装在油泵输出油管上,个别的装在压力罐上。当油压高于工作油压某值时,安全阀便自动开启,将压力油排回集油箱,以保护油泵、油管和压力罐。

(2)油逆止阀。和安全阀比较,结构原理基本相同,用于当油泵停止工作时,堵住油口,防止高压油倒流。

(3)空气逆止阀。装在压力罐上,用于压力罐补气后自动关闭,防止跑气。空气逆止阀比油逆止阀要求的严密性更高,以避免压缩空气泄露。

(4)旁通阀。又称卸荷阀,主要用于油泵连续运行方式,断续排回多余的压力油。

三、油压装置的系列

目前,我国生产的油压装置因结构不同而分为分离式和组合式两种:分离式是将压力油罐和回油箱分开制造和布置的,中间用油管连接;组合式是将两者组合为一体。

油压装置工作容量的大小是以压力油罐的容积(m^3)来表征的,并由此组成油压装置系列型谱,见表5-1。表中型号由三部分组成,各部分之间也用短横线分开。

第一部分由字母组成,YZ表示分离式油压装置,而HYZ则表示组合式油压装置。

表5-1　油压装置的系列型谱

油压装置形式	分离式	组合式
油压装置系列	YZ-1	HYZ-0.3
	YZ-1.6	HYZ-0.6
	YZ-2.5	HYZ-1
	YZ-4	HYZ-1.6
	YZ-6	HYZ-2.5
	YZ-8	HYZ-4
	YZ-10	
	YZ-12.5	
	YZ-16/2	
	YZ-20/2	

第二部分由数字分式和字母组成。分式分子表示压力油罐的总容积,分母表示两个以上压力罐数目;无分母数字表示只有一个压力罐。字母表示改型次序,如A、B、C;无字母表示为基本型。

第三部分的阿拉伯数字表示油压装置的额定油压,无数字者表示额定压力为2.5 MPa。

目前,调速器业界充分利用液压行业中先进成熟的技术成果,开发了高油压水轮机调速器,其优良的技术经济优势显示了强大的生命力。高油压水轮机调速器的工作油压一般为10~16 MPa,在油压部分,采用了高压齿轮泵、滤油器、囊式蓄能器及其相应的液压阀;在控制部分采用了电液比例阀、电磁换向阀、工程液压缸及其他各类液压件;在结构上采用了液压集成块和标准的液压附件。

高压油压装置由回油箱、电机泵组、油源阀组、囊式蓄能器和压力表等部分构成。回油箱用于储存压力油,并作为电机泵组、油源阀组、压力表计、控制阀组等的安装机体。电机泵组由电机、高压齿轮泵、吸油滤油器等组成，用于产生压力油。油源阀组由安全阀、滤油器、单向阀及主供油阀等组成，电机泵组输出的压力油经油源阀组控制、过滤后，输入囊式蓄能器备用。囊式蓄能器是一种油气隔离的压力容器，钢瓶上部有一只充有氮气的橡胶囊，压力油从下部输入钢瓶后，压缩囊内的氮气，从而存储能量。压力表用于指示油源压力，电接点压力表用于控制油泵电机启停。

下面以图5-14的高压油压装置为例，简要说明其系统的构成及工作原理。

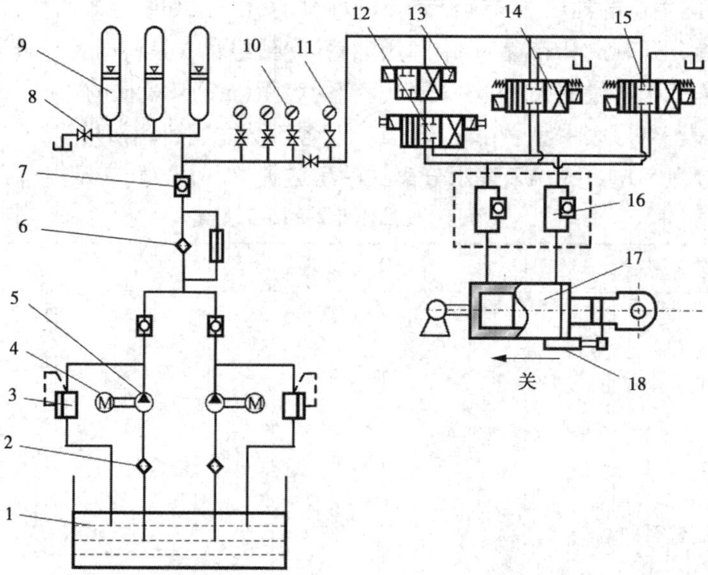

1—回油箱；2—吸油口滤油器；3—安全阀；4—电机；5—油泵；6—高精度滤油器；
7—单向阀；8—放油阀；9—囊式蓄能器；10—电节点压力表；11—压力表；12—电液伺服比例阀；
13—手自动切换阀；14—急停阀；15—手动操作阀；16—单向节流阀；17—液压缸；18—电气反馈装置

图5-14　高压油压装置系统原理图

该系统由回油箱、两套电机泵组及油源阀组、3个40 L蓄能器及一组电接点压力表组成。电机为油压装置的动力源，当蓄能器和系统的油压降至工作压力的下限 P_{0min} 时，电接点压力表动作，通过控制电路使电机启动运转，经传动装置带动油泵开始工作，自回油箱内吸油。液压油经吸油滤油器滤去较大颗粒的机械杂质，经油泵获得能量成为压力油，再经滤油器精滤成为清洁的压力油。压力油经单向阀和高压管路向蓄能器中充油，压缩气囊而储能、升压，当蓄能器和系统的油压升至工作压力的上限 P_{0max} 时，电接点压力表动作，通过控制电路使电机泵组停止工作。单向阀隔在蓄能器和滤油器之间。既可防止电机停转时压力油倒流导致电机泵组反转，又使得在蓄能器保持油压的条件下，可以进行滤油器清洗等工作。安全阀的整定压力稍高于工作压力上限 P_{0max}，如果电接点压力表或控制电路出现故障，造成油压升至工作压力上限 P_{0max} 后电机泵组仍不能停止工作，安全阀即开启泄油，确保系统压力不会过度升高而导致事故。

蓄能器内的压力油经主供油阀与用油系统连接，主供油阀在需要用油时打开，在不需用油时关闭。放油阀处于常闭状态，只是在油压装置需放空压力油时才需打开。回油箱上的油位计用于指示回油箱中的液位和油温。

不同型号的大中型高压油压装置,差别仅在于蓄能器的大小和数量,电机泵组及相应液压件的容量、规格等(详见相应产品的型号说明),而其系统构成及工作原理完全相同。

第四节　水轮机调速设备的选择

一、调速器的主要设备

调速器的主要设备包括调速柜、油压装置和接力器三部分。中小型水轮机调速器的这三部分通常组成一个整体,也称为组合式,结构紧凑,便于布置和安装,运行上也比较方便。大型水轮机调速器的油压设备和接力器尺寸均较大,采用分体式。

调速柜也称为调速器的控制柜,它通常将测量元件、放大元件、反馈元件集成在一起,具有数据采集和数据处理功能。如果是微机调速器,其中还装有微型计算机。调速柜的面板上设置有按钮和键盘,在水轮机安装和检修期间,用于调整相关参数。水轮发电机组正常运行时,调速器自动工作,改变运行方式及开机或关机等操作,通常是通过中控室控制台上的按钮或计算机键盘完成的,而无须在调速柜上直接操作。

油压装置是供给调速器压力油能源的设备。

接力器是调速器的执行元件,调速功的大小,不仅和调速器的工作油压有关,还和接力器活塞的面积有关。为了工作平稳和获得较大的调速功,大型水电站通常设置有两个或两个以上的接力器。

二、调速器的选择

(一)调速器选择的一般原则

(1)根据水轮机的出力和水头等有关参数,对中小型机组,确定出所需的调速功;对大型机组,确定出接力器的直径和容量、主配压阀直径及压力油箱(罐)的总容积,从而选出相应的调速器。

(2)对于大型水电站及中小型水电站中容量相对较大、在小电网中担任调频任务、单机带孤立负荷的运行方式、对电能品质要求较高或在系统中有较大冲击负荷的水电站,应选择调节品质好、自动化程度高的调速器。

(3)当机组引水管道较长,有可能在压力管道内产生较大水击压力的情况下,宜选择调节规律较好的调速器,以减小水击压力。

(4)对于容量较小、在系统中地位不重要、经常承担基荷的机组,宜选用调节方式简单、性能稳定、价格便宜的调速器,以节省投资。

(5)选择调速器应考虑与相关设备匹配和协调,避免高端产品和低端产品结合、通信不畅、利用率不高造成不必要的浪费。

(二)中小型调速器的选择

中小型调速器主要根据水轮机有关参数确定接力器调速功来选择调速器。其调速功是指接力器活塞上的油压作用力与其行程的乘积。

对反击式水轮机一般可采用以下经验公式进行计算:

$$A = (200 \sim 250) Q \sqrt{H_{max} D_1} \tag{5-10}$$

式中 A——调速功，kg·m；

H_{max}——最大水头，m；

Q——最大水头下额定出力时的流量，m^3/s；

D_1——水轮机转轮直径，m。

对冲击式水轮机所需要的调速功 A 可按下式进行计算

$$A = 9.81 Z_0 \left(d_0 + \frac{d_0^3 H_{max}}{6\ 000}\right) \tag{5-11}$$

式中 Z_0——喷嘴数目；

d_0——额定流量时的射流直径，m。

由计算出的调速功可选择合适类型的调速器。

（三）大型调速器的选择

大型调速器不带有固定接力器和油压装置等部件，因此要分别选择接力器、调速器和油压装置。

1. 力器的选择

大型调速器的导叶接力器容量选择一般是按经验公式计算出接力器直径，然后从表 5-2 中选取与其接近且偏大的接力器系列直径，再按经验公式求取接力器的最大行程。

表 5-2 导叶接力器系列

接力器直径(mm)	250	300	350	400	450	500	550	600
接力器直径(mm)	650	700	750	800	850	900	950	1 000

油压装置额定油压为 2.5 MPa，采用标准导水机构并用两个单缸接力器操作时，每个接力器的直径可按下式计算：

$$d_c = \lambda D_1 \sqrt{\frac{b_0}{D_1} H_{max}} \tag{5-12}$$

式中 λ——计算系数，可由表 5-3 查取；

b_0——导叶高度，m。

表 5-3 计算系数

导叶数 z_0	16	24	32
标准正曲率导叶	0.031～0.034	0.029～0.032	
标准对称导叶	0.029～0.032	0.027～0.030	0.027～0.030

油压装置额定油压为 4 MPa，每个接力器的直径可按下式计算：

$$d_c' = d_c \sqrt{1.05 \times \frac{2.5}{4.0}} \tag{5-13}$$

由以上计算得到的 d_c（或 d_c'）值便可在表 5-2 中选择相邻偏大的接力器直径。

接力器最大行程 Y_{max}(mm)可由下列经验公式求得：

$$Y_{max} = (1.4 \sim 1.8) a_{0max} \tag{5-14}$$

式中　a_{0max}——导叶最大开度，mm。

a_{0max}可由模型水轮机的导叶最大开度 a_{0Mmax} 依式(5-15)换算求得：

$$a_{0max} = a_{0Mmax}(D_{0P}Z_{0M}/D_{0M}Z_{0P}) \tag{5-15}$$

其中　D_{0P}、D_{0M}——原型和模型水轮机导叶的轴心圆的直径；

Z_{0P}、Z_{0M}——原型和模型水轮机的导叶数目。

式(5-14)中较小的系数用于转轮直径 $D_1 > 5$ m 的情况，则可求得两个接力器的总容积为

$$V_{sg} = \frac{\pi d_c^2}{2} Y_{max} \tag{5-16}$$

转桨式水轮机转轮叶片接力器设在轮毂内，它的直径 d_z、最大行程 Y_{1max} 和容积 V_{sy} 可按式(5-17)~式(5-19)进行估算。

$$d_z = (0.3 \sim 0.45) D_1 \sqrt{\frac{2.5}{p}} \tag{5-17}$$

式中　p——调速器油压装置额定油压。

$$Y_{1max} = (0.036 \sim 0.072) D_1 \tag{5-18}$$

$$V_{sy} = \frac{\pi d_z^2}{4} Y_{1max} \tag{5-19}$$

在式(5-17)和式(5-18)中，较小的系数用于 $D_1 > 5$ m 的水轮机。

2. 调速器的选择

大型调速器的分类是以主配压阀尺寸为依据的，初步选择主配压阀直径，可以按下式计算：

$$d = \sqrt{\frac{4V}{\pi v T_s'} H_{max}} \tag{5-20}$$

式中　V——导水机构或折向器接力器总容积，m^3；

v——管路中油的流速，m/s，当油压装置的额定油压为 2.5 MPa 时，一般取≤4~5 m/s，当管道较短和工作油压较高时，选用较大流速；

T_s'——调节保证计算确定的接力器关闭时间，s。

大型调速器是以主配压阀的直径为表征组成系列的，因此按式(5-20)计算出主配压阀直径 d，便可选择对应的调速器型号。

对于双调节的转桨式水轮机，操作转轮叶片的主配压阀直径与操作导水机构的主配压阀直径相同，由于转轮叶片接力器运动速度一般比导叶接力器缓慢得多，因此能够满足导叶接力器运动的主配压阀也一定能够满足转轮叶片接力器的要求。

3. 油压装置的选择

在液压系统的工作压力确定后，油压装置的选择主要是确定其压力油箱的容积。压力油箱的容积应保证调节系统正常工作时和事故关闭时能提供足够的有压油源。选择时先根据机组类型按下列经验公式计算压力油箱的容积 V_k：

对混流式水轮机

$$V_k = (18 \sim 20) V_{sg} \tag{5-21}$$

对转桨式水轮机

$$V_k = (18 \sim 20) V_{sg} + (4 \sim 5) V_{sy} \tag{5-22}$$

对于需要向调压阀和主阀的接力器供油的油压装置，其压力油箱的容积尚须在上述计算得到的容积中增加$(9 \sim 10)V_t$和$3V_f$，其中V_t为调压阀接力器的容积，V_f为主阀接力器的容积。

当选用的额定油压为2.5 MPa时，可按以上计算的压力油箱容积在表5-4中选择相邻偏大的油压装置。

表5-4　油压装置系列型谱

分离式	YZ-1, YZ-1.6, YZ-2.5, YZ-4, YZ-6, YZ-8, YZ-10
组合式	HYZ-0.3, HYZ-0.6, HYZ-1, HYZ-1.6
分离式	YZ-12.5, YZ-16/2, YZ-20/2
组合式	HYZ-2.5, HYZ-4

第二篇　水电站建筑物

第六章　水电站进水口

第一节　进水口的功用与要求

水电站进水口位于引水系统的首部，通常也称为水电站进水建筑物。其功用是按照发电要求将水引入水电站的引水道。

进水口应满足下述基本要求：

(1)要有足够的进水能力。在各级发电运行水位下，进水口都能引进必需的流量。因此，在枢纽布置中必须合理安排进水口的位置和高程。进水口要求水流平顺并有足够的断面尺寸，一般按水电站的最大引用流量 Q_{max} 设计。

(2)水质要符合要求。不允许有害泥沙和各种有害污物进入引水道和水轮机。因此，进水口要设置拦污、防冰、拦沙、沉沙及冲沙等设备。

(3)水头损失要小。进水口位置要合理，进口轮廓平顺，以减小流道阻力，同时流速较小，尽可能减小水头损失。

(4)可控制流量。进水口须设置闸门，以便调节工作流量及在事故时紧急关闭、截断水流，避免事故扩大，为引水系统的检修创造条件。对于无压引水式水电站，引用流量的大小也由进口闸门控制。

(5)满足水工建筑物的一般要求。进水口要有足够的强度、刚度和稳定性，结构简单，施工方便，造型美观，便于运行、维护和检修。

由于进水口后连接的引水方式、水流流态和所处位置的不同，进水口的形式也不相同。按水流条件，水电站进水口分为有压进水口和无压进水口两大类。

第二节　有压进水口

有压进水口的特征是：进水口高程设在水库最低死水位以下，以引进深层水为主，整个进水口处于有压状态，其后接有压隧洞或压力管道。它适用于坝式水电站、有压引水式水电站、混合式水电站。有压进水口通常由进口段、闸门段及渐变段组成。

一、有压进水口的类型及适用条件

(一)隧洞式进水口

在隧洞式进水口附近的岩体中开挖竖井,井壁一般要进行衬砌,闸门安装在竖井中,竖井的顶部布置启闭机和操纵室,如图 6-1 所示。渐变段之后接隧洞洞身。这种布置的优点是:结构比较简单,不受风浪和冰冻的影响,地震影响也较小,比较安全可靠。缺点是:竖井之前的隧洞段不便检修,竖井开挖也较困难。它适用于工程地质条件较好,岩体比较完整,山坡坡度适宜,易于开挖平洞和竖井的情况。

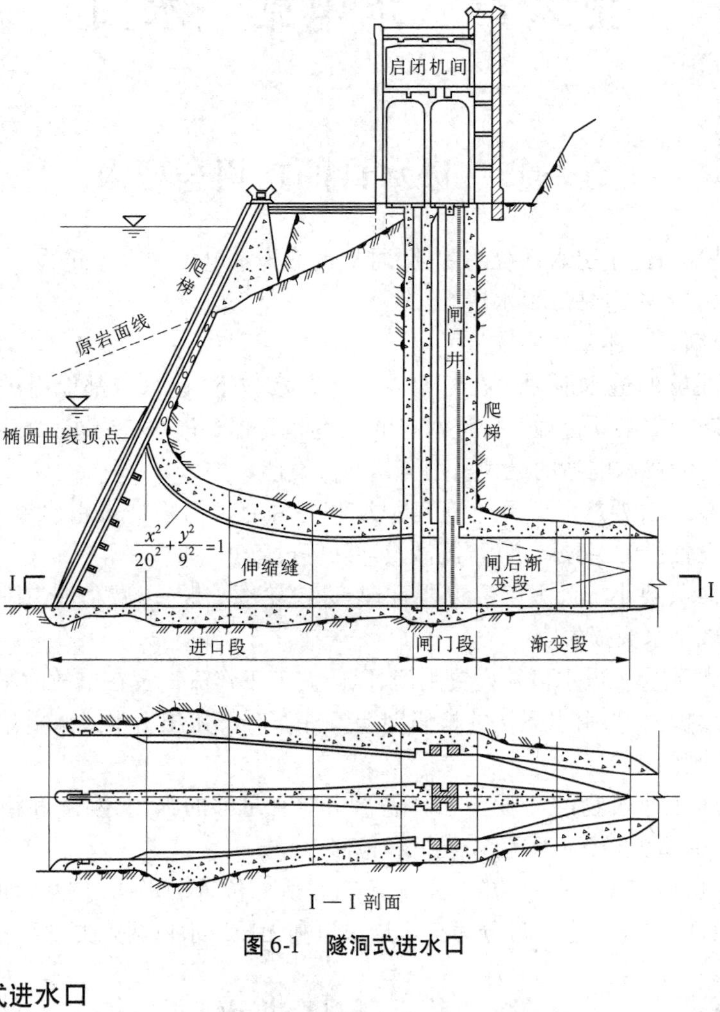

图 6-1　隧洞式进水口

(二)墙式进水口

墙式进水口的进口段、闸门段和闸门竖井均布置在山体之外,形成一个紧靠在山岩上的单独墙式建筑物,如图 6-2 所示。墙式建筑物承受水压及山岩压力,要求有足够的稳定性和强度。它适用于地质条件差、山坡较陡、不易开挖竖井的情况。

(三)塔式进水口

如图 6-3 所示,塔式进水口的进口段、闸门段及其框架形成一个塔式结构,耸立在水库之中，塔顶设操纵平台和启闭机室，用工作桥与岸边或坝顶相连。塔式进水口可一边或四周进水，然后将水引入塔底的竖井中。塔身是直立的悬臂结构，风浪压力及地震力的影响较大，需对其进行抗倾、抗滑稳定和结构应力计算，必须有足够的强度和稳定性，同时要求地基坚固。它适用于当地材料坝枢纽中，进口处山岩较差，而岸坡又比较平缓的情况。

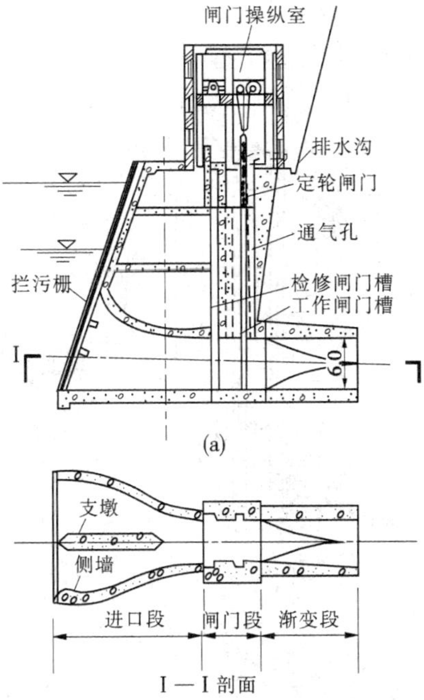

图 6-2　墙式进水口

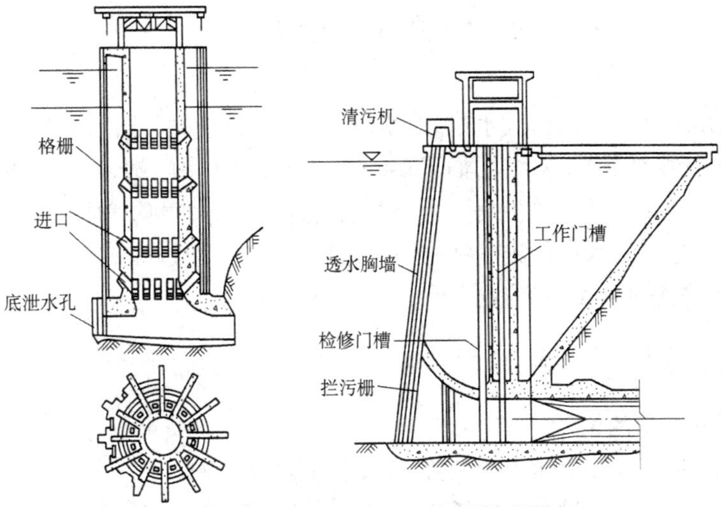

(a)圆形塔式进水口　　(b)矩形塔式进水口

图 6-3　塔式进水口

（四）坝式进水口

坝式进水口依附在坝体的上游面上，并与坝内压力管道连接。进口段和闸门段常合二为一，布置紧凑。它适用于混凝土重力坝的坝后式厂房、坝内式厂房和河床式厂房。如图 6-4所示为混凝土重力坝的坝式进水口。

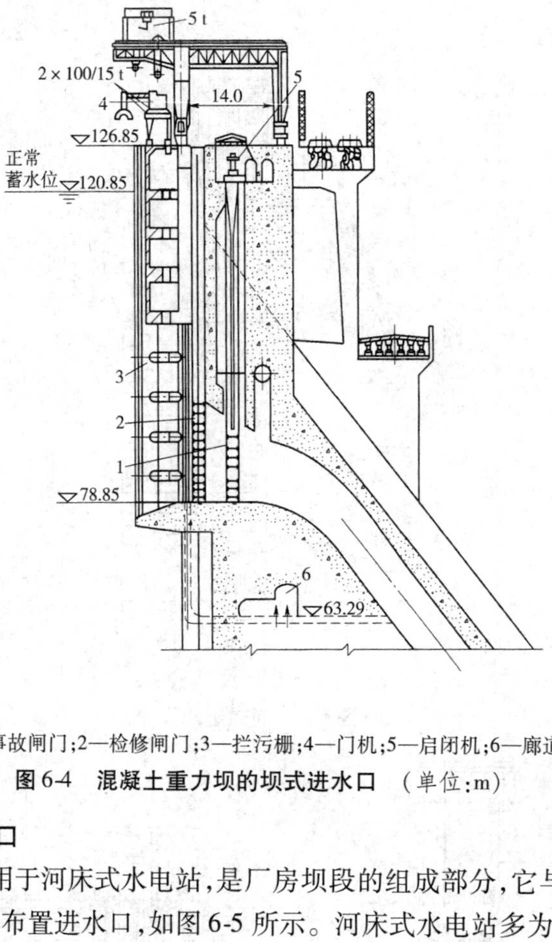

1—事故闸门；2—检修闸门；3—拦污栅；4—门机；5—启闭机；6—廊道

图 6-4　混凝土重力坝的坝式进水口　（单位：m）

（五）河床式进水口

河床式进水口适用于河床式水电站，是厂房坝段的组成部分，它与厂房结合在一起，兼具挡水作用，为整体布置进水口，如图 6-5 所示。河床式水电站多为中、低水头水电站，进水口流道直接与水电站水轮机蜗壳入口相接，且多采用大喇叭状体形，以较小的流速来减小水头损失。这种进水口的排沙和防污问题较突出，可通过在进水口前缘坎下设置排沙底孔、排沙廊道等排沙设施来减少通过机组的有害粗沙。

二、有压进水口的位置、高程及轮廓尺寸

（一）有压进水口的位置

水电站有压进水口在枢纽中的位置，应尽量使水流平顺、对称，不发生回流和漩涡，不出现淤积，不聚集污物，泄洪时仍能正常进水。进水口后接压力隧洞，应与洞线布置协调一致，选择地形、地质及水流条件均较好的位置。

（二）有压进水口的高程

有压进水口顶部高程应低于运行中可能出现的最低水位，并有一定的淹没深度（见

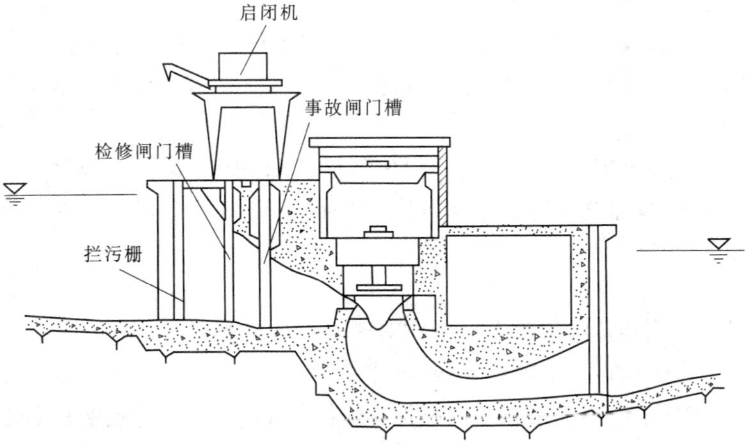

图 6-5　河床式进水口

图 6-6),以进水口前不出现漏斗式吸气漩涡为原则。漏斗漩涡会带入空气,吸入漂浮物,引起噪声和振动,减小过水能力,影响水电站的正常发电。一些已建工程的原型观测分析表明,不出现吸气漩涡的临界淹没深度可按下面经验公式估算:

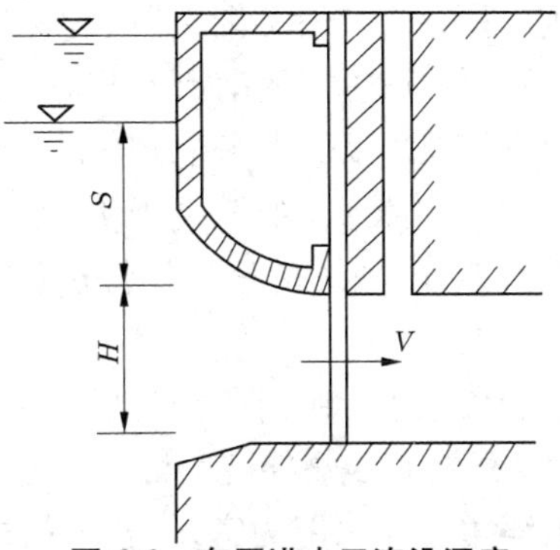

图 6-6　有压进水口淹没深度

$$S = cV\sqrt{H} \tag{6-1}$$

式中　H——闸门孔口净高,m;

V——闸门断面水流速度,m/s;

c——经验系数,$c = 0.55 \sim 0.73$,对称进水时取小值,侧向进水时取大值;

S——闸门顶低于最低水位的临界淹没深度,m。

在满足进水口前不出现漏斗式吸气漩涡及引水道内不产生负压的前提下,进水口的高程应尽可能抬高,以改善结构的受力条件,降低闸门、启闭设备及引水道的造价,也便于进水口的维护和检修。

有压进水口底部高程应高于设计淤沙高程。如果这个要求无法满足,则应在进水口附近设排沙孔,以保证进水口不被淤沙堵塞。进水口的底部高程通常在水库设计淤沙高程以上 0.5 ~ 1.0 m,当设有排沙设施时,应根据排沙情况而定。

当水库水深大于 10 m,年来水总量与水库总库容之比小于 10,正常高水位时水面的平均宽度小于此水位对应的水库最大深度的 70 倍时,水库的水温呈稳定的分层分布状态:表层水温高,密度小;底层温度低,密度大。在高水位运行时,取水口取出的是深层水体,水温较低,致使下游河道内水体的温度和含氧量等指标与原天然河道相比变化较大,如果下游的生态环境保护和农业灌溉要求水电站尾水尽可能少改变天然河道的水温和水质时,可设置多层进水口或在进水口设置叠梁闸门,根据水位的变化,调节闸门的高度和闸底高程,达到取水库表层水的目的。

（三）有压进水口的轮廓尺寸

进水口一般由进口段、闸门段和渐变段组成。进水口的轮廓应使水流平顺，流速变化较小，水流与四周侧壁之间无负压及涡流。进口流速不宜太大，一般控制在 1.5 m/s 左右。

1. 进口段

进口段的作用是连接拦污栅与闸门段。隧洞进口段为平底，两侧收缩曲线为 1/4 圆弧或双曲线，上唇收缩曲线一般为 1/4 椭圆，如图 6-1 所示。椭圆曲线方程为

$$\frac{x^2}{a^2} + \frac{y^2}{b^2} = 1 \tag{6-2}$$

式中　a——椭圆长半轴，对于顶板曲线约等于闸门处的孔口高度 H；

b——椭圆短半轴，对于顶板曲线，可用 $H/3$。

进口段的长度没有一定标准，在满足工程结构布置与水流顺畅的条件下，尽可能紧凑。

2. 闸门段

闸门段是进口段和渐变段的连接段，闸门及启闭设备布置在此段。闸门段一般为矩形，事故闸门净过水面积为（1.1～1.25）倍隧洞面积，检修闸门孔口与此相等或稍大。门洞宽 B 等于洞径 D，门洞高 H 略大于洞径 D。

闸门段的体形主要取决于所采用的闸门、门槽形式及结构条件，其长度应满足闸门及启闭设备布置需要，并考虑引水道检修通道的要求。

3. 渐变段

渐变段是矩形闸门段到圆形隧洞的过渡段。通常采用圆角过渡，如图 6-7 所示。圆角半径 r 可按直线规律变为隧洞半径 R。渐变段的长度一般为隧洞直径的 1.5～2.0 倍，侧面收缩角以 6°～8°为宜，一般不超过 10°。

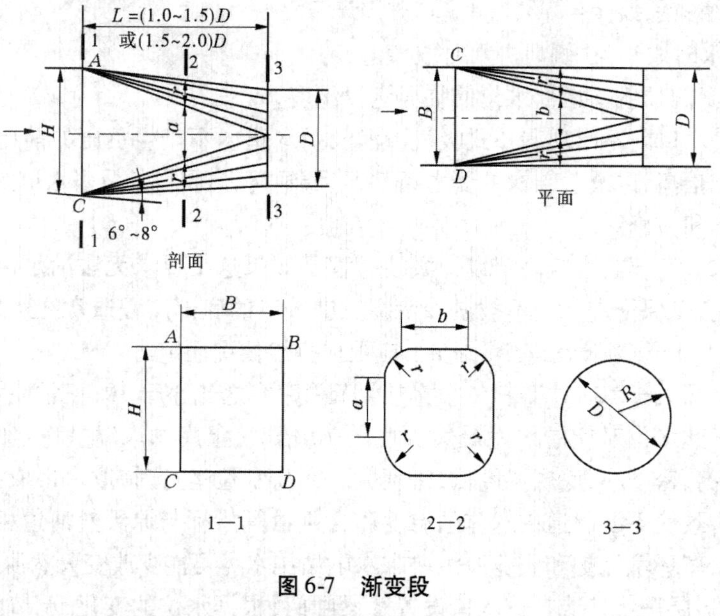

图 6-7　渐变段

4. 坝式进水口

为了适应坝体的结构要求，坝式进水口的长度要缩短，进口段与闸门段常合二为一。

坝式进水口做成矩形喇叭口状，水头较高时，喇叭开口较小，以减小闸门尺寸及孔口对坝体结构的影响；水头较低时，孔口开口较大，以降低水头损失。喇叭口的形状一般由试验确定，以不出现负压、漩涡且水头损失最小为原则。

坝式进水口的渐变段长度一般取引水道直径的1.0～1.5倍。

进水口的中心线可以是水平的，也可以是倾斜的，视与压力管道连接的条件而定。

三、有压进水口的主要设备

有压进水口主要设置拦污设备、闸门及其启闭设备、通气孔及充水阀等。

（一）拦污设备

拦污设备的功用是防止漂木、树枝、树叶、杂草、垃圾、浮冰等漂浮物随水流进入进水口，同时不让这些漂浮物堵塞进水口，以免影响机组正常运行。主要拦污设备为进口处的拦污栅。在污物较少的河流，可设置一道拦污栅。在污物较多的河流，宜设两道拦污栅或采用连通式布置。

1. 拦污栅的布置及支承结构

1）拦污栅的立面布置

拦污栅的立面布置可以是倾斜的或垂直的。隧洞式进水口和墙式进水口的拦污栅常布置成倾斜的，倾角为60°～70°，如图6-1和图6-2所示。这种布置的优点是过水断面大，易于清污。塔式进水口的拦污栅可以布置为倾斜或垂直的，取决于进水口的结构形状。坝式进水口的拦污栅一般布置成垂直的，如图6-4所示。

2）拦污栅的平面布置

拦污栅的平面形状可以是平面的或多边形的。前者便于清污，后者可增大过水面积。隧洞式进水口和墙式进水口一般采用平面拦污栅，见图6-1和图6-2。塔式进水口和坝式进水口两种均可采用，平面布置，结构简单，便于机械清污。图6-8为多边形拦污栅。

3）支承结构

拦污栅通常由钢筋混凝土框架结构支承，拦污栅框架由墩（柱）及横梁组成，墩（柱）侧面留槽，拦污栅片插在槽内，上、下两端分别支承在两根横梁上，承受水压时相当于简支梁。横梁的间距一般不大于4 m，间距过大会加大栅片的横断面；间距过小会减小净过水断面，增大水头损失。拦污栅框架顶部应高出需要清污时的相应水库库水位。

2. 拦污栅栅片

拦污栅由若干块栅片组成，每块栅片的宽度一般不超过2.5 m，高度不超过4 m，栅片像闸门一样插在支承结构的栅槽中，必要时可一片片提起检修。栅片的结构如图6-9所示。其矩形边框由角钢或槽钢焊成，纵向的栅条常用扁钢制成，上、下两端焊在边框上。沿栅条的长度方向等距设置几道带有槽口的横隔板，栅条背水的一边嵌入该槽口并加焊，不仅固定了位置，也增加了侧向稳定性。栅片顶部设有吊环。

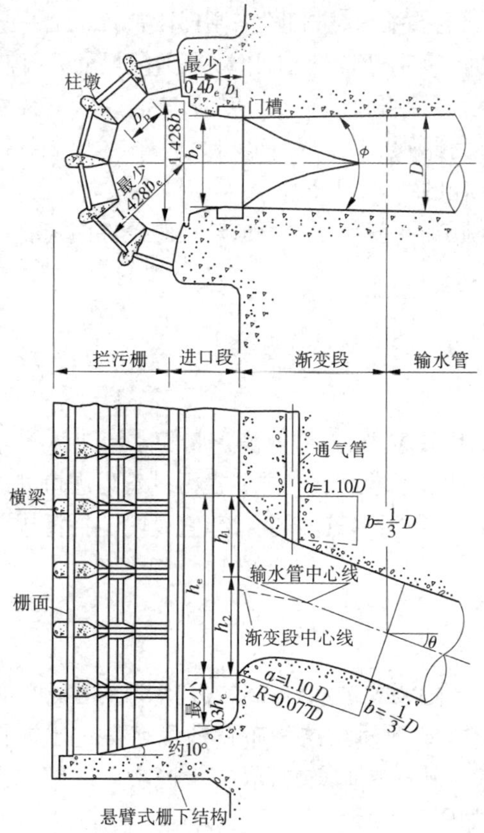

图6-8　多边形拦污栅

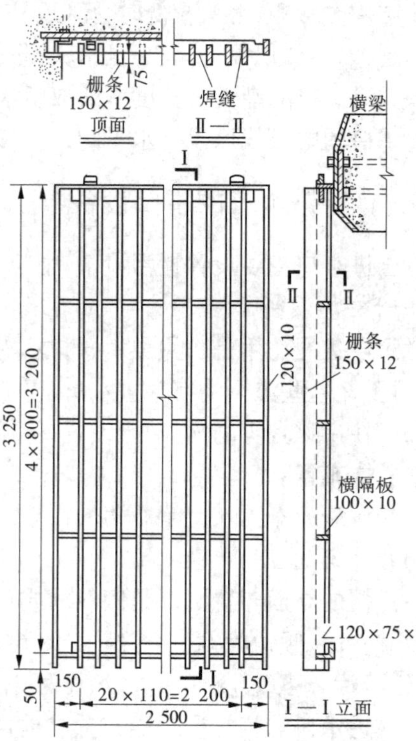

图6-9　栅片的结构　（单位:mm）

3. 拦污栅设计

(1)过栅流速。过栅流速是指扣除墩(柱)、横梁及栅条等各种阻水断面后按净面积计算出的流速。拦污栅总面积小,则过栅流速大,水头损失大,漂浮物对拦污栅的撞击力大,清污亦困难;拦污栅面积大,则会增加造价,甚至布置困难。为便于清污,过栅流速以不超过1.0 m/s为宜。当河流污物很少或加设了粗栅、拦污浮排后,拦污栅前污物很少,而水电站引用流量较大时,过栅流速可适当加大。

(2)栅条的厚度及宽度和栅条净距。栅条的厚度及宽度由强度计算决定。一般情况厚8~12 mm、宽100~200 mm。栅条的净距b大,拦污效果差,水头损失小;相反,净距b小,拦污效果好,水头损失大。因此,其净距应保证通过拦污栅的污物不会卡在水轮机过流部件中。对于混流式水轮机可取$b=D_1/30$,对于轴流式水轮机可取$b=D_1/20$,对于冲击式水轮机可取$b=d/5$,其中D_1为转轮标称直径,d为喷嘴直径。但最大净距不宜超过200 mm,最小净距不宜小于50 mm。

栅条的截面形状直接影响水流通过拦污栅时的水头损失。栅条断面形式如图6-10所示。

(3)拦污栅与进水口之间的距离不小于D(洞径或管道直径),以保证水流平顺。

(4)拦污栅的总高度取决于库水位及清污要求。对于不要求经常清污的大型水库,

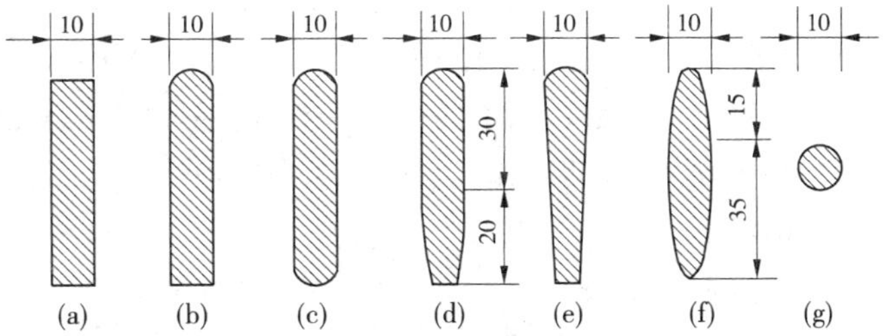

图 6-10　拦污栅栅条断面形式（单位:mm）

拦污栅框架的顶部高程可做在汛前水位以上,以便每年能有机会清理和维修拦污栅。

对漂浮物多,需要经常清污的水电站,则拦污栅的顶部高程应高于清污的最高水位。

(5)拦污栅结构设计。拦污栅及支承结构的设计荷载有水压力、清污机压力、清污机自重、漂浮物(浮木及浮冰等)的冲击力、拦污栅及支承结构的自重等。拦污栅设计的水压力指的是拦污栅可能堵塞情况下栅前栅后压力差,一般可取 4 ~5 m 均匀水压力进行设计。

拦污栅栅片上下两端支承在横梁上,栅条相当于简支梁,设计荷载确定后就可求出所需的截面尺寸。栅片的荷载传给上下两根横梁,横梁受均布力,横梁、柱墩按框架结构设计。

4.拦污栅的清污及防冻

拦污栅被污物堵塞后水头损失明显增大,因此拦污栅必须及时清污,以免造成额外的水头损失。堵塞不严重时清污方便,堵塞过多则过栅流速大,水头损失加大,污物被水压力紧压在栅条上,清污困难,有时会造成被迫停机或压坏拦污栅的事故。

清污方式有人工清污和机械清污两种。人工清污是用齿耙扒掉拦污栅上的污物,一般用于小型水电站的浅水、倾斜拦污栅。大中型水电站常用清污机。

拦污栅吊起清污方法可用于污物不多的河流,结合拦污栅检修进行,也用于污物(尤其是漂浮的树枝)较多、水下清污困难的情况。这种情况下可设两道拦污栅,一道吊出清污时,另一道可以拦污,以保证水电站正常运行。

在严寒地区要防止拦污栅封冻。如冬季仍能保证全部栅条完全处于水下,则水面形成冰盖后,下层水温高于 0 ℃,栅面不会结冰。如栅条露出水面,则要设法防止栅面结冰。一种方法是在栅面上通过 50 V 以下电流,形成回路,使栅条发热。另一种方法是将压缩空气用管道通到拦污栅上游面的底部,从均匀布置的喷嘴中喷出,形成自下向上的夹气水流,将下层温水带至栅面,并增加水流紊动,防止栅面结冰。

(二)闸门及其启闭设备

为了控制水流,进水口必须设置闸门。闸门可分为事故闸门和检修闸门。

事故闸门的作用主要是当机组或引水道发生事故时,迅速切断水流,以防事故扩大。事故闸门通常悬挂于孔口上方,事故时要求在动水中快速(1 ~2 min)关闭。闸门要求在静水中开启,即先用充水阀向门后充水,待闸门前后水压基本平衡后再开启闸门。由于引水道末端阀门会漏水,特别是水轮机导叶漏水量较大,所以事故闸门应能在 3 ~5 m 水压下开启。事故闸门一般为平板门。启闭设备采用固定式卷扬启闭机或油压启闭机,每个闸门配置一套,以便随时操作闸门。闸门操作应尽可能自动化,并能吊出检修。

检修闸门设在事故闸门上游侧,当检修事故闸门及其门槽时用以堵水。检修闸门一般采用平板闸门,中小型水电站也可以采用叠梁门。要求在静水中启闭,可以几个进水口共用一套检修闸门,可用移动式或临时启闭设备启闭,平时检修闸门存放在储门室内。

(三)通气孔及充水阀

1. 通气孔

通气孔设在有压进水口的事故闸门之后,其作用是当引水道充水时用以排气,当事故闸门紧急关闭放空引水道时,用以补气以防出现有害真空。若闸门为前止水布置,可利用事故闸门竖井兼作通气孔;若闸门为后止水布置,则必须设专门的通气孔。通气孔内设爬梯,兼作进人孔。

通气孔的面积取决于事故闸门关闭时的进气量,进气量的大小一般取引水道的最大引用流量,进气量除以允许进气流速可得通气孔的面积,即

$$A = \frac{Q_a}{V_a} \tag{6-3}$$

式中　Q_a——空气进气量,采用引水道的最大引水流量,m^3/s;

V_a——允许进气流速,m/s。

允许进气流速与引水道的形式有关,对于露天式管道进水口,一般取进气流速为30 ~ 50 m/s,坝内管道和隧洞取 70 ~ 80 m/s。

根据工程实践经验,为了简便起见,建议发电引水道工作闸门或事故闸门后的通气孔面积可取管道面积的5%左右。

通气孔顶端应高出上游最高水位,以防水流溢出。

2. 充水阀

充水阀的作用是开启闸门前向引水道充水,平衡闸门前后水压,以便在静水中开启闸门,从而减小闸门启闭力。充水阀的尺寸可根据充水容积、下游漏水量及要求的充水时间来确定。坝式进水口设旁通管,管的上游通至上游坝面,下游至事故闸门之后,旁通管穿过坝体廊道,并在廊道内设充水阀。

另一种方法是将充水阀设置在平板门上,利用闸门拉杆启闭。闸门关闭时,在拉杆及充水阀重量的共同作用下,充水阀关闭;开启闸门前,先将拉杆吊起 20 cm 左右,这时充水阀开启(闸门门体未提起),开始向引水道充水,充水完毕,再提起闸门。

第三节　无压进水口及沉沙池

一、无压进水口

无压进水口内水流为明流,以引进表层水为主,进水口后一般接无压引水道,如图 6-11所示。无压进水口适用于无压引水式水电站,起着控制水量与水质的作用,并保证使发电所需水量以尽可能小的水头损失进入渠道。

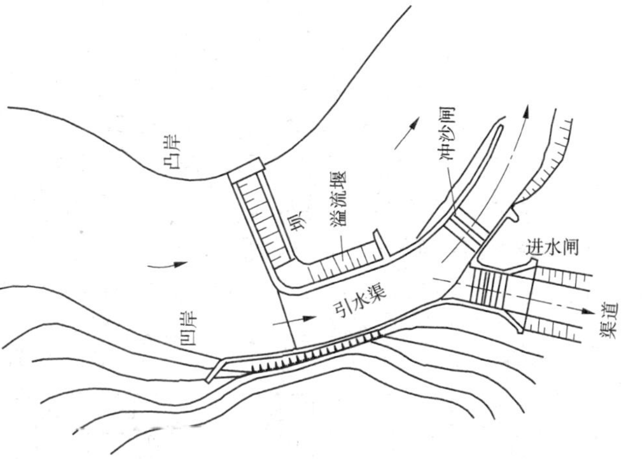

图 6-11　无压进水口

(一)进水口位置

正确地选择进水口的位置可以使水流平顺,减小水头损失,同时可以减轻泥沙和冰凌的危害。无压进水口上游无大水库,河中流速较大(尤其是洪水期),泥沙、污物等可顺流而下直抵进水口前。平面上的回流作用常使漂浮物堆积于凸岸,剖面上的环流作用则将底层泥沙带向凸岸,而使上层清水流向凹岸。因此,进水口应布置在河流弯曲段凹岸。

(二)拦污设施

进水口一般均设拦污栅或浮排以拦截漂浮物。当树枝、草根等污物较多时,常设粗、细两道拦污栅;当河中漂木较多时,可设胸墙拦阻漂木。

(三)拦沙、沉沙、冲沙设施

进水口应能防止粒径大于 0.25 mm 的有害泥沙进入引水道,以免淤积引水道,降低过流能力,以及磨损水轮机转轮和过流部件。在无压进水口前常设拦沙坎,截住沿河底滚动的推移质泥沙,并通过冲沙底孔或廊道排至下游。进水口内常设沉沙池,沉积悬移质泥沙中的有害泥沙,再利用冲沙廊道或排沙机械将其清除。

图 6-12 为一双层进水口,上层清水进入渠道,推移质泥沙则堆积在进水口前,通过定期打开底孔冲沙廊道将其冲走。分水墙用来分隔水流,以形成较大的流速。冲沙廊道中的水流流速一般要达到 4 ~6 m/s 才能有效地冲沙。

二、沉沙池

对于多泥沙河流,为避免大颗粒泥沙进入水轮机,通常在无压进水口后修建沉沙池。沉沙池的基本原理是加大过水断面并通过分流墙或格栅形成均匀的低速区,减小水流挟沙能力,使有害泥沙沉积在池内,而让清水进入引水道。沉沙池内水流平均流速一般为 0.25 ~0.70 m/s,视有害泥沙粒径而定。沉沙池要有足够的长度。

沉沙池内沉积的泥沙要及时排除。可采用冲沙廊道冲沙,冲沙方式分连续冲沙、定期冲沙及机械排沙三种。

定期冲沙的沉沙池,当泥沙淤积到一定深度时,关闭沉沙池后进入引水渠的闸门,打

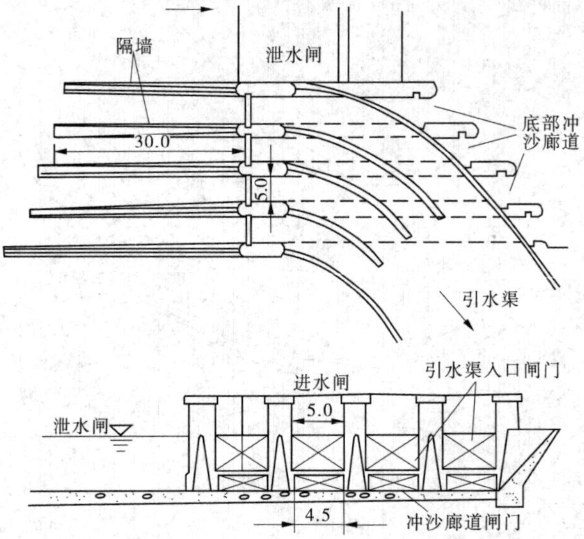

图 6-12　无压双层进水口　(单位:m)

开冲沙道的闸门,降低池中水位,向原河道中冲沙。为了不影响发电,可将沉沙池做成数个并列的沉沙道,定期轮换冲沙。

机械排沙是用挖泥船等排除沉积的泥沙。

第七章　水电站引水道

第一节　引水道的功用与要求

水电站引水道，也称为水电站引水建筑物，其功用是集中河段落差，形成水头，并将进入进水口的水流按发电要求引入水力发电机组，发电后的水流（通常称为尾水）排向下游河道。按水流条件分，水电站引水道可分为无压引水道和有压引水道两大类。

无压引水道的特点是：具有自由水面，引水道承受的水压不大，适用于无压引水式水电站。在结构形式上，无压引水道中最常用的是渠道，较少的情况下也使用无压隧洞。当水库水位变化很小，沿线地形平缓，岸坡稳定时，适合采用渠道。渠道常沿山坡等高线布置，受地形及地质条件制约，其长度和开挖工程量较大，且运行期要经常维护、修理，但由于在地表面施工，因而比较方便，故中小型水电站常采用渠道引水。某些特殊情况下，如崎岖的山坡等，可能无法沿着不规则的等高线布置引水道，故对此类较深的峡谷可采用渡槽越过，对较浅的峡谷用倒虹吸穿越，对山岭用无压隧洞穿过。

有压引水道的特点是：引水道内为压力流，承受的水压力较大，适用于有压引水式水电站。有压隧洞是最常用的结构形式，它可以利用岩体承受内水压力和防止渗漏。在特殊情况下，有压引水道可采用压力管道。

引水道应满足下列要求：

（1）有足够的输水能力。引水道应能保证在各级发电运行水位下随时向电站机组输送所需的流量，并有适应流量变化的能力。有压引水道很容易满足此要求，无压引水道也应有合理的纵坡和过水断面。

（2）水质符合要求。对于有压引水道，需在进水口处采取措施以防止有害的污物及泥沙进入引水道，以保证水质要求。对于无压引水道，则不仅要在渠首采取适当措施，还要在渠道沿线采取措施，以防止山坡上的污物及泥沙随暴雨涌入渠道，并在渠末压力前池处再次采取拦污、防沙及排沙措施。

（3）运行安全可靠。对于有压引水道，除非发生特殊的事故，一般运行是安全可靠的。但对于无压引水道的引水渠道，则运行中应满足防冲、防淤、防渗漏、防草、防凌等功能。渠道内水流速度要小于不冲流速而大于不淤流速。渠道的渗漏要限制在一定范围内，过大的渗漏不仅造成水量损失，而且会危及渠道安全。渠道中长草会增大水头损失，降低过水能力，在易长草季节，维持渠道中的水深大于 1.5 m 及流速大于 0.6 m/s 可抑制水草的生长。渠道中加设护面既可减小糙率，又可防渗、防冲、防草，有利于维护边坡稳定，保证水电站出力，但工程造价增加。在严寒季节，水流中的冰凌会堵塞进水口的拦污栅。为了防止冰凌的生成，可暂时降低水电站出力，使渠道流速小于 0.45 ~ 0.60 m/s，并迅速形成冰盖。为了保护冰盖,渠内流速应限制在 1.25 m/s 以下,并防止过大的水位变动。

(4)结构经济合理,便于施工及运行。整个引水道工程应通过技术经济比较,选择经济合理的方案,并便于施工和运行。

第二节　渠　道

水电站渠道可作为引水渠,为无压引水式水电站集中落差,形成水头,并向机组输水;也可用作尾水渠,将发电用过的水排入下游河道。尾水渠道通常很短,以下主要讨论引水渠道。

水电站的引水渠道与一般灌溉和供水渠道不同。电网中 1 d 负荷变化很大,水电站一般起调峰作用,引用流量随负荷变化而变化,故通常将水电站的引水渠道称为动力渠道,它位于无压进水口或沉沙池之后。

一、渠道类型

根据其水力特性,引水渠道可分为非自动调节渠道和自动调节渠道两种类型。

(一)非自动调节渠道

渠顶大致平行于渠底,渠道的深度沿途不变,在渠道末端的压力前池中设有泄水建筑物,一般为溢流堰,如图 7-1 所示。

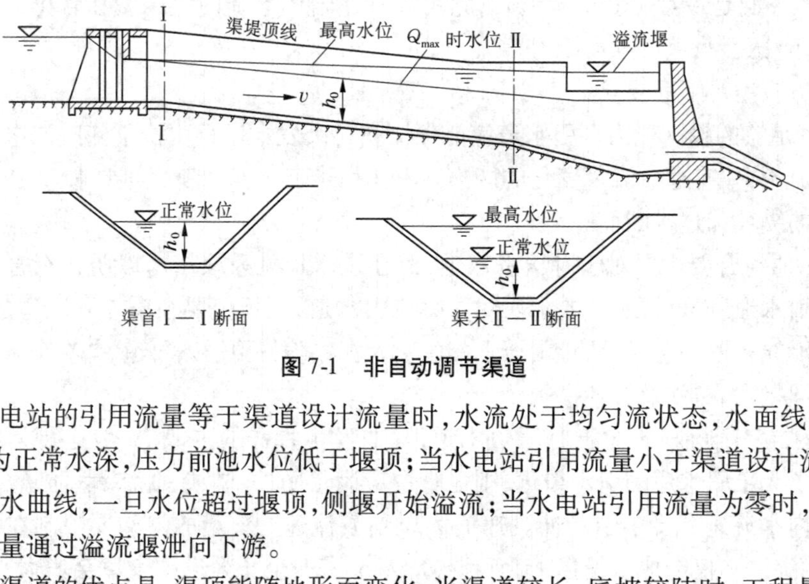

图 7-1　非自动调节渠道

当水电站的引用流量等于渠道设计流量时,水流处于均匀流状态,水面线平行于渠底,渠内为正常水深,压力前池水位低于堰顶;当水电站引用流量小于渠道设计流量时,水面线为壅水曲线,一旦水位超过堰顶,侧堰开始溢流;当水电站引用流量为零时,通过渠道的全部流量通过溢流堰泄向下游。

这种渠道的优点是:渠顶能随地形而变化,当渠道较长,底坡较陡时,工程量比较小。溢流堰可限制渠末的水位,保证向下游供水。其缺点是:当下游无用水要求而进口闸门又不能及时关闭时,则造成大量无益弃水。

(二)自动调节渠道

渠道首部堤顶和尾部堤顶的高程基本相同,并高出上游最高水位,渠道断面向下游逐渐加大,渠末不设泄水建筑物,如图 7-2 所示。

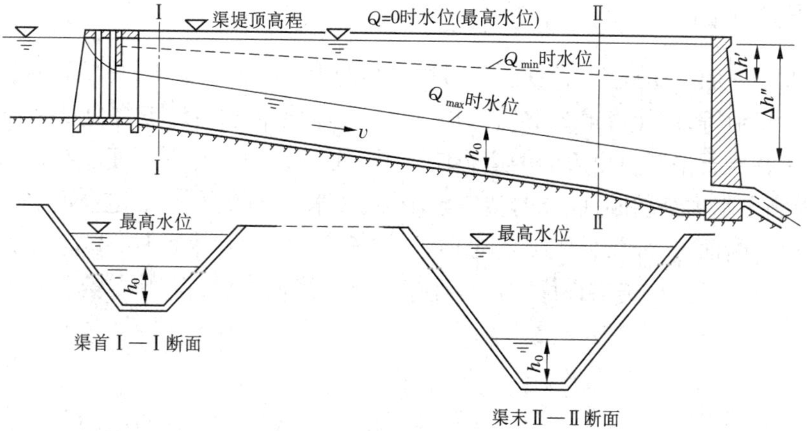

图 7-2　自动调节渠道

当水电站的引用流量为零时,渠道内水位是水平的,渠道不会发生漫流和弃水现象;当水电站引用流量小于渠道设计流量时,渠道内出现壅水曲线;当水电站引用流量大于渠道设计流量时,渠道内为降水曲线。

这种渠道在最高水位和最低水位之间有一定的容积,从而在一定程度上起到了自动调节的作用,为水电站适应负荷变化创造了条件,但工程量较大。

引水渠道类型的选择,应结合地形、地质、施工、运行及工程总体布置等条件,通过经济技术比较确定。非自动调节渠道多用于山区引水式水电站。符合下列条件可选择自动调节渠道:

(1)渠道进水口水位变幅小,渠道长度较短,纵坡较缓。

(2)无修建泄水建筑物的条件。

(3)运行要求利用渠道存储一部分水量作为水电站的调节容量。

自动调节渠道能够充分利用水电站的发电水头,提高枯水期发电效益。当引水渠道长,采用自动调节渠道又不经济时,可采用自动与非自动相结合的调节渠道。

二、渠道路线选择

引水渠道路线选择是无压引水式水电站规划设计的重要任务之一,应根据确定的引水高程和水电站厂房位置,选择一条从进水口至压力前池的渠道中心线。在进行路线选择时,主要考虑沿线的地质和地形条件,一般应选择在岩体稳定性较好、渗透性和风化较弱的区域。在下列情况下不宜选择无压引水渠道方案:

(1)山坡不稳定;

(2)山坡过陡;

(3)渠道以上的山坡有不稳定的山体,或常有石块滚落下来;

(4)有可能发生雪崩的部位；

(5)气候严寒，冰冻期较长，渠中水流有冰冻的可能。

在遇到这些问题时，可采取相应的工程措施，如将渠道局部封闭等。

三、渠道断面尺寸

引水渠道一般在山坡上采用挖方、回填或半挖半填的方式修建，其断面形状也多种多样，如梯形、矩形等，以梯形最为常见，如图7-3所示。渠道边坡坡度取决于地质条件及衬砌的情况。在岩石中开凿出来的渠道边坡可近于垂直而成为矩形断面。在选择断面形式时，应尽力满足水力最佳断面，同时要考虑施工、技术方面的要求，确定合理实用断面。

决定渠道断面尺寸时，首先要满足防冲、防淤、防草等技术条件，拟定几个可能的方案，经过动能经济比较，选出最优方案。经过动能经济计算后，得到的渠道断面 F_e 称为经济断面。

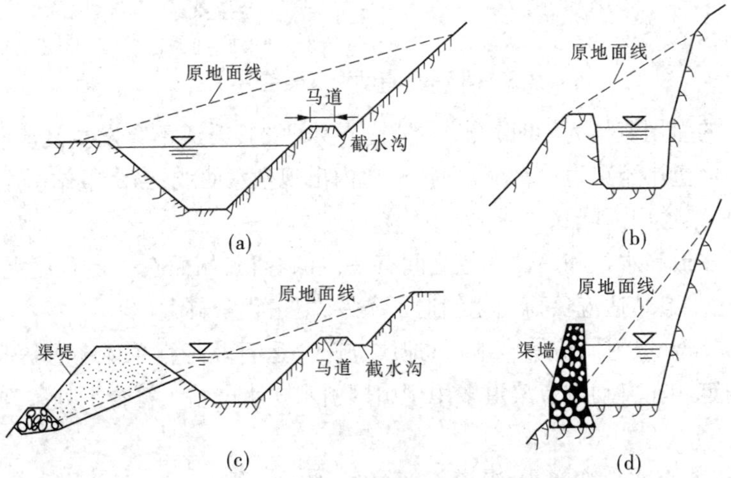

图7-3　典型渠道断面形式

工程实践表明，渠道的经济流速 V_e 大致为1.5～2.0 m/s，根据 $F_e = Q_{max}/V_e$，粗略估算的渠道尺寸可作为参考。

四、渠道水力计算

渠道水力计算的目的是根据渠道的设计流量来选择合理的渠道断面，并计算在此断面下，水电站在不同运行情况时的渠道水位变化、水头损失和流速。渠道的断面尺寸决定着渠道的工程量，水位和水头损失则是计算水电站净水头、出力和发电量所必需的。

在水电站的运行过程中，由于负荷的变化，动力渠道中可能出现恒定流和非恒定流两种流态，其中恒定流计算又分为均匀流和非均匀流，应分别加以计算。

(一)恒定流计算

(1)根据均匀流计算出流量 Q、过水断面 F、水力半径 R、底坡 i、糙率 n 之间的关系。当 i、F 均已选定，可求出渠道正常水深与流量之间的关系曲线 $h_n \sim Q$，如图7-4中的曲线

①所示。

(2)根据过水断面 F,假定一系列临界水深 h_c,可算得与其相对应的流量 Q,从而做出 $h_c \sim Q$ 关系曲线,即曲线②。

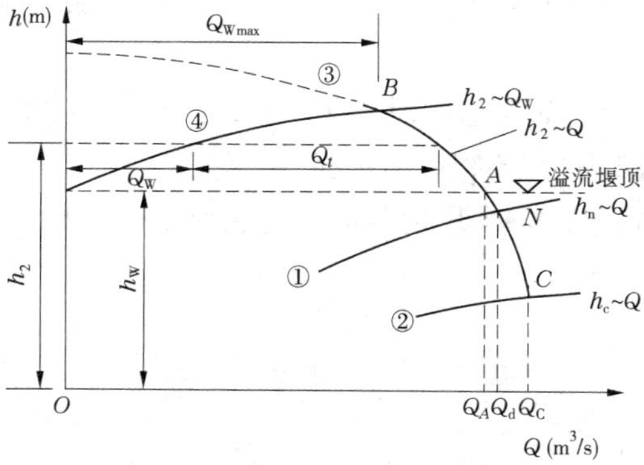

图 7-4　渠末水深与流量关系

(3)非均匀流计算的目的是确定水面曲线。对于给定的渠首设计水深 h_1(水库为设计低水位、闸门全开下的渠首水深),利用水力学中非均匀流水面曲线的计算方法可求出渠道通过不同流量时的渠末水深 h_2,绘出 $h_2 \sim Q$ 关系曲线,即曲线③。

(4)根据渠末溢流堰的实际尺寸,按堰流公式可以得出渠末水深 h_2(等于堰顶至渠底的高度 h_W 加上堰上水头)与溢流流量 Q_W 的关系曲线 $h_2 \sim Q_W$,即曲线④。

这几条曲线的关系及意义如下:

曲线①与曲线③的交点 N 表示 $h_1 = h_2$,渠内发生均匀流。此时的流量相当于渠道的设计流量 Q_d。

若水电站引用流量大于 Q_d,$h_2 < h_n$,渠中出现降水曲线,且随着流量的增加 h_2 迅速减小。h_2 的极限值是临界水深 h_C,即曲线②与曲线③的交点 C。此时的流量 Q_C 为给定渠首水深 h_1 下渠道的极限过水能力。Q_d 一般采用水电站的最大引用流量 Q_{max},这是因为:

(1)使渠道经常处于壅水状态工作,以增加发电水头。

(2)避免因流量增加不多而水头显著减小的现象。

(3)使渠道的过水能力留有余地,以防止渠道淤积、长草或实际糙率大于设计采用值时,水电站出力受阻(发不出额定出力)。

水电站引用流量小于 Q_{max}(Q_d)时,渠中出现壅水曲线,渠末水位随流量减小而上升。当水电站引用流量等于 Q_A 时,即曲线③与堰顶高程线的交点 A 处,$h_2 = h_W$,刚好不溢流。当水轮机流量 Q_t 在 0 与 Q_A 之间时,$h_2 > h_W$,溢流堰发生溢流,溢流流量为 Q_W,通过渠道的流量为 $Q_t + Q_W$,渠末水位 h_2 可由图中查出。当水电站停止运行($Q_t = 0$)时,通过渠道的流量全部由溢流堰溢走,相应于曲线③与曲线④的交点 B,这就是溢流堰在恒定流情况下的最大溢流流量 $Q_{W\max}$,相应水位为恒定流下渠末最高水位。

当水库水位在一定范围内变化时,渠首水深 h_1 也要发生变化,可取几个典型 h_1 进行非均匀流计算,得出相应的 $h_2 \sim Q$ 曲线,进行综合分析。

(二)非恒定流计算

非恒定流计算的目的是研究水电站负荷变化时渠道中水位和流速的变化过程。计算内容包括:

(1)水电站突然丢弃负荷时渠道涌波的计算,求出渠道沿线的最高水位,用以确定堤顶高程。

(2)水电站突然增加负荷时渠道的涌波计算,求得最低水位,以确定压力管道进口高程;在任何情况下,压力管道进口不得露出水面。

(3)水电站按日负荷图工作时渠道中水位及流速变化过程,以研究水电站的工作情况。

第三节　隧　洞

发电隧洞是水电站最常见的输水建筑物之一。从功用上来分,发电隧洞分为引水隧洞和尾水隧洞;根据隧洞的水流条件,又可分为有压隧洞和无压隧洞,发电引水隧洞多数是有压的,尾水隧洞则以无压洞居多。

一、隧洞的特点

与渠道相比,隧洞有以下特点:

(1)可以采用较短的路线,可以避开沿线地表不利的地形及地质条件。

(2)有压隧洞可适应水库水位的大幅度变化及引用流量的迅速变化。

(3)可以利用岩石抗力承受部分内水压力,以降低造价。

(4)不受地表气候的影响沿程无水质污染。

(5)对地质条件、施工技术及机械化的要求较高,造价较高,工期较长。

随着施工技术及设备的不断完善,以及隧洞衬砌设计理论的不断提高,隧洞将得到越来越广泛的应用。

二、隧洞路线选择

隧洞路线选择是设计中的重要内容,关系到隧洞的造价、施工难易、施工安全、工程进度和运用可靠性等。隧洞路线选择要和进水口、调压室、压力管道及厂房位置联系起来综合考虑,必须在认真勘测的基础上拟定不同的方案,进行技术经济比较后确定。

在满足水电站枢纽总体布置的前提下,隧洞路线布置的总原则是:洞线短、弯道少,沿线的工程地质、水文地质条件要好,并便于布置施工平洞。

隧洞路线选择应考虑以下因素:

(1)地形条件。隧洞进出口处地形宜陡,进出口段应尽量垂直地形等高线,其洞顶围岩厚度应不小于1.0倍开挖洞径,洞身的埋藏深度应满足洞顶以上围岩重量大于洞内静水压力的要求;拟利用围岩抗力时,围岩厚度不应小于3.0倍开挖洞径;要利用山谷等有利地形布置施工支洞。

(2)地质条件。隧洞路线应布置在地质构造简单、山岩比较完整坚固、山坡稳定的地区,尽量避开不利的地质构造,如断层、破碎带和可能发生滑坡的不稳定地段,同时应尽量避开山岩压力很大、渗水量很大的岩层。洞线与岩层、构造断裂面及主要较弱带走向应有较大的夹角;位于高地应力区的隧洞,从围岩稳定考虑,洞线应与最大水平地应力方向一致或有较小夹角。要考虑隧洞漏水、产生渗透失稳和水力劈裂的可能性。

隧洞的进出口在开挖时易于塌方,在运用中也容易受地震破坏,所以应选择覆盖或风化层浅、岩石比较坚固完整的地段,以避免施工和运用中发生塌方、堵塞洞口的事故。如果无法避开,可以通过结构设计和施工措施加以改善。

(3)施工条件。对于长隧洞,洞线选择时还应考虑设置施工支洞问题,以便于增加施工工作面,改善施工条件,加快施工进度。有压隧洞要设0.3%～0.5%的纵坡,以利施工排水及放空隧洞。

(4)水力条件。洞线尽可能直,少转弯;必须转弯时弯曲半径一般大于5倍洞径,转角不宜大于60°,以使水流平顺,减小水头损失。

三、隧洞断面尺寸

常见的隧洞断面形式有圆形、城门洞形、马蹄形及高拱形四类。有压隧洞常采用圆形断面。对于无压隧洞,地质条件良好时通常采用城门洞形,洞顶和两侧围岩不稳定时采用马蹄形,洞顶岩石很不稳定时采用高拱形。

发电隧洞的断面尺寸应根据动能经济计算来选定,对于中小型水电站,或在粗略估算隧洞断面尺寸时,不必进行复杂的动能经济计算,可按经济流速确定分别用以设计隧洞衬砌及隧洞沿线高程布置。根据经验,有压隧洞的经济流速 V_e 一般在 4 m/s 左右,求出 Q_{max}/V_e 值,即可求得经济断面。

四、隧洞水力计算

有压隧洞的水力计算包括恒定流及非恒定流两种。

(1)恒定流计算。目的是研究隧洞断面、引用流量及水头损失之间的关系,以便确定隧洞尺寸。

(2)非恒定流计算。目的是求出隧洞沿线各点的最大、最小内水压力值,首先求出调压室内的最高水位及最低水位,水库水位与调压室内的最高水位的连线即为隧洞的最大内水压力坡降线,据此确定隧洞衬砌的设计水头,水库的最低水位与调压室最低水位的连线即为隧洞最小内水压力坡降线,隧洞顶各点高程应在最低压坡线之下,并有不小于2.0 m的压力余幅,以保证洞内不出现负压,如图7-5所示。当隧洞末端无调压室时,其非恒定流计算即为水击计算。

要避免在隧洞中出现时而无压时而有压的不稳定工作状态。

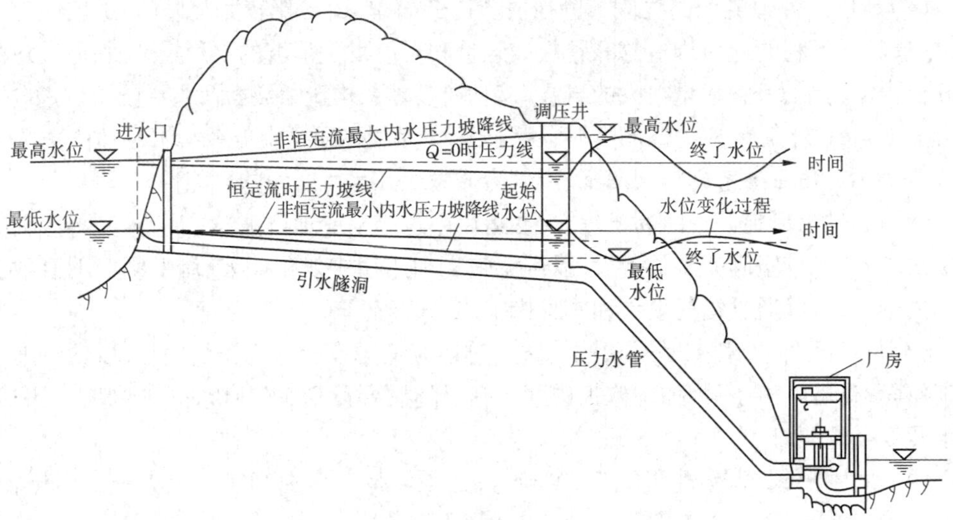

图 7-5　隧洞最大及最小内水压力坡降线

第四节　压力前池与日调节池

一、压力前池

压力前池设置在引水渠道或无压隧洞的末端，是水电站无压引水道与压力管道的连接建筑物。

（一）压力前池的作用

（1）平稳水压、平衡水量。当机组负荷发生变化时，引用流量的改变使渠道中的水位产生波动，由于前池有较大的容积，具有一定的调节作用，反射压力管道中的水锤波，同时抑制渠道内水位过大的波动，稳定了发电水头。因此，压力前池是无压引水系统中的平水建筑物。另外，压力前池可起到暂时补充不足水量和容纳多余水量的作用，适应水轮机流量的改变。

（2）均匀分配流量。从渠道中引来的水经过压力前池能够均匀地分配给各压力管道，管道进口设有控制闸门。

（3）宣泄多余水量。当水电站停机时，向下游供水。

（4）拦阻污物和泥沙。压力前池设有拦污栅、拦沙、排沙及防凌等设施，防止渠道中漂浮物、冰凌、有害泥沙进入压力管道，保证水轮机正常运行。

（二）压力前池的组成建筑物

（1）前室（池身及扩散段）。是渠末和压力管道进水室间的连接段，由扩散段和池身组成。扩散段保证水流平顺地进入前池，减小水头损失。池身的宽度和深度受高压管道进口的数量和尺寸控制，以满足进水室的要求。

（2）进水室及其设备。指压力管道进水口部分，通常采用压力墙式进水口。进口处设闸门及其控制设备、拦污栅、通气孔等设施。

(3)泄水建筑物。当水电站以较小的流量工作或停机时,多余的水量由泄水建筑物泄走,防止前池水位漫过堤顶,并保证向下游供水。泄水建筑物一般包括溢流堰、陡槽和消能设施。溢流堰应紧靠前池布置,其形式可分为正堰和侧堰两种,堰顶一般不设闸门,水位超过堰顶,压力前池内的水就自动溢流。

(4)放水和冲沙设备。从引水渠道带来的泥沙将沉积在前室底部,因此在前室的最低处应设冲沙道,并在其末端设有控制闸门,以便定期将泥沙排至下游。冲沙道可布置在前室的一侧或在进水室底板下做成廊道。冲沙孔的尺寸一般不小于1 m^2,廊道的高度不小于0.6 m,冲沙流速通常为2~3 m/s。冲沙孔有时兼作压力前池的放水孔,当压力前池检修时用来放空存水。

(5)拦冰和排冰设备。排冰道只有在北方严寒地区才设置,排冰道的底板应在压力前池正常水位以下,并用叠梁门进行控制。

压力前池的组成部分,如图7-6所示。

(三)压力前池的布置

压力前池的布置与引水道线路、压力管道、电站厂房及本身的泄水建筑物等有密切联系。因此,应根据地形、地质和运行条件,结合整个引水系统及厂房布置进行全面和综合的考虑。其布置原则如下:

(1)压力前池的整体布置应使水流平顺、水头损失最小,以提高水电站的出力。布置应优先采用能使渠道中心线与压力前池中心线平行或接近平行的正面进水方式。前室断面逐渐扩大,平面扩散角β不宜大于10°。压力前池底部坡降的扩散角也不大于10°。

(2)压力前池应尽可能靠近厂房,以缩短压力管道的长度。压力前池中水流应均匀地向各条压力管道供水,使水流平顺,无漩涡发生。运行方面应力求清污、维护、管理方便,同时应使泄水与厂房尾水不发生干扰。

(3)压力前池应建在天然地基的挖方中,不应设置在填方或不稳定地基上,以防由于山体滑坡和不均匀沉陷导致压力前池及厂房建筑物的破坏。

(四)压力前池的尺寸拟定

1.特征水位

1)正常水位$\nabla_{正常}$

$\nabla_{正常}$可近似采用当引水渠道为设计流量时的渠末正常水位$\nabla_{渠末正常}$,即

$$\nabla_{正常} = \nabla_{渠末正常} \tag{7-1}$$

2)最高水位$\nabla_{最高}$

对于自动调节渠道,最高水位一般认为与渠道设计流量最高水位高程齐平或按水电站丢弃全部负荷时产生的最大涌波高程考虑;对非自动调节渠道,最高水位为溢流堰顶高程加堰上最高溢流水深$h_{堰}$,堰顶高程通常按压力前池的正常水位加上3~5 cm计,即

$$\nabla_{最高} = \nabla_{正常} + h_{堰} + (0.03 \sim 0.05) \quad (\mathrm{m}) \tag{7-2}$$

溢流堰下泄流量,常取水电站的最大引用流量。

3)最低水位$\nabla_{最低}$

$\nabla_{最低}$应根据下面两种情况确定:

(1)枯水期渠道来水量为水电站最小引用流量时,渠末水位为压力前池最低水位,即

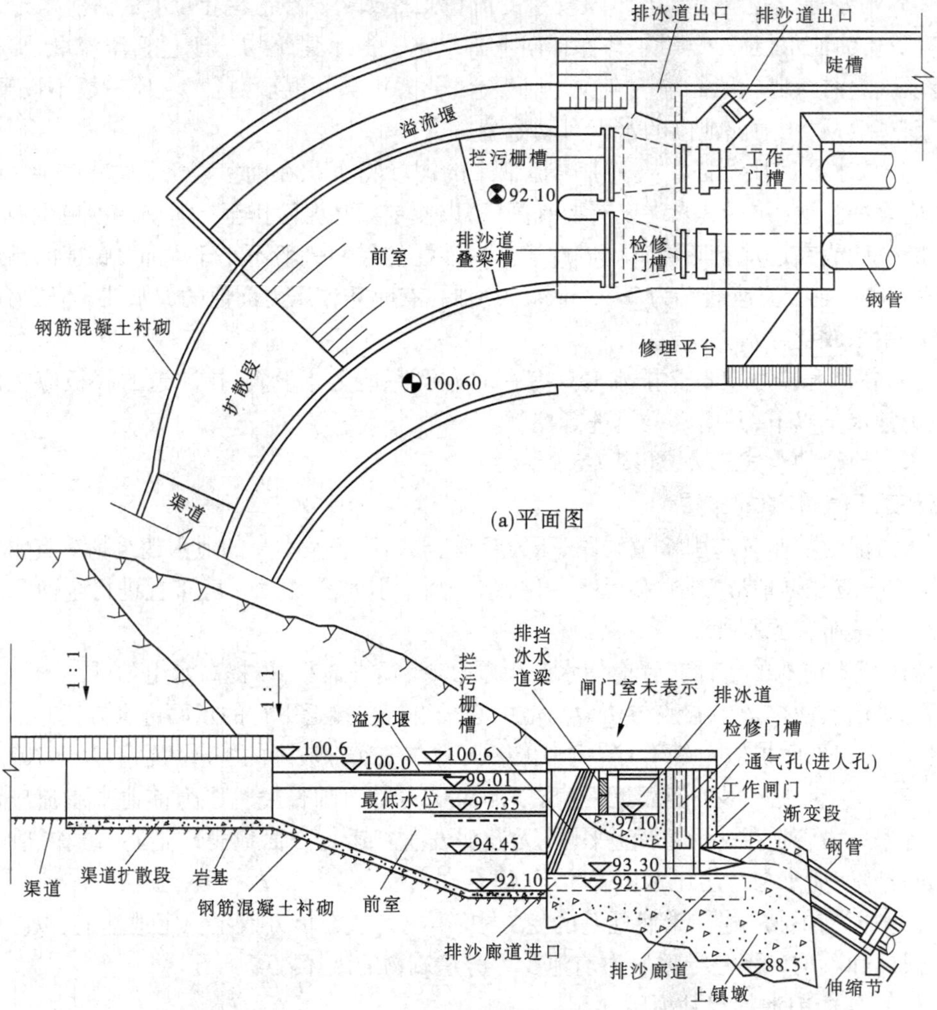

(a)平面图

(b)纵剖面图

图 7-6　压力前池

$$\nabla_{最低} = \nabla_{渠末底} + h_{渠末} \tag{7-3}$$

式中　$\nabla_{渠末底}$——渠末底部高程；

$h_{渠末}$——最小引用流量时渠末水深。

（2）水轮机突然增加负荷，池中水位突然最大下降的前池水位。此时应根据运行可能出现的最不利情况进行计算，例如其他机组满发而最后一台机组突然带上满负荷，若非恒定流的落波计算值为 $\xi_{波}$，而增加负荷前，压力前池中的水位为 $\nabla_{起始}$，则压力前池中的最低水位为

$$\nabla_{最低} = \nabla_{起始} - \xi_{波} \tag{7-4}$$

落波的波高一般可按以下近似公式计算：

$$c = \sqrt{g\frac{A}{B_1}} - V_0 \tag{7-5}$$

$$\xi_{波} = \frac{\Delta Q}{cB_1} \tag{7-6}$$

式中　c——落波沿渠道的传播速度，m/s；

A——流量变化前渠道过水断面面积，m^2；

$\xi_{波}$——落波高，m；

V_0——流量变化前渠道中的流速，m/s；

ΔQ——由于负荷增加，相应增加的流量，m^3/s；

B_1——落波高度一半处渠道过水断面的水面宽度，m；

g——重力加速度，取 9.81 m^2/s。

若 B 代表流量变化前的过水断面宽度，$a_{坡}$代表渠道的边坡系数，则

$$B_1 = B - a_{坡} \cdot \xi_{波} \tag{7-7}$$

由上述几个公式可以看出，落波 $\xi_{波}$ 的计算是一个试算过程，先假定一个 $\xi_{波}$，由式(7-5)和式(7-7)求出 c 和 B_1，再求出 ξ，若计算值 ξ 和 $\xi_{波}$ 相一致，即为所求的 $\xi_{波}$，否则再重新计算。

4）进水室中的正常水位$\nabla_{进}$

$\nabla_{进}$为前室正常水位减去局部水头损失，即

$$\begin{aligned}\nabla_{进} &= \nabla_{前正常} - (\Delta h_{进} + \Delta h_{门槽} + \Delta h_{拦}) \\ &= \nabla_{前正常} - \Delta h\end{aligned} \tag{7-8}$$

式中　$\nabla h_{进}$、$\nabla h_{门槽}$、$\nabla h_{拦}$——水流经进水室、闸门槽及拦污栅时的水头损失。

5）进水室的最低水位$\nabla_{进最低}$

$\nabla_{进最低}$是压力水管进口处的最低水位，即

$$\nabla_{进最低} = \nabla_{最低} - \Delta h \tag{7-9}$$

2. 尺寸拟定

1）前室边墙高程$\nabla_{墙顶}$

对自动调节渠道，前池边墙的高程与进水口顶部的高程相同，如图 7-7 所示；对非自动调节渠道，池身边墙的高程$\nabla_{墙顶}$，应保证水流不漫顶并有适当的安全超高 δ。

$$\nabla_{墙顶} = \nabla_{最高} + \delta \tag{7-10}$$

δ 一般可取 0.5 m，前池面积较小时，可取略小于 0.5 m 的数值。

2）宽度 B

B 与进水室前沿的总宽度 B_k 相等。

3）前室入口部分的深度 h

h 为渠道末端底部至边墙顶部的高度。

4）前室末端的深度 H

$$H = H_k + h_{拦沙} \tag{7-11}$$

式中　$h_{拦沙}$——拦沙坝的高度，取 0.5～1.0 m；

H_k——取值如图 7-7 所示。

5）前室的长度 L

为了保证渠道在平面上和前室最大宽度相连接，在深度上和池身最大深度相连接，前

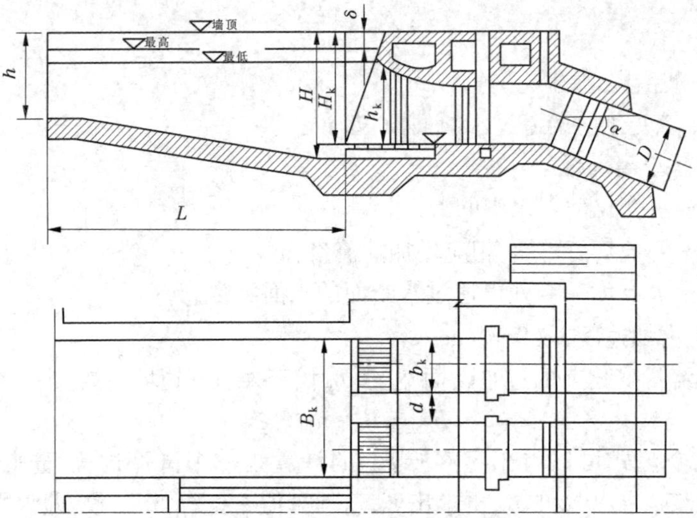

图 7-7　压力前池轮廓尺寸示意图

室的长度 L 应为

$$L = (3 \sim 5)(H - h) + (0.5 \sim 1.0) \quad (\mathrm{m}) \tag{7-12}$$

6) 进水室的宽度

一个进水室的宽度 b_k 为压力水管直径 D 的 1.5 ~ 1.8 倍,则进水室前沿的总宽度为

$$B_k = nb_k + (n-1)d + 2d' \tag{7-13}$$

式中　n——压力水管数目;

b_k——单个进水室的宽度;

d——中间隔墩厚度,浆砌块石隔墩取 0.8 ~ 1.0 m,混凝土隔墩取 0.5 ~ 0.6 m;

d'——两侧边墩厚度。

7) 进水室的进口水深 h_k

h_k 应使进口流速不超过拦污栅的允许过栅流速 V,故

$$h_k \geqslant \frac{q_{max}}{b_k V} \tag{7-14}$$

式中　q_{max}——每个进水室的最大流量;

V——进口拦污栅允许过栅的流速。

当采用人工清污机时,栅前流速一般不超过 0.8 ~ 1.0 m/s。

8) 进水室底板高程 $\nabla_{进底}$

根据 h_k, $\nabla_{进底} = \nabla_{进最低} - h_k$, 同时 $\nabla_{进底}$ 还应满足不让空气带入压力水管的条件,即要求:

$$\nabla_{进底} = \nabla_{进最低} - S - \frac{D}{\cos\alpha} \tag{7-15}$$

$$S = (2 \sim 3)\frac{V_{max}^2}{2g}$$

式中　V_{max}——压力水管通过最大引用流量时的流速,m/s;

D——压力水管直径，m；

α——压力水管中心线与水平面的交角，(°)。

9）进水室长度 $L_{进}$

进水室长度 $L_{进}$ 主要取决于拦污栅、工作闸门、通气孔、工作桥启闭机等设备的布置。小型水电站一般为 3 ~ 5 m。

10）前池瞬时容积的校核

前池调节的作用是当发电流量发生变化的瞬间，为保证供水的连续性而不致于中断，要求前池瞬时容积为

$$V_{池瞬} = B'L'\Delta h' \quad (m^3) \tag{7-16}$$

$$\Delta h' = h_2 - h_1$$

式中　B'——渠道宽度，m；

L'——渠道总长，m；

$\Delta h'$——渠道增加的水深，m；

h_2、h_1——渠道中流量发生变化后与变化前的水深，可由曼宁公式计算。

当求出 $V_{池瞬}$ 后，再推求前池面积，设前池面积为 A(m²)，且最低水位以上的可调水深为 t(m)，则

$$V_{池瞬} = A \cdot t \quad 或 \quad A = \frac{V_{池瞬}}{t} \tag{7-17}$$

式中，t 一般可取 1 ~ 3 m，根据地形、水头等情况而定，在最低水位以下容积起调节作用，只要满足进水条件即可。

3. 溢流堰的尺寸确定

溢流堰的位置由厂房枢纽整体布置决定，溢流堰的断面形状一般做成流线型。当前池最高水位确定后，即可根据堰流公式求出所需溢流堰的长度，即

$$L = \frac{Q_{max}}{Mh_{堰}^{3/2}} \tag{7-18}$$

式中　M——溢流堰流量系数；

$h_{堰}$——堰上水深，一般可取 0.4 ~ 0.5 m。

有时可能先确定 L 再求 $h_{堰}$，从而确定前室的最高水位。

二、日调节池

担任峰荷的水电站 1 d 之内的引用流量在 0 与 Q_{max} 之间变化，而渠道是按 Q_{max} 设计的，因此 1 d 内的大部分时间中，渠道的过水能力得不到充分利用。另外，由于引用流量的变化，在渠道中引起水位波动。为了进行日调节，结合地形、地质条件，根据所需的调节容积和消落深度，可在渠道下游合适的地方修建日调节池。同时，应尽可能靠近压力前池，以充分发挥日调节池的调节作用。

日调节池可以用人工开挖，也可用筑堤围建方法建成，如图 7-8 所示。

日调节池与压力前池之间的渠道按 Q_{max} 设计。而日调节池上游一段渠道按日平均流量设计，这样渠道断面可以减小。当水电站引用流量大于日平均流量时，不足水量可从日

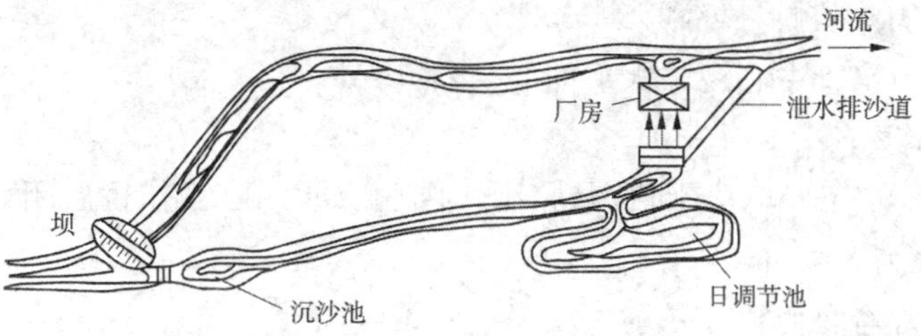

(a)

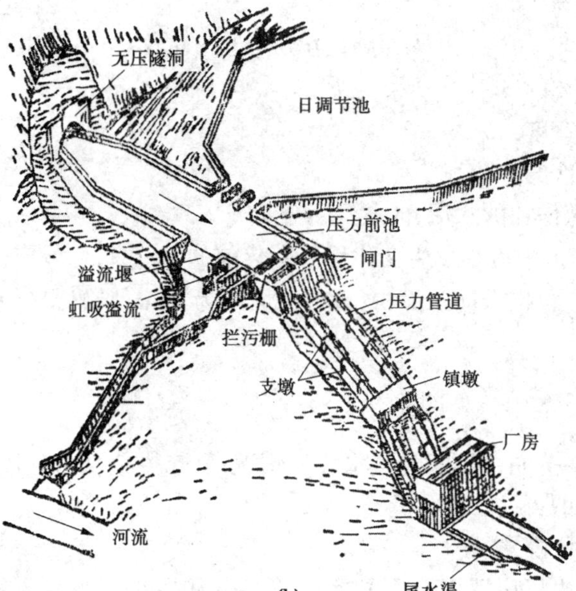

(b)

图 7-8　日调节池布置图

调节池中获取，日调节池中水位随之下降；当水电站引用流量小于日平均流量时，日调节池储蓄部分水量，池中水位回升，这样可减少前池水位的剧烈波动。因此，在一定条件下，设置日调节池可降低渠道的投资和改善水电站的运行条件。

第八章　水电站压力管道

第一节　压力管道的功用与类型

一、功用和特点

压力管道是从水库、压力前池或调压室向水轮机输送水量的水管，通常为有压状态。其特点是集中了水电站大部分或全部的水头，一般坡度较陡，内水压力大，还承受动水压力的冲击（水击压力），且靠近厂房，一旦破坏会严重威胁厂房的安全。所以，压力管道必须安全可靠，对其材料、设计方法和加工工艺等都有特殊要求。

压力管道的主要荷载为内水压力，管道的内直径 D(m)和其承受的水头 H(m)及其乘积 HD 值是标志压力管道规模及技术难度的重要参数值。目前，最大直径的压力钢管是中国向家坝水电站右岸地下厂房引水隧洞，压力钢管直径最大为14.4 m。HD 值最高的常见于抽水蓄能电站，已超过6 000 m^2。

二、类型

压力管道可按照布置形式和所用的材料分类，见表8-1。

表8-1　压力管道类型

按结构形式分	按材料分
明管（露天式）：暴露在空气中的压力钢管	钢管、钢筋混凝土管、玻璃钢管
地下埋管：埋入岩体中，钢管与岩壁之间填筑混凝土或水泥砂浆的压力钢管	不衬砌、锚喷或混凝土衬砌、钢衬混凝土衬砌、聚酯材料管、预应力钢筒混凝土管
混凝土坝身管道：依附于坝身，包括：①坝内管道；②坝上游面管；③坝下游面管	钢筋混凝土结构、钢衬钢筋混凝土结构、预应力钢筋钢衬混凝土结构

其中，明管适用于引水式地面厂房，地下埋管多为引水式地面或地下厂房采用，混凝土坝身管道则只能在混凝土坝式厂房中使用。

由于钢材强度高，防渗性能好，因此钢管或钢衬混凝土衬砌管道主要用于中、高水头水电站；而钢筋混凝土管适用于中小型水电站。

（一）钢管

钢管按其自身的结构又可分为：

（1）无缝钢管。直径较小，适用于高水头、小流量的情况。

（2）焊接钢管。适用于较大直径的情况。焊接钢管由弯成圆弧形的钢板焊接而成，焊缝结构如图 8-1 所示，一般相邻两节管道的纵缝应错开一定角度，以避免焊缝薄弱点在同一直线上。

(3)箍管。当 $HD > 1\ 000\ m^2$ 时，钢板厚度一般会超过 40 mm，其加工比较困难，因而在这种情况下常采用箍管。箍管是在焊接管或无缝钢管外套以无缝的钢环(钢箍，称为加劲环)，从而使管壁和钢箍共同承受内水压力，以减小管壁钢板的厚度。

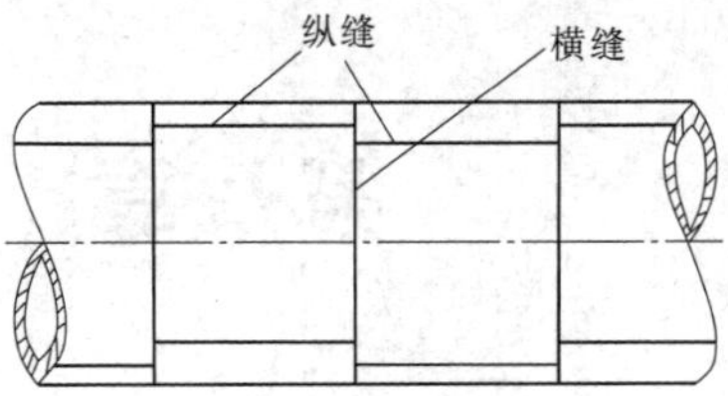

图 8-1　焊缝布置

钢管所使用的钢材应根据钢管结构形式、钢管规模、使用温度、钢材性能、制作安装工艺要求及经济合理等因素参照设计规范选定。

(二)钢筋混凝土管

钢筋混凝土管具有造价低、刚度较大、经久耐用等优点，通常用于内压不高的中小型水电站。除普通钢筋混凝土管外，还有预应力和自应力钢筋混凝土管、钢丝网水泥管和预应力钢丝网水泥管等。普通钢筋混凝土管适用于 $HD < 50\ m^2$ 的情况，预应力和自应力钢筋混凝土管的 HD 可达到 $200\ m^2$，而预应力钢丝网水泥管的抗裂性能好，HD 可超过 $300\ m^2$。

(三)钢衬钢筋混凝土管

钢衬钢筋混凝土管是在钢筋混凝土管内衬钢板。在内水压力作用下，钢衬与钢筋混凝土联合受力，从而可以减小钢板的厚度，适用于 HD 较高的情况。由于钢衬可以防渗，外包的钢筋混凝土允许开裂，有利于充分发挥钢筋的作用。

除表 8-1 中所列出的压力管道类型外，还有回填管(多用于尾矿坝排水管)、土坝下埋管、木管、铸铁管等。这些类型的管道目前在大中型水电站中较少采用，但在小型水电站中有时还能见到。

(四)玻璃钢管

玻璃钢管是由玻璃纤维、树脂和石英砂填料组成的复合管道，具有质量轻、强度高、抗疲劳性能好、摩阻系数小、使用寿命长、可设计性高等优点，但其耐高温、耐冲击性差。目前尚无统一的设计规范，仅在水头不太高且流量较小的中小型水电站中应用。

(五)预应力钢筒混凝土管

预应力钢筒混凝土管(PCCP)是指在带有钢筒的高强混凝土管芯上缠绕环向预应力钢丝，再在其上喷涂致密的水泥砂浆保护层而制成的输水管。它是由钢板、混凝土、高强钢丝和水泥砂浆几种材料组成的复合结构，具有钢材和混凝土各自的特性。它具有高密封性、高强度和高抗渗的特性。

第二节　压力管道的路线选择及尺寸拟定

一、压力管道路线选择的基本原则

压力管道的路线选择应符合枢纽总体布置要求，考虑地形、地质、水力学、施工及运行

条件等,经技术经济比选后确定。其路线选择的一般原则如下:

(1)管道路线应尽可能短而直,以降低造价,减小水头损失,降低水击压力,改善机组运行条件,满足机组保证的要求,因此地面压力管道一般布置在陡峻的山脊上。

(2)选择良好的地质条件。明钢管支承在良好的地基上,应避开可能产生滑坡或崩塌的地段、洪水集中的地区、村镇居民区和交通道路等,如果无法满足要求,要有切实可行的防护措施,若不能避开村镇居民区,要考虑工程对环境的影响。地下埋管应布置在良好的岩体中,尽可能避开成洞条件差、活动断层、滑坡、地下水位高和涌水量很大的地段。通常要求山体稳定、地下水位低,避开山崩、雪崩、沉陷量很大的地区、洪水集中的地区、村镇居民区和交通道路等。

(3)尽量减小管道路线的上下起伏和波折,避免出现负压,管道顶部至少应在最低压力线以下 2 m。

(4)如果需要在平面上转弯,转弯半径不小于 3 倍管径;位置相近的平面转弯和立面转弯宜合并;位置相近的弯管和渐缩管宜合并成渐缩弯管。

二、压力管道的供水方式

压力管道向多台机组供水的方式有三种,即单元供水、联合供水、分组供水。

(一)单元供水(单管单机)

每台机组都有一条压力管道供水,如图 8-2(a)所示,不设下阀门。其特点是:结构简单(无岔管),工作可靠,灵活性好,当某根管道检修或发生事故时,只影响一台机组工作,其他机组照常工作。另外,单元供水的管道易于制作,无岔管,但管道在平面上所占尺寸大,造价高。它适用于单机流量大或长度短的地下埋管或明管,混凝土坝身管道也常用这种供水方式。

(二)联合供水(一管多机)

一根主管向多台机组供水,在厂房前分岔,在进入机组前的每根支管上设快速阀门,如图 8-2(b)所示。其特点是:单管规模大,分岔管多,易于布置,但造价较低。此外,一旦主管道检修或发生事故,需全厂停机。它适用于单机流量小、机组少、引水管道较长的引水式水电站。地下埋管中开挖距离相近的几根管井多有一定困难,所以常采用这种方式。

(三)分组供水(多管多机)

设多根主管,每根主管向数台机组供水,在进入机组前的每根支管上设快速阀门,如图 8-2(c)所示。其特点介于上述两种供水方式之间。它适用于压力水管较长,机组台数多,单机流量较小的地下埋管和明管。

钢管首部的快速闸门(阀)和事故闸门(阀)必须在中央控制室和现场设置操作装置,并要求有可靠的电源为其供电。

三、压力管道的进厂方式

管道与主厂房的关系主要取决于整个厂区枢纽布置中各建筑物的布置情况,常采用的引进厂房的方式有以下三种。

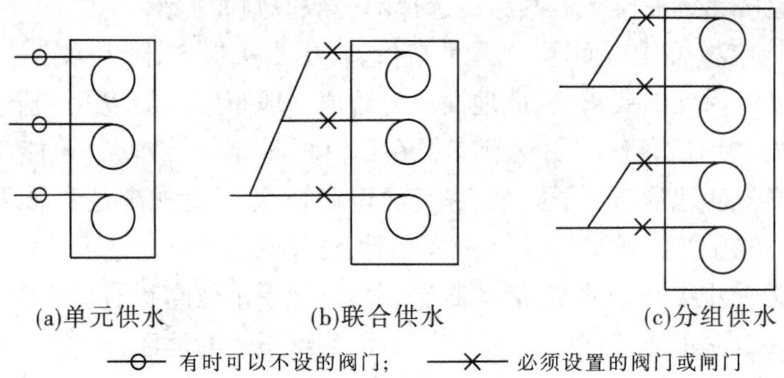

图 8-2　压力水管的供水方式

(一)正向引进

如图 8-3(a)、(b)所示,管道的轴线与水电站厂房的纵轴线垂直。其工作特点是水流平顺,水头损失小,开挖量小,交通方便,但钢管发生事故时直接危及厂房安全。它适用于中、低水头水电站。

(二)纵向引进

如图 8-3(c)、(d)所示,管道的轴线与水电站厂房的纵轴线平行。其工作特点是一旦钢管破裂可以避免水流直冲厂房,但水流条件不太好,增加了水头损失,且开挖工程量较大。适用于中、高水头水电站。

(三)斜向引进

如图 8-3(e)所示,其管道的轴线与水电站厂房的纵轴线斜交。其工作特点介于上述两种布置方式之间,常用于分组供水和联合供水的水电站。

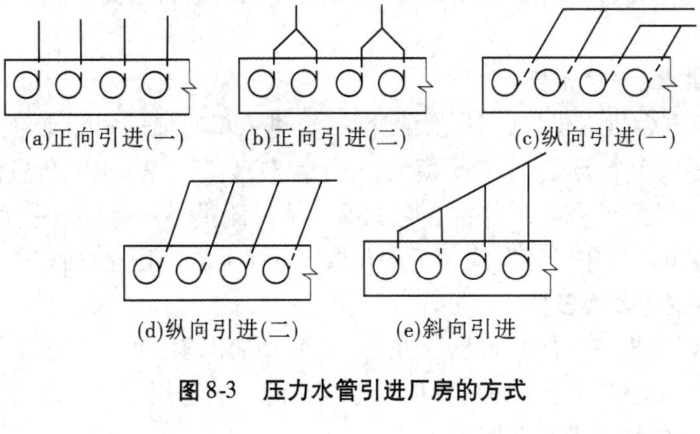

图 8-3　压力水管引进厂房的方式

四、压力管道直径的选择

压力管道直径的确定是压力管道的主要设计内容之一。管道的直径越小,管道的用材和造价越低,但管道中的流速也就越高,水头损失和发电量损失也越大。因此,管道直径的确定不仅是一个技术问题,还是一个经济问题,应通过技术经济比较确定。目前,国内外计算压力钢管经济直径的理论公式和经验公式很多,但其基本原理和基本方法都相似。

在实际设计中，由于有些因素（如施工工艺和技术水平等）无法在计算公式中考虑，所以一般按照公式计算的结果作为参考。通常可以根据已有工程经验和计算公式确定几种直径，分别进行造价和电量计算，再考虑技术方面的因素后，选择最优直径。

在可行性研究阶段和初步设计阶段，也可以用下面的经验公式法或经济流速法确定压力钢管的直径。

(1)动能经济比较法。基本原理与渠道相同（压力管道要考虑流速、水击压力的影响），拟定几个直径，进行动能经济计算，比较确定最优经济直径。

(2)经验公式法为

$$D = \sqrt[7]{\frac{5.2Q_{max}^3}{H}} \tag{8-1}$$

式中　Q_{max}——压力管道设计流量，m^3/s；

H——设计水头（包括水击压力），m。

(3)经济流速法。压力管道的经济流速一般为4～6 m/s，最大不超过7 m/s。选定经济流速 V_e 后，根据水管引用流量 Q 用下面的公式确定管道直径：

$$D = 1.13\sqrt{Q/V_e} \tag{8-2}$$

第三节　明钢管的敷设方式及附件

一、明钢管的布置原则

明钢管的布置原则如下：

(1)明钢管应敷设在坚固而稳定的山坡上，避开可能产生滑坡或崩塌的地段，以免地基滑动引起管道破坏。

(2)当山坡地形起伏较大时，管道可能需要在平面或垂直方向上转弯，转弯处宜设置镇墩，其间钢管用支墩支承，支墩间距应通过钢管应力分析，并考虑安装条件、支座形式、地基条件等因素，经技术经济比较后选定。

(3)明钢管底部至少应高出其下地表0.6 m，以便于维护和检修。

(4)当直线段长度超过150 m时，宜在其间加设镇墩。若管道纵坡缓且长度不超过200 m，也可以不加镇墩，而将伸缩节布置在该段的中部。

(5)管道沿线应布置排水沟，并应在钢管下设置横向排水沟。

(6)为避免钢管发生意外事故危及水电站设备和人员的安全，应设置事故排水和防冲设施。

(7)水头高、线路长的管线，要满足钢管运输安装和运行管理、维修等交通要求。

二、明钢管的敷设方式和支承方式

(一)敷设方式

明钢管敷设时，需设置支墩和镇墩加以固定。镇墩用于承受钢管各方向传来的力，将管道固定，不使其有位移和转角，相当于梁的固定端。支墩布置在镇墩之间，起支承管身的作用，管身可以在支墩上轴向移动。

由于明钢管一般长度都很长，宜做成分段式，钢管分段敷设，在两镇墩之间设伸缩节，其作用是当温度发生变化时，管身可以自由伸缩，从而减小温度应力，伸缩节应能满足轴向、径向和角变位的要求，并应有足够的刚度，一般布置在管道的上端靠近上镇墩处（见图 8-4），这样布置可减小伸缩节的内水压力和便于安装，也有利于镇墩的稳定。

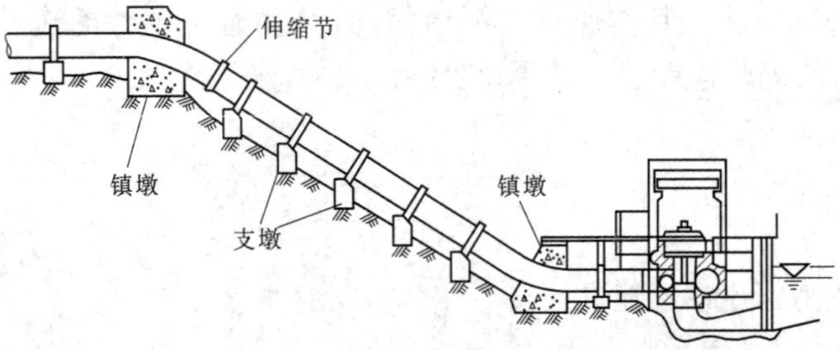

图 8-4　明钢管的敷设

（二）镇墩

镇墩的作用是靠本身的重量固定钢管，承受因水管改变方向而产生的轴向不平衡力，防止水管产生位移。镇墩一般由混凝土浇筑而成。在寒冷地区，墩底基面应深埋在冻土线以下，并规定混凝土抗冻等级。镇墩分封闭式和开敞式两种形式。

1. 封闭式镇墩

如图 8-5 所示，钢管被埋在封闭的混凝土体中。镇墩表层需布置温度筋，钢管周围设置环向筋和一定数量的锚筋。这种布置方式结构简单，节约钢材，固定效果好，应用较广泛。

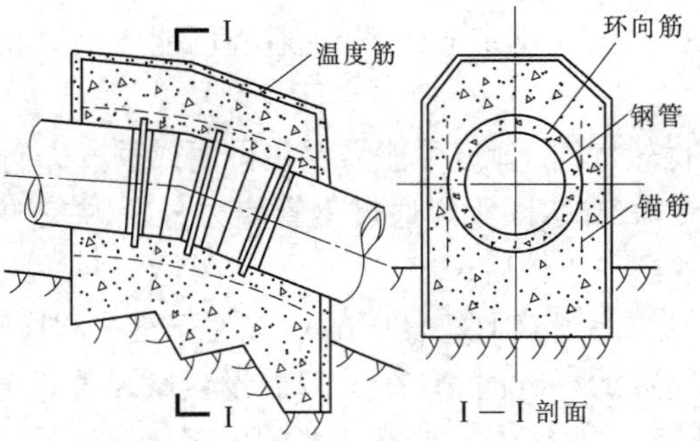

图 8-5　封闭式镇墩

2. 开敞式镇墩

如图 8-6 所示，利用锚栓将钢管固定在混凝土基础上。镇墩处的管壁受力不均匀，锚环施工复杂，其优点是便于检查维修。这种镇墩在我国很少采用。

（三）支墩

1. 滑动支墩

钢管发生轴向伸缩时，沿支座顶面滑动。滑动支墩又可分为无支承环鞍形支墩、有支承环鞍形支墩和有支承环滑动支墩三种。无支承环鞍形支墩见图 8-7（a），是将钢管直接支承在一个鞍形混凝土支座上，其包角 β 为 90°～120°。为了减小管壁与支座之间的摩擦

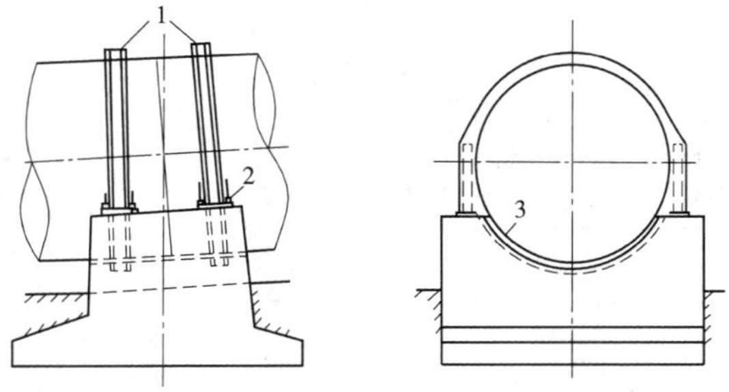

1—锚定环;2—锚栓;3—灌浆

图 8-6　开敞式镇墩

力,在支座上铺设钢板并在接触面上加润滑剂。这种支墩结构简单,但管身受力不均匀,摩擦力大。它适用于管径 1 m 以下的钢管。有支承环滑动支墩见图 8-7(b),支承环放在金属的支承板上,比上面两种支墩的摩擦力更小。它适用于管径 1 ~ 3 m 的钢管。

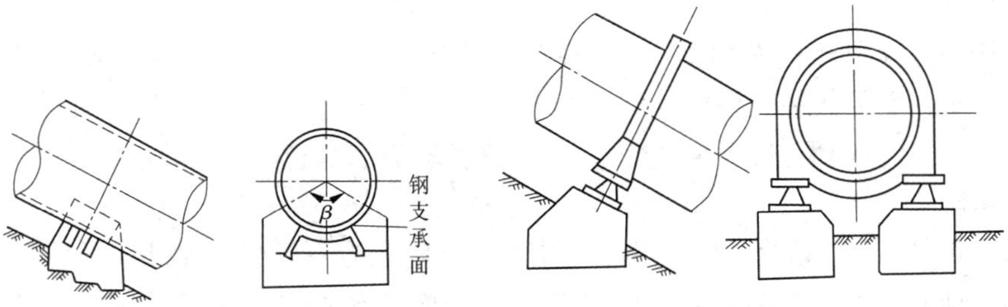

(a)鞍式　(b)支承环式

图 8-7　滑动支墩

2. 滚动支墩

如图 8-8 所示,在支承环与墩座之间加圆柱形辊轴,钢管发生轴向伸缩时,辊轴滚动,摩擦系数约为 0.1。它适用于垂直荷载较小而管径大于 2 m 的钢管。

3. 摆动支墩

如图 8-9 所示,在支承环与支承面之间设置一摆动短柱。短柱下端与支承板铰接,上端以圆弧面与支承环的承板接触。钢管沿轴向伸缩时,短柱以铰为中心前后摆动。其摩擦力很小,能承受较大的垂直荷载。它适用于管径大于 2 m 的钢管。

三、钢管上的闸门和附件

(一)闸门及阀门

在压力水管的进口处一般都设置平板闸门,以便在压力管道发生事故或检修时切断水流。平板闸门价格便宜,构造简单,便于制造,常以此代替阀门。对于上游有压力前池或调压室的明管,为了在发生事故时紧急关闭和检修放空水管的需要,在钢管进口处一般也要设置闸门,闸门装在压力前池或调压室内。

阀门一般设置在紧靠压力管道末端,即水轮机蜗壳进口处的钢管上。在分组供水和联合供水时,为避免一台机组检修影响其他机组的正常运行,或在调速器、导水叶发生故

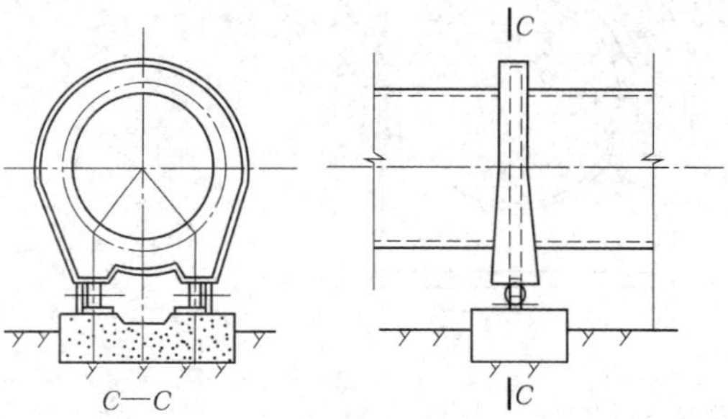

图 8-8　滚动支墩

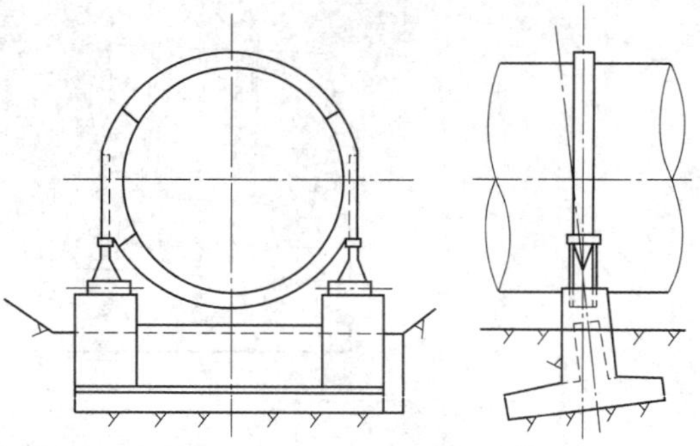

图 8-9　摆动支墩

障时紧急切断水流，防止机组产生飞逸，在每台机组前都应设置阀门，通常称为下阀门。坝内埋管长度较小，只须在进口处设置闸门，不设下阀门。有时虽是单独供水，但水头较高、容量较大时，也要设下阀门。水电站压力水管的阀门常见的有三种。

1. 平板阀

平板阀由框架和板面构成，阀体在门槽中的滑动方式与一般的平板闸门相似，如图 8-10所示。平板阀一般用电动或液压操作。这种阀门止水严密，运行可靠，但需要很大的启闭力，动作缓慢，易产生气蚀，常用于直径较小的水管。

2. 蝴蝶阀

如图 8-11 所示，蝴蝶阀由阀壳和阀体组成。阀壳为一短圆筒，阀体形似圆盘，在阀壳内绕水平轴或垂直轴旋转。阀门关闭时，阀体平面与水流方向垂直；阀门开启时，阀体平面与水流方向一致。蝴蝶阀的操作有电动和液压两种，前者用于小型，后者用于大型。这种阀门启闭力小，操作方便迅速，体积小，质量轻，造价较低；但在开启状态时由于阀门板对水流的扰动，造成附加水头损失和阀门内气蚀现象；在关闭状态时，止水不严密，不能部分开启。它适用于大直径、水头不很高的情况。

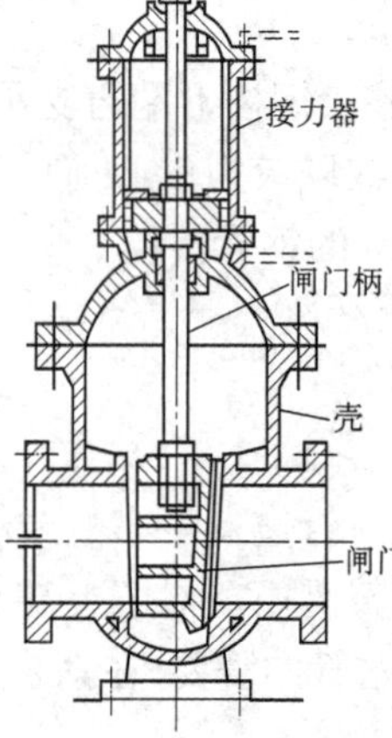

图 8-10　平板阀

图 8-11　蝴蝶阀

蝴蝶阀可在动水中关闭，但必须用旁通管平压后在静水中开启。

3. 球阀

球阀由球形外壳、可旋转的圆筒形阀体及其他附件组成，如图 8-12 所示。阀体圆筒的轴线与水管轴线一致时，阀门处于开启状态，若将阀体旋转 90°，使圆筒一侧的球面封板挡住水流通路，则阀门处于关闭状态。

球阀的优点是在开启状态时实际上没有水头损失，止水严密，结构上能承受高压；缺点是尺寸和重量大，造价高。它适用于做高水头电站的水轮机前阀门。球阀是在动水中关闭，但需要用旁通阀平压后在静水中开启。

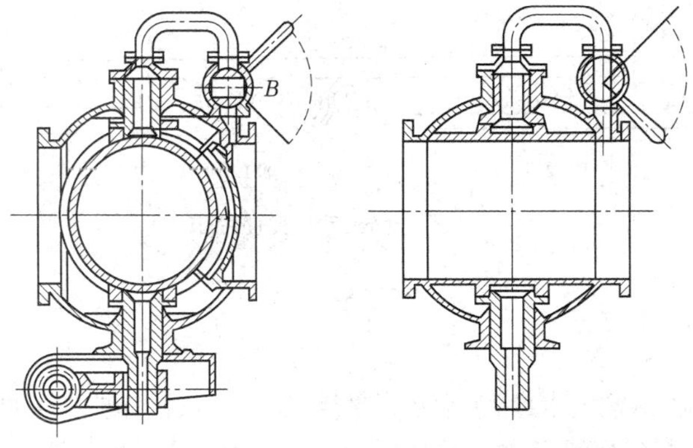

(a)关闭状态　　(b)开启状态

图 8-12　球阀

(二)附件

1. 伸缩节

露天式压力钢管受到温度变化或水温变化的影响时，为了使管身能沿轴线自由伸缩，以消除温度应力，且适应少量的不均匀沉陷，常在上镇墩的下游侧设置伸缩节。对伸缩节的基本要求是：能随温度变化自由伸缩，能适应镇墩和支墩的基础变形而产生的线变位和角变位，并留有足够余度。伸缩节的形式较多，较常见的几种见图 8-13。在阀门处的伸缩节应便于阀门拆卸，并允许产生微小的角位移。

2. 通气阀

通气阀常布置在阀门之后。当阀门紧急关闭时，水管中的负压使通气阀打开向管内充气，以消除管中负压；水管充水时，管中空气从通气阀排出，然后关闭阀门。

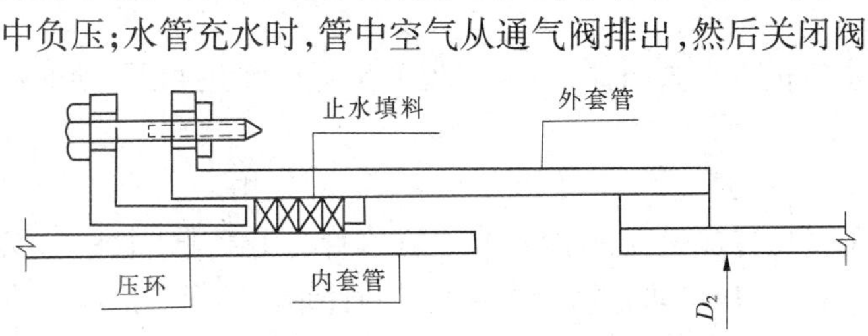

(a)套筒式伸缩节

图 8-13　伸缩节

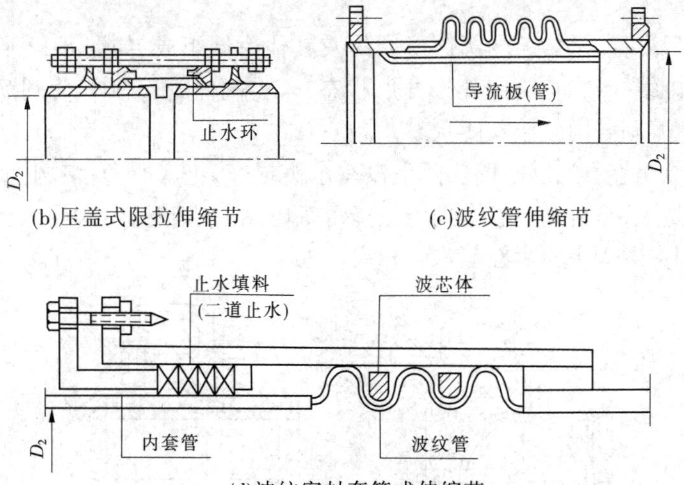

(b)压盖式限拉伸缩节　　(c)波纹管伸缩节

(d)波纹密封套筒式伸缩节

续图 8-13

3. 进人孔

为了检修方便，在镇墩的上游侧钢管上通常设置进人孔。进人孔间距一般为 150 m，不宜超过 300 m。进人孔为圆形或椭圆形，其直径（或短轴）一般不小于 45 cm。为保证正常运行期间不漏水，进人孔孔盖与外接套管之间要设止水盘根，如图 8-14 所示。

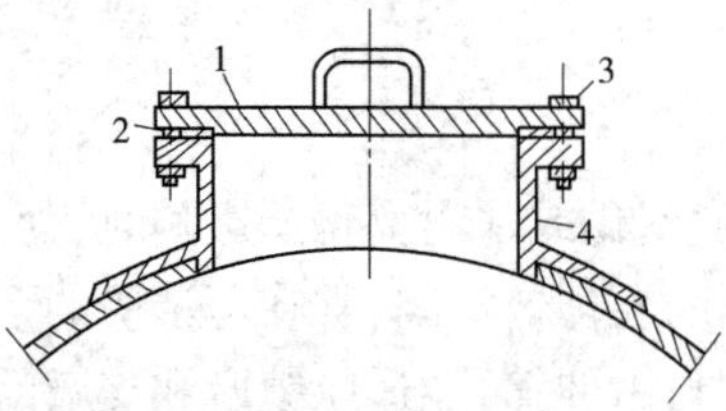

1—孔盖；2—垫圈；3—螺栓；4—外接套管

图 8-14　进人孔

4. 旁通阀

旁通阀设在水轮机进水阀门处，与闸门处的旁通管作用相同，使阀门前后平压后开启，以减小启闭力。

5. 排水设施

在压力水管的最低点应设置排水管，在检修水管时用于排出管中的积水和渗漏水。

严寒地区的明钢管，应有防止钢管本身及其附件结冰的保温措施。

第四节　明钢管基本设计方法

水电站明钢管可按容许应力法进行设计，也可按概率极限状态设计原则进行设计。

一、容许应力法

水电站钢管按容许应力法进行设计时，即要求在各种荷载组合下，管壁的最大应力不超过容许值。容许应力 [σ] 常以钢材屈服强度的百分比表示，根据不同的荷载组合、不同的管壁部位，其取值是不相同的，具体取值见表 8-2。

表 8-2　钢管容许应力[σ]

应力区域		膜应力区		局部应力区			
荷载组合		基本	特殊	基本		特殊	
产生应力的内力		轴力		轴力	轴力和弯矩	轴力	轴力和弯矩
容许应力	明钢管	$0.55\sigma_s$	$0.7\sigma_s$	$0.67\sigma_s$	$0.85\sigma_s$	$0.8\sigma_s$	$1.0\sigma_s$
	地下埋管	$0.67\sigma_s$	$0.9\sigma_s$				
	坝内埋管	$0.67\sigma_s$	$0.8\sigma_s$ $0.9\sigma_s$				

采用的新钢材、弯管、岔管或特别重要的部位，为保证安全，[σ] 需适当降低。对屈服强度比较大($\sigma_s / \sigma_b > 0.7$)的钢材，应以 $\sigma_s = 0.7\sigma_b$ 计算容许应力。钢衬钢筋混凝土管由钢衬和钢筋混凝土共同承担荷载，管中钢衬可按钢材的屈服强度 σ_s 取 [σ] 值。坝内埋管膜应力区特殊荷载组合容许应力取 $0.9\sigma_s$，仅适用于按明管校核情况，其他情况均取 $0.8\sigma_s$。

二、概率极限状态设计法

水电站钢管可采用概率极限状态设计原则，按分项系数设计表达式进行设计。

钢管结构的极限状态分为承载能力极限状态和正常使用极限状态两类。承载能力极限状态，是指钢管结构或构件，或达到最大承载能力、或丧失弹性稳定、或出现不适合于继续承载的变形。正常使用极限状态，是指钢管结构或构件达到正常使用或耐久性能的某项规定限值。

结构设计状况分为持久状况、短暂状况和偶然状况三种。三种设计状况均应进行承载能力极限状态设计。持久状况还应进行正常使用极限状态设计，短暂状况可根据需要进行正常使用极限状态设计，偶然状况可不进行正常使用极限状态设计。

按照设计规范要求，明钢管要求进行承载能力极限状态验算，其内容包括主要结构构件的承载能力计算，管壁和加劲环的抗外压稳定计算。如有必要应进行镇墩和支墩抗倾、抗滑及抗浮验算，如有抗震要求，还应进行抗震承载能力计算。

(一) 荷载计算及其分项系数

按荷载的作用方向，可以将其分为轴向力、径向力和法向力。每种荷载都有其不同的作用分项系数，见表 8-3。

作用在明钢管上的各种作用力计算公式及作用方向见表 8-4，但风荷载、雪荷载、地震荷载等需查阅《水工建筑物荷载设计规范》(SL 744—2016)。

表 8-3　作用分类及按承载能力极限状态设计的作用分项系数

序号		作用分类及名称		作用分项系数
(1)	(1a)	内水压力	正常蓄水位的静水压力	静水压力 $\gamma_Q = 1.0$ 水击压力 $\gamma_Q = 1.1$
	(1b)		正常工况最高压力(静水压力+水击压力)	
	(1c)		特殊工况最高压力(静水压力+水击压力)	静水压力 $\gamma_A = 1.0$ 水击压力 $\gamma_A = 1.1$
	(1d)		水压试验内水压力	$\gamma_Q = 1.0$
(2)		管道结构自重		$\gamma_G = 1.05$ 或 0.95
(3)		钢管内满水重		$\gamma_Q = 1.0$
(4)		由温度变化引起的力		$\gamma_Q = 1.1$
(5)		管道直径变化处、转弯处及作用在堵头、闸阀、伸缩节上的水压力(静水压力+水击压力)		静水压力 $\gamma_Q = 1.0$ 水击压力 $\gamma_Q = 1.1$
(6)		弯道离心力		$\gamma_Q = 1.1$
(7)		镇墩、支墩不均匀沉降引起的力		$\gamma_Q = 1.1$
(8)		风荷载		$\gamma_Q = 1.3$
(9)		雪荷载		$\gamma_Q = 1.3$
(10)		施工荷载		$\gamma_Q = 1.3$
(11)		地震作用		$\gamma_A = 1.0$
(12)		管道放空时通气设备造成的气压差		$\gamma_Q = 1.0$
(13)	(13a)	外水压力	地下水压力	$\gamma_Q = 1.0$
	(13b)		坝体渗流水压力	$\gamma_Q = 1.0$
(14)		坝体变位作用		$\gamma_Q = 1.0$

说明:1. (2)中的作用分项系数,当自重作用效应对结构有利时采用0.95。

2. γ_G、γ_Q、γ_A分别为永久作用、可变作用、偶然作用的分项系数。

3. 管道放空时通气设备造成的气压差作用取值不应小于0.05 N/mm^2,也不应大于0.1 N/mm^2。

表 8-4　明钢管荷载计算公式

序号	作用力方向	作用力名称	计算公式	指向		受力部位		
				上段	下段	管壁	支墩	镇墩
1.1	径向	内水压力强度 P	$P = \gamma H$			√		√
2.1	垂直管轴	钢管自重的分力 Q_s	$Q_s = q_s L\cos\alpha$			√	√	√
2.2		管内水重的分力 Q_w	$Q_w = q_w L\cos\alpha$			√	√	√

续表 8-4

<table>
<tr><th rowspan="2">序号</th><th rowspan="2">作用力方向</th><th rowspan="2" colspan="2">作用力名称</th><th rowspan="2">计算公式</th><th colspan="4">指向</th><th colspan="3">受力部位</th></tr>
<tr><th colspan="2">上段</th><th colspan="2">下段</th><th>管壁</th><th>支墩</th><th>镇墩</th></tr>
<tr><td>3.1</td><td rowspan="9">平行管轴</td><td colspan="2">钢管自重的分力 A_1</td><td>$A_1 = \sum (q_s L)\sin\alpha$</td><td colspan="2">顺</td><td colspan="2">顺</td><td>√</td><td></td><td>√</td></tr>
<tr><td>3.2</td><td colspan="2">关闭的阀门及闷头上的力 A_2</td><td>$A_2 = \pi D_0^2 P/4$</td><td colspan="2">顺或逆</td><td colspan="2">顺或逆</td><td>√</td><td></td><td>√</td></tr>
<tr><td>3.3</td><td colspan="2">渐缩管上的内水压力 A_3</td><td>$A_3 = \pi(D_{max}^2 - D_{min}^2)P/4$</td><td colspan="2">顺</td><td colspan="2">顺</td><td>√</td><td></td><td>√</td></tr>
<tr><td>3.4</td><td colspan="2">伸缩节端部的内水压力 A_4</td><td>$A_4 = \pi(D_1^2 - D_2^2)P/4$</td><td colspan="2">顺</td><td colspan="2">逆</td><td>√</td><td></td><td>√</td></tr>
<tr><td>3.5</td><td colspan="2">弯管上内水压力的分力 A_5</td><td>$A_5 = \pi D_0^2 P/4$</td><td colspan="2">顺</td><td colspan="2">逆</td><td>√</td><td></td><td>√</td></tr>
<tr><td>3.6</td><td colspan="2">弯管上水流离心力的分力 A_6</td><td>$A_6 = \pi D_0^2 \gamma_w v_0^2/4g$</td><td colspan="2">顺</td><td colspan="2">逆</td><td>√</td><td></td><td>√</td></tr>
<tr><td>3.7</td><td rowspan="3">温度作用</td><td>温变时伸缩节止水填料的摩擦力 A_7</td><td>$A_7 = \pi D_1 b_p \mu_p P$</td><td>顺</td><td>逆</td><td>逆</td><td>顺</td><td>√</td><td></td><td>√</td></tr>
<tr><td rowspan="3">3.8</td><td rowspan="2">温变时支座垫板与钢管间或支座上下垫板间的摩擦力 A_8</td><td>$A_{81} = \sum (q_s + q_w) L\mu\cos\alpha$</td><td>顺</td><td>逆</td><td>逆</td><td>顺</td><td>√</td><td></td><td>√</td></tr>
<tr><td>$A_{82} = (q_s + q_w) L\mu\cos\alpha$</td><td>逆</td><td>顺</td><td>顺</td><td>逆</td><td></td><td>√</td><td></td></tr>
<tr><td colspan="3">情况</td><td>温升</td><td>温降</td><td>温升</td><td>温降</td><td colspan="3"></td></tr>
</table>

注:1. “上段”和“下段”分别指镇墩上游侧和下游侧管段,管段从伸缩节断开。

2. “顺”和“逆”分别表示发电工况顺水流方向和逆水流方向,序号 3.2 作用力及顺水流抬高的管段的其他作用力指向应具体判断。

表 8-4 中各计算式中符号的含义:P 为内水压力设计值;γ_w 为水的重度;H 为计算截面管轴处内水压力作用水头(包括静水压力和水击压力);q_s为单位管长钢管自重设计值;q_w为单位管长管内水重设计值;L 为支墩间距;α 为管轴与水平面夹角;D_0为钢管内径;D_{max}和 D_{min}分别为渐缩管的最大内径和最小内径;D_1和 D_2分别为伸缩节内套管的外径和内径;v_0为机组满负荷时钢管内水流流速;g 为重力加速度;b_p为伸缩节止水填料长度;μ_p为伸缩节止水填料与钢管间的摩擦系数;μ 为支座垫板与钢管间或支座上下垫板间的摩擦系数。

荷载计算式中的各个变量要按表 8-3 计入作用分项系数。

(二)荷载组合

钢管结构设计应根据承载能力极限状态的要求,对不同设计状况下可能同时出现的作用进行相应的作用效应组合,对明钢管要求的组合见表 8-5。

表 8-5　明钢管按承载能力极限状态设计的作用效应组合与计算情况

设计状况	作用效应组合		计算情况
	组合类别	组合项次	
持久状况	基本组合	(1b)+(2)+(3)+(4)+(5)+(7)	正常运行工况一
		(1a)+(2)+(3)+(4)+(5)+(7)+(8)或(9)	正常运行工况二
短暂状况		(1d)+(2)+(3)+(5)	水压试验情况
		(12)	放空情况
偶然状况	偶然组合	(1c)+(2)+(3)+(4)+(5)+(7)	特殊运行工况
		(1a)+(2)+(3)+(4)+(5)+(7)+(11)	地震情况

第五节　明钢管的结构分析

一、钢管管壁厚度估算

在进行钢管设计时，需要先设定管壁厚度。由于内水压力在管壁上产生的环向应力是其主要应力，因此常用锅炉公式来初拟管壁厚度。取单位长度承受较高水头的压力钢管，将其沿水平直径切开，由力的平衡条件可以得出管壁中的环向拉应力为

$$\sigma_\theta = PD/2\delta = \gamma_w HD/2\delta \tag{8-3}$$

以钢材的允许应力 $[\sigma]$ 代替 σ_θ，并考虑焊缝的强度降低，引入焊缝系数 φ，整理得

$$\delta = \frac{PD}{2\varphi[\sigma]} = \frac{\gamma_w HD}{2\varphi[\sigma]} \tag{8-4}$$

式中　P——内水压力；

D——钢管直径；

δ——管壁厚度；

γ_w——水的重度；

H——钢管内的水头。

根据规范要求，焊缝系数 φ 一般取 0.9～0.95，允许应力 $[\sigma]$ 取钢管材料允许应力的 75%～85%。考虑钢管运行期间的锈蚀、磨损及钢板厚度误差，管壁厚度至少比计算值大 2 mm。另外，在实际工程中，考虑到制造、运输、安装等条件，必须保持一定的刚度，因而需要限制管壁的最小厚度 δ_{min}。δ_{min} 一般取 $D/800+4$(mm)，且不宜小于 6 mm。

二、管身的应力分析

前面已经指出，明钢管敷设在一系列支墩上，为了改善钢管的受力条件及保持管壁的外压稳定，有时需要在管壁上加设支承环和加劲环。钢管承受的荷载分为径向力、轴向力、法向力。可以利用叠加原理对其进行应力分析。在管重和水重作用下，钢管相当于一根连续梁；在轴向力作用下，钢管可用轴向受压构件计算；径向力作用只会引起钢管的环

向变形。根据受力特点,管身的应力分析可选择四个基本断面,如图 8-15 所示。1—1 断面在跨中,只有弯距作用,且弯距最大,剪力为零,无局部应力,受力最简单;2—2 断面位于支承环旁管壁膜应力区的边缘,弯距和剪力共同作用,无局部应力,受力比较简单;3—3 断面是加劲环及其旁管壁,由于加劲环的约束,存在局部应力;4—4 断面指支承环及其旁管壁,应力最复杂,弯距和剪力(支承反力)共同作用,存在局部应力。在压力钢管的应力分析中,其坐标系规定为:轴向 x、径向 r、环向 θ,如图 8-16 所示。

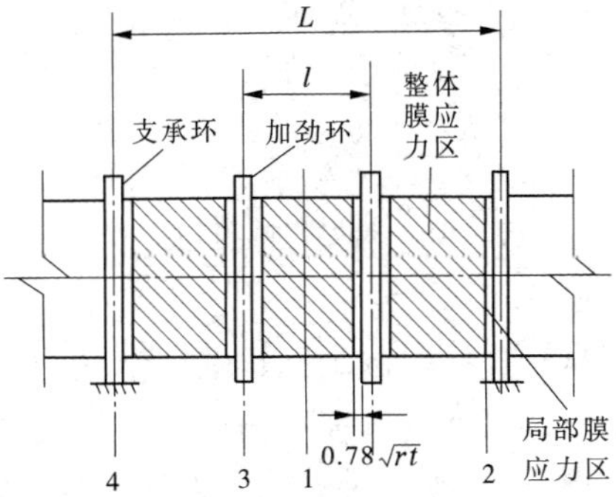

图 8-15　明钢管应力分析的几个断面

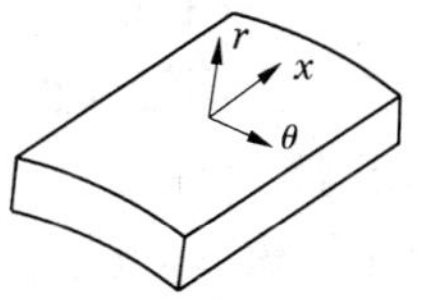

图 8-16　管壁应力计算坐标系

(一)跨中断面 1—1 的管壁应力

跨中断面属于膜应力区,其特点是弯矩最大,剪力为零。下面分别介绍径向应力、切向(环向)应力和轴向应力的计算。

1. 径向应力 σ_r

水管的内表面承受内水压力,故内表面的径向应力等于该处的水压强,即 $\sigma_r = -\gamma H$,"-"表示压应力。管壁外表面的 $\sigma_r = 0$。由于径向应力的数值比较小,因此应力计算中可以忽略。

2. 切向(环向)应力 $\sigma_{\theta 1}$

设压力水管中心处的水头为 H,而水管轴线与水平面的夹角为 α,则在管壁中任意一点(该点半径与管顶半径的夹角为 θ,见图 8-17)的水头为 $H - r\cos\alpha\cos\theta$。在管壁中取出一段微圆弧 $d\theta$,其圆周长为 $rd\theta$。沿轴线方向取单位长度,则由力的平衡(见图 8-18),可以推导出管壁中的切向拉力 T 和切向应力 $\sigma_{\theta 1}$ 为

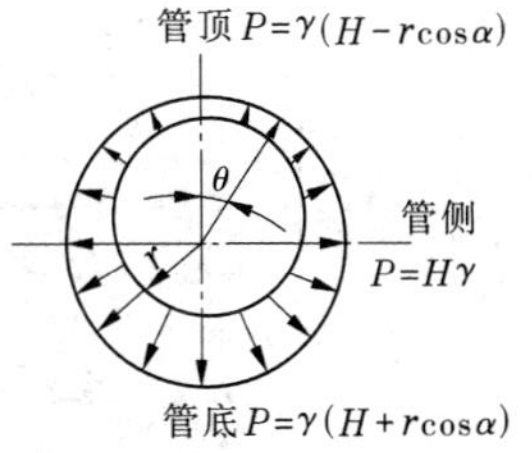

图 8-17　管壁上内水压力的分布

$$T = \gamma_w r(H - r\cos\alpha\cos\theta) \tag{8-5}$$

$$\sigma_{\theta 1} = \frac{T}{\delta \times 1} = \frac{\gamma_w r}{\delta}(H - r\cos\alpha\cos\theta) = \frac{P}{\delta}r(1 - \frac{r}{H}\cos\alpha\cos\theta) \tag{8-6}$$

式中　P——内水压强;

δ——管壁计算厚度;

H——计算水头;

α——管轴线倾角；

θ——管壁中任意一点半径与管顶半径的夹角；

r——水管半径。

3. 轴向应力 σ_x

跨中断面管壁的轴向应力由两部分组成，即法向力引起的轴向弯曲应力 σ_{x1} 和轴向力引起的轴向应力 σ_{x2}。

1）法向力引起的管壁轴向应力 σ_{x1}

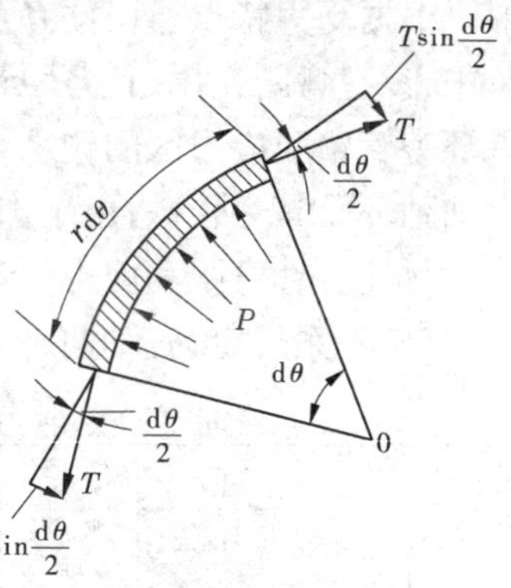

图 8-18　管壁微圆弧的受力平衡

将水重和管重的法向分力视为均布荷载，则钢管的受力与多跨连续梁类似，其变形以弯曲为主，并在管壁上产生弯曲正应力与剪应力。在相邻两镇墩之间的压力钢管放置于支墩之上，支墩相当于连续梁的中间辊轴支座，最下端的镇墩相当于固定端，上端伸缩节处可近似认为是自由端。在均布荷载作用下，三跨连续梁的弯矩和剪力见图 8-19，其他情况用结构力学方法求出，或查相关规范计算。这样管壁横断面上任意一点的轴向应力为

$$\sigma_{x1} = -\frac{M}{W}\cos\theta = -\frac{M}{\pi r^2\delta}\cos\theta \tag{8-7}$$

式中　M——水重和管重的法向分力作用下连续梁的弯矩，钢管底部受拉为正；

W——连续梁（空心圆环）的断面模数，$W = \pi r^2\delta$。

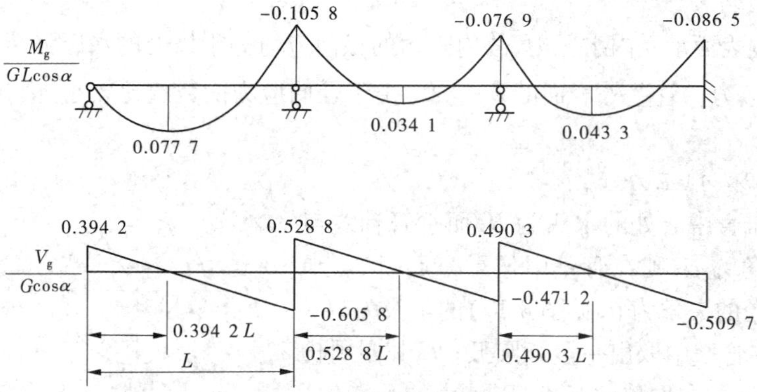

图 8-19　三跨连续梁的截面内力

2）轴向力引起的轴向应力 σ_{x2}

在轴向力合力 $\sum A$ 作用下，管壁中产生的轴向应力为 σ_{x2}，管壁的断面面积为 F，则

$$F = \pi D\delta$$

$$\sigma_{x2} = -\frac{\sum A}{F} = -\frac{\sum A}{\pi D\delta} \tag{8-8}$$

式中，“-”表示压应力。一般情况下，$\sum A$ 为压力，即 σ_{x2} 为压应力，D 为管道直径。

4. 剪应力 $\tau_{x\theta}$

由于跨中断面的剪力为 0,因此该断面的 $\tau_{x\theta}=0$。

(二)支承环旁管壁膜应力区边缘 2—2 断面的管壁应力

2—2 断面虽然靠近支承环,但在支承环的影响范围之外,即不考虑支承环对管壁的约束作用。为了安全起见,认为该断面的弯矩和剪力与支承环断面相等。对于连续梁,跨中断面和支承环断面的管道弯矩,方向相反,故可用式(8-7)计算弯曲应力。此外,支承环处存在剪力 V,在垂直于管道轴线的横断面上剪应力的计算公式为

$$\tau_{x\theta}=\frac{VS_R}{bJ}=\frac{V\sin\theta}{\pi r\delta} \tag{8-9}$$

式中　V——管重和水重的法向分力作用下连续梁的剪力;

S_R——计算点以上管壁环形截面面积对重心轴的静矩,$S_R=2\delta r^2\sin\theta$;

b——受剪截面宽度,$b=2\delta$;

J——截面惯性矩,$J=\pi D^3\delta/8=\pi r^3\delta$。

当 $\theta=0°$(管道顶部)和 $\theta=180°$(管道底部)时,$\tau_{x\theta}=0$;当 $\theta=90°$(管道侧面中点)时,$\tau_{x\theta}=2V/F$,达到最大值。

$\tau_{x\theta}$ 的分布如图 8-20 所示,该图为以上各应力的综合图。

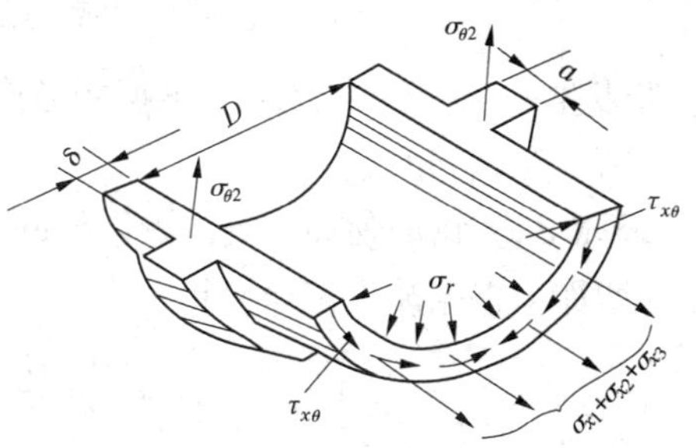

图 8-20　支承环旁壁应力分布和方向

断面 2—2 的其他正应力 σ_r、σ_θ 和 σ_x 均与断面 1—1 相等,但符号不尽相同。

(三)加劲环及其旁管壁,断面 3—3 的管壁应力

1. 轴向应力 σ_{x3}

由于加劲环存在,管壁在内水压力作用下的径向变形受到了限制,因而将产生局部应力,变形状态如图 8-21(a)所示。加劲环对管壁约束的影响范围,每侧为 l'。l' 又称等效翼缘宽度。由弹性理论分析可得

$$l'=\frac{\sqrt{r\delta}}{\sqrt[4]{3(1-\mu^2)}}=0.78\sqrt{r\delta} \tag{8-10}$$

式中　μ——钢材的泊松比。

对于 l' 范围以外的管壁,认为不受加劲环的影响,即不存在局部应力。在计算时,加劲环有效断面面积 F,等于其自身净断面 F' 加上两侧各长为 $0.78\sqrt{r\delta}$ 的管壁面积。

在内水压力作用下,其变形具有轴对称特性,因此管壁圆周上各处的弯矩和剪力值都相等。设想将加劲环与管壁切开,根据变形相容条件可以证明,在切口处存在着均布的径向弯矩 M 和剪力 V,如图 8-21(b)所示。设在内水压力 P 和管壁传来的剪力 V 作用下,加劲环向外径向变位为 Δ_1;加劲环影响范围以外的管壁向外径向变位为 Δ_2;如果没有 M 和 V 的作用,全部管壁都将有相同的变位 Δ_2;但是在 M 和 V 作用下,钢管与加劲环连接处的变位应该与加劲环的变位相同,等于 Δ_1。因此,可以看作 M 和 V 作用下使钢管在断面

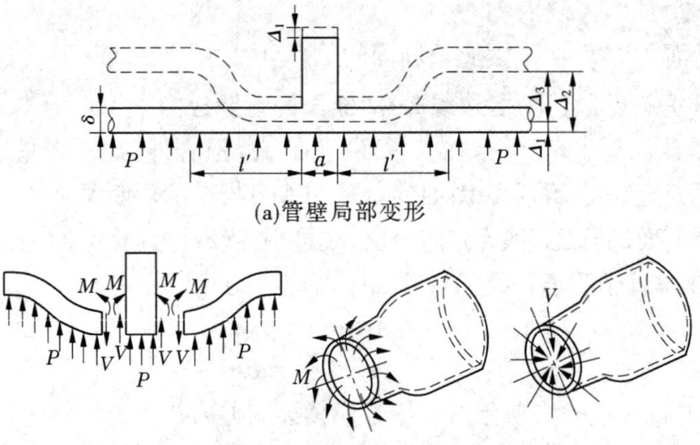

(a)管壁局部变形

(b)切口处均布的径向弯矩和剪力

图 8-21　加劲环及其旁管壁变形示意图

3—3 处发生一个变位等于 Δ_3。根据变形连续条件，$\Delta_3=\Delta_2-\Delta_1$，同时管壁在 M 和 V 作用下没有角变位(转角)。

(1)求 Δ_2。在加劲环影响范围以外的管壁变位 Δ_2，是由均匀内水压力产生的。Δ_2 为半径的增加。根据胡克定律可得

$$\Delta_2=\frac{\sigma_\theta}{E}\frac{D}{2}=\frac{PD}{2\delta E}\frac{D}{2}=\frac{Pr^2}{\delta E} \tag{8-11}$$

式中　E——钢材弹性模量。

(2)求 Δ_1。用类似的方法可以推导出

$$\Delta_1=(Pa+2V)\frac{r^2}{F'E} \tag{8-12}$$

式中　a——加劲环宽度；

　　F'——加劲环净截面面积，不包括管壁翼缘。

(3)求 Δ_3。根据弹性理论，M 与 V 之间存在如下关系：

$$M=\frac{V}{2k} \tag{8-13}$$

在 M 与 V 的共同作用下，该处管壁的径向变位减小 Δ_3 为

$$\Delta_3=\frac{3V(1-\mu^2)}{k^3E\delta^3} \tag{8-14}$$

式中　k——等效翼缘宽度的倒数，即

$$k=\frac{1}{l'}=\frac{1}{0.78\sqrt{r\delta}}$$

根据连续条件，$\Delta_3=\Delta_2-\Delta_1$，将式(8-11)、式(8-12)、式(8-14)代入得

$$\frac{3V(1-\mu^2)}{k^3\delta^3E}=\frac{Pr^2}{E\delta}-(Pa+2V)\frac{r^2}{F'E} \tag{8-15}$$

再将 $k^2=\dfrac{\sqrt{3(1-\mu^2)}}{r\delta}$ 代入上式，化简后得

$$V = \frac{P}{k}\beta \tag{8-16}$$

代入式(8-13)得

$$M = \frac{P}{2k^2}\beta \tag{8-17}$$

$$\beta = \frac{F' - a\delta}{F' + 2\delta/k} = \frac{F' - a\delta}{F' + 2\delta l'} = \frac{F' - a\delta}{F} \tag{8-18}$$

式中　F——加劲环有效截面面积,包括管壁的等效翼缘。

最后可得局部弯矩 M 产生的管壁局部轴向应力 σ_{x3} 为

$$\sigma_{x3} = \pm \frac{3Pr}{\sqrt{3(1-\mu^2)}\,\delta}\beta = \pm \frac{\sqrt{3}}{\sqrt{1-\mu^2}}\beta\frac{Pr}{\delta} \tag{8-19}$$

取 $\mu = 0.3$,则

$$\sigma_{x3} = \pm 1.816\beta\frac{Pr}{\delta} \tag{8-20}$$

式中的正号代表管壁内缘受拉,负号代表管壁外缘受压。由于 $0 \leqslant \beta \leqslant 1$,当 F'很大时,$\beta \approx 1$,而没有加劲环时,$F' = a\delta$,$\beta \approx 0$。

2. 剪应力 τ_{xr}

上述分布剪力 V 在加劲环旁管壁内产生剪应力 τ_{xr},τ_{xr} 的作用方向指向管中心,其值用公式 $\tau_{xr} = 1.5\beta P/k\delta$(管壁中面)或 $\tau_{xr} = 0$(管壁内、外缘)计算。一般 τ_{xr} 较小,且管壁总应力的控制点在管壁内外缘,故 τ_{xr} 可忽略不计。

3. 切向应力 $\sigma_{\theta 2}$

加劲环净截面除承受径向的均匀内水压力 Pa 外,还承受外侧径向剪力 $2V$,如图 8-21(a)所示。总切向拉应力为

$$\sigma_{\theta 2} = \frac{r}{F'}(Pa + 2V) \tag{8-21}$$

将式(8-16)代入式(8-21)得

$$\sigma_{\theta 2} = \frac{r}{F'}\left(Pa + 2\frac{P\beta}{k}\right) = \frac{Pr}{F'}(a + 2l'\beta) \tag{8-22}$$

根据式(8-18)可得

$$F' = \frac{\delta(2l'\beta + a)}{1 - \beta} \tag{8-23}$$

将式(8-23)代入式(8-22),即可得

$$\sigma_{\theta 2} = \frac{Pr}{\delta}(1 - \beta) \tag{8-24}$$

4. 剪应力 $\tau_{\theta x}$

由管重和水重法向分力在管壁中引起的剪应力 $\tau_{x\theta}$ 用式(8-9)计算,而由剪应力互等定理可知

$$\tau_{\theta x} = \tau_{x\theta} \tag{8-25}$$

断面 3—3 的轴向应力 σ_{x1}、σ_{x2}和剪应力 $\tau_{x\theta}$ 的计算,均与断面 2—2 相同。

综合断面 3—3 各应力方向和分布，如图 8-22 所示。

（四）支承环及其旁管壁，断面 4—4 的管壁应力

支承环与加劲环从形式上看都是一个套焊在管壁外缘的钢环，因此断面 4—4 的管壁应力的计算均与断面 3—3 相同。但支承环由于承担管重和水重法向力 Q 而在支墩处引起的支承反力 R，从而在支承环内产生附加应力。随着支承方式和结构不同，应力状态也不同。

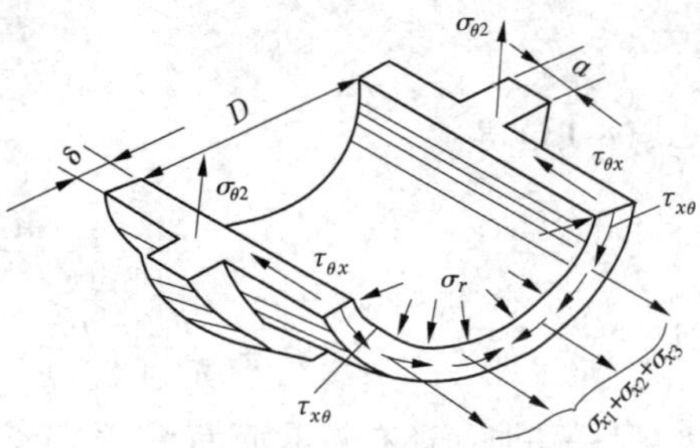

图 8-22 加劲环断面管壁应力分布和方向示意图

1. 支承环的支承方式

大中型水电站明钢管上的支承环支承方式有侧支承和下支承两种形式，如图 8-23 所示。图中点画线为支承环有效截面重心轴，它与圆心距离为半径 R，支墩支承点至支承环截面有效重心轴距离为 b，支承反力为 $Q/2\cos\alpha$。

2. 支承环内力计算

支承环内力计算常采用结构力学中的弹性中心法进行。因为钢管断面是一个对称圆环，是一个三次超静定结构，可用弹性中心法计算支承环上各点的内力。

当采用侧支承时，设支承反力离支承环重心轴距离为 b。根据分析，在设计时取 $b=0.04R$，可使环上最大正弯矩与最大负弯矩接近相等，则钢材性能得到最充分的发挥。采用下支承时，一般 $\varepsilon=30°\sim90°$ 较经济。符号 ε 的意义见图 8-23(b)。

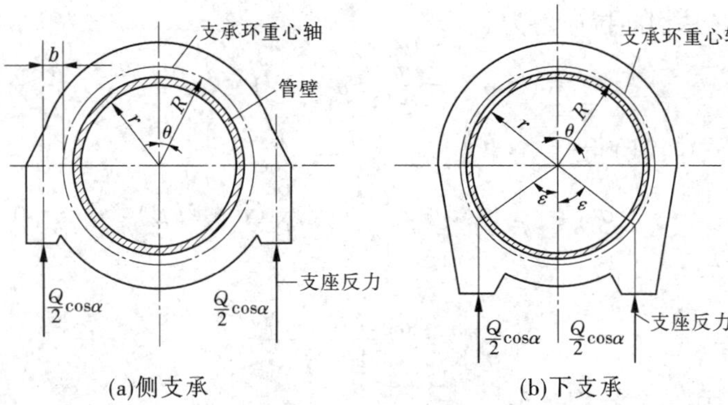

图 8-23 支承环支承方式

(1)侧支承式支承环的内力计算。支承环所承受的荷载主要是管重和水重法向分力产生的剪力（表现为支承环两侧管壁上的剪应力 $\tau_{x\theta}$），以及支墩两侧的反力 $0.5Q$，还有支承环自重，但相对较小，可以不计。钢管一般都是倾斜布置，支承反力为 $0.5Q\cos\alpha$。管重和水重在支承环两侧管壁上产生的剪应力均为 $\tau_{x\theta}=\dfrac{Q}{2\pi r\delta}\sin\theta\cos\alpha$，因此沿管壁圆周单位长度上作用在支承环上的剪力为

$$S_{x\theta}=2\tau_{x\theta}\cdot\delta\cdot 1=\frac{Q}{\pi r}\sin\theta\cos\alpha \tag{8-26}$$

要进行支承环截面的内力计算，实际上是要计算一个封闭圆环各断面上的弯矩 M_R、剪力 T_R和轴力 N_R。其计算简图如图 8-24 所示。利用结构力学中的弹性中心法，将圆环顶部切开加上内力 T_G和 M_G；由于圆环是对称图形，该处没有剪力。把内力移到弹性中心，令弹性中心处的力矩为 M_0，推力为 T_0。由弹性中心法可以求得

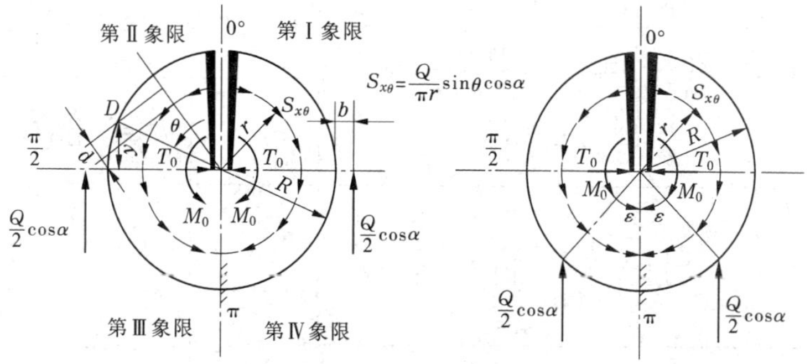

(a)侧支承环的计算简图　　(b)下支承环的计算简图

图 8-24　支承环计算简图

$$M_0=-\frac{\int M_s\mathrm{d}s}{\int \mathrm{d}s} \tag{8-27}$$

$$T_0=\frac{\int M_s y\mathrm{d}s}{\int y^2\mathrm{d}s} \tag{8-28}$$

式中　M_s——圆弧上各点的静定力矩，以顺时针方向为正；

y——圆弧的纵坐标；

ds——弧长的微分。

求出弹性中心处的 M_0及 T_0后，即可得到环顶切口处的内力 M_G、T_G，从而可推求出封闭圆环（支承环）任一断面上的内力。

导出的内力 M_R、T_R和 N_R在一些特殊点处的计算公式列于表 8-6。从表中可以看出，支承环内力除取决于它的几何尺寸及荷载 Q、$S_{x\theta}$ 外，还与支点的位置 b 有关。当 $b=0.04R$ 时，支承环各断面的内力分布情况如图 8-25 所示。图中弯矩画在受拉一侧，正的 M_0表示支承环外侧受拉，正的 N_R表示拉力，正的 T_R方向如↓↑。

（2）下支承式支承环的内力计算。下支承环支点位置用 ε 来确定，如图 8-23（b）所示。仍用弹性中心法计算内力，计算简图如图 8-24（b）所示。支承环任意断面内力计算公式可查《水电站压力钢管设计规范》（NB/T 35056—2015）。不论是侧支承还是下支承，当需要考虑地震时，尚需计算横向地震力作用下产生的内力，计算公式见上述规范。

表 8-6　支承环内力计算公式

内力	象限	任一段面的内力	θ = 0°、π/2、π 时的截面内力	
弯矩 M_R	Ⅰ或Ⅱ	$M_R=\frac{QR}{2\pi}[\theta\sin\theta+(\frac{2b}{R}+\frac{3}{2})\cos\theta-\frac{\pi}{2}(1+\frac{b}{R})]$	$\theta=0°$	$M_R=\frac{QR}{2\pi}\left(0.07-0.43\frac{b}{R}\right)$
			$\theta=\pi/2$	$M_R=-\frac{Qb}{4}$，$M_R=\frac{Qb}{4}$
	Ⅳ或Ⅲ	$M_R=\frac{QR}{2\pi}[\pi-\theta\sin\theta-(\frac{2b}{R}+\frac{3}{2})\cos\theta-\frac{\pi}{2}(1+\frac{b}{R})]$	$\theta=\pi$	$M_R=-\frac{QR}{2\pi}\left(0.07-0.43\frac{b}{R}\right)$
轴力 N_R	Ⅰ或Ⅱ	$N_R=\frac{Q}{\pi}\left[\left(\frac{r-b}{R}-\frac{3}{4}\right)\cos\theta-\frac{\theta}{2}\sin\theta\right]$	$\theta=0°$	$N_R=\frac{Q}{\pi}\left(\frac{r-b}{R}-0.75\right)$
			$\theta=\pi/2$	$N_R=-\frac{Q}{4}$，$N_R=\frac{Q}{4}$
	Ⅳ或Ⅲ	$N_R=\frac{Q}{\pi}\left[\left(\frac{r-b}{R}-\frac{3}{4}\right)\cos\theta+\frac{\pi-\theta}{2}\sin\theta\right]$	$\theta=\pi$	$N_R=-\frac{Q}{\pi}(\frac{r-b}{R}-0.75)$
剪力 T_R	Ⅰ或Ⅱ	$T_R=-\frac{Q}{\pi}\left[\left(\frac{r-b}{R}-\frac{5}{4}\right)\sin\theta+\frac{\theta}{2}\cos\theta\right]$	$\theta=0°$	$T_R=0$
			$\theta=\pi/2$	$T_R=-\frac{Q}{\pi}\left(\frac{r-b}{R}-1.25\right)$
	Ⅳ或Ⅲ	$T_R=-\frac{Q}{\pi}\left[\left(\frac{r-b}{R}-\frac{5}{4}\right)\sin\theta-\frac{\pi-\theta}{2}\cos\theta\right]$	$\theta=\pi$	$T_R=0$

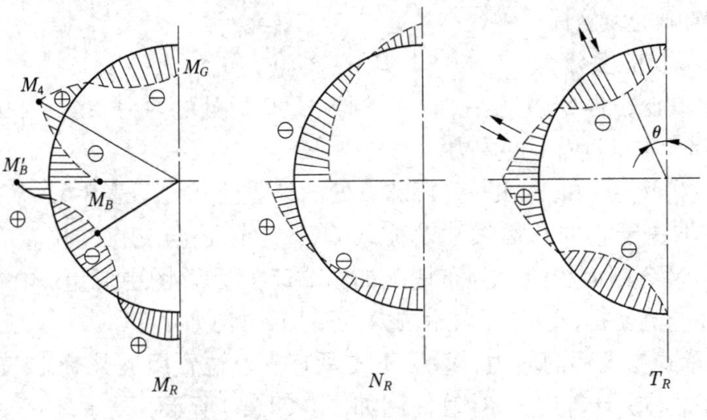

图 8-25　$b=0.04R$ 时支承环内力图

计算出支承反力产生的弯矩 M_R、轴力 N_R 和剪力 T_R 后，它们所产生的应力（见图 8-25）分别为

$$\sigma_{\theta 3}=\frac{N_R}{F} \tag{8-29}$$

$$\sigma_{\theta 4}=\frac{M_R Z_R}{J_R}=\frac{M_R}{W_R} \tag{8-30}$$

$$\tau_{\theta r}=\frac{T_R S_R}{J_R a}(\text{支承环腹板}) \tag{8-31}$$

式中　N_R——支承环横截面上的轴力；

M_R——支承环横截面上的弯矩；

Z_R——计算点与重心轴的距离；

J_R——支承环有效截面对重心轴的惯性矩；

W_R——支承环有效截面对重心轴的面积矩；

T_R——支承环横断面上的剪力；

S_R——支承环有效截面上，计算点以外部分对重心轴的静矩；

a——支承环腹板厚度；

F——支承环有效截面面积，包括管壁等效翼缘。

断面4—4各应力的方向和分布如图8-26所示。

四个断面的应力计算公式汇总在表8-7中。

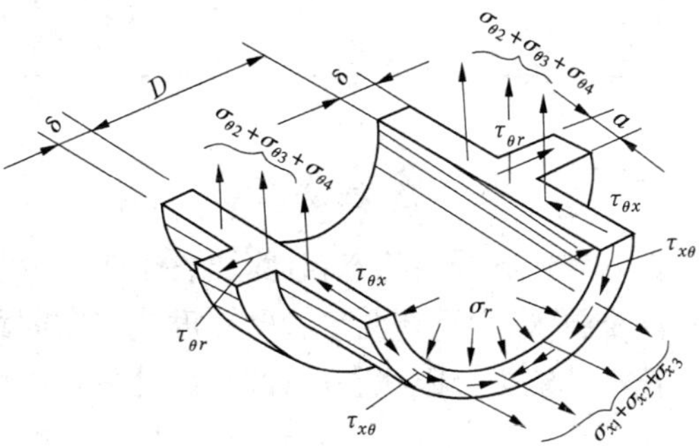

图8-26　支承环断面管壁应力分布和方向示意图

表8-7　明钢管应力计算公式汇总

断面	应力 1—1	应力 2—2	应力 3—3	应力 4—4	计算公式
纵断面	$\sigma_{\theta 1}$	$\sigma_{\theta 1}$			$\sigma_{\theta 1}=\frac{P}{\delta}r(1-\frac{r}{H}\cos\alpha\cos\theta)$
			$\sigma_{\theta 2}$	$\sigma_{\theta 2}$	$\sigma_{\theta 2}=\frac{Pr}{\delta}(1-\beta)$
				$\sigma_{\theta 3}$	$\sigma_{\theta 3}=\frac{N_R}{F}$
				$\sigma_{\theta 4}$	$\sigma_{\theta 4}=\frac{M_R Z_R}{J_R}=\frac{M_R}{W_R}$
				$\tau_{\theta r}$	$\tau_{\theta r}=\frac{T_R S_R}{J_R a}$（支承环腹板）
		$\tau_{\theta x}$	$\tau_{\theta x}$	$\tau_{\theta x}$	$\tau_{\theta x}=\tau_{x\theta}$

续表 8-7

断面	应力				计算公式
	1—1	2—2	3—3	4—4	
横断面	σ_{x1}	σ_{x1}	σ_{x1}	σ_{x1}	$\sigma_{x1} = \frac{1}{\pi r^2 \delta}(-M\cos\theta + M_e\sin\theta)$
	σ_{x2}	σ_{x2}	σ_{x2}	σ_{x2}	$\sigma_{x2} = -\frac{\sum A}{\pi D\delta}$
			σ_{x3}	σ_{x3}	$\sigma_{x3} = \pm 1.816\beta\frac{Pr}{\delta}$（管壁内缘 +，外缘 −）
		$\tau_{x\theta}$	$\tau_{x\theta}$	$\tau_{x\theta}$	$\tau_{x\theta} = \frac{V\sin\theta - V_e\cos\theta}{\pi r\delta}$

三、极限状态验算

钢管为三维受力状态，计算出各个应力分量后，应按强度理论进行极限状态验算。如果不满足要求，则重新调整管壁厚度或支墩间距，再重新计算，直到满足要求。

按承载能力极限状态设计时，各计算点的应力应符合下列要求：

$$\sigma \leqslant \sigma_R \tag{8-32}$$

式中 σ——钢管结构构件的作用效应计算值，是各种作用标准值及其分项系数、钢管构件的几何参数等的函数；

σ_R——钢管结构构件的抗力限值，是结构重要性系数、结构系数、焊缝系数和钢材强度设计值的函数。

按照第四强度理论（畸变能理论），各应力计算点的作用效应为

$$\begin{aligned}\sigma &= S(\cdot)\\ &= \sqrt{\sigma_x^2 + \sigma_r^2 + \sigma_\theta^2 - \sigma_x\sigma_\theta - \sigma_x\sigma_r - \sigma_r\sigma_\theta + 3(\tau_{xr}^2 + \tau_{x\theta}^2 + \tau_{r\theta}^2)}\end{aligned} \tag{8-33}$$

或简化为

$$\sigma = \sqrt{\sigma_x^2 + \sigma_\theta^2 - \sigma_x\sigma_\theta + 3\tau_{x\theta}^2} \tag{8-34}$$

σ_R的计算式为

$$\sigma_R = \frac{1}{\gamma_0\psi\gamma_d}f \tag{8-35}$$

式中 γ_0——结构重要性系数，钢管结构安全级别为Ⅰ时取 1.1，当安全级别为Ⅱ时取 1.0；

ψ——设计状况系数，其取值为：持久状况 1.0，短暂状况 0.9，偶然状况 0.8；

γ_d——结构系数，按表 8-8 取值；

f——钢材强度设计值，按《水电站压力钢管设计规范》（NB/T 35056—2015）取值。

表 8-8　结构系数 γ_d

应力种类		内力种类	结构系数 γ_d(φ=0.95)
整体膜应力		轴力	1.6
局部应力	局部膜应力	轴力	1.3
	局部膜应力+弯曲应力	轴力+弯矩	1.1

注:表中的 γ_d 适用于焊缝系数 φ=0.95 的情况,若 $\varphi \neq 0.95$,则 γ_d 应乘以 $0.95/\varphi$。

第六节　明钢管的抗外压稳定

一、明钢管外压失稳的原因及失稳现象

钢管是一种薄壁结构,可以承受较高的内压,但承受外压力的能力较差。

机组运行过程中由于负荷变化产生负水击,而使管道内产生负压,或者管道放空时通气孔失灵,而在管道内产生真空。管道内部产生真空或负压时,管壁在外部的大气压力下可能丧失稳定,管壁被压瘪。所以,必须根据钢管处于真空状态时不至于产生不稳定变形的条件来校核管壁的厚度或采取工程措施。

二、抗外压稳定性校核

钢管的外压稳定必须满足两个要求:①在外压力作用下钢管本身不失稳;②抗外压承载能力满足要求。

钢管承受均布外压荷载(外水压力、灌浆压力等),其抗外压稳定性可按下式验算:

$$K_c P_{0k} \leqslant P_{cr} \tag{8-36}$$

式中　K_c——抗外压稳定安全系数,对明钢管一般取 2.0;

P_{0k}——径向均布外压力标准值;

P_{cr}——抗外压稳定临界压力计算值。

钢管的抗外压承载能力校核计算按式(8-32)进行,计算 σ_R 时,所有管型的 γ_d 均应按表 8-8 明钢管整体膜应力取值,钢管管壁环向压应力可按下式计算:

$$\sigma_\theta = -\frac{r}{\delta}P_{0k} \tag{8-37}$$

式中　r——钢管内半径;

δ——钢管管壁计算厚度。

三、光滑管段的临界外压力

取单位长度的管段考虑,在径向均布外压力作用下产生变形,如图 8-27 所示。当外压力 P 增加到临界压力 P_{cr} 时,钢管管壁就丧失稳定。在 P_{cr} 作用下,管壁维持一定的变形状态。经过推导,得出临界压力 P_{cr} 为

$$P_{cr} = \frac{2E}{1-\mu^2} \times \left(\frac{\delta}{D}\right)^3 \tag{8-38}$$

式中 D——钢管直径；

E——钢的弹性模量；

μ——钢的泊松比；

δ——钢管厚度。

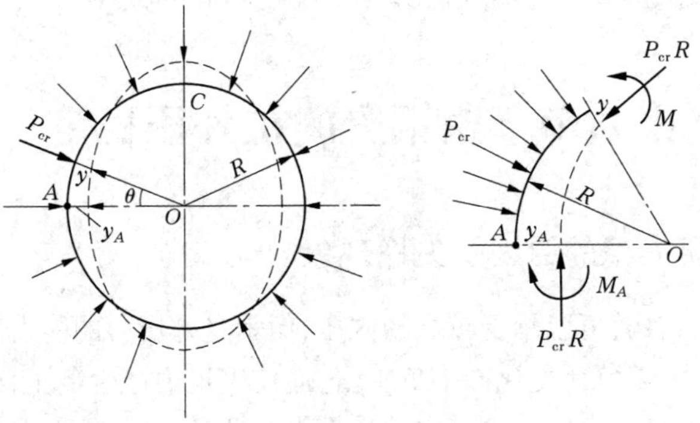

图 8-27　管壁在外压下的屈曲

四、加劲钢管的外压稳定

当管径较大时，按式(8-38)求出的管壁厚度太大，可能无法加工，因此可采取在管壁上增加加劲环以提高管壁刚度的措施，不但可以增加其抗外压稳定性，也可以降低生产难度，并降低造价(比增加管壁厚度更经济)。

(一)加劲环之间的管壁临界外压力

加劲环的刚度要足够大，在设计外压下不失稳。管壁由于受到加劲环的约束，其变形与光滑管不相同，其变形形态如图 8-28 所示，变形的特点是发生多波屈曲。发生多波屈曲所需的外压力比发生双波屈曲的外压力要大，但这与加劲环的间距有关。当加劲环的间距较小时，其间的光滑部分与加劲环一同变形，管壁的临界压力即加劲环的临界压力；当加劲环的间距较大时，假设加劲环的刚度足够大，不会失稳，则两个加劲环的中间光滑部分的临界外压力为

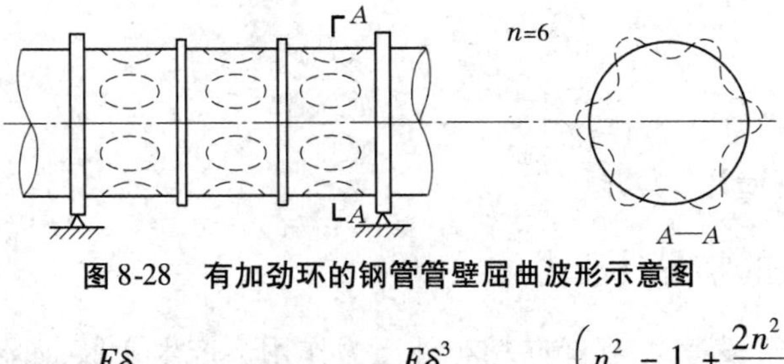

图 8-28　有加劲环的钢管管壁屈曲波形示意图

$$P_{cr} = \frac{E\delta}{r(n^2-1)\left(1+\frac{n^2l^2}{\pi^2r^2}\right)^2} + \frac{E\delta^3}{12r^3(1-\mu^2)} \times \left(n^2-1+\frac{2n^2-1-\mu}{1+\frac{n^2l^2}{\pi^2r^2}}\right) \tag{8-39}$$

$$n = 2.74\left(\frac{r}{l}\right)^{1/2}\left(\frac{r}{\delta}\right)^{1/4} \tag{8-40}$$

式中　n——相应于最小临界压力的屈曲波数,用式(8-40)估算;

l——加劲环间距。

屈曲波数 n 应为整数,但求出的 n 不一定是整数,需对其取整。因此,按(8-39)式计算时,首先求出屈曲波数 n,并取整,然后将 n、$n-1$、$n+1$ 三个数分别代入式(8-39)中,求出的最小值就是临界荷载。

用式(8-39)和式(8-40)计算临界压力非常烦琐,也可以用查图表的方法求临界压力,图表是根据上述公式绘制而成的,见图 8-29。

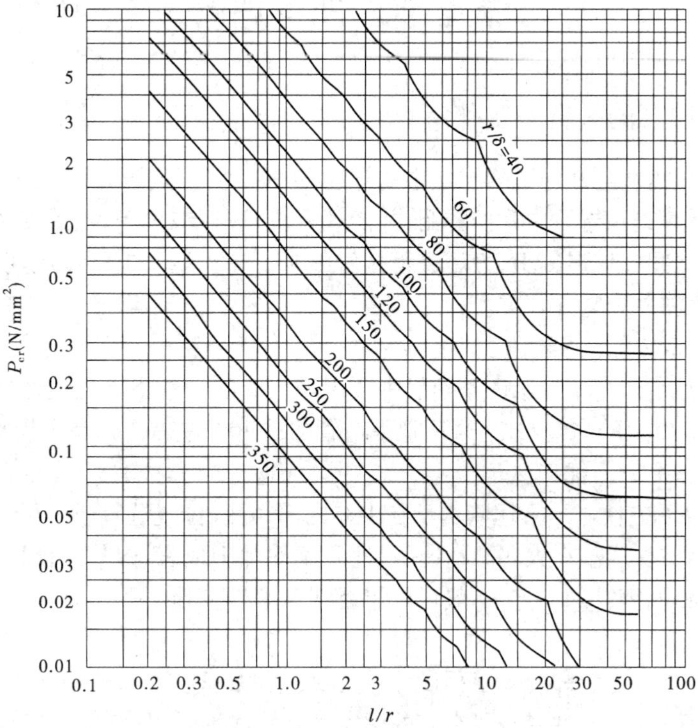

图 8-29　加劲环间管壁屈曲压力计算曲线

(二)加劲环断面的临界外压力

加劲环两侧附近的管壁与加劲环一起变形,这一部分的长度 $l' = 0.78\sqrt{r\delta}$,加劲环有效断面如图 8-30所示。

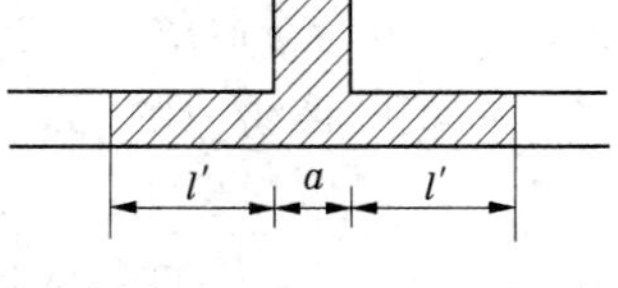

图 8-30　加劲环有效断面

加劲环断面的外压稳定计算公式,可按照光滑管的公式计算,但是等式右边应该除以加劲环的间距 L,其他参数用加劲环有效断面计算。

$$p_{cr} = \frac{3EJ}{R_k^3 l} \tag{8-41}$$

式中　J——计算断面对自身中和轴的惯性矩；

　　R_k——加劲环有效断面中心半径。

最后，总结一下明钢管的设计步骤：①根据锅炉公式并考虑锈蚀厚度初步拟定管壁厚度，但在应力和稳定计算中，不计锈蚀厚度；②由管壁厚度用光滑管外压稳定计算公式进行外压稳定校核，如果不稳定可设置加劲环（也可用支承环代替），并选定其间距；③根据加劲环抗外压稳定和横断面压应力小于钢管构件抗力限值的要求，确定加劲环的尺寸；④进行强度校核，如果不满足要求则增加管壁厚度或缩小加劲环间距。重复上面的步骤，直到满足要求。

第七节　地下埋管

一、地下埋管的布置与工作特点

地下埋管是指埋藏在地下岩层之中的管道，也称为隧洞式压力管道或地下压力管道。其施工过程是：首先在岩石中开挖隧洞，并清理石渣，进行支护等，然后安装钢管，再在钢管和岩石洞壁之间回填混凝土，最后进行接触灌浆。在大型水电站中应用较多。根据其轴线的方向，有斜井和竖井两类。

（一）工作特点及适用条件

地下埋管是我国大中型水电站建设中应用最广泛的一种引水管道形式，国外装机容量在1 000 MW以上的水电站中，采用地下埋管的占40%左右。这是因为与明钢管相比，地下埋管有一些突出的优点。

（1）布置灵活方便。地下埋管由于在山体内部，管线位置选择较自由，与地面管线相比，一般可以缩短长度。在大多数情况下，地质条件优于地表，容易选择地质条件好的线路。在不易修建明钢管的地方，一般可以布置地下埋管。地下厂房一般全部或部分采用地下埋管。

另外，由于岩石力学和地下工程设计、施工技术的迅速发展，修建压力竖井和斜井的技术已经很成熟，施工条件和费用在有的国家已开始优于地面管道。

（2）钢管与围岩共同承担内水压力，从而可减小钢衬厚度。围岩分担内水压力的比例取决于岩石的性质。当岩石坚硬、完整时，围岩承担较大的内水压力，甚至承担全部内水压力，钢板只起防渗作用；特大容量、高水头的管道，HD值很大，采用明管技术难于实现，地下埋管就可能予以解决。当上覆岩石较薄（$<3D$），岩石质量不好时，设计中往往不考虑岩石的承载能力，但提高钢衬的允许应力。地下埋管的允许应力见本章第五节表8-5。

（3）运行安全。地下埋管的运行不受外界条件影响，维护简单，围岩的极限承载能力一般很高，钢材又有良好的塑性，因此管道的超载能力很强。

当然，地下埋管也有一些缺点，如构造比较复杂，施工安装工序多，工艺要求较高，施工条件较差，会增加造价；由于地下埋管所承受的外压力较大，因此外压稳定问题突出等。

由于围岩承担了一部分荷载，管壁较薄，节省了钢材，但需放空检修、施工期灌浆压力、水库蓄水后地下水(外水压力)很容易造成外压失稳破坏。国内外报道的地下埋管破坏多数为外压失稳。

(二)布置

对于地下埋管,路线应选择在地质和地形条件优越的地区,岩石要尽量坚固、完整,要有足够的上覆岩石厚度,以利用围岩承担内水压力。埋管轴线要尽量与岩层构造面垂直,并避开活动断层、滑坡、地下水压力和涌水量很大的地带,以避免钢衬在外水压力作用下失稳,同时应注意施工的便利。进水口应选择在相对优良的地段。如果选用多根管道,相邻管道间的岩体要满足施工期和运行期的稳定和强度要求。

地下埋管一般多采用联合供水方式,但如果管道较短,引用流量较大,机组台数较多,分期施工间隔较长或工程地质条件不易开挖大断面洞井,则经技术经济比较,也可采用两根或更多的管道,用分组供水或单元供水方式向机组输水。相邻两根管道之间应有足够的间距,以保证其岩体的强度,防止出现失稳情况。

为保证施工运行安全,地下管道应布置在坚固完整、地下水位低的岩层中。对管线的地质构造(岩石走向、节理裂隙)进行认真研究,以防塌方和岩石脱落,地下施工要考虑出渣和浇筑混凝土要求,管道与水平面夹角不宜小于40°。

为了保证上覆岩层的稳定,应留有足够的岩石厚度。

洞井的布置方式有竖井、斜井和平洞三种,应根据工程布置、施工条件、施工机械和施工方法选用。

(三)构造与施工要求

地下埋管是钢衬、回填混凝土、岩体共同受力的组合结构。其施工程序包括洞井开挖、钢衬安装、混凝土回填和灌浆四个工序。

1. 洞井开挖

洞井开挖要尽量采用光面爆破、预裂爆破或掘进机开挖,以保持圆形孔口,使洞壁尽量平整,并减少爆破松动影响。另外,要合理选择施工支洞的高程和位置,以方便出渣、运输钢衬和混凝土浇筑,并考虑作为永久排水洞和观测洞。钢管管壁与围岩之间的净空间尺寸,根据施工方法和结构布置(开挖、回填、焊接等施工方法以及有无锚固加劲环等)确定。需要在管壁外侧进行焊接者,两侧和顶部至少留0.5 m,底部至少留0.6 m。加劲环距岩壁至少0.3 m。应尽量减少现场管外焊接,减小加劲环高度,以减少岩石开挖量和混凝土回填方量。

2. 钢衬安装

钢衬一般在工厂制成一定长度的管节,运输到洞内,用预埋锚件固定,校正圆度、压缝整平后进行焊接。钢管的功用是承担部分内水压力和防止渗漏。

3. 混凝土回填

钢衬与围岩之间回填的混凝土功用是将部分内水压力传给围岩,仅传递径向内压力而不必承受环向拉力,强度等级不必太高,但也不宜低于C15。更重要的是,要采用合适的原材料和级配,合理的输送、浇筑和振捣工艺,以保证回填混凝土密实、均匀,围岩和钢衬紧密贴合。平管的底部,止水环和加劲环附近加强振捣,严禁出现疏松区和空洞区。混凝土回填的缺陷对钢衬外压稳定非常不利。采用预埋骨料压浆混凝土和微膨胀水泥等,常会取得较好的效果。

4. 灌浆

由于混凝土凝固收缩和温降的影响，在钢管和混凝土之间、混凝土与岩体之间存在着初始缝隙，需进行灌浆。灌浆分为回填灌浆、接触灌浆和固结灌浆。相关规范规定：平洞倾斜角小于 45°的缓斜井应对顶拱进行回填灌浆，顶拱回填灌浆压力不应小于 0.2 N/mm^2，且应在混凝土浇筑后至少 14 d 才能开始。钢管与混凝土间宜进行接触灌浆，灌浆压力宜用 0.2 N/mm^2，且必须在顶拱回填灌浆后至少 14 d 才能进行。基岩固结灌浆可视围岩情况、内水压力、设计假定、开挖爆破方式等情况确定，其灌浆压力不宜小于 0.5 MPa。钢管壁上灌浆孔宜预留，且进行保护，灌浆后必须严密封堵。

灌浆过程中，应严密监视，防止钢管失稳等事故，必要时可采取临时支护措施。

二、地下埋管承受内压时的强度计算

从结构上来看，地下埋管相当于一个圆筒形多层组合结构，其结构计算基于以下假定：

(1) 结构中的各层材料（钢材、混凝土、岩石等）均处于弹性状态，且为各向同性体。

(2) 钢衬安装后回填混凝土之前，围岩已经充分变形，故混凝土层和钢衬中不存在初始应力。

(3) 在钢衬与混凝土、混凝土和围岩之间存在微小的初始缝隙。

地下埋管的结构分析方法，根据缝隙条件和覆盖围岩厚度，分为钢管与围岩共同承受荷载和由钢管单独承受荷载两类情况。单独承担荷载情况的计算与明钢管相同。共同承担荷载时，地下埋管在内压作用下发生变形，变形前后的状态和荷载传递情况见图 8-31。

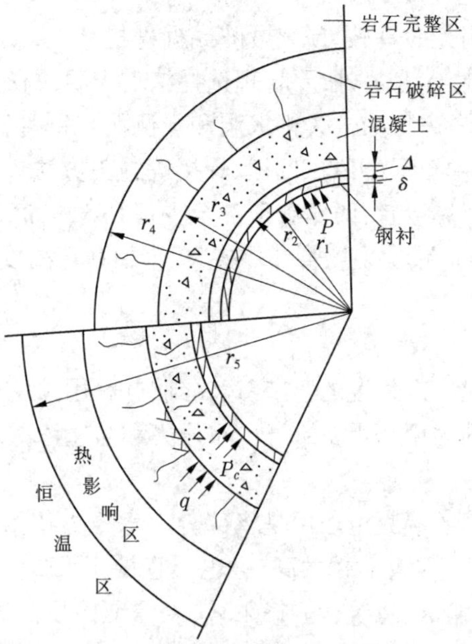

图 8-31　地下埋管的变形

图的上下两部分分别为地下埋管受内水压力前后的部分横断面图。埋管承受内压后,钢衬发生径向位移,待缝隙消失后,继续向混凝土衬圈传递内压,使混凝土内发生环向拉应力,从而在衬圈内产生径向裂缝。内压通过混凝土楔块继续向围岩传递,围岩产生向外的径向位移并形成围岩抗力,使埋管在内压下得到平衡。如果缝隙是均匀的,岩石又是各向同性的,那么地下埋管是对称的组合圆筒结构,在均匀内压下的位移和应力可按平面应变下的相容条件得出解析解答。地下埋管承受内压时的计算包括两个方面:其一是在已知钢管厚度情况下,求钢衬应力 σ_θ;其二是在已知钢衬允许应力的情况下,求解钢衬厚度。

在内水压力 p 作用下,设已经开裂的混凝土衬圈与围岩之间的径向接触应力为 q,则根据衬圈楔块的力的平衡条件,钢衬与衬圈之间的接触应力为

$$p_c = \frac{qr_3}{r_2} \tag{8-42}$$

钢衬在内压 p 和外压 p_c 作用下的环向拉应力为

$$\sigma_\theta = (p - p_c) r_1/\delta \tag{8-43}$$

钢衬的径向位移(离心方向)为

$$\Delta_{st} = \frac{\sigma_\theta r_1}{E'} = \frac{(p - p_c) r_1^2}{E'\delta} \tag{8-44}$$

$$E' = \frac{E}{1 - \mu^2}$$

式中　E——钢衬的弹性模量;

μ——钢衬的泊松比。

混凝土衬圈的楔块仅在径向受到 p_c 及 q 的作用,在混凝土浇筑质量得到保证的情况下,其径向压缩位移量很小,可以忽略不记。围岩在内压 q 作用下的径向位移为

$$\Delta_r = q/K \tag{8-45}$$

式中,K 称为围岩的抗力系数,其定义是围岩中给定半径的圆形孔口受均匀内压作用下,孔周发生 1 cm 径向位移值时所需的均匀内压值,单位为 MPa/cm。工程上常使用单位抗力系数 K_0,即半径为 100 cm 的孔口受均匀内压时,孔周发生 1 cm 径向位移值时均匀内压值。如果围岩是线弹性体,则存在下列关系:

$$K = \frac{100K_0}{r_3} \tag{8-46}$$

于是

$$\Delta_r = \frac{qr_3}{100K_0} \tag{8-47}$$

根据钢衬、混凝土衬圈和围岩径向位移必须相容的条件,有

$$\Delta_{st} = \Delta + \Delta_r$$

将各表达式代入化简,并考虑 $r_2 \approx r_1$,可得

$$p_c = \frac{(pr_1^2/E'\delta) - \Delta}{r_1(r_1/E'\delta + 1/100K_0)} \tag{8-48}$$

$$q = \frac{(pr_1^2/E'\delta) - \Delta}{r_3(r_1/E'\delta + 1/100K_0)} \tag{8-49}$$

因此,可以得出钢衬应力的计算公式,或在给定钢管构件抗力限值的情况下,求管壁厚度的计算公式为

$$\sigma_\theta = \frac{pr_1 + 100K_0\Delta}{\delta + 100K_0 r_1/E'} \tag{8-50}$$

$$\delta = \frac{pr_1}{\sigma_R} + 100K_0\left(\frac{\Delta}{\sigma_R} - \frac{r_1}{E'}\right) \tag{8-51}$$

三、影响钢衬应力的因素

对钢衬应力影响比较大的是岩体特性和初始缝隙。

(一)围岩单位抗力系数 K_0的影响

首先看一下单位抗力系数 K_0的影响程度。设有一地下埋管,其 $r_1=200$ cm,$\delta=1.2$ cm,$p=2$ MPa,$\Delta=0$ 时,K_0分别等于0(围岩无抗力)及40 MPa/cm,则钢衬应力由333 MPa降为85.5 MPa。可见 K_0值是很重要的。

但是工程设计中很难准确地选取 K_0值。因为岩体中常存在比较软弱的节理和裂隙,因此岩体本身并不是线弹性各向同性体,在实验室中也无法准确地确定岩体的参数,所以岩体的参数只有靠大规模现场试验或工程经验确定。但一方面现场试验成本高,另一方面隧洞线路较长,各部分的参数不尽相同,且试验探洞的部位及荷载大小等都对结果有影响,所以选用计算参数时要非常谨慎。

在确定了岩体的弹性模量 E_r和泊松比 μ_r后,可以由下式计算单位抗力系数 K_0为

$$K_0 = E_r/100(1+\mu_r) \tag{8-52}$$

(二)初始缝隙值 Δ 对钢衬应力的影响

初始缝隙值 Δ 对钢衬应力的影响也可由下面的算例看出,设 $r_1=200$ cm,$\delta=1.2$ cm,$p=2$ MPa,$K_0=40$ MPa/cm,则 Δ 由 0 变为 1 mm 时,钢衬应力由 85.5 MPa 增加到 171 MPa。

初始缝隙值 Δ 的变化很大,影响其大小的因素很多,也相当复杂,不易准确确定。初始缝隙主要由以下几种缝隙组成:

(1)施工缝隙 Δ_0:回填的混凝土在凝固过程中释放的水化热使钢衬膨胀,混凝土凝固以后温度恢复正常,混凝土和钢衬均发生收缩,在钢衬和混凝土及混凝土与岩石之间形成缝隙。

施工缝隙的大小与混凝土的收缩和施工质量有很大关系,各工程和钢管的不同部位也都不相同。平洞和坡度较小的斜井在浇筑混凝土时,钢管两侧易于平仓振捣,回填混凝土的质量较易保证;而顶、底拱部位易于形成较大空隙,故施工缝隙沿管周的分布是不均匀的。减小施工缝隙的有效措施是提高混凝土垫层的浇筑质量和进行回填及接缝灌浆。一般情况下,如果管外的混凝土填筑质量很好,并进行了认真的接缝灌浆,则 Δ_0可取0.2 mm。

(2)岩石的塑性蠕变缝隙 Δ_{rc}。岩石不是完全弹性体,在长期反复荷载作用下,有部分变形在卸荷后不能复原,形成残余变形,且在一定时间内会逐渐增大,其原因是岩体的节理和裂隙在加荷后闭合而卸荷后不能完全复原,这种残余变形称为塑性蠕变缝隙。塑

性蠕变缝隙的大小与岩体的破碎程度有关。完整岩体的残余变形很小。例如，我国某电站埋管，围岩较好，建成后 5 年之内实测的钢衬应力基本没有变化。对较破碎的岩体进行固结灌浆，封堵节理和裂隙，能有效地减小岩体的残余变形。

日本东川电站的现场试验研究表明，岩体的残余变形和弹性变形存在良好的相关关系，残余变形可用与弹性变形的比值 β_r 表示，即

$$\Delta_{rc} = \beta_r(1+\mu_r)\frac{r_2 p_c}{E_r} \tag{8-53}$$

该电站实测的 $\beta_r = 0.3 \sim 0.6$。

(3)温度收缩缝隙。钢管通水后，因水温较低，钢管和围岩冷却收缩，与混凝土垫层间形成缝隙。在埋管水压试验的稳压阶段，在一定时间之内钢衬应力会随时间逐渐增大，就是由于钢衬和围岩因热交换逐渐冷却的结果。钢衬的径向温降收缩可用下式计算：

$$\Delta_{st} = \alpha_s(1+\mu_s)\Delta t_s r \tag{8-54}$$

式中　α_s 和 μ_s ——钢材的线胀系数和泊松比；

Δt_s ——钢衬充水前后的温差。

如果施工季节选择不当，Δ_{st} 可以达到相当数值。

围岩破碎区和开裂的混凝土衬圈，温降后缝隙值增加。其径向变位为

$$\Delta_{rt} = \alpha_r \Delta t_r r_1 \Delta_r' \tag{8-55}$$

式中　α_r 和 Δt_r ——围岩的线胀系数和岩壁充水前后的温差；

Δ_r' ——围岩破碎区影响系数，可按表 8-9 查取。

表 8-9　Δ_r' 取值

r_4/r_1	1	2	3	5	7	9	10	11
Δ_r'	0	0.839	1.460	2.312	2.822	3.089	3.151	3.170

在实际计算中，总缝隙值取上述三种缝隙之和：

$$\Delta = \Delta_0 + \Delta_{st} + \Delta_{rc} \tag{8-56}$$

但在实际计算中，由于岩性比较复杂，围岩和混凝土衬圈收缩引起的缝隙值难以精确确定，且数值不大，一般可以不计。

四、地下埋管的抗外压稳定分析

地下埋管的钢衬也存在外压作用下失稳的问题。国内外地下埋管发生的事故中，钢衬破坏大多是由外压失稳造成的。这是因为地下埋管是一种薄壳结构，承受内压的潜在能力相当高，而其抵抗外压的能力较低，但管道放空时所受外压力的值可能远高于大气压力。

(一)钢衬的外压荷载

地下埋管钢衬所承受的外压力有以下几种：

(1)地下水压力。钢衬所受地下水压力值，可根据勘测资料选定。根据最高地下水位线来确定外水压力值是稳妥的，但常会使设计值过高。同时，要分析水库蓄水和引水系统渗漏等因素对地下水位的影响。地下水位线一般不应超过地面。

(2)钢衬与混凝土之间接缝灌浆压力。接缝灌浆压力一般为 0.2 MPa。

(3)回填混凝土时流态混凝土的压力。其值取决于混凝土一次浇筑的高度,最大值可能等于混凝土重度乘以一次浇筑高度。

(二)埋管钢衬在外压下失稳的特征

钢衬承受流态混凝土压力时,因钢衬尚无约束,类似明钢管承受外压。钢衬在承受地下水压力和灌浆压力时,已经受到混凝土垫层的约束。灌浆压力沿管周不是均布的,地下水压力则可认为是均布的。

埋管钢衬在周围岩石的约束下承受外压力产生变形时,与地面钢管有很大不同,如图 8-32所示。当外压值增加到一定值时,钢衬将发生塑性流动而导致大变形,部分钢衬脱离混凝土,而其余部分钢衬则与混凝土紧密接触,此时钢衬已丧失其使用性能,其相应的外压力为临界压力。

埋管钢衬的临界压力与材料的屈服强度和初始缝隙值直接有关。这是埋管与明钢管外压下失稳的重要区别。

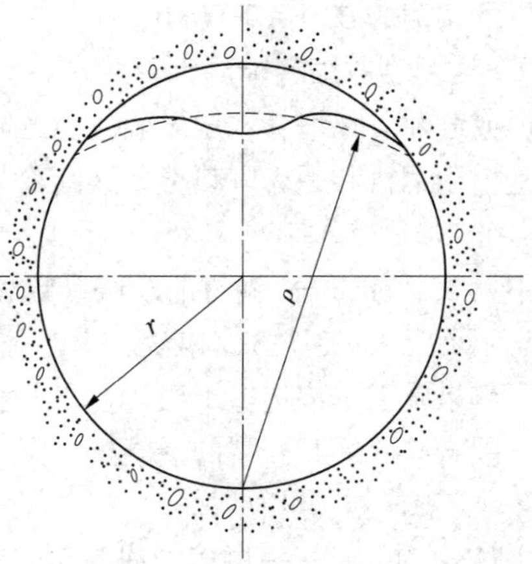

图 8-32　钢衬外压失稳

(三)钢衬临界外压力计算

1. 光面钢管

在均匀外水压力作用下,光面钢管的计算公式颇多,在我国比较常用的是阿姆斯图兹(Amstutz)公式。国内外实际工程的地下埋管失稳破坏和模型试验失稳破坏的实例说明,其破坏形态与阿氏公式假设的变形形态相符,阿氏公式的计算结果比较接近模型试验值。因此,我国钢管设计规范推荐阿氏公式作为主要计算公式。阿氏公式假定,当外压超过钢衬的临界外压时,一部分的钢衬首先失稳,屈曲成三个半波,一个向内,两个向外,如图 8-32所示。在被压屈部分,钢衬中的最大应力达到了材料的屈服强度 σ_s。根据以上假定,阿氏导出的临界外压力的公式为

$$\left(E'\frac{\Delta}{r_1}+\sigma_N\right)\left[1+12\left(\frac{r_1}{\delta}\right)^2\frac{\sigma_N}{E'}\right]^{3/2}=3.46\frac{r_1}{\delta}(\sigma_{s0}-\sigma_N)\left[1-0.45\frac{r_1}{\delta}\frac{\sigma_{s0}-\sigma_N}{E'}\right] \tag{8-57}$$

$$p_{cr}=\frac{\sigma_N}{\dfrac{r_1}{\delta}\left[1+0.35\dfrac{r_1(\sigma_{s0}-\sigma_N)}{\delta E'}\right]} \tag{8-58}$$

$$\sigma_{s0}=\sigma_s/\sqrt{1-\mu+\mu^2}$$

$$E'=E_s/(1-\mu_s^2)$$

式中　σ_N——钢衬屈曲部分由外压直接引起的环向应力。

计算时由式(8-57)先用试算法求出 σ_N,再由式(8-58)求 p_{cr}。

如果采用高强度钢,$\sigma_s>0.67\sigma_b$(σ_b为钢材的极限强度),则采用 $\sigma_s=0.67\sigma_b$。

需要指出的是,影响埋管外压稳定的因素很多,而且很多因素难以确定,如外压力的

大小和分布、缝隙的大小和分布、钢衬的不圆度和局部缺陷等。因此，理论公式的计算结果只能起参考作用。初步计算时，也可用下面的经验公式：

$$p_{cr} = 612\left(\frac{\delta}{r_1}\right)^{1.7}\sigma_s^{0.25} \tag{8-59}$$

该公式是根据38个不同国家、不同试验者在不同时期得出的模型试验资料，用回归分析的方法建立的，其相关性很好。计算时，p_{cr}和σ_s的单位均采用N/mm²。

2. 有加劲环的埋管

地下埋管的外压稳定是设计中的主要问题，所以也常常采用增加加劲环的方法来提高稳定性和在运输及施工时增加钢衬的刚度。

有加劲环的埋藏式钢管的抗外压稳定计算包括加劲环断面的稳定计算和加劲环间管壁的稳定计算两个方面。

1）加劲环断面的稳定分析

加劲环断面的稳定分析理论上也可以按照埋藏式光面管公式进行，但需要按加劲环的有效截面进行计算。但实际上，加劲环嵌固在混凝土中，向内变形时约束大，很难像光滑管壁那样脱离混凝土向内屈曲，所以一般可以不考虑加劲环的外压稳定性问题，而按强度条件控制，即钢衬在外压作用下加劲环内平均压应力不超过材料屈服强度的条件来确定临界压力：

$$p_{cr} = \frac{\sigma_s F}{r_1 l} \tag{8-60}$$

式中　F——加劲环有效截面面积；

l——加劲环间距。

2）加劲环间管壁的外压稳定分析

对加劲环之间的管壁外压稳定，目前没有合理的计算方法，可以套用带有加劲环的明钢管的外压稳定计算公式，即认为缝隙值很大，这样偏于安全。

（四）防止埋管钢衬受外压失稳的措施

工程上一般可以采取下面的几种措施来提高钢衬的抗外压稳定性：

（1）降低地下水水压力是防止钢衬失稳的根本方法，比较广泛采用的方法是排水廊道结合排水孔。

（2）精心施工，做好钢衬与混凝土之间的灌浆，减小缝隙。但灌浆时要注意鼓包问题，可采取临时措施或限制灌浆压力。

（3）流态混凝土的外压力稳定可用临时支承解决或限制浇筑高度。

五、不用钢衬砌的地下管道

为了节约投资和加快施工进度，取消钢衬是近代埋藏式压力管道设计的一个发展方向。充分利用围岩承担内水压力是其设计的指导思想。

地下管道的衬砌形式除钢板衬砌外，尚有混凝土衬砌及钢筋混凝土衬砌、预应力混凝土衬砌和具有防渗薄膜的混凝土衬砌等。

（一）混凝土衬砌及钢筋混凝土衬砌

混凝土衬砌和钢筋混凝土衬砌在低水头压力管道中应用较多，但若用于高水头情况，在内水压力作用下,混凝土衬砌难免开裂,所以应用较少。在高水头情况下,防渗和承担内水压力主要靠围岩。因此,其工作机制与不衬砌隧洞相似。衬砌主要只能起到平整洞壁的作用。为了防渗和承担内水压力,围岩必须较新鲜完整,同时,其原始的最小主压应力应不小于该点的内水压强,并有1.2~1.4的安全系数,以防在充水后围岩被水力劈裂。洞室开挖后的二次应力与充水后的三次应力不但与洞室的尺寸和形状有关,而且取决于原始地应力场。因此,确定原始地应力场是地下工程设计的重要内容。但对小型工程和在设计的初步阶段,由于地质资料不足,原始地应力场难以确定,在这种情况下,也可根据岩石的覆盖厚度初步确定管道的位置和线路。根据挪威的经验,管顶以上岩体的最小覆盖厚度应满足以下要求:

$$L_r = \frac{K\gamma_w H}{\gamma_r \cos\alpha} \tag{8-61}$$

式中 L_r——计算点至岩面的最小距离,见图8-33;

γ_w、H——水的重度和计算点的静水压;

γ_r、α——岩体的重度和山坡倾角;

K——安全系数,可取1.2~1.4。

围岩的覆盖厚度除满足上述要求外,还应该是新鲜完整的,以满足防渗要求。

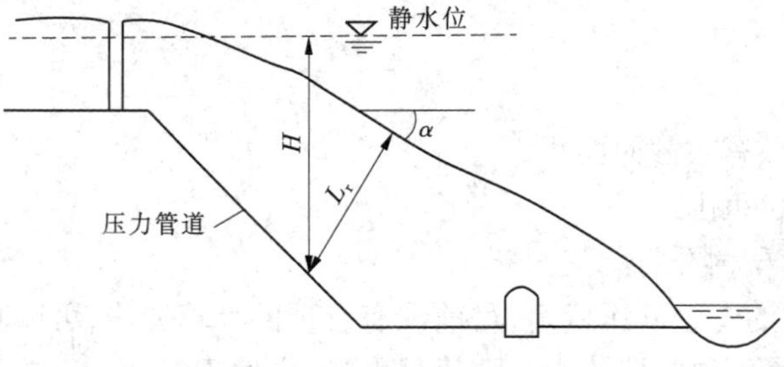

图8-33 围岩覆盖厚度

(二)预应力混凝土衬砌

预应力混凝土衬砌是在管道充水之前在衬砌中施加预压应力,使管道充水后衬砌中不出现拉应力,或在局部只有很小的拉应力。混凝土衬砌中预压应力的施加方法主要有以下三种:

(1)高压灌浆。在混凝土衬砌与围岩之间进行高压灌浆,给衬砌施加预压应力。这种方法简单可靠,应用较广,但要求围岩新鲜完整,并有足够的厚度。

(2)钢缆施压。在混凝土衬砌外围预设钢缆,待混凝土强度足够后,张拉钢缆给衬砌施加预压应力。这种做法安全可靠,对围岩的要求不高,但施工复杂,造价较高。

(3)用膨胀混凝土衬砌。在混凝土的凝固过程中,因自身膨胀形成压应力。若围岩不够完整或覆盖厚度不够,可在衬砌靠围岩一侧布置钢筋,使其在衬砌混凝土的膨胀过程中承受拉应力,以确保混凝土能够形成足够的压应力,并减小混凝土膨胀在围岩中引起的应力。

第八节 混凝土坝体压力管道

一、混凝土坝体压力管道的特点、类型和布置

混凝土坝体压力管道是依附于混凝土坝身,即埋设在坝体内或固定在坝面上,并与坝体成为一体的压力输水管道。其特点是结构紧凑简单,引水长度最短,水头损失小,机组调节保证条件好,造价低,运行管理集中方便,但是管道安装会干扰坝体施工,坝内埋管空腔削弱坝体,使坝体应力恶化。

混凝土重力坝和坝内钢管及坝后厂房是应用非常广泛的传统形式,近年来混凝土坝下游面压力管道也逐渐得到应用,混凝土坝坝式水电站采用坝体管道的愈加普遍。常见的混凝土坝体压力管道分为两种:坝内埋管、坝体下游面钢管(坝后背管)。

二、坝内埋管

坝内埋管的特点是管道穿过混凝土坝体,全部埋在坝体内。

(一)坝内埋管的布置

坝内埋管在坝体内的布置原则是:尽量缩短管道的长度;减少管道空腔对坝体应力的不利影响,特别要减少因管道引起的坝体内拉应力区的范围和拉应力值;还应减少管道对坝体施工的干扰,并有利于管道本身的安装和施工。

在立面上,坝内埋管有三种典型的布置形式:

(1)倾斜式布置。管轴线与下游坝面近于平行并尽量靠近下游坝面,如图 8-34 所示。其优点是:进水口位置较高,承受水压小,有利于进水口的各种设施布置;管道纵轴与坝体内较大的主压应力方向平行,可以减轻管道周围坝体的应力恶化;与坝体施工干扰较少。缺点是:管道较长,弯段多。此外,管道与下游坝面间的混凝土厚度较小。

(2)平式和平斜式布置。管道布置在坝体下部,如图 8-35 所示。优缺点与倾斜式布置相反。对于拱坝,坝体厚度不大,而管径却较大时,常采用这种布置方式。

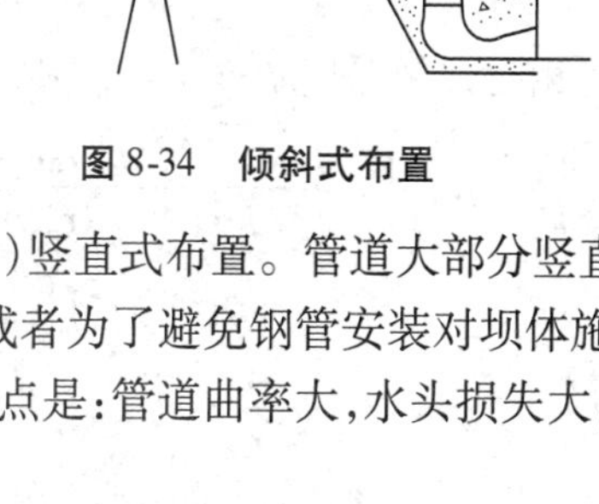

图 8-34 倾斜式布置

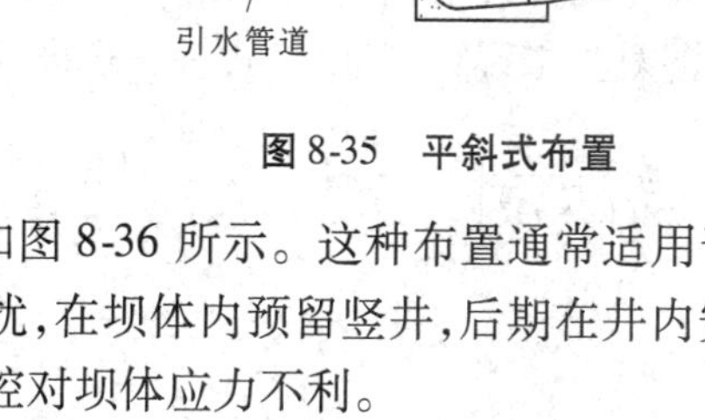

图 8-35 平斜式布置

(3)竖直式布置。管道大部分竖直布置,如图 8-36 所示。这种布置通常适用于坝内厂房,或者为了避免钢管安装对坝体施工的干扰,在坝体内预留竖井,后期在井内安装钢管。缺点是:管道曲率大,水头损失大,管道空腔对坝体应力不利。

在平面上，坝内埋管最好布置在坝段中央，管径不宜大于坝段宽度的1/3。这样，管外两侧混凝土较厚，且受力对称。通常在这种情况下，厂坝之间有纵缝，厂房机组段间横缝与坝段间的横缝相互错开，如图8-37(b)所示。坝与厂房之间不设纵缝而厂坝连成整体时，由于两者横缝也必须在一条直线上，管道在平面上不得不转向一侧布置，这时钢管两侧外包混凝土厚度不同，如图8-37(a)所示。

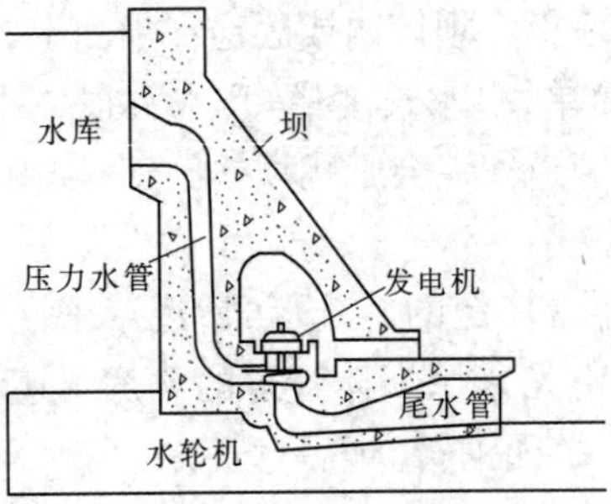

图8-36　竖直式布置

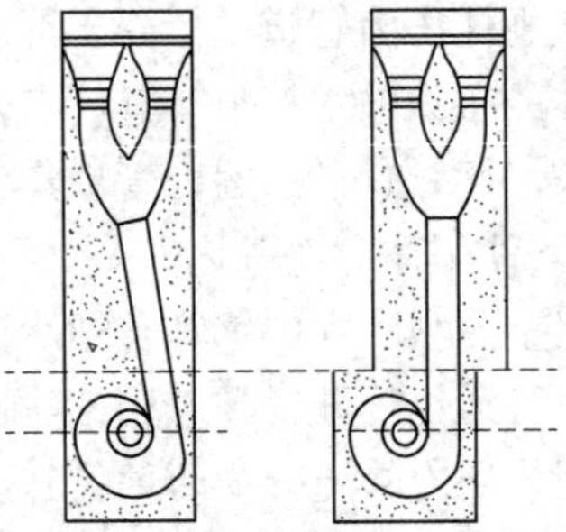

(a)　(b)

图8-37　管道在坝内的平面布置

坝内埋管(以及其他形式的坝体管道)采用坝式进水口，其布置和设施必须满足进水口的所有要求。进水口的拦污栅一般布置在坝体悬臂上以增加过水面积，检修闸门及工作闸门槽通常布置在坝体内，紧接门槽后是由矩形变为圆形的渐变段，然后接管道的上水平段或上弯段；有时渐变段可与上弯段合并，渐变段直接连接斜直段。

进水口位于坝体内，过水断面较大，宜做成窄高形，渐变段要尽量短，以便较快过渡到圆形断面，这样有利于闸门结构及坝体应力。

应注意保证通气孔的必要面积和出口高程及合理位置，以免进气时产生巨大吸入气流，影响通气孔出口附近设备及运行人员安全。应使进口处所设充水阀和旁通管面积不过大，以免充水时从通气孔向外溢水和喷水，影响厂坝之间电气设备的正常运行。

(二)坝内埋管的结构计算

坝内埋管的结构计算可以用有限元方法或近似解析法，下面主要介绍近似解析法。从与管道轴线方向垂直的平面内截取单位厚度，并假定其属于轴对称平面应变问题，其计算简图如图8-38所示。根据钢管、钢筋和混凝土的变形协调关系，推导出计算公式。其计算步骤如下。

1. 判断混凝土开裂情况

在内水压力作用下，钢管外围混凝土可能有未开裂、开裂但未裂穿和裂穿三种情况。首先，假定钢管的壁厚δ和外围钢筋的数量(将钢筋折算成连续的壁厚δ_3)，根据图8-39判别混凝土的开裂情况。

若混凝土未裂穿，可由下式进一步推求混凝土的相对开裂深度$\psi = r_4/r_5$，则

$$\psi\frac{1-\psi^2}{1+\psi^2}\left\{1+\frac{E'}{E'_c}\left(\frac{\delta}{r_0}+\frac{\delta_3}{r_3}\right)\left[\ln\left(\psi\frac{r_5}{r_3}\right)+\frac{1+\psi^2}{1-\psi^2}+\mu'_c\right]\right\}=\frac{p-E'\Delta\delta/r_0^2}{\sigma_{ct}}\frac{r_0}{r_5} \quad (8\text{-}62)$$

$$E' = E_s/(1-\mu^2)$$

$$E'_c = E_c/(1-\mu_c^2)$$

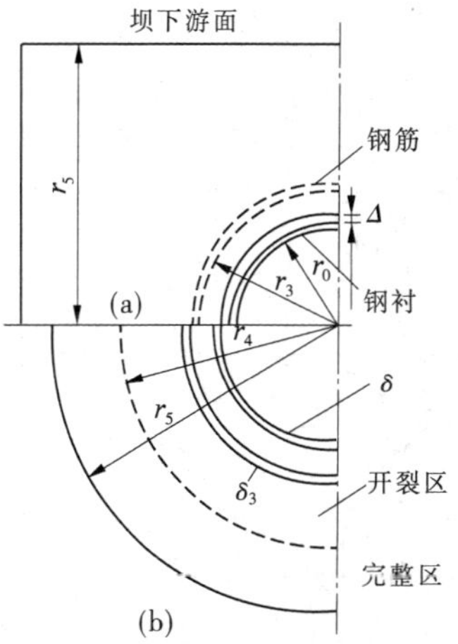

图 8-38　坝内埋管计算简图

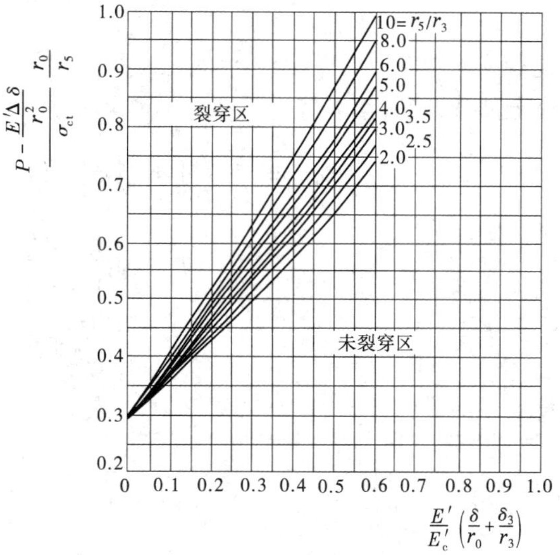

图 8-39　混凝土开裂情况判断图

$$\mu'_c = \mu_c/(1-\mu_c)$$

式中　p——内水压强；

r_0、r_3——钢管和钢筋层半径；

E_s、μ——钢材的弹性模量和泊松比；

E_c、μ_c——混凝土的弹性模量和泊松比；

σ_{ct}——判断混凝土开裂的拉应力取值；

Δ——钢管与混凝土间的缝隙。

式(8-62)中的 ψ 有双解，取其小值。若 $\psi < r_0/r_5$，表示混凝土未开裂；若 $\psi > 1$，则混凝土已裂穿。ψ 用试算求解，也可查压力钢管设计规范中的曲线。

2. 计算各部分应力

1) 混凝土未开裂

混凝土分担的内水压强

$$p_1 = \frac{p - \dfrac{E'\Delta\delta}{r_0^2}}{1 + \dfrac{E'\delta}{E'_c r_0}\left(\dfrac{r_5^2 + r_0^2}{r_5^2 - r_0^2} + \mu'_c\right)} \tag{8-63}$$

混凝土内缘的环向应力

$$\sigma_c = \frac{p_1(r_5^2 + r_0^2)}{r_5^2 - r_0^2} \tag{8-64}$$

钢筋的应力

$$\sigma_3 = \frac{E_s}{E_c}\sigma_c \tag{8-65}$$

钢管的环向应力

$$\sigma_1 = \frac{(p - p_1) r_0}{\delta} \tag{8-66}$$

2）混凝土未裂穿

混凝土部分开裂，钢筋应力

$$\sigma_3 = \frac{E'}{E'_c}\frac{r_s}{r_3}[\sigma_1]\left\{m\left[\ln\left(\psi\frac{r_s}{r_3}\right)+n\right]\right\} \tag{8-67}$$

$$m = \psi\frac{1-\psi^2}{1+\psi^2}$$

$$n = \frac{1+\psi^2}{1-\psi^2} + \mu'_c$$

钢管的环向应力

$$\sigma_1 = \frac{\sigma_3 r_3}{r_0} + \frac{E'\delta}{r_0} \tag{8-68}$$

3）混凝土裂穿

此时混凝土不能参与承载，钢管传给混凝土的内水压强

$$p_1 = \frac{p - \dfrac{E'\Delta\delta}{r_0^2}}{1 + \dfrac{r_3}{\delta_3}\dfrac{\delta}{r_0}} \tag{8-69}$$

钢管的环向应力

$$\sigma_1 = \frac{(p - p_1) r_0}{\delta} \tag{8-70}$$

钢筋的环向应力

$$\sigma_3 = \frac{p_1}{\delta_3} r_0 \tag{8-71}$$

上述计算为内水压力作用下的应力计算。此外，坝体荷载也会在孔口周围产生附加环向应力。应将这两种作用产生的环向应力叠加，再进行配筋计算。如果求出的钢筋数量不超过并接近假定的钢筋数量，则认为满足要求；否则，应重新假定钢筋数量，再进行上述计算，直至满意。

（三）坝内埋管钢衬的抗外压稳定性

坝内埋管钢衬抗外压稳定性分析的原理和方法与地下埋管钢衬相同。坝内埋管钢衬的外压荷载主要有外水压力、施工时的流态混凝土压力和灌浆压力。施工期临时荷载不宜作为设计控制条件，应采取加设临时支承、控制混凝土浇筑高度等工程措施来解决。钢衬所受外水压力来源于从钢衬始端沿钢衬外壁向下的渗流。渗流水压力可假定沿管轴线直线变化。

为安全计，钢衬最小外压力不小于 0.2 MPa。钢衬上游段承受的内压值小，管壁薄，但钢衬外渗流水压大，是抗外压失稳的重点。应该在钢衬首端采取阻水环等防渗措施，并在阻水环后设排水措施，这样可以比较有效地降低钢衬外渗压。接缝灌浆可减小缝隙，也有利于钢衬抗外压失稳。坝内埋管钢衬在放空时外压失稳的事故比较少见。

三、坝后背管

为了解决钢管安装与坝体混凝土浇筑的矛盾，一些大型坝后式水电站将钢管布置在混凝土坝的下游坝面上，形成下游面管道，或称为坝后背管。下游面管道除进水口后一小段管道穿过坝体外，主要部分沿坝下游面铺设，见图8-40。

与坝内埋管相比，下游面管道有如下优点：便于布置；减少管道空腔对坝体的削弱，有利于坝体安全；坝体施工不受管道施工与安装的干扰，可以提高坝体施工的质量，并加快进度和提前发电；管道可以随机组的投产先后分期施工，有利于合理安排施工进度，且减少投资积压，机组台数较多时，效益更为显著。

混凝土坝下游面管道有两种结构形式：坝下游面明钢管和坝下游面钢衬钢筋混凝土管。

（1）坝下游面明钢管。现场安装工作量小，进度快，与坝体施工干扰小。但当钢管直径和水头很大时，会引起钢管材料和工艺上的技术困难。敷设在下游坝面上的明钢管一旦失事，水流直冲厂房，后果严重。

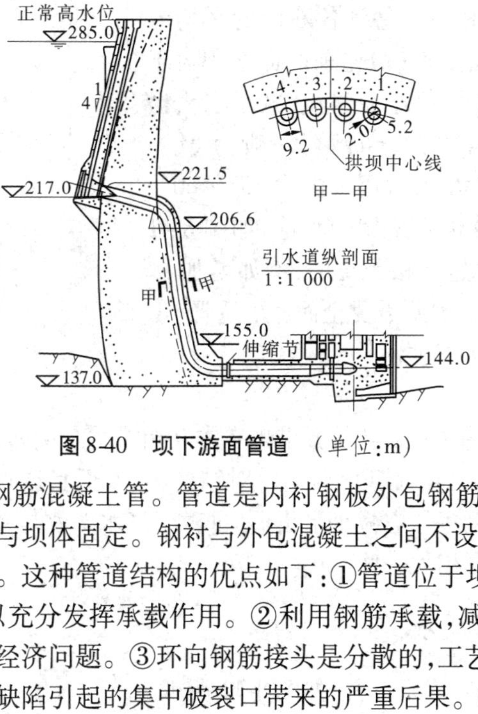

图8-40　坝下游面管道　（单位：m）

（2）坝下游面钢衬钢筋混凝土管。管道是内衬钢板外包钢筋混凝土的组合结构，用坝下游面的键槽及锚筋与坝体固定。钢衬与外包混凝土之间不设垫层，紧密结合，两者共同承受内水压力等荷载。这种管道结构的优点如下：①管道位于坝体外，允许管壁混凝土开裂，使钢衬和钢筋可以充分发挥承载作用。②利用钢筋承载，减小了钢板厚度，避免采用高强钢引起的技术和经济问题。③环向钢筋接头是分散的，工艺缺陷不会集中，因此可以避免钢管材质及焊缝缺陷引起的集中破裂口带来的严重后果。④减少外界因素对管道破坏的可能性，在严寒地区有利于管道防冻。

第九节　分岔管

一、分岔管的功用、特点和要求

采用联合供水或分组供水时，即一根管道需要供应两台或更多台机组用水时，需要设置分岔管。这种分岔管位于厂房上游侧，其作用是分配水流。

有时，一条压力引水道需要分成两根以上的压力管道，也是分岔管，通常位于调压井底部或调压井下游。几台机组的尾水管往往在下游合成一条压力尾水洞，汇合处也是分岔管，不过水流方向相反。上下游压力引水道上的分岔管往往尺寸较大，但内压较低。

我国已经建成的水电站分岔管大多数属于地下分岔管，但大多按明管设计，即不考虑周围岩体分担荷载。本节主要讨论厂房前的分岔管。

一般来说，分岔管的水流条件较差，引起的水头损失较大。另外，分岔管由薄壳和刚度较大的加强构件组成，管壁厚，构件尺寸大，有时需锻造，焊接工艺要求高，造价也比较高；由于其受力条件差，且所承受的静动水压力最大，又靠近厂房，因此其安全性十分重要。

分岔管布置应结合地形地质条件，与主管线路布置、水电站厂房布置协调一致，布置方案应做技术经济比较，并符合下列原则：

(1)结构合理，安全可靠，不产生较大的应力集中和变形。

(2)水流平顺，水头损失小，避免涡流和振动。试验研究说明，当水流通过分岔管各断面的平均流速接近相等，或水流缓慢加速(分岔前断面面积大于分岔后断面面积之和)时，可避免涡流，减小水头损失。分支管宜采用锥管过渡，半锥角一般为5°～10°，宜采用较小的分岔角 β，常用范围为45°～60°。岔裆角 γ 和顺流转角 θ 也宜采用较小值，如图8-41所示。但这些要求有时是互相矛盾的，例如增加 α_2 可减小 θ，但会使 γ 加大，因此需要全面考虑选择。

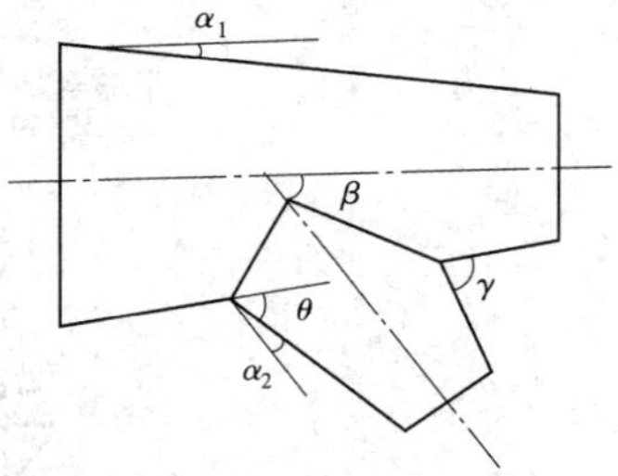

图8-41　分岔管示意图

(3)制作、运输、安装方便。

(4)经济合理。

以上水力学条件和结构、工艺的要求也常常互相矛盾。例如，分岔角越小对水流越有利，但此时主支管相互切割的破口也越大，对结构不利，而且会增加岔裆处的焊接难度。对于低水头水电站，应更多考虑减小水头损失；对于高水头水电站，有时为了使结构合理简单，可以容许水头损失稍大一些。

二、分岔管的布置形式

分岔管的典型布置有以下三种，如图8-42所示。

(1)非对称Y形布置，见图8-42(a)。如果要从主管中分出一支较小的岔管，或者两条支管的轴线因故不能做对称布置时，可采用此种布置。

(2)对称Y形布置，见图8-42(b)。用于主管分成两个相同的支管，如一管二机。

(3)三岔形布置，见图8-42(c)。用于主管直接分成三个相同的支管。

若机组台数较多，可采用对称Y形—非对称Y形或对称Y形—三岔形组合布置。

我国已建钢岔管的布置形式中非对称Y形布置居多。除因非对称Y形布置灵活简便外，还因以往建造的钢岔管规模较小，采用贴边岔管较多，较适合于非对称Y形布置。

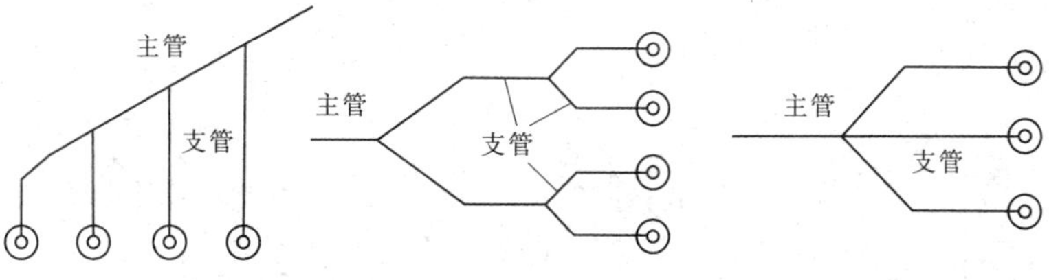

图 8-42　分岔管的布置方式

分岔管的主支管中心线宜布置在同一平面内,使结构简单。

主支管管壁的交线,称为相贯线。由于在相贯线处主支管互相切割,常常需要沿相贯线用构件加强。为了便于加强构件的制造和焊接,希望相贯线是平面曲线。可以在几何上证明,相贯线是平面曲线的必要和充分条件为主支管有一公切球,如图 8-43 所示。

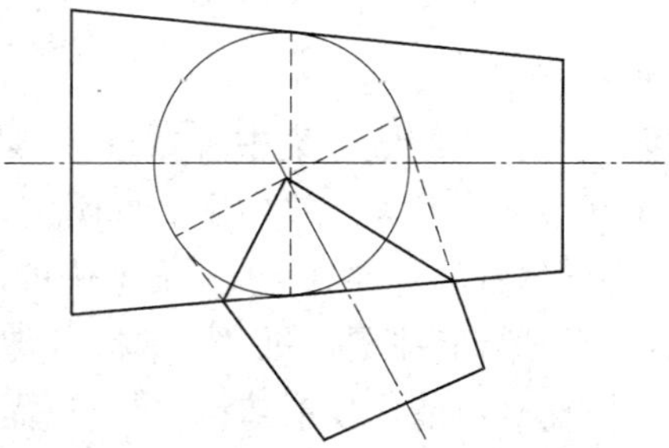

图 8-43　锥管公切球

如果主支管的直径相差较大,或因其他原因,主支管公切于一个球有困难,则相贯线将位于曲面上,沿相贯线的加强构件将是一个曲面构件,计算、制造、安装等都比较困难。

三、分岔管的结构形式

(一)三梁岔管

在压力钢管的分岔处,由于管壳相互切割,不再是一个完整的圆形,如图 8-44 所示。在内水压力作用下,管壁所承担的环向拉应力无法平衡。这样,在主管与支管及支管间的相贯线上,作用着主、支管壳体传来的环向拉力和轴力等复杂外力,因此需要增加管壁厚度,并用两根腰梁和一根 U 形梁进行加固,使之有足够的强度和刚度。分岔角 β 对于对称 Y 形宜用 60°~90°,非对称 Y 形宜用 45°~70°;主管宜用圆柱管,分岔后锥管腰线折角 α_1、α_2 可用 0°~15°,宜用 5°~12°。以正 Y 形对称分岔(见图 8-44)为例,主管一般为圆柱管,支管为锥管。沿两支管的相贯线用 U 形梁加强,沿主管和支管的相贯线则用腰梁加强,U 形梁承受较大的不平衡水压力,是梁系中的主要构件。将 U 形梁和腰梁端部联结点做成刚性联结,形成一个薄壳和空间梁系的组合结构,其受力非常复杂。

根据我国已建七个三梁岔管的结构试验证明,在管壁上实测的应力集中系数(实测应力与主管理论膜应力之比)为 1.3~2.6。其中,五个岔管 U 形梁插入管壁内 20~100 cm 深,应力集中系数为 1.3~1.9;另两个岔管 U 形梁未插入管壁内,应力集中系数增加为 2.4~2.6。因此,当没有计算分析和试验资料时,考虑到 U 形梁插入管壁内,则局部应力集中系数可以取 1.5~2.0。常用的加固梁断面为矩形或 T 形,在材料允许时应避免采用瘦高形截面,以矮胖形截面为好。U 形梁断面尺寸庞大,为改善其应力状态和布置情

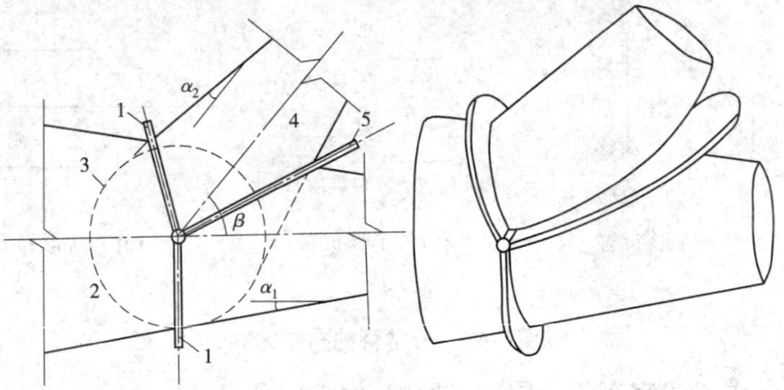

1—腰梁;2—主管;3—公切球;4—支管;5—U 形梁

图 8-44 三梁岔管

况,降低岔管壁的应力集中系数,U 形梁应适当插入管壳内。插入深度在腰梁连接端为零,中部断面处最大。梁内侧应修圆角,并应设导流墙。

三梁岔管的主要缺点是:梁系中的应力以弯曲应力为主,材料的强度未得到充分利用,三个曲梁(特别是 U 形梁)常常需要高大的截面,不但浪费了材料,还加大了岔管的轮廓尺寸,而且可能需要锻造,焊接后还需要进行热处理。由于梁的刚度较大,对管壳有较强的约束,使梁附近的管壳产生较大的局部应力。同时,在内压的作用下,由于相贯线的垂直变位较小,用于埋管则不能充分利用围岩的抗力。因此,三梁岔管虽有长期的设计、制造和运行的经验,但由于存在上述缺点,不能认为是一种很理想的岔管。三梁岔管适用于内压较高、直径不大的明管道。

(二)内加强月牙肋岔管

如图 8-45 所示,内加强月牙肋岔管是国内外近年来在三梁岔管的基础上发展起来的新式岔管,目前在我国已基本取代了三梁岔管。

三梁岔管的 U 形梁插入管壳内能改善 U 形梁和管壳的应力状态,一般来讲,插入愈深,应力愈均匀。月牙肋岔管是用一个嵌入管体内的月牙形肋板来代替三梁岔管的 U 形梁,并取消腰梁。

月牙肋岔管的主管为倒锥管,两个支管为顺锥管,三者有一公切球,使相贯线成为平面曲线。分岔角 β 宜用 55° ~90°;钝角区腰线折角 α_0 可用 10° ~15°;支锥管腰线折角以 $\alpha_2 \leqslant 20°$ 为宜;主锥管腰线折角 α_1 以 10° ~15°为宜;最大公切球半径 R_r 宜为主管半径 R 的 1.1 ~1.2 倍。

这种分岔管有下述特点:①月牙肋板只承受轴心拉应力而无弯曲应力,拉应力的分布比较均匀,其数值与邻近管壳上的拉应力相近;②改善了水流条件,使水头损失比一般岔管小许多,特别是对称流态情况可减少一半;③由于取消外加固 U 形梁和腰梁,使岔管外形尺寸大为减小,对埋管可减少开挖工程量。由于外形规整,内水压力也易于通过管壳传给混凝土衬砌和围岩,使围岩的弹性抗力得到更好地发挥。这种岔管在生产建设中通过理论分析、模型试验和原型观测已经积累了一些经验,可应用于大中型水电站。鉴于国内已建的大月牙肋岔管均为埋管,对于高水头、大直径的明管,还应深入地研究。

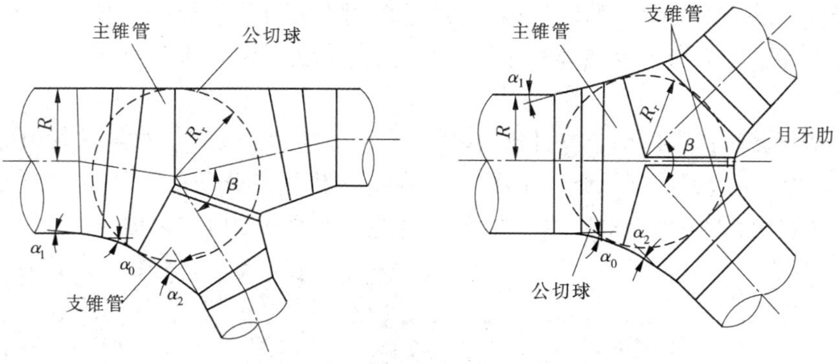

(a)非对称Y形　(b)对称Y形

图8-45　内加强月牙肋岔管

(三)贴边式岔管

贴边式岔管是在非对称Y形布置的主、支管相贯线两侧用补强板加固,如图8-46所示,补强板与管壁焊固形成一个整体。补强板可以焊固于管道外壁或内壁,或内外壁均有补强板。与加固梁相比,补强板刚度较小,不平衡区的水压力由补强板和管壁共同承担。在内水压力作用下,由于补强板刚度较小,有可能发生较大的向外的位移,因此常用于埋藏式岔管,能把大部分不平衡水压力传给围岩。

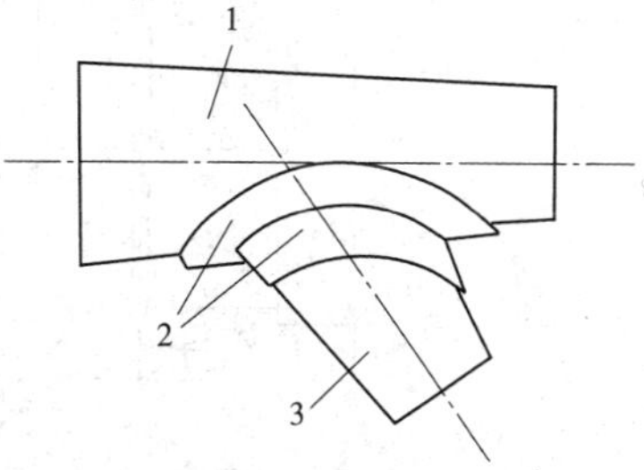

1—主管;2—补强板;3—支管

图8-46　贴边式岔管

贴边式岔管常用于中、低水头Y形布置的地下埋管,尤其是支、主管直径之比(d/D)在0.5以下的情况,如果d/D大于0.7,不宜采用贴边式岔管。

加强板的宽度应不小于(0.12～0.18)D,其中D为主支管轴线相交处的主管直径。当采用内外补强板时,宜取内、外层板的宽度不等。

(四)球形岔管

球形岔管是通过球面体进行分岔,它由球壳,圆柱形主、支管及补强环和导流板等组成,如图8-47所示。在内水压力作用下,球壳应力仅为同直径管壳环向应力的一半,因此这种岔管适用于高水头大中型水电站。球形岔管是国外采用比较多的一种成熟管型,目前国内应用尚少。

球壳所承受的荷载主要为内水压力、补强环的约束力和主、支管的轴向力。主、支管的轴向力对球壳应力有很大影响,在结构上应认真对待。垂直方向的支管应加以锚定,若为具有伸缩节的自由端,则管壁不能传递轴向力,作用于球壳上的轴向水压力将无法平衡。

球壳厚度可按内水压力作用下球壳的膜应力来确定,并考虑热加工及锈蚀等余量。补强环与球壳铆接,而与主、支管用焊接连接。从理论上讲,球壳在内压力作用下不产生弯矩,但是,在球壳与主、支管连接处,由于结构的不连续性,仍需用三个补强环加固。

补强环上的作用荷载有球壳作用力、管壳作用力和补强环直接承受的内水压力。应当力求使上述三种力通过补强环断面的形心，以使补强环为一轴心受拉圆环，而不使断面产生扭转。

球形岔管突然扩大的球体对水流不利。为了改善水流条件，常在球壳内设导流板。导流板上设平压孔，因此不承受内水压力，仅起导流作用。分岔角 β 对称 Y 形宜用 60°～90°，三分岔宜用 50°～70°，球壳内半径 R_0 宜为主管半径 R 的 1.3～1.6 倍。

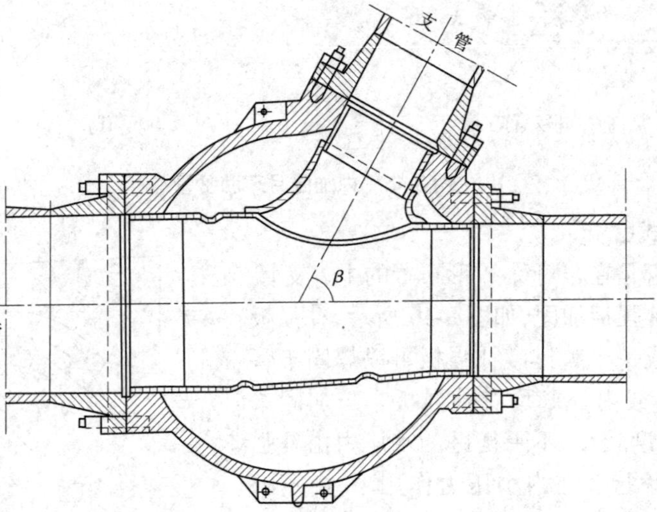

图 8-47　球形岔管

（五）无梁岔管

无梁岔管是在球形岔管的基础上发展起来的。球形岔管利用球壳改善了结构的受力条件，球壳与主支管圆柱壳衔接处存在结构的不连续性，要加设三个补强环。补强环需要锻造，与管壳焊接时要预热，球壳一般也要加热压制成型，有的球岔在制成后还需进行整体退火，因此工艺复杂。另外，补强环与管壳刚度不协调的矛盾仍未解决。

为了改善受力条件，可以用直径较大的锥管和球壳沿切线方向衔接，使球壳只剩下上下两个面积不大的三角形，并在主、支管和这些锥管之间插入几节逐渐扩大的过渡段，构成一个比较平顺的、无太大不连续接合线的体形，从而形成无梁岔管，如图 8-48 所示。分岔角 β 对称 Y 形宜用 40°～60°；球壳片曲率半径 R_r 宜为主管半径 R 的 1.15～1.35 倍。无梁岔管是一种有发展前途的管型，目前国内应用较少，能发挥与围岩共同受力的优点。

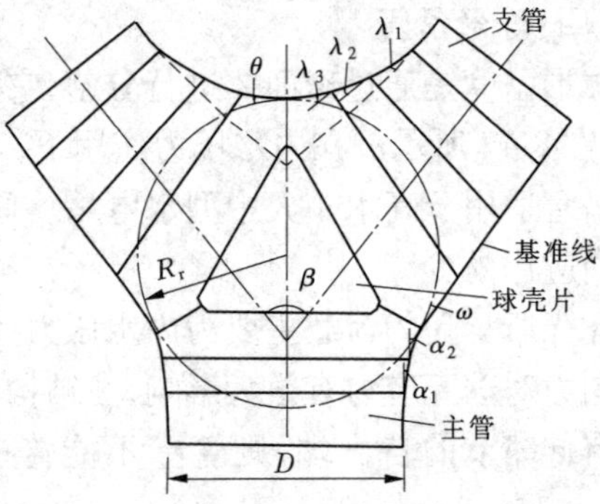

图 8-48　无梁岔管

另外，国外的水电站还采用了隔壁岔管，由扩散段、隔壁段、变形段组成，各级皆为完整的封闭壳体，除隔壁段外，无其他加强构件，受力条件很好，水流流态较优，且不需要大的锻件,见图8-49。

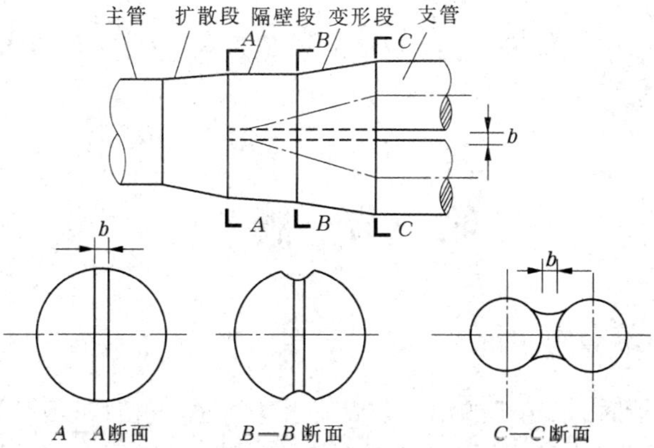

图8-49　隔壁岔管

我国20世纪50年代建造的岔管,尺寸及内压不大,多为贴边式;60年代由于高水头水电站的出现,梁式岔管应用较多;随着钢管的规模增大,大直径、高内压的三梁岔管制作安装困难较大,技术经济指标不佳,逐渐采用月牙肋岔管,少数工程还采用了球形岔管和无梁岔管。

第九章　水电站的水击与调节保证计算

第一节　概　述

一、水电站的不稳定工况

机组在稳定运行时，水轮机的出力与负荷相互平衡，这时机组转速不变，水电站有压引水系统（压力隧洞、压力管道、蜗壳及尾水管）中水流处于恒定流状态。

在实际运行过程中，电力系统的负荷有时会发生突然变化（如因事故突然丢弃负荷，或在较短的时间内启动机组或增加负荷），破坏了水轮机与发电机负荷之间的平衡，机组转速就会发生变化。此时，水电站的自动调速器迅速调节导叶开度，改变水轮机的引用流量，使水轮机的出力与发电机负荷达到新的平衡，机组转速恢复到原来的额定转速。由于负荷的变化而引起导水叶开度、水轮机流量、水电站水头、机组转速的变化，称为水电站的不稳定工况。其主要表现如下：

(1)引起机组转速的较大变化。由于发电机负荷的变化是瞬时发生的，而导叶的启闭需要一定时间，水轮机出力不能及时地发生相应变化，因此破坏了水轮机出力和发电机负荷之间的平衡，导致了机组转速的变化。丢弃负荷时，水轮机在导叶关闭过程中产生的剩余能量将转化为机组转动部分的动能，从而使机组转速升高；反之，增加负荷时机组转速降低。

(2)在有压引水管道中发生水击现象。当水轮机流量发生变化时，管道中的流量和流速也要发生急剧变化，由于水流惯性的影响，流速的突然变化使压力水管、蜗壳及尾水管中的压力随之变化，即产生水击。导叶关闭时，在压力管道和蜗壳中将引起压力上升，尾水管中则造成压力下降。反之，导叶开启时，在压力管道和蜗壳内引起压力下降，而在尾水管中引起压力上升。

(3)在无压引水系统（渠道、压力前池）中产生水位波动现象。无压引水系统中产生的水位波动计算在第七章已介绍。

二、调节保证计算的任务

水击压力和机组转速变化的计算，一般称为调节保证计算。调节保证计算的任务及目的如下：

(1)计算有压引水系统的最大内水压力和最小内水压力。最大内水压力作为设计或校核压力管道、蜗壳和水轮机强度的依据之一；最小内水压力作为压力管道线路布置、防止压力管道中产生负压和校核尾水管内真空度的依据。

(2)计算丢弃负荷和增加负荷时的机组转速变化率，并检验其是否在允许范围内。

(3)选择水轮机调速器合理的调节时间和调节规律,保证压力和转速变化不超过规定的允许值。

(4)研究减小水击压力及机组转速变化率的措施。

第二节　水击现象及其传播速度

一、水击现象

在水电站运行过程中,为了适应负荷变化或由于事故原因,而突然启闭水轮机导叶时,由于水流具有较大惯性,进入水轮机的流量迅速改变,流速的突然变化使压力水管、蜗壳及尾水管中的压力随之变化,这种变化是交替升降的一种波动,这种现象称为水击。

要正确解释和理解水击现象及其实质,在研究水击过程中必须考虑水的压缩性及管壁弹性的影响。为了便于说明问题,假定水管材料、管壁厚度、直径沿管长不变,不计管道摩阻损失,阀门突然关闭,见图 9-1。水击现象有下面几个典型的过程:

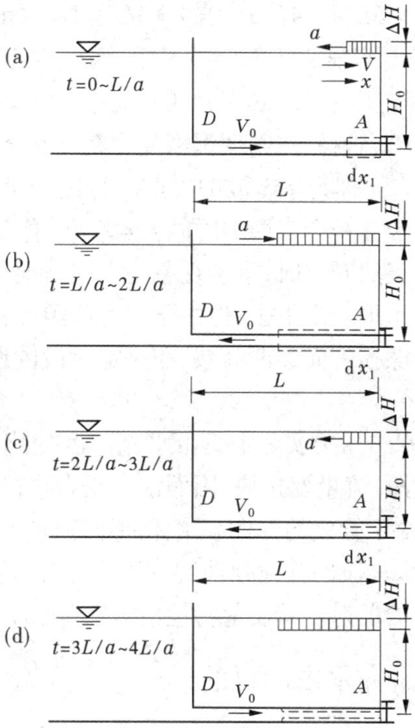

图 9-1　压力水管水击过程

(1)$t=0\sim L/a$。当阀门突然关闭(关闭时间 $T_s=0$)后,在 dt_1 时段内,紧靠阀门处管段 dx_1 中的水体首先发生变化,流速由 V_0 变为零,压力上升为 $H_0+\Delta H$;与此同时,水体被压缩,水的密度变为 $\rho+\Delta\rho$,管壁膨胀,从而腾出了空间,得以容纳 dx_1 以上管段仍以 V_0 速度流动来的水体。也就是说,在 dt_1 时段内,dx_1 管段以上仍未受到水击的影响。之后依次再经 dt_2、dt_3…时段,在 dx_2、dx_3…管段中流速、压力将相继发生同样的变化,见图 9-1(a)。

这样,一段接一段地将阀门关闭的影响向上游传播,压力增加如同波一样自阀门 A 处沿管道逐渐向上游传播,这就是水击波,其传播速度称为水击波速 a,变化的压力 ΔH 称为水击压力。使压力增加的波称为增压波,使压力降低的波称为降压波。经过 L/a 时间,水击波达到管道进口处,此时,整个水管内的流速 V_0 降为零,压力上升为 $H_0+\Delta H$。

(2)$t=L/a\sim 2L/a$。当 $t=L/a$ 时,水击波将传至水库点 D 处,由于 D 点右端管道内压力为 $H_0+\Delta H$,而左端水库保持不变为 H,因此“边界”处的水体不能保持平衡,管道中的水体在 ΔH 压差作用下将逆流向水库。在 $t=L/a$ 后的 dt_1 时段内,首先是紧靠水库 dx_n

管段内发生变化，流速将由 0 变为 $-V_0$，压力由 $H_0+\Delta H$ 变为 H_0；管壁及水体随着水击压力的消失恢复至原状。同理，再经 dt_2、dt_3…时段，在相应 dx_{n-1}、dx_{n-2}、dx_{n-3}…管段中将发生同样的变化，见图 9-1(b)。直到 $t=2L/a$ 时刻，整个管道中的压力、流速、管径及水的密度均恢复到初始状态。这说明，水击波在水库处要发生反射，反射特点是"等值异号"，即反向波与入射波的数值相同，均为 $|\Delta H|$，但符号相反，升压波反射为降压波。

(3) $t=2L/a\sim3L/a$。当 $t=2L/a$ 时，水击波传播到阀门处 A 点，由于阀门已关闭，加之水流的惯性作用，管道中的水继续流向水库。在 $t=2L/a\sim3L/a$ 时段内，首先是靠近阀门 dx_1 管段内发生变化，依次传到 dx_2、dx_3…管段，到 $3L/a$ 时刻，流速将由 $-V_0$ 变为 0，压力由 H_0 变为 $H_0-\Delta H$，管径为 $D-\Delta D$，水的密度变为 $\rho-\Delta\rho$。当阀门全关闭时，水击波在阀门处的反射特点是"等值同号"，即反向波与入射波的数值和符号不变，从水库传来降压波仍反射为降压波。

(4) $t=3L/a\sim4L/a$。当 $t=3L/a$ 时，水击波又回到水库处 D 点，由于管道压力比水库低 ΔH，则 D 点压力不能维持平衡，因此水库的水又向阀门方向流动，这时水库将阀门反射回来的降压波又反射为升压波；到 $t=4L/a$ 时，管道流速将由 0 变为 V_0，压力由 $H_0-\Delta H_0$ 变为 H_0，管径、水密度都恢复到初始状态。

$T=4L/a$ 称为水击波的周期。每经一个周期，水击现象就重复一次上述过程。水击波在管中传播一个来回的时间 $t_r=2L/a$，称为相，两个相为一个周期 $T=2t_r$。

阀门突然开启时，水击现象与上述情况相反。如果不存在水力摩阻，则上述的水击过程将无休止地反复下去，但由于水力摩阻的存在，水击过程不可能无休止地振荡下去，压力波因摩擦损失而逐渐衰减，在一定时段内逐渐消失。综上所述，可以初步得出以下几点结论：

(1) 水击压力实际上是由水流速度变化而产生的惯性力。当突然启闭阀门时，由于启闭时间短、流量变化快，因而水击压力往往较大，而且整个变化过程是较快的。

(2) 由于管壁的弹性和水体的压缩性，水击压力将以弹性波的形式沿管道传播。

(3) 水击波同其他弹性波一样，在波的传播过程中，外部条件发生变化处（边界处）均要发生波的反射。其反射特性（指反射波的数值及方向）取决于边界处的物理特性。

二、研究水击的目的

水击在各类水电站中普遍存在。研究水击的目的如下：

(1) 计算水击压强最大值，作为设计和校核压力管道、蜗壳和水轮机强度的依据。

(2) 计算水击压强的最小值，作为压力管道布置，校核管道和尾水管内是否发生真空的依据。

(3) 调节保证计算，研究水轮机导叶启闭时间、水击压强与机组转速变化三者之间的关系，使水击压强与机组转速的变化在允许范围之内。

(4) 研究预防和减小水击压力的措施。

三、水击波的传播速度

在水击过程的分析与计算中，波速是一个重要的参数。它的大小与管壁材料、厚度、管径、管道的支承方式及水的弹性模量等有关。在水力学计算中,经常把水流当作不可压缩的流体来进行研究,但在水击计算中,必须考虑水体的压缩性。因为水击发生时,管道内的水体压强发生巨大的变化,水体的压缩性对水击压强的大小及其在管道中的传播,将产生显著的影响。另外,管道内压强的巨大变化还会引起管壁的弹性变形。由水流的连续方程并考虑水体和管壁的弹性后,可导出水击波的传播速度为

$$a = \frac{\sqrt{Kg/\gamma}}{\sqrt{1 + \frac{DK}{\delta E}}} = \frac{1\ 435}{\sqrt{1 + \frac{DK}{\delta E}}} \quad (\text{m/s}) \tag{9-1}$$

式中　K——水的体积弹性模量,一般取 2.06×10^3 MPa;

E——管壁材料的纵向弹性模量(钢衬 $E = 2.06 \times 10^5$ MPa,铸铁 $E = 0.98 \times 10^5$ MPa,混凝土 $E = 2.06 \times 10^4$ MPa);

g——重力加速度;

D——管道内径;

δ——管壁厚度。

$\sqrt{Kg/\gamma}$ 为声波在水中的传播速度,随水温和压力的升高而加大,一般可取 1 435 m/s。

在缺乏资料的情况下,露天钢管的水击波速可近似地取为 1 000 m/s,埋藏式钢管可近似地取为 1 200 m/s,钢筋混凝土管可取 900 ~ 1 200 m/s。

第三节　水击基本方程及边界条件

为求解水击压力升高问题,需要建立基本方程。基本方程与相应的边界条件联立,用解析方法或数值计算方法求解水击值及其变化过程。

一、水击基本方程

(一)基本方程

对有压管道而言,不论在何种情况下都应满足水流的运动方程及连续方程。当水管材料、厚度及直径沿管长不变时,其运动方程为

$$g\frac{\partial H}{\partial x} + \frac{\partial V}{\partial t} + V\frac{\partial V}{\partial x} + \frac{f}{2D}V|V| = 0 \tag{9-2}$$

将管道材料及水体当作弹性体考虑,其连续方程为

$$\frac{\partial H}{\partial t} + \frac{a^2}{g}\frac{\partial V}{\partial x} + V\frac{\partial H}{\partial x} = 0 \tag{9-3}$$

式中　H——压力水头;

V——管道中的流速,向下游为正;

a——水击波传播速度;

f——水流摩擦阻力系数;

D——管道直径;

x——距离，其正方向与流速取为一致；

t——时间。

对于式(9-2)和式(9-3)中，因流速 V 与波速 a 相比数量较小，故可忽略 $V\frac{\partial V}{\partial x}$ 和 $V\frac{\partial H}{\partial x}$ 项。另外，为了简化计算，使方程线性化，忽略摩擦阻力的影响。当 x 轴改为取阀门端为原点，向上游为正时，见图 9-2，式(9-2)、式(9-3)可简化为

$$g\frac{\partial H}{\partial x}=\frac{\partial V}{\partial t} \tag{9-4}$$

$$\frac{\partial H}{\partial t}=\frac{a^2}{g}\frac{\partial V}{\partial x} \tag{9-5}$$

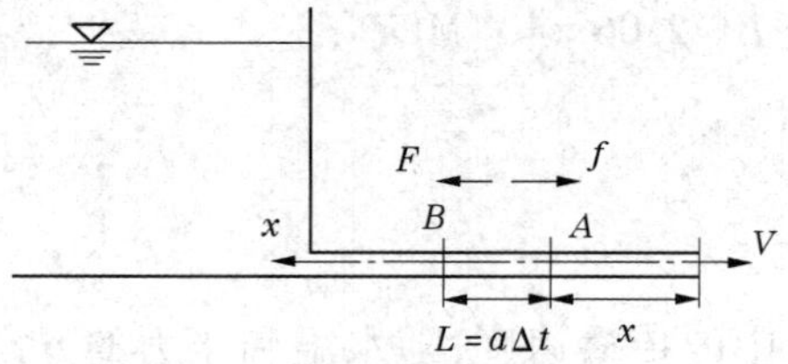

图 9-2　水击计算示意图

式(9-4)和式(9-5)为一组双曲线形偏微分方程，其通解为

$$\Delta H = H - H_0 = F(t-\frac{x}{a}) + f(t+\frac{x}{a}) \tag{9-6}$$

$$\Delta V = V - V_0 = -\frac{g}{a}[F(t-\frac{x}{a}) - f(t+\frac{x}{a})] \tag{9-7}$$

式中，H_0 和 V_0 为初始水头和流速；F 和 f 分别为两个波函数，其量纲与水头 H 相同，故可视为压力波。$F(t-x/a)$ 表示以波速 a 沿 x 轴负方向传播的压力波，即逆水流方向移动的压力波，称为逆流波；$f(t+x/a)$ 表示以波速 a 沿 x 轴正方向传播的压力波，即顺水流方向移动的压力波，称为顺流波。

任何断面任何时刻的水击压力值等于两个方向相反的压力波之和，而流速值为两个压力波之差再乘以 $-g/a$。

如果知道了 t 时刻在 x 位置处的水击波函数 $F(t-x/a)$，则当时间变为 $t_1=t+\Delta t$ 时，研究 $x_1=x+a\Delta t$ 处的逆流波函数为

$$F(t_1-x_1/a) = F\left(t+\Delta t-\frac{x+a\Delta t}{a}\right) = F(t-x/a) \tag{9-8}$$

其值不变，证明了 $F(t-x/a)$ 沿逆水流方向的传播特性。反之，研究 $t_1=t+\Delta t$ 时刻在位置 $x_1=x-a\Delta t$ 处的顺流波函数，可以证明 $f(t+x/a)$ 沿顺水流方向的传播特性。

（二）水击计算的连锁方程

若已知断面 A（见图 9-2）在时刻 t 的压力为 H_t^A，流速为 V_t^A，由式(9-6)和式(9-7)消去 f 后，得

$$H_t^A - H_0 - \frac{a}{g}(V_t^A - V_0) = 2F(t-\frac{x}{a}) \tag{9-9}$$

同理,可写出 $\Delta t = L/a$ 时刻后 B 点的压力和流速的关系为

$$H_{t+\Delta t}^{B} - H_0 - \frac{a}{g}(V_{t+\Delta t}^{B} - V_0) = 2F(t + \Delta t - \frac{x + L}{a}) \tag{9-10}$$

由 $F[(t + \Delta t) - (x + L)/a] = F(t - x/a)$,以及上述两式得

$$H_{t+\Delta t}^{B} - H_t^{A} = \frac{a}{g}(V_{t+\Delta t}^{B} - V_t^{A}) \tag{9-11}$$

同理

$$H_{t+\Delta t}^{A} - H_t^{B} = -\frac{a}{g}(V_{t+\Delta t}^{A} - V_t^{B}) \tag{9-12}$$

式(9-11)和式(9-12)为水击连锁方程。连锁方程给出了水击波在一段时间内通过两个断面的压力和流速的关系。但前提是应满足水管的材料、管壁厚度、直径沿管长不变。水击连锁方程式(9-11)和式(9-12)用相对值来表示为

$$\xi_t^{A} - \xi_{t+\Delta t}^{B} = 2\rho(v_t^{A} - v_{t+\Delta t}^{B}) \tag{9-13}$$

$$\xi_t^{B} - \xi_{t+\Delta t}^{A} = -2\rho(v_t^{B} - v_{t+\Delta t}^{A}) \tag{9-14}$$

$$\rho = \frac{aV_0}{2gH_0}$$

$$\xi_i = \frac{\Delta H}{H_0} = \frac{H - H_0}{H_0}$$

$$v = \frac{V}{V_0}$$

式中　ρ——管道特性系数;

ξ——水击压力相对值;

v——管道相对流速。

二、水击的边界条件

应用水击基本方程计算压力管道中水击时,首先要确定其初始条件和边界条件。

(一)初始条件

当管道中水流由恒定流变为非恒定流时,把恒定流的终了时刻看作非恒定流的开始时刻。当 $t=0$ 时,管道中任何断面的流速 $V=V_0$;如不计水头损失,水头 $H=H_0$。

(二)边界条件

1. 管道进口

管道进口处一般指水库或压力前池。水库库水位变化比较慢,在水击计算中不计风浪的影响,认为水库库水位为不变的常数是足够精确的。

压力前池的水位变化情况与渠道的调节类型有关。自动调节渠道的前池水位变化虽大,但与管道中水击计算时间相比,变化还是缓慢的。非自动调节渠道,水位变化较小,一般只有几米,在水击计算中也认为前池水位不变。所以,管道进口边界条件为

$$H_{\mathrm{p}} = H_0 \tag{9-15}$$

2. 分岔管

分岔管的水头应该相同,即

$$H_{p1} = H_{p2} = H_{p3} = \cdots = H_p \tag{9-16}$$

分岔处的流量应符合连续条件,即

$$\sum Q = 0 \tag{9-17}$$

3. 分岔管的封闭端

在不稳定流的过程中,当某一机组的导叶全部关闭,或某一机组尚未装机,而岔管端部用闷头封死,其边界条件为

$$Q_p = 0 \tag{9-18}$$

4. 调压室

把调压室作为断面较大的分岔管,其边界条件为:调压室内有自由水面,而隧洞、调压室与压力管道的交点和分岔管相同。

5. 水轮机

水电站压力管道出口边界为水轮机,水轮机分冲击式和反击式,两种形式的水轮机对水击的影响不同。

1)冲击式水轮机

冲击式水轮机的喷嘴是一个带针阀的孔口。水轮机转速变化对孔口出流没有影响,对冲击式水轮机,喷嘴全开时断面面积为 ω_{max},流量系数为 φ_0,根据水力学的孔口出流规律,过流量为

$$Q_{max} = \varphi_0 \omega_{max} \sqrt{2gH_0} \tag{9-19}$$

当孔口关至 ω_i 时,流量为

$$Q_i = \varphi \omega_i \sqrt{2g(H_0 + \Delta H)} \tag{9-20}$$

一般假定 $\varphi_0 = \varphi$,均为流量系数,所以

$$\frac{Q_i}{Q_{max}} = \frac{\varphi \omega_i \sqrt{2g(H_0 + \Delta H)}}{\varphi_0 \omega_{max} \sqrt{2gH_0}} = \tau_i \sqrt{1 + \xi_i^A} \tag{9-21}$$

式中,$\tau_i = \omega_i / \omega_{max}$,称为相对开度;$\xi_i = \Delta H_i / H_0$,为任意时刻水击压力相对值。

而 $\dfrac{Q_i}{Q_{max}} = \dfrac{FV_i}{FV_{max}} = v_i^A = q_i^A$,所以

$$v_i^A = q_i^A = \tau_i \sqrt{1 + \xi_i^A} \tag{9-22}$$

这是冲击式水轮机喷嘴的出流规律,即阀门处 A 点的边界条件。

2)反击式水轮机

反击式水轮机有如下特点:

(1)反击式水轮机有蜗壳、尾水管及导水叶,过流特性与孔口出流不完全相同。

(2)反击式水轮机的转速与水轮机的流量互相影响。

(3)流量突然改变时,不仅在压力管道中,而且在蜗壳、尾水管中也发生水击。尾水管中发生的水击现象与蜗壳相反,即导水叶关闭时发生负水击,开启时发生正水击。蜗壳、尾水管中的水击影响水轮机的流量,继而又对水击产生影响。

由此可见,反击式水轮机的过水能力与水头 H、导叶开度 a 和转速 n 有关,即 $Q = Q(H,a,n)$,需要综合运用管道水击计算方程、水轮机运转特性曲线、水轮机组转速方程

等进行求解，因此增加了问题的复杂性。为了简化计算，常假定压力管道出口边界条件为冲击式水轮机，然后加以修正。

（三）开度按直线规律变化

水轮机导叶和阀门的关闭规律与调速系统的特性有关，实际的关闭规律如图9-3所示。从全开（$\tau_0=1.0$）到全关（$\tau=0$）的全部历时为T_z，曲线开始一段接近水平，关闭的速度极慢，这是由调节机构的惯性所决定的，在这段过程中，引起的水击压力很小，对水击计算没有多大实际意义。在接近关闭终了时，阀门的关闭速度又逐渐减慢，曲线向后延伸，这种现象只对阀门关闭接近终了时的水击压力有影响。因此，为了简化计算，常取阀门关闭过程的直线段加以适当延长，得到T_s，T_s称为有效关闭时间。在缺乏资料的情况下，可近似取$T_s=(0.6\sim0.95)T_z$。

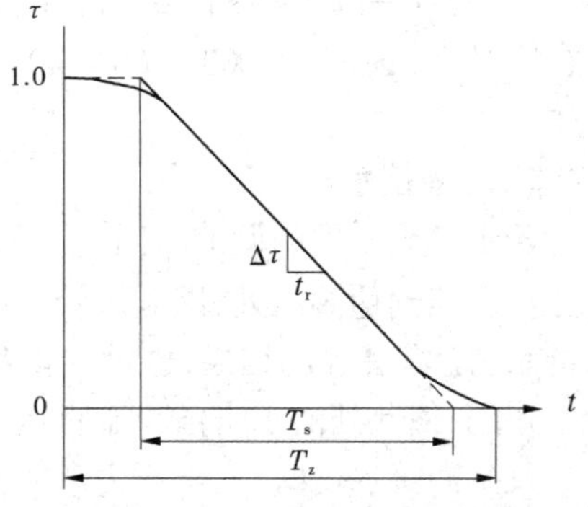

图9-3　水轮机开度变化规律

直线规律关闭时，一个相长$t_r=\dfrac{2L}{a}$，一个相的开度变化$\Delta\tau=\mu\dfrac{t_r}{T_s}=\mu\dfrac{2L}{aT_s}$，负号表示阀门关闭，正号表示阀门开启。

第四节　简单管水击的解析计算

简单管是指压力管道的管径、管壁材料和厚度沿管长不变。

解析法的要点是采用数学解析的方法，引入一些符合实际的假定，直接建立最大水击压力的计算公式，简单易行，物理概念清楚，可直接得出结果。

一、直接水击和间接水击

水击有两种类型，即直接水击和间接水击。

（一）直接水击

水击波在管道中传播一个来回的时间为$2L/a$，称为相。当水轮机开度的调节时间$T_s\leqslant 2L/a$时，由水库处异号反射回来的水击波尚未到达阀门之前，阀门开度变化已经终止，水管末端的水击压力只受开度变化直接引起的水击波的影响，这种水击称为直接水击。

由于水管末端未受水库反射波的影响，因此基本方程式（9-6）和式（9-7）中的波函数$f(t+x/\alpha)=0$，然后从两式中消去$F(t-x/\alpha)$得直接水击公式为

$$\Delta H = H - H_0 = -\frac{a}{g}(V - V_0) \tag{9-23}$$

式（9-23）只适用于$T_s\leqslant 2L/a$的情况，由此式可得出如下结论：

（1）当阀门关闭时，管内流速减小，$V-V_0<0$为负值，ΔH为正，产生正水击；反之，当开启阀门时，即$V-V_0>0$，ΔH为负，产生负水击。

(2)直接水击压力值的大小只与流速变化($V-V_0$)的绝对值和水管的水击波速 a 有关,而与开度变化的速度、变化规律和水管长度无关。

当管道中起始流速 $V_0=4$ m/s,$a=1\ 000$ m/s,终了流速 $V=0$ 时,压力升高值 $\Delta H=-(V-V_0)a/g=-1\ 000\times(0-4)/9.81=407.7$(m),因此在水电站中应当避免直接水击。

(二)间接水击

若水轮机开度的调节时间 $T_s>2L/a$,在阀门关闭过程结束前,水库异号反射回来的降压波已经到达阀门处,因此水管末端的水击压力是由向上游传播的水击波 F 和反射回来的水击波 f 叠加的结果,这种水击称为间接水击。降压波对阀门处产生的升压波起着抵消作用,使此处的水击值小于直接水击值。

发生间接水击时,水击压力波的消减、增加过程是十分复杂的。间接水击是水电站中经常发生的水击现象,也是要研究的主要对象。

工程中最关心的是最大水击压力。由于水击压力产生于阀门处,从上游反射回来的降压波也是最后才到达阀门,因此最大水击压力总是发生在紧邻阀门的断面上。下面应用水击连锁方程式(9-11)和式(9-12)及管道边界条件,推求阀门处各相水击压力的计算公式 。

二、计算水管末端各相水击压力的公式

(一)第一相末的水击压力

(1)设阀门为 A 点,水库为 B 点,水击波从 A 点到 B 点的连锁方程式为

$$\xi_0^A-\xi_t^B=2\rho(v_0^A-v_t^B) \tag{9-24}$$

边界和初始条件:$t=0$ 时,$\xi_0^A=0$;在水库进水口 B 点,$\xi_t^B=0$,所以

$$2\rho(v_0^A-v_t^B)=0 \tag{9-25}$$

$$v_0^A=v_t^B \tag{9-26}$$

将 A 点边界条件 $v_0^A=\tau_0\sqrt{1+\xi_0^A}$ 代入上式得

$$v_0^A=v_t^B=\tau_0 \tag{9-27}$$

(2)水击波从 B 点到 A 点的连锁方程:

$$\xi_t^B-\xi_{2t}^A=-2\rho(v_t^B-v_{2t}^A) \tag{9-28}$$

因 $\xi_t^B=0$,$v_t^B=\tau_0$ 和 A 点边界条件 $v_{2t}^A=\tau_{2t}\sqrt{1+\xi_{2t}^A}$,式(9-28)变为

$$-\xi_{2t}^A=-2\rho(\tau_0-\tau_{2t}\sqrt{1+\xi_{2t}^A}) \tag{9-29}$$

因 $2t=t_r=2L/a$ 为一个相长,用 1 表示第一相末,得到

$$\tau_1\sqrt{1+\xi_1^A}=\tau_0-\frac{\xi_1^A}{2\rho} \tag{9-30}$$

(二)第二相末的水击压力

(1)写出水击波从 $A\rightarrow B$ 的连锁方程式:

$$\xi_{2t}^A-\xi_{3t}^B=2\rho(v_{2t}^A-v_{3t}^B) \tag{9-31}$$

由 B 点的边界条件得 $\xi_{3t}^B=0$,式(9-31)可改写成

$$\xi_{2t}^A/2\rho=\tau_{2t}\sqrt{1+\xi_{2t}^A}-v_{3t}^B \tag{9-32}$$

所以

$$v_{3t}^{B} = \tau_{2t}\sqrt{1+\xi_{2t}^{A}} - \frac{\xi_{2t}^{A}}{2\rho} \tag{9-33}$$

(2)写出水击波从 $B \rightarrow A$ 的连锁方程式为

$$\xi_{3t}^{B} - \xi_{4t}^{A} = -2\rho(v_{3t}^{B} - v_{4t}^{A}) \tag{9-34}$$

把$\xi_{3t}^{B}=0$，$v_{3t}^{B} = \tau_{2t}\sqrt{1+\xi_{2t}^{A}} - \frac{\xi_{2t}^{A}}{2\rho}$和$v_{4t}^{A} = \tau_{4t}\sqrt{1+\xi_{4t}^{A}}$代入式(9-34)，并用2代替$4t$表示第二相末，得

$$\tau_{2}\sqrt{1+\xi_{2}^{A}} = \tau_{0} - \frac{\xi_{1}^{A}}{\rho} - \frac{\xi_{2}^{A}}{2\rho} \tag{9-35}$$

(三)第 n 相末的水击压力

用同样原理可以得出任意 n 相末的水击压力计算公式，其一般公式为

$$\tau_{n}\sqrt{1+\xi_{n}^{A}} = \tau_{0} - \frac{1}{\rho}\sum_{i=1}^{n-1}\xi_{i}^{A} - \frac{\xi_{n}^{A}}{2\rho} \tag{9-36}$$

利用式(9-30)~式(9-36)，可以依次求出各相末阀门处的水击压力，得出水击压力随时间的变化关系。

上述是阀门关闭情况，当阀门或导叶开启时，管道中的流速增加，压力降低，产生负水击，其相对值用 y 表示，用同样的方法可求出各相末计算公式。此时 $v_{t}^{A} = \tau_{t}^{A}\sqrt{1-y_{t}}$，求出的 y 本身为负值。

$$\tau_{1}\sqrt{1-y_{1}} = \tau_{0} + \frac{y_{1}}{2\rho} \tag{9-37}$$

$$\vdots$$

$$\tau_{n}\sqrt{1-y_{n}} = \tau_{0} + \frac{1}{\rho}\sum_{i=1}^{i=n-1}y_{i} + \frac{y_{n}}{2\rho} \tag{9-38}$$

上述水击压力计算公式的条件：

(1)没有考虑管道摩阻的影响，因此只适用于不计摩阻(如水头较高、管道较短等)的情况；

(2)采用了孔口出流的过流特性，只适用于冲击式水轮机，对反击式水轮机必须另做修改；

(3)这些公式在任意开关规律下都是正确的，可以用来分析非直线开关规律对水击压力的影响。

三、水击波在水管特性变化处的反射

水击发生后，水击波在水管末端和水管特性变化处(水管进口、分岔、变径段、阀门等)都要发生反射。在入射波到达水管特性变化处之后，一部分以反射波的形式折回，另一部分以透射波的形式继续向前传播。

反射波与入射波的比值称为反射系数，以 r 表示。透射波与入射波的比值称为透射系数，以 s 表示，两者的关系为

$$s - r = 1 \tag{9-39}$$

(一)水击波在水管末端的反射

水击波在水管末端的反射特性取决于水管末端的出流规律。对于水斗式水轮机,其喷嘴的出流规律为 $v=\tau\sqrt{1+\xi}$。当 $\xi\leqslant 0.5$ 时,可近似地取为 $v=\tau(1+\xi/2)$。在入射波未到达的时刻,$\xi_0=0$,$v_0=\tau$。

设有一入射波 f 传到阀门后发生反射,产生一反射波 F 折回,由式(9-7)得

$$F-f=-\frac{a}{g}(V-V_0)=-\frac{aV_{\max}}{g}\left[\tau\left(1+\frac{1}{2}\xi\right)-\tau\right]=-\frac{aV_{\max}}{2g}\tau\xi \tag{9-40}$$

阀门处的水击压力为入射波与反射波的叠加结果,根据式(9-6)得

$$\Delta H=H_0\xi=F+f \tag{9-41}$$

以上两式消去 ξ,简化后得阀门的反射系数为

$$r=\frac{F}{f}=\frac{1-\rho\tau}{1+\rho\tau} \tag{9-42}$$

根据水击常数和任意时刻的开度,可利用式(9-42)确定阀门在任意时刻的反射系数。当阀门完全关闭时,$\tau=0$,$r=1$,阀门处发生同号等值反射。

(二)水击波在管径变化处的反射

如图9-4所示的变径管,入射波 F_1 从管1传来,在变径处发生反射。反射波为 f_1,透射波为 F_2,由式(9-6)和式(9-7)及水流在变径处的连续性,可推导出反射系数为

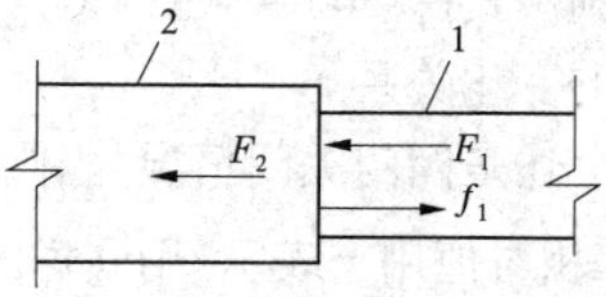

图9-4 变径管

$$r=\frac{\rho_2-\rho_1}{\rho_1+\rho_2} \tag{9-43}$$

式中,$\rho_1=\dfrac{a_1V_1}{2gH_0}$;$\rho_2=\dfrac{a_2V_2}{2gH_0}$。

r 为正表示反射是同号的,其结果是使管1中水击压力的绝对值增大;反之,r 为负表示反射是异号的,其结果是使水管1中水击压力的绝对值减小。

若管2断面趋近于零,则 $\rho_2\to\infty$,$r=1$,为同号等值反射,这相当于水管末端阀门完全关闭情况。若管2断面为无限大,则 $V_2=0$,$\rho_2=0$,$r=-1$,为异号等值反射,这相当于水库处的情况。

(三)水击波在分岔处的反射

如图9-5所示,入射波 F_1 从管1传来,在分岔处发生反射,反射波为 f_1,透射波为 F_2 和 F_3,根据式(9-6)和式(9-7)及此处水流的连续性,导出反射系数为

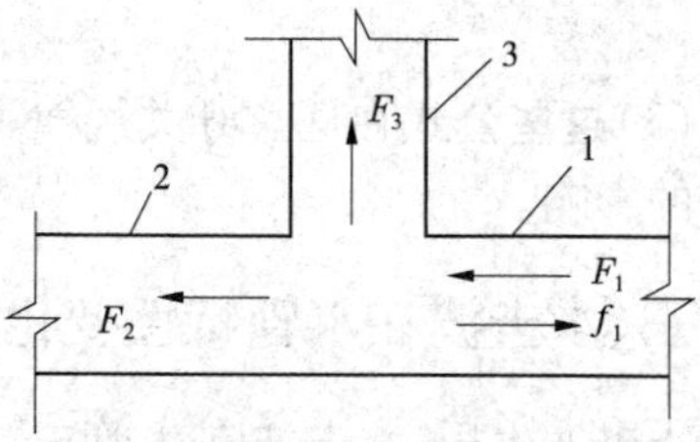

图9-5 分岔管

$$r=\frac{\rho_2\rho_3-\rho_1\rho_2-\rho_3\rho_1}{\rho_1\rho_2+\rho_2\rho_3+\rho_3\rho_1} \tag{9-44}$$

$$\rho_i=\frac{a_iQ}{2gH_0A_i}$$

式中 Q——总管流量;

A——水管断面面积。

四、开度依直线变化的水击

进行水击计算,最重要的是求出其最大值。在开度依直线规律变化情况下,不必用连锁方程求出各相末水击,再从中找出最大值,可用简化方法直接求出。

(一)开度依直线变化的水击类型

当阀门开度依直线规律变化时,根据最大压力出现的时间可归纳为两种类型:

(1)最大水击压力出现在第一相末,$\xi_{max}^A = \xi_1^A$,见图 9-6(a),称为第一相水击。

(2)最大水击压力出现在第一相以后的某一相,其特点是最大水击压力接近极限值 ξ_m,即 $\xi_m > \xi_1$,见图 9-6(b),称为极限水击。产生这两种水击现象的原因是阀门的反射特性不同,阀门处的反射特性可由其反射系数确定。

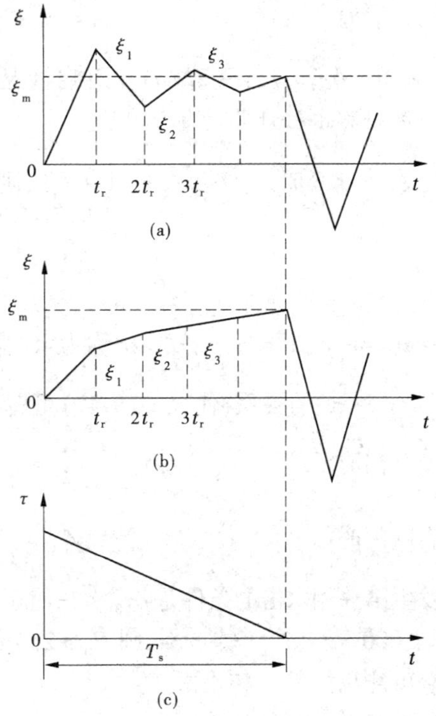

图 9-6　开度为直线关闭时的水击类型

1. 第一相水击

根据式(9-42),当 $\rho\tau_0 < 1$ 时,r 为正,水击波在阀门处的反射为同号。在阀门关闭过程中,阀门处任意时刻的水击压力由三部分组成:阀门不断关闭所产生的升压波、经水库反射回来的压力波、经阀门反射向上游的压力波。

(1)第一相中,根据水库异号反射的特性,升压波到达水库后反射回的降压波还未到达阀门处,因此该处水击压力即阀门关闭所产生的升压波,在第一相末达到 ξ_1^A。

(2)第二相末,水库传来的降压波到达阀门处,如果此时阀门处具有同号反射的特性,则在该处反射仍为降压波,两个降压波之和将超过第二相中由于阀门关闭所产生的升压波,因而第二相末的水击压力 $\xi_2^A < \xi_1^A$。

(3)第三相末,由于第二相中阀门同号反射回去的降压波,经水库异号反射为升压波,这两个升压波共同作用,又使阀门处的水击压力开始升高,$\xi_3^A > \xi_2^A$。

根据阀门同号反射的规律,水击压力将环绕某一 ξ_m^A 值上下波动,最后趋于 ξ_m^A。由于最大水击压力出现在第一相末,$\xi_1^A > \xi_m^A$,因此称为第一相水击。

2. 极限水击

根据式(9-42),当 $\rho\tau_0 > 1$ 时,r 为负,水击波在阀门处的反射为异号。在阀门关闭过程中,阀门处任意时刻的水击压力仍由上述三部分组成。

第一相末,水库反射回的降压波还未到达阀门处,该处水击压力只是阀门关闭所产生的升压波,即 ξ_1^A。

第二相末,水库传来的降压波到达阀门处,因阀门处为异号反射,则在该处反射为升压波，它和在第二相中阀门继续关闭产生的升压波共同作用，使第二相中阀门处的水击压力继续升高，使 $\xi_2^A > \xi_1^A$。在以后各相，阀门处水击压力逐渐增加，趋近某一极限值 ξ_m^A。由于最大水击压力为 ξ_m^A，$\xi_m^A > \xi_1^A$，因此称为极限水击。

(二) 开度依直线变化时水击的简化计算

当调节阀门按直线规律启闭，τ_t 与 τ_0 的关系如下：

当阀门关闭时
$$\tau_t = \tau_0 - \frac{t_r}{T_s'} = \tau_0 - \frac{2L}{aT_s} \tag{9-45}$$

当阀门开启时
$$\tau_t = \tau_0 + \frac{t_r}{T_s'} = \tau_0 + \frac{2L}{aT_s} \tag{9-46}$$

所以，关闭情况，$\Delta\tau = -2L/aT_s$；开启情况，$\Delta\tau = 2L/aT_s$。

1. 第一相水击计算的简化公式

当 $\xi_1^A < 0.5$ 时，$\sqrt{1+\xi_1} \approx 1 + \frac{\xi_1}{2}$，则式(9-30)可简化为

$$\tau_1\left(1 + \frac{\xi_1}{2}\right) = \tau_0 - \frac{\xi_1}{2\rho} \tag{9-47}$$

令 $\sigma = -\rho\Delta\tau = \pm\frac{LV_{max}}{gH_0T_s}$，$\sigma$ 称为水击特性常数，关闭时 σ 用正值，开启时 σ 用负值。考虑到 τ_1 和 τ_0 的关系，代入式(9-47)可解得第一相末水击压力值为

当关闭阀门时
$$\xi_1^A = \frac{2\sigma}{1 + \rho\tau_0 - \sigma} \tag{9-48}$$

当开启阀门时
$$y_1^A = \frac{2\sigma}{1 + \rho\tau_0 + \sigma} \tag{9-49}$$

发生第一相水击的条件是 $\rho\tau_0 < 1$，对于丢弃负荷情况，$\tau_0 = 1$，有 $\rho = aV_{max}/2gH_0 < 1$。若 $a = 1\ 000$ m/s，$V_{max} = 5$ m/s，则 $H_0 > 250$ m，因此在丢弃负荷的情况下，只有高水头水电站才有可能出现第一相水击。

2. 极限水击计算简化公式

根据式(9-36)，第 n 相和第 $n+1$ 相末的水击压力计算公式为

$$\tau_n\sqrt{1+\xi_n^A} = \tau_0 - \frac{\xi_n^A}{2\rho} - \frac{1}{\rho}\sum_1^{n-1}\xi_i^A \tag{9-50}$$

$$\tau_{n+1}\sqrt{1+\xi_{n+1}^A} = \tau_0 - \frac{\xi_{n+1}^A}{2\rho} - \frac{1}{\rho}\sum_1^{n}\xi_i^A \tag{9-51}$$

以上两式相减，得

$$\tau_{n+1}\sqrt{1+\xi_{n+1}^A} - \tau_n\sqrt{1+\xi_n^A} = -\frac{\xi_{n+1}^A - \xi_n^A}{2\rho} - \frac{1}{\rho}\xi_n^A = -\frac{\xi_{n+1}^A + \xi_n^A}{2\rho} \tag{9-52}$$

如果水击波传播的相数 n 足够大，可认为 $\xi_n^A = \xi_{n+1}^A = \xi_m^A$，式(9-52)可以简化为

$$(\tau_{n+1} - \tau_n)\sqrt{1+\xi_m^A} = \Delta\tau\sqrt{1+\xi_m^A} = -\xi_m^A/\rho \tag{9-53}$$

设 $\sigma = -\Delta\tau\rho$，式(9-53)可写为

$$\sigma\sqrt{1+\xi_m^A} = \xi_m^A \tag{9-54}$$

解得
$$\xi_m^A = \frac{\sigma}{2}(\sigma \pm \sqrt{\sigma^2 + 4}) \tag{9-55}$$

当水击压力 $\xi_m^A \leqslant 0.5$ 时，$\sqrt{1+\xi_i^A} = 1 + \xi_i^A/2$，可得到更为简化的近似公式为
$$\xi_m^A = \frac{2\sigma}{2-\sigma} \tag{9-56}$$
$$y_m^A = \frac{2\sigma}{2+\sigma} \tag{9-57}$$

3. 间接水击类型的判别条件

仅用 $\rho\tau_0$ 大于 1 还是小于 1 作为判别水击类型的条件是近似的。水击的类型除与 $\rho\tau_0$ 有关外，还与 σ 有关。很明显，这两种情况的分界条件必须是 $\xi_m^A = \xi_1^A$。将式(9-30)的 ξ_1^A 值用 ξ_m^A 代替，得
$$\tau_1\sqrt{1+\xi_m^A} = \tau_0 - \frac{\xi_m^A}{2\rho} \tag{9-58}$$

将 $\sigma\sqrt{1+\xi_m^A} = \xi_m^A$ 代入式(9-58)，得
$$\frac{\xi_m^A}{\sigma}\tau_1 = \tau_0 - \frac{\xi_m^A}{2\rho} \tag{9-59}$$

以 $\tau_1 = \tau_0 + \Delta\tau$、$\sigma = -\Delta\tau\rho$ 代入式(9-59)得
$$\xi_m^A = \frac{2\sigma}{2-\dfrac{\sigma}{\rho\tau_0}} \tag{9-60}$$

将上式代入 $\sigma\sqrt{1+\xi_m^A} = \xi_m^A$ 中，解得 σ 值为
$$\sigma = \frac{4\rho\tau_0(1-\rho\tau_0)}{1-2\rho\tau_0} \tag{9-61}$$

如果式(9-61)满足，则 $\xi_m^A = \xi_1^A$。式(9-61)代表一根曲线，如图 9-7 所示。

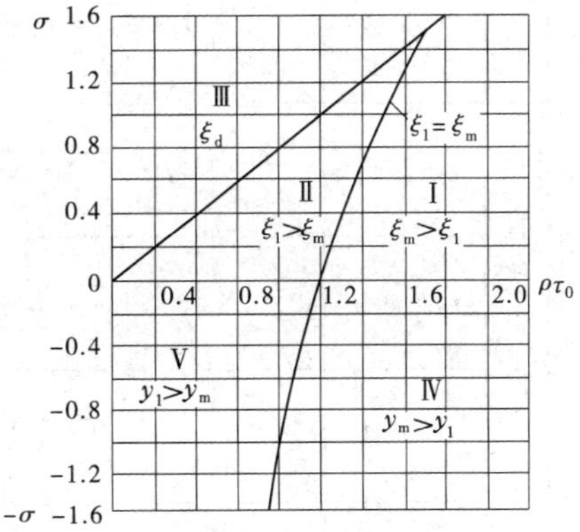

图 9-7　水击类型

图 9-7 中同时绘出了 $\sigma = \rho\tau_0$ 的直线。曲线表示极限水击和第一相水击的分界线，直线 $\sigma = \rho\tau_0$ 表示第一相水击和直接水击的分界线。

图 9-7 共有五个分区：Ⅰ区为极限正水击；Ⅱ区为第一相正水击；Ⅲ区为直接水击；Ⅳ区为极限负水击；Ⅴ区为第一相负水击。

简单判别水击类型的方法：

(1) $\rho\tau_0 < 1.0$ 时，常发生第一相水击；

(2) $\rho\tau_0 > 1.5$ 时，常发生极限水击；

(3) $1.0 < \rho\tau_0 < 1.5$ 时，则随 σ 值的不同而发生第一相或极限水击，个别情况下发生直接水击。此时按图 9-7 判别。

最后，为了方便水击压力的计算，将计算公式汇总于表 9-1。

表 9-1　水击压力计算公式汇总

阀门启闭	水击类型	开度起始	开度终了	计算公式	近似公式
关闭	直接水击	τ_0	τ_k	$\tau_k\sqrt{1+\xi}=\tau_0-\frac{1}{2\rho}\xi$	$\xi=\frac{2\rho(\tau_0-\tau_k)}{1+\rho\tau_k}$
		τ_0	0	$\xi=2\rho\tau_0$	$\xi=2\rho\tau_0$
		1	0	$\xi=2\rho$	$\xi=2\rho$
	间接水击	τ_0	0	$\xi_m=\frac{\sigma}{2}(\sigma+\sqrt{\sigma^2+4})$	$\xi_m=\frac{2\sigma}{2-\sigma}$
		τ_0		$\tau_1\sqrt{1+\xi_1}=\tau_0-\frac{1}{2\rho}\xi_1$	$\xi_1=\frac{2\sigma}{1+\rho\tau_0-\sigma}$
		1		$\tau_1\sqrt{1+\xi_1}=1-\frac{1}{2\rho}\xi_1$	$\xi_1=\frac{2\sigma}{1+\rho-\sigma}$
		τ_0		$\tau_n\sqrt{1+\xi_n}=\tau_0-\frac{1}{\rho}\sum_1^{n-1}\xi_i-\frac{1}{2\rho}\xi_n$	$\xi_n=\frac{2(n\sigma-\sum_1^{n-1}\xi_i)}{1+\rho\tau_0-n\sigma}$
开启	直接水击	τ_0	τ_k	$\tau_k\sqrt{1-y}=\tau_0+\frac{1}{2\rho}y$	$y=\frac{2\rho(\tau_k-\tau_0)}{1+\rho\tau_k}$
		τ_0	1	$\sqrt{1-y}=\tau_0+\frac{1}{2\rho}y$	$y=\frac{2\rho(1-\tau_0)}{1+\rho}$
		0	1	$\sqrt{1-y}=\frac{1}{2\rho}y$	$y=\frac{2\rho}{1+\rho}$
	间接水击	τ_0	1	$y_m=\frac{\sigma}{2}(\sqrt{\sigma^2+4}-\sigma)$	$y_m=\frac{2\sigma}{2+\sigma}$
		τ_0	1	$\tau_1\sqrt{1-y_1}=\tau_0+\frac{1}{2\rho}y_1$	$y_1=\frac{2\sigma}{1+\rho\tau_0+\sigma}$
		0	1	$\tau_1\sqrt{1-y_1}=\frac{1}{2\rho}y_1$	$y_1=\frac{2\sigma}{1+\sigma}$
		τ_0	1	$\tau_n\sqrt{1-y_n}=\tau_0+\frac{1}{\rho}\sum_1^{n-1}y_i+\frac{1}{2\rho}y_n$	$y_n=\frac{2(n\sigma-\sum_1^{n-1}y_i)}{1+\rho\tau_0+n\sigma}$

五、起始开度对水击的影响

水电站可能在各种不同的负荷情况下运行，当机组满负荷运行时，起始开度 $\tau_0=1$；当机组只担任部分负荷运行时，$\tau_0<1$。因此，机组由于事故丢弃负荷时的起始开度 τ_0 可能有各种数值。从前面的水击压力计算公式可以绘制出图 9-8。图中的曲线和分界点说明了起始开度对水击压力的影响。

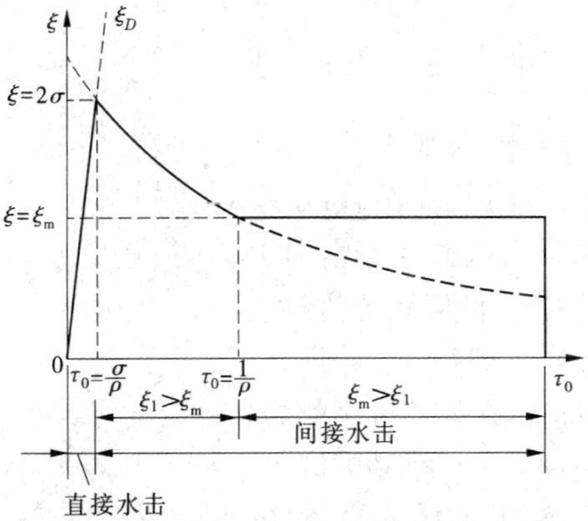

图 9-8　起始开度对水击压力的影响

由于极限水击 $\xi_m^A=\dfrac{2\sigma}{2-\sigma}$ 只与 σ 有关，而与 τ_0 无关，图中 ξ_m^A 是一条平行于 τ_0 轴的水平线。

对于第一相水击 $\xi_1^A=\dfrac{2\sigma}{1+\rho\tau_0-\sigma}$，随着 τ_0 的减小而增大，所以在图 9-8 中表示为一条曲线。

对于直接水击，$\xi_d^A=2\rho\tau_0$，为一通过坐标轴原点的直线，其斜率为 2ρ。

图 9-8 中三条曲线的交点为：

(1)直接水击和第一相水击。令 $\xi_d^A=2\rho\tau_0$ 和 $\xi_1^A=\dfrac{2\sigma}{1+\rho\tau_0-\sigma}$ 相等，可以解出 $\tau_0=\sigma/\rho$。

(2)第一相水击和末相水击。令 $\xi_1^A=\dfrac{2\sigma}{1+\rho\tau_0-\sigma}$ 和 $\xi_m^A=\dfrac{2\sigma}{2-\sigma}$ 相等，可以解出 $\tau_0=1/\rho$。

因此，可得出以下结论：

(1)当起始开度 $\tau_0>1/\rho$，$\rho\tau_0>1$ 时，$\xi_m>\xi_1$，最大水击压力发生在阀门关闭的终了，即极限水击。

(2)当起始开度 $\sigma/\rho<\tau_0<1/\rho$ 时，$\xi_1>\xi_m$，最大水击压力发生在第一相末。

(3)当起始开度 $\tau_0<\sigma/\rho$ 时，发生直接水击。但由于直接水击压力的大小与初始开度成正比，所以不一定是最大的水击值。

(4)当阀门起始开度为临界开度 $\tau_0=\sigma/\rho$ 时，发生最大直接水击，由 $\xi_d^A=2\rho\tau_0$ 得

$$\xi_m = 2\rho\tau_0 = 2\sigma \tag{9-62}$$

水轮机存在空转流量 Q_{xx}、相应的空转开度为 τ_{xx}、水轮机在该开度下运行，不能输出功率，能量仅消耗于克服摩阻。因此，机组不可能在小于 τ_{xx} 开度下运行。如果 $\tau_{xx}>\sigma/\rho$，说明该机组不可能发生直接水击。

另外，阀门实际关闭规律并非直线，根据水轮机调运器特性，关闭终了时存在延缓现象，小初始开度时的实际关闭时间要长于 $\tau_0 T_s$，水击压力比计算值要小，一般不起控制作用。

六、开度变化规律对水击压力的影响

上述有关第一相水击或极限水击的一些概念及计算公式是在假定阀门开度按直线变化条件求得的。在水电站运行实践中，阀门的启闭不完全是按直线而往往是非直线的规律。图 9-9绘出了三种不同的关闭规律，三种规律都具有相同的关闭时间，同时绘出了与之相应的三种水击压力变化过程线。由图 9-9 可以看出，开度的变化规律不同，水击压力的变化过程也不同。

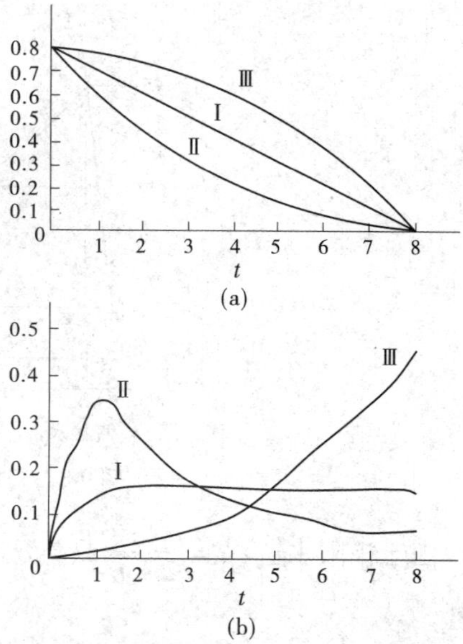

图 9-9　导叶关闭规律对水击压力的影响

曲线Ⅱ表示开始阶段关闭速度较快，因此水击压力迅速上升到最大值，而后关闭速度减慢，水击压力逐渐减小；曲线Ⅲ的规律与曲线Ⅱ相反，关闭速度是先慢后快，而水击压力是先小后大。水击压力的上升速度随阀门的关闭速度的加快而加快，最大压力出现在关闭速度较快的那一时段末尾。从图 9-9 中可以看出，关闭规律Ⅰ较为合理，最不利的是规律Ⅲ。

由此可见，通过调速器或针阀等设备，采取比较合理的启闭规律，可以作为减小水击压力和解决调节保证问题的措施之一。在高水头水电站中常发生第一相水击，可以采取先慢后快的非直线关闭规律，以降低第一相水击值；在低水头水电站中常发生极限水击，可采取先快后慢的非直线关闭规律，以降低末相水击值。

七、水击压力沿管长的分布

以上讨论的都是水管末端 A 点(阀门或导叶处)的水击压力。在进行压力管道强度设计时，不仅需要计算管道末端的压力，而且需要管道沿线各点的最大正水击压力和最大负水击压力的分布情况，以便进行管道的强度设计及检验管道内部是否有发生真空的可能。

第一相水击和极限水击沿管长的分布规律是不同的，下面分别予以讨论。

(一)极限水击压力的分布规律

理论研究证明，极限水击无论是正水击还是负水击，管道沿线的最大水击压力均按直

线规律分布，如图9-10中实线所示。若管道末端A点的最大水击压力为ξ_m^A和y_m^A，则任意

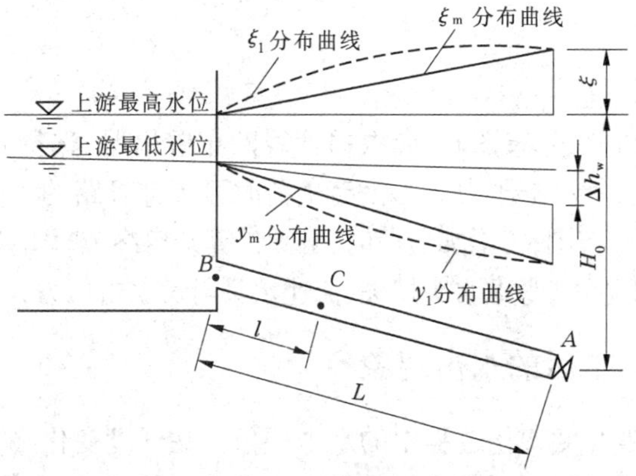

图9-10　水击压力沿管道的分布

点C点的最大水击压力为

$$\xi_{max}^C = \frac{l}{L}\xi_m^A \tag{9-63}$$

$$y_{max}^C = \frac{l}{L}y_m^A \tag{9-64}$$

(二)第一相水击压力的分布规律

研究证明，第一相水击压力沿管线不按直线规律分布，正水击压力分布曲线是向上凸的，负水击压力分布曲线是往下凹的，如图9-10中的虚线所示。任意点C的最大水击升压值发生在A点的最大水击升压传到C点时，即比A点出现最大水击升压滞后$(L-l)/a$，其值为

$$\xi_{max}^C = \xi_{\frac{2L}{a}}^A - \xi_{\frac{2L}{a}-\frac{2l}{a}}^A \tag{9-65}$$

式中　$\xi_{\frac{2L}{a}}^A$——第一相末A点的水击压力，即ξ_1^A可直接用简化公式求得；

$\xi_{\frac{2L}{a}-\frac{2l}{a}}^A$——第一相终了前$2l/a$ s时A点的水击压力，可用第一相水击简化公式求得，只需用$\tau_{t_r-\frac{2l}{a}}$代替式中的τ_1即可。

式(9-65)的近似表达式为

$$\xi_{max}^C = \frac{2\sigma}{1+\rho\tau_0-\sigma} - \frac{2\sigma_{AC}}{1+\rho\tau_0-\sigma_{AC}} \tag{9-66}$$

式中，$\sigma = \frac{LV_{max}}{gH_0T_s}$；$\sigma_{AC} = \frac{(L-l)V_{max}}{gH_0T_s} = \frac{l_{AC}V_{max}}{gH_0T_s}$。

由式(9-65)和式(9-66)可以看出，等号右端的第一项为管长为L时A点第一相末的水击压力，第二项为管长为$L-l$(相当于水库移至C点)时A点第一相末的水击压力，C点最大水击压力为两者之差。

对于第一相负水击，任意点C的最大水击降压为

$$y_{max}^C = y_{\frac{2l}{a}}^A \tag{9-67}$$

式中，$y_{\frac{2l}{a}}^A$为阀门开启$2l/a$时A点的负水击，可用表9-1中的公式求解，用$\tau_{\frac{2l}{a}}$代替式中的τ_1即可。$y_{\frac{2l}{a}}^A$相当于管长为l(阀门移至C点)时的第一相水击。式(9-67)可近似表示为

$$y_{\max}^{C}=\frac{2\sigma_{BC}}{1+\rho\tau_{0}-\sigma_{BC}} \tag{9-68}$$

式中，$\sigma_{BC}=\dfrac{l_{BC}V_{\max}}{gH_{0}T_{s}}$。

绘制水击压力沿管线分布图时，应根据管线的布置情况，选择几个代表性的断面，求出各断面上的最大正、负水击压力。当丢弃负荷时可不计管路的水头损失，在上游最高静水位上绘制水击压力分布图；当增加负荷时，必须计算开启终了时管路的水头损失与流速水头，在上游最低水位线以下，考虑水头损失、流速水头与负水击压力，绘制水击压力分布图。

八、开度变化终了后的水击现象

目前，讨论的都是开度变化过程中的水击现象。在开度变化终了后，水击一般并不立即消失，而有一个变化过程。研究这个过程对水轮机的调节和压力管道的设计有时是必要的。例如，阀门关闭终了后的正水击可能经阀门反射而成负水击，其值可能大于阀门开启量的压力降低值。

开度变化终了后的水击现象取决于开度变化终了时的阀门反射特性，可用式(9-42)加以判别。若终了开度记为 τ_c，则式(9-42)可写成

$$r=\frac{1-\rho\tau_{c}}{1+\rho\tau_{c}} \tag{9-69}$$

(1)若阀门在第 n 相全部关闭，$\tau_c=0$，$r=1$，阀门发生同号等值反射。阀门关闭终了时的升压波经水库反射为等值的降压波返回阀门，又经阀门反射为等值降压波返回水库，两个降压波和一个升压波的叠加，使第 $n+1$ 相水击压强与第 n 相(即阀门关闭终了时)水击压强绝对值相等而符号相反，若不计摩阻，则阀门关闭后水压强成周期性不衰减振荡，如图 9-11(a)所示。

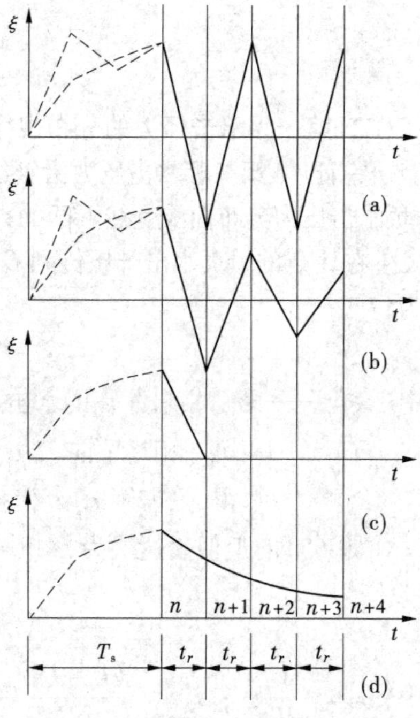

图 9-11　开度变化终了后的水击现象

(2)若 $\tau_c>0$，$\rho\tau_c<1$，则 $0<r<1$，阀门的反射是同号减值的。根据对前一种情况的分析，可知开度变化终了(阀门未完全关闭)后的水击出现逐渐衰减的振荡，如图 9-11(b)所示。

(3)若 $\tau_c>0$，$\rho\tau_c=1$，则 $r=0$，阀门不发生反射，水库传来的反射波到达阀门即行消失，如图 9-11(c)所示。

(4)若 $\tau_c>0$，$\rho\tau_c>1$，则 $-1<r<0$，阀门发生异号减值反射。水库传来的降压波经阀门反射为升压波，开度变化终了后不可能出现负水击。由于阀门只发生部分反射，反射波是减值的，故随着相数的增加，水击压强逐渐减小，如图 9-11(d)所示。

对于增加负荷情况可得到类似的结论，但此时 τ_c 较大，出现后两种情况的可能性较多。

第五节　复杂管道水击的简化计算

前面所讨论的是简单管道的水击问题。简单管的直径、管壁厚度和管材料均不随管长而变化，因此整根水管的特性是不变的。在实际工程中，这种简单管是不多见的，常见的是复杂管路系统，共有三种类型：

(1)管壁厚度、直径和材料随水头增加自上而下逐段改变，这种复杂管称为串联管。

(2)分岔管，在分组供水和联合供水中经常遇到。

(3)装有反击式水轮机的管道系统，应考虑蜗壳和尾水管的影响，而且其过流特性与孔口出流不一样，流量不仅与作用水头有关，还与水轮机的机型和转速有关。

一、串联管水击的简化计算

由于串联管各管段的 V_0 和 a 不同(见图 9-12)，因此表示水管特性的系数 ρ 和 σ 各异。在实用中常把串联管转化为等价的简单管来计算。所谓等价，就是将串联管转化为简单管后应满足管长、相长和管中水体动能等与原管相同的原则。这种简化计算方法称为“等价水管法”。

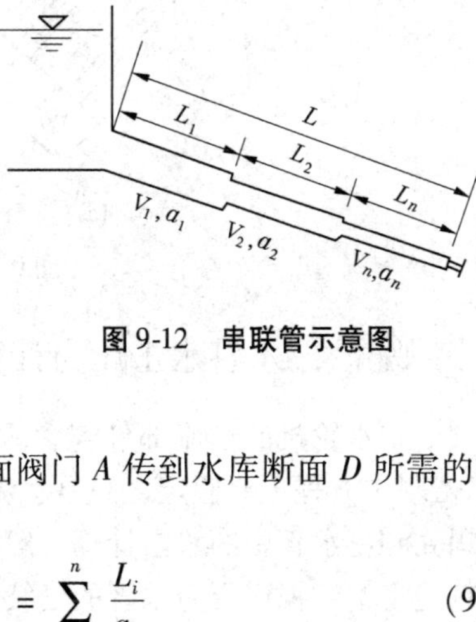

图 9-12　串联管示意图

设一根串联管的管道特性为：L_1, V_1, a_1；L_2, V_2, a_2；…；L_n, V_n, a_n，等价管的总长 $L = \sum_{i=1}^{n} L_i$。根据管中水体动能不变的要求，则 $LV_m = L_1V_1 + L_2V_2 + \cdots + L_nV_n = \sum L_iV_i$，由此可得加权平均流速为

$$V_m = \frac{\sum_{i=1}^{n} L_iV_i}{L} \tag{9-70}$$

根据相长不变的要求，水击波按平均波速由断面阀门 A 传到水库断面 D 所需的时间等于水击波在各段传播时间的总和，即

$$\frac{L}{a_m} = \frac{L_1}{a_1} + \frac{L_2}{a_2} + \cdots + \frac{L_n}{a_n} = \sum_{i=1}^{n} \frac{L_i}{a_i} \tag{9-71}$$

由此可得波速的加权平均值为

$$a_m = \frac{L}{\sum_{i=1}^{n} \frac{L_i}{a_i}} \tag{9-72}$$

对于间接水击，管道的平均特性常数为

$$\rho_m = \frac{a_mV_m}{2gH_0} \tag{9-73}$$

$$\sigma_m = \frac{LV_m}{gH_0T_s} \tag{9-74}$$

$$t_r = \frac{2L}{a_m} \tag{9-75}$$

求出管道平均特性常数后,可按简单管的间接水击计算公式求出复杂管道的间接水击值。

二、分岔管的水击压力计算

如图 9-13 所示,分岔管除管径和管壁厚度沿管轴线变化外,同时增加了分岔,其水击压力计算比串联管更复杂。分岔管的水击计算方法之一是截肢法。这种方法的特点是:当机组同时关闭时,选取总长度最大的一根支管,如图 9-13(a)中的支管 2,将其余的支管截掉,变成图 9-13(b)所示的串联管道,然后用各管段中实际流量求出各管段的流速,再用加权平均的方法求出串联管中的平均流速和平均波速,最后采用串联管的简化公式相应地求出水击值。

在压力水管的主管较长、支管较短(如支管长度小于主管的 10%)的情况下,计算结果误差不大;否则误差较大。

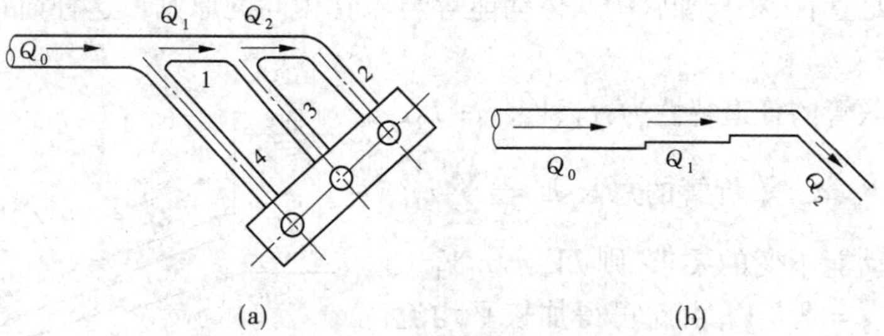

图 9-13　分岔管的截肢法

三、蜗壳、尾水管水击压力计算

反击式水轮机的过流部件包含蜗壳和尾水管。蜗壳和尾水管中的水流现象十分复杂,水击基本方程主要假定之一是水流为一元流,这一假定对蜗壳和尾水管是不合适的,因此蜗壳和尾水管中的水击计算一般只能用近似方法。

首先将蜗壳视作压力水管的延续部分,并假想把导叶移至蜗壳的末端,尾水管也作为压力管道的一部分。这样把压力管道、蜗壳和尾水管组合视为一串联管,再将该串联管简化为等价简单管进行计算。

设压力水管、蜗壳及尾水管长度、平均流速和水击波速分别为 L_T、V_T、a_T;L_c、V_c、a_c;L_b、V_b、a_b,则

$$L = L_T + L_c + L_b \tag{9-76}$$

$$a_m = L/(\frac{L_T}{a_T} + \frac{L_c}{a_c} + \frac{L_b}{a_b}) \tag{9-77}$$

$$V_m = (L_T V_T + L_c V_c + L_b V_b)/L \tag{9-78}$$

于是可求出等价管和特性系数 ρ_m、σ_m,求出管道末端最大水击压力 ξ 值。然后以管道、蜗壳、尾水管三部分水体动能为权,将水击压力值 ξ 进行分配,求出压力管道、蜗壳末

端和尾水管进口的水击压力。

压力水管末端最大压力上升相对值为

$$\xi_{\mathrm{T}}=\frac{L_{\mathrm{T}}V_{\mathrm{T}}}{(L_{\mathrm{T}}+L_{\mathrm{c}}+L_{\mathrm{b}})V_{\mathrm{m}}}\xi \tag{9-79}$$

蜗壳末端最大水击压力上升相对值为

$$\xi_{\mathrm{c}}=\frac{L_{\mathrm{T}}V_{\mathrm{T}}+L_{\mathrm{c}}V_{\mathrm{c}}}{(L_{\mathrm{T}}+L_{\mathrm{c}}+L_{\mathrm{b}})V_{\mathrm{m}}}\xi \tag{9-80}$$

尾水管在导叶或阀门之后,水击现象与压力管道相反,其进口处压力下降相对值为

$$y_{\mathrm{b}}=\frac{L_{\mathrm{b}}V_{\mathrm{b}}}{(L_{\mathrm{T}}+L_{\mathrm{c}}+L_{\mathrm{b}})V_{\mathrm{m}}}\xi \tag{9-81}$$

求出尾水管的负水击后,应校核尾水管进口处的真空度 H_{r},以防水流中断。

$$H_{\mathrm{r}}=H_{\mathrm{s}}+y_{\mathrm{b}}H_0+\frac{V_{\mathrm{b}}^2}{2g}<8\sim9\ \mathrm{m} \tag{9-82}$$

式中　H_{s}——水轮机的吸出高度;

V_{b}——尾水管进口断面在出现 y_{b}时的流速。

第六节　水击计算的计算机求解方法

根据简化水击方程即数学物理中的波动方程导出的水击计算连锁方程曾广泛用于计算管道水击压力,其缺点是不能用于分析复杂管路和复杂边界的水击,并且不能计入管道摩擦阻力的影响。计算机的飞速发展和应用研究带来了计算上的革命,Gray 和 Streeter 合作首先介绍了用计算机计算管道水击的特征线法,随后 Streeter 和 Wylie 合著的瞬变流专著 *Fluid Transients* 奠定了用计算机分析管道水击的基础。用特征线法计算水击可分析复杂管路,还可处理复杂的边界条件,还可以计入摩擦阻力的影响(在低水头水电站中摩擦阻力的影响较大),下面主要介绍特征线法的计算机求解算法。

一、特征线方程

特征线法是将偏微分方程转化为全微分方程的形式,再对全微分方程进行积分,得到有限差分方程进行数值计算。

首先对本章第三节介绍的水击基本方程式(9-2)和式(9-3)进行适当简化。假设管道是水平的,且沿管道长度引水管的直径不变。另外,水击的发生和衰减过程是在很短的时间内完成的,所以在式(9-2)中 $\frac{\partial v}{\partial x}<<\frac{\partial v}{\partial t}$,式(9-3)中 $\frac{\partial H}{\partial x}<<\frac{\partial H}{\partial t}$。这样可以得到简化以后的水击基本方程,分别命名为 L_1和 L_2:

$$L_1=g\left(\frac{\partial H}{\partial x}\right)+\frac{\partial v}{\partial t}+\frac{f}{2D}v|v|=0 \tag{9-83}$$

$$L_2=\frac{\partial H}{\partial t}+\frac{a^2}{g}\left(\frac{\partial v}{\partial x}\right)=0 \tag{9-84}$$

引入特征值 λ,将式(9-83)和式(9-84)进行线性组合,得

$$L = L_1 + \lambda L_2 = g\left(\frac{\partial H}{\partial x}\right) + \frac{\partial v}{\partial t} + \frac{f}{2D}v|v| + \lambda\left[\frac{\partial H}{\partial t} + \frac{a^2}{g}\left(\frac{\partial v}{\partial x}\right)\right] = 0 \tag{9-85}$$

将其整理为

$$L = \lambda\left[\frac{g}{\lambda}\frac{\partial H}{\partial x} + \frac{\partial H}{\partial t}\right] + \left[\lambda\frac{a^2}{g}\left(\frac{\partial v}{\partial x}\right) + \frac{\partial v}{\partial t}\right] + \frac{f}{2D}v|v| = 0 \tag{9-86}$$

特征线法通过选择两个不同的实数特征值 λ_1 和 λ_2，使得方程式(9-86)成为一组全微分方程，并与方程式(9-83)和式(9-84)完全等价。设方程式(9-85)的解为 $v = v(x,t)$ 和 $H = H(x,t)$，则

$$\frac{dH}{dt} = \frac{\partial H}{\partial x}\frac{dx}{dt} + \frac{\partial H}{\partial t}, \quad \frac{dv}{dt} = \frac{\partial v}{\partial x}\frac{dx}{dt} + \frac{\partial v}{\partial t} \tag{9-87}$$

对比方程式(9-86)和式(9-87)，假如下面的关系成立：

$$\frac{dx}{dt} = \frac{g}{\lambda} = \lambda\frac{a^2}{g} \tag{9-88}$$

则方程式(9-86)可以转化为全微分方程，即

$$\lambda\frac{dH}{dt} + \frac{dv}{dt} + \frac{f}{2D}v|v| = 0 \tag{9-89}$$

并且由式(9-88)可以得出

$$\lambda = \pm\frac{g}{a} \tag{9-90}$$

及

$$\frac{dx}{dt} = \pm a \tag{9-91}$$

式(9-91)说明，压力管道中的水压力以波的形式传播，其传播速度为 a。当其取正值时，水击压力波向水库方向传播；取负值时，水击波向水轮机方向传播，压力管道中的水击压力就等于这两种波的叠加。在发生水击的过程中，压力管道中的水击压力分布不仅与时间有关，而且与位置有关，这是由于水击波在管道中来回传播，管壁的阻力可以使水击波逐渐减弱，而波的传播与叠加使得不同位置的压力也不尽相同。

当特征值 λ 分别取正值和负值时，将其代入方程式(9-89)，可以得到两组方程，分别用 C^+ 和 C^- 来命名，即

$$\left.\begin{aligned} &\frac{g}{a}\frac{dH}{dt} + \frac{dv}{dt} + \frac{f}{2D}v|v| = 0 \\ &\frac{dx}{dt} = +a \end{aligned}\right\} C^+ \tag{9-92a}$$

$$\left.\begin{aligned} &-\frac{g}{a}\frac{dH}{dt} + \frac{dv}{dt} + \frac{f}{2D}v|v| = 0 \\ &\frac{dx}{dt} = -a \end{aligned}\right\} C^- \tag{9-92b}$$

将上述方程的解在 x—t 平面上展开，就不难对它加以形象化说明。因为对于一个给定的管道，a 通常是常数，于是方程式(9-92a)在 x—t 平面上画出来是一根直线 AP；同样，方程式(9-92b)在 x—t 平面上是另一根直线 BP，见图 9-14。将这些在 x—t 平面上斜率为 $\pm 1/a$ 的直线分别称为正特征线和负特征线。沿 C^+ 特征线，方程(9-92a)成立；沿 C^- 特征

线，方程(9-92b)成立。特征线的实质说明了水击波沿管路传播的过程。

二、基本求解方法

为了用有限差分法求解常微分方程式(9-91)，首先将管道在长度方向离散成 N 等份，每一等份的长度为 Δx，每隔 Δt 时间计算一次水击压力的分布，则在长度方向和时间方向的离散可以形成一个计算网格，如图 9-15 所示。

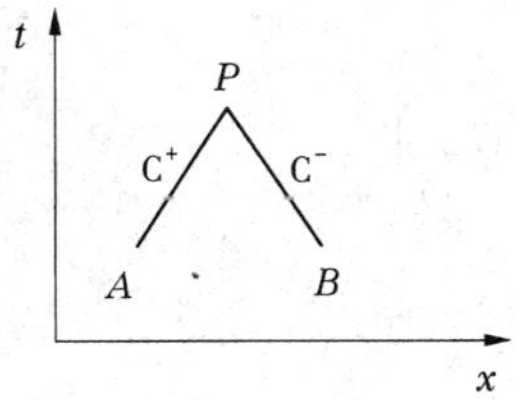

图 9-14　特征线

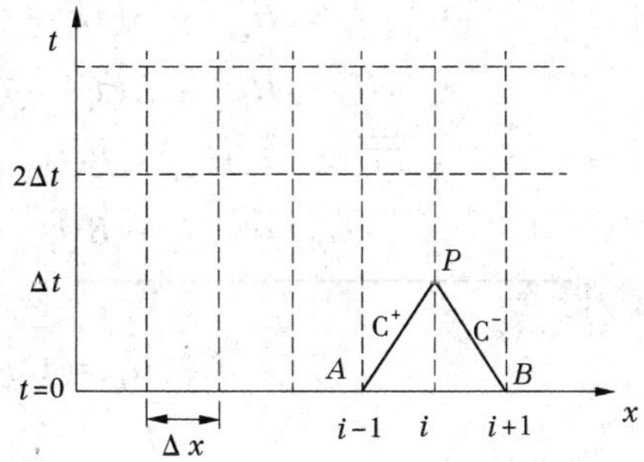

图 9-15　单一管道求解的 x—t 网络图

如果计算的时间步长取 $\Delta t = \Delta x/a$，则网格的对角线斜率为 $+1/a$ 或 $-1/a$，即满足方程式(9-92a)或式(9-92b)中的第二个方程。如果 A 点的变量 v 和 H 是已知的，那么沿着 C^+ 方向的特征线从 A 到 P 进行积分，同时注意到 $a\mathrm{d}t/g = \mathrm{d}x/g$，并用流量 Q 代替流速 v，可以得到

$$\int_{H_A}^{H_P}\mathrm{d}H + \frac{a}{gA}\int_{Q_A}^{Q_P}\mathrm{d}Q + \frac{f}{2DgA^2}\int_{X_A}^{X_P}Q|Q|\mathrm{d}x = 0 \tag{9-93a}$$

同理，对方程组 C^-，$-a\mathrm{d}t/g = \mathrm{d}x/g$，可得

$$\int_{H_A}^{H_P}\mathrm{d}H - \frac{a}{gA}\int_{Q_A}^{Q_P}\mathrm{d}Q - \frac{f}{2DgA^2}\int_{X_A}^{X_P}Q|Q|\mathrm{d}x = 0 \tag{9-93b}$$

式中所包含的 $Q|Q|$ 是与 x 有关的变量，在近似计算中可用 A 点或 B 点的值表示。若 Δx 取得足够小，其一次近似即可满足要求，代入 A、B 值得

$$H_P - H_A + \frac{a}{gA}(Q_P - Q_A) + \frac{f\Delta x}{2DgA^2}Q_A|Q_A| = 0 \tag{9-94a}$$

$$H_P - H_B - \frac{a}{gA}(Q_P - Q_B) - \frac{f\Delta x}{2DgA^2}Q_B|Q_B| = 0 \tag{9-94b}$$

在上面两个方程中，A 点和 B 点的变量值是已知的，而未知量只有 H_P 和 Q_P，两个方程联立可以求解。

发生水击过程之前或发生之初($t=0$ 时)，管道中的水流呈稳定流状态，各点的 H、V 是已知的。在 $t = \Delta t$ 时刻，管道中任一点的流动状态可由式(9-94a)和式(9-94b)解出，进而可以再对 $t = 2\Delta t$ 时刻的流动状态进行计算。但需要注意的是，对管道两端的边界点，由于只能利用式(9-94a)和式(9-94b)中的一个方程，所以还必须应用管道的边界条件才能求解。引入流量与流速的关系 $Q = VA$(A 为管道断面面积)，并将计算过程中与管道特性有关的常数进行简化，令

$$B = \frac{a}{gA} \qquad R = \frac{f\Delta x}{2gDA^2}$$

则方程式(9-94)可以写成

$$C^+: H_P = H_A - B(Q_P - Q_A) - RQ_A |Q_A| \tag{9-95a}$$

$$C^-: H_P = H_B + B(Q_P - Q_B) + RQ_B |Q_B| \tag{9-95b}$$

对于特征网格上的任意截面 i 点,上述两个方程可以改写为

$$C^+: H_i = H_{i-1} - B(Q_i - Q_{i-1}) - RQ_{i-1} |Q_{i-1}| \tag{9-96a}$$

$$C^-: H_i = H_{i+1} + B(Q_i - Q_{i+1}) + RQ_{i+1} |Q_{i+1}| \tag{9-96b}$$

令

$$C_{Pi} = H_{i-1} + BQ_{i-1} - RQ_{i-1} |Q_{i-1}| \tag{9-97a}$$

$$C_{Mi} = H_{i+1} - BQ_{i+1} + RQ_{i+1} |Q_{i+1}| \tag{9-97b}$$

代入式(9-96)得

$$C^+: H_i = C_{Pi} - BQ_i \tag{9-98a}$$

$$C^-: H_i = C_{Mi} + BQ_i \tag{9-98b}$$

因此可以求解出

$$H_i = \frac{1}{2}(C_{Pi} + C_{Mi}) \tag{9-99a}$$

$$Q_i = \frac{1}{B}(H_i - C_{Mi}) \tag{9-99b}$$

或

$$Q_i = \frac{1}{B}(C_{Pi} - H_i) \tag{9-99c}$$

观察图 9-15 中的网格,可以看到,系统中的两个端点,从第一时步以后,开始影响内部的点。所以,为了求得任意时刻的解,必须引入相应的边界条件。水电站有压引水系统的边界条件见本章第三节。

水击计算的步骤总结如下:

(1)确定计算时间步长 Δt。由于采用矩形网格进行计算,因此一般取 $\Delta t = \Delta x / a$。考虑到水击波速 a 是确定的,所以关键在于选定 Δx。通常可根据管道布置及精度要求将整个管路系统分成很多管段,各管段的两端或为内点,或为边界点。由于波速随管道特性而变化,而 Δt 又是常数,所以不同管道的管段长 Δx 是不相同的。另外,从数学上可以证明,只有当 $\Delta t \leqslant \dfrac{\Delta x}{a}$ 时,差分计算格式才是稳定的。

(2)计算各节点在恒定流状态(起始状态)下的水压力分布和流量值。

(3)增加一个 Δt,按上述所列的公式计算该时刻管道各内部节点处和水轮机处的水头和流量。

(4)计算同一时刻水轮机处的水头、流量。

(5)继续执行步骤(3),直至时间终止。

三、计算程序

根据上面的计算原理,采用 Matlab 编制了一个上游边界为水库、下游边界为阀门、中

间连接一简单管道的水击压力计算程序，主要目的是说明计算程序的编制方法和流程。其程序代码如下：

```
% 已知参数 %

%a——压力管道内水击波波速,m/s;
% f——Darcy-Weisbach 摩阻系数,无量纲;
% g——重力加速度,m/s^2;
% A——压力管道截面积,m^2;
% CD_AG——阀门开启面积与流量系数乘积,m^2;
% D——压力管道直径,m;
% Em——阀门变化规律表达式幂系数,无量纲;
%H0——水库上游水位,m;
% L——压力管道长度,m;
% N——压力管道被划分的段数,无量纲;
% NS——压力管道节点个数,无量纲;
% Tc——阀门关闭时间,s;
% Tmax——数值计算总时间,s;

% 待求参数 %

% cv——求解阀门处流量需要用到的表达式,与 cvp 和 tau 有关;
% cvp——求解阀门处流量需要用到的表达式系数;
% delta_t——压力管道网格单元时间段长度,s;
% delta_x——压力管道网格单元空间段长度,m;
% i——空间节点,无量纲;
% j——时间节点,无量纲;
% tau——阀门相对开度变化规律,无量纲;
% B——波速项组合表达式,B = a / (g * A);
% CM——关于已知 H(i,j)和 Q(i,j)的组合表达式,C - 特征线使用;
% CP——关于已知 H(i,j)和 Q(i,j)的组合表达式,C + 特征线使用;
% H——压力管道内的总水头,时间和空间函数,m;
% HP——压力管道待求节点的水头,时间和空间函数,m;
% Q0——压力管道在阀门全开时的流量,即压力管道定常流量,m^3/s;
% Q——压力管道内的总流量,时间和空间函数,m^3/s;
% QP——压力管道待求节点的流量,时间和空间函数,m^2/s;
% R——摩阻项组合表达式,R = f * delta_x / (2 * g * D * A^2);


%%% = = = = = = 程序开始 = = = = = = =%%%
```

```
clc
clear

%%  Step(1)基本参数说明及空间、时间网格划分 %%

a = 1150;                        % 水击波速
N = 6;                           % 管道分段数目
L = 600;                         % 管道长度
D = 0.5;                         % 管道直径
A = pi * D^2/4;                  % 管道截面积
f = 0.021;                       % Darcy - Weisbach 摩擦系数
g = 9.81;                           % 重力加速度
H0 = 140;                        % 上游水库水位
CD_AG = 0.012;                   % 阀门开启面积与流量系数乘积
Tc = 2.4;                        % 阀门关闭时间
Em = 1.3;                        % 阀门关闭规律表达式幂系数
Tmax = 8;                        % 计算总时长
delta_x = L / N;                 % 分段管道长度
delta_t = delta_x/a;             % 时间间隔
space = 0:delta_x:L;             % 压力管道空间节点的细部划分
time = 0:delta_t:Tmax;           % 压力管道时间节点的细部划分
row = length(space);             % 压力管道空间节点包含的个数
column = length(time);           % 压力管道时间节点包含的个数
Q = zeros(row, column);
H = zeros(row, column);          % 提前为 Q 和 H 分配矩阵占据空间

%%  Step(2)管道常数计算 %%

NS = N + 1;% 管道节点数量
R = f * delta_x / (2 * g * D * A^2);% 摩阻项
B = a / (g * A);                  % 波速项

%% Step(3)初始时刻水头、流量计算 %%

Q0 = sqrt(2 * g * CD_AG^2 * H0 / (R * 2 * g * CD_AG^2 + 1));          %初始时刻管道流量
```

```
for i = 1:NS
    H(i,1) = H0 - (i-1) * R * Q0 * Q0;        % 初始时刻各节点水头
Q(i,1) = Q0;        % 初始时刻各节点流量
end

cvp = 0.5 * Q0 * Q0 / H(NS,1);              % cv 的系数
tau = zeros(1,column);                      % 阀门变化规律矩阵单元大小
tau(1) = 1;                                 % 阀门无量纲开度


%% Step(4)过渡过程水头、流量计算 %%


for j = 2:column

% Substep 1)管道内部节点水头、流量计算 %

    for i = 2:N
        CP = H(i-1,j-1) + B * Q(i-1,j-1) - R * Q(i-1,j-1) * abs(Q(i-1,j-1));
        CM = H(i+1,j-1) - B * Q(i+1,j-1) + R * Q(i+1,j-1) * abs(Q(i+1,j-1));
        HP(i,j) = 0.5 * (CP + CM);
        QP(i,j) = (HP(i,j) - CM) / B;
    end

% Substep 2)上游水库节点水头、流量计算 %

    HP(1,j) = H0;          % 上游水库水位保持不变
    QP(1,j) = Q(2,j-1) + (HP(1,j) - H(2,j-1) - R * Q(2,j-1) * abs(Q(2,j-1)))/B;

% Substep 3)下游阀门节点水头、流量计算 %

    if (j-1) * delta_t < Tc                          %阀门处于关闭过程
        tau(j) = (1 - (j-1) * delta_t/Tc).^Em;  %阀门关闭规律
        cv = tau(j) * tau(j) * cvp;
    else                                             %阀门已完全关闭
        tau(j) = 0;
        cv = 0;
    end

    CP = H(N,j-1) + B * Q(N,j-1) - R * Q(N,j-1) * abs(Q(N,j-1));
    QP(NS,j) = -B * cv + sqrt( (B * cv).^2 + 2 * cv * CP );
```

```
    HP(NS,j) = CP - B * QP(NS,j);

% Substep 4)计算结果存储 %

    for i = 1:NS
        H(i,j) = HP(i,j);        %将各时间步各节点水头计算结果写入总体水头
        Q(i,j) = QP(i,j);        %将各时间步各节点流量计算结果写入总体流量
    end
end

%% Step(5)计算结果后处理 %%

plot(time, H(NS,:),'b','linewidth', 2);      %绘制阀门处,即管道末端节点水头随时间变化情
                                              况。其他节点处水头变化规律绘制方式类似
legend('阀门水头')
xlabel('t/s');
ylabel('H/m');
title('阀门水头随时间变化曲线')

%%% ====== 程序结束 ======%%%
```

四、计算实例

有一长为 $L=600$ m 的引水管道,直接从水库引水。上游水库水位 $H_0=140$ m,管道末端为阀门。初始状态下阀门处于全开状态。管道截面面积直径 $D=4$ m,糙率系数为 $f=0.021$,水击波波速 $a=1\ 150$ m/s。阀门在2.4 s中按 $\tau=(1-\frac{t}{T_c})^{E_m}$ 变化规律关闭至0开度,其中 τ 为阀门相对开度,t 为具体时刻,T_c 为阀门关闭时间,E_m 为关闭规律中的幂系数。求管道末端在阀门关闭开始后 8 s 内的水头变化规律及最大水击压力和最小水击压力。

计算结果:由本节给出程序得到的阀门处最大水击压力为 270.972 1 m,最小水击压力为 75.959 7 m。阀门处水头随时间变化过程见图 9-16。

除此前已经提及的解析法和计算机方法外,水电站管道水击分析方法还有图解法。不过,图解法求解过程较为复杂烦琐,目前已很少采用。解析法虽然物理意义较为明确,但该方法仅适用于压力波为全反射且不考虑摩阻损失的简单管道情况。相比之下,以特征线法为代表的计算机解法,是将考虑管道摩阻的水击偏微分方程转换为在特征线上相

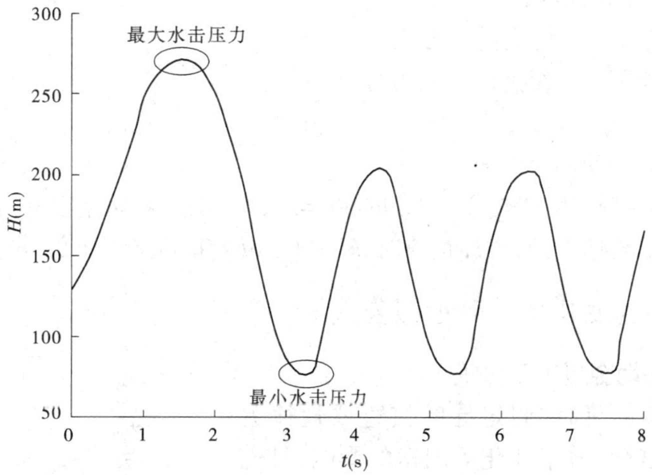

图 9-16　阀门处水头随时间变化过程

容的常微分方程,并近似变换为差分方程之后才开展相关计算的算法。该方法计算精度高、速度快、稳定且易于编制计算机程序,是当前开展水击计算的通用方法。它包括 HAMMER、HYPRESS、FLOWMASTER 等在内的多款成熟水击计算分析软件均以特征线法为理论基础。因此,针对复杂管道的水击分析与计算,建议采用计算机方法作为首选。

第七节　机组转速变化计算

机组与电力系统解列后负荷变为零,此时多余的能量转化为机械能,使机组转速上升,水轮机调节机构开始关闭导叶,水轮机的引用流量逐渐减小,机组出力逐渐下降,同时在引水系统产生水击压力。当关闭到空转开度时出力变为零。导叶关闭过程中所产生的能量,完全被机组转动部分所消耗,造成机组转速的升高。

在机组调节过程中,转速变化通常以相对值表示,称为转速变化率 β,又称为暂态不均衡率。

丢弃负荷
$$\beta = \frac{n_{max} - n_0}{n_0} \tag{9-100}$$

增加负荷
$$\beta = \frac{n_0 - n_{min}}{n_0} \tag{9-101}$$

式中　n_0——机组额定转速;

n_{max}——丢弃负荷后的最高转速。

n_{min}——增加负荷后的最低转速。

一、机组运动方程

机组作为刚体绕主轴旋转,其运动方程为

$$J\frac{d\omega}{dt} = M_t - M_g = M \tag{9-102}$$

式中　ω——机组角速度；

M_t——作用于机组上的动力矩；

M_g——作用于机组上的负载力矩；

M——不平衡力矩；

J——机组转动部分的惯性矩。

机组负荷不变时，$M_t = M_g$，$M = 0$，$d\omega/dt = 0$，转速不变；机组丢弃负荷时，$M_t > M_g$，$M > 0$，$d\omega/dt > 0$，转速上升；增加负荷时，$M_t < M_g$，$M < 0$，$d\omega/dt < 0$，转速下降。

二、机组转速变化率计算近似公式

(一)列宁格勒金属工厂公式

当机组丢弃负荷时，假定导叶按直线规律关闭，忽略了转速变化、效率变化等因素的影响，且先不考虑水击压力升高对出力的影响，则水轮机的出力与时间成直线变化，如图9-17所示。

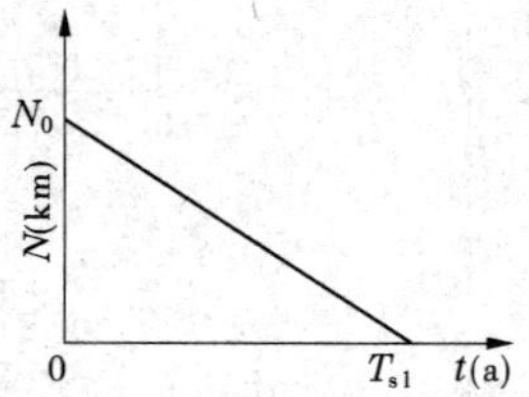

图9-17　丢弃负荷时出力与时间的关系

当机组丢弃负荷后在关闭时间 T_{s1} 内产生多余的能量为

$$E = \frac{102N_0T_{s1}}{2} \tag{9-103}$$

式中　T_{s1}——导叶关闭至空转的时间，对于冲击式和混流式水轮机 $T_{s1} = 0.9T_s$，对于轴流式水轮机 $T_{s1} = 0.7T_s$；

102——单位转换系数，由出力 N_0 的千瓦数变为 kg·m/s；

N_0——机组丢弃负荷前的出力，kW。

未被发电机输出的能量 E 完全转化为机组转动部分的动能，使其转速增加，其关系式为

$$\frac{102N_0T_{s1}}{2} = J\frac{\omega_{max}^2 - \omega_0^2}{2} \tag{9-104}$$

式中　J——惯性矩，$J = \sum m_ir_i^2 = \sum \frac{G_iD_i^2}{4g} = \frac{GD^2}{4g}$，$G$ 为转动部分质量(t)，D 为转动部分惯性直径(m)，如果以 kg 计，$J = 1\,000\frac{GD^2}{4g}$kg·m·s²；

ω_0——机组额定角速度，$\omega_0 = \frac{\pi n_0}{30}$，$n_0$是机组每分钟的额定转速；

ω_{max}——机组最大角速度，$\omega_{max} = \frac{\pi n_{max}}{30}$。

将上述已知值和 $\beta = \frac{n_{max} - n_0}{n_0}$ 代入式(9-104)，得

$$\frac{102N_0T_{s1}}{2} = \frac{GD^2\pi^2}{7.2g}n_0^2\beta(\beta + 2) = \frac{GD^2\pi^2}{7.2g}n_0^2(\beta^2 + 2\beta)$$

解上式并去掉不合理的根得

$$\beta = \sqrt{1 + \frac{365N_0T_{s1}}{n_0^2GD^2}} - 1 \tag{9-105}$$

在调节过程中由于水击压力的影响，水轮机出力增加或减少，因此需要考虑水击修正系数 f，其值可根据图 9-18 给出的曲线查得。

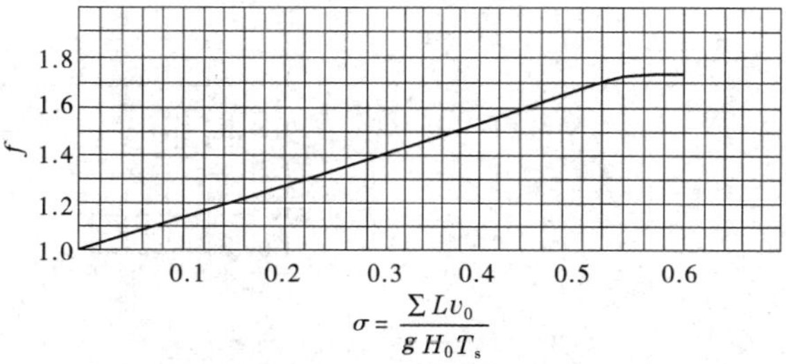

图 9-18　水击修正系数

丢弃负荷时

$$\beta = \sqrt{1 + \frac{365N_0T_{s1}f}{n_0^2GD^2}} - 1 \tag{9-106}$$

增加负荷时

$$\beta = 1 - \sqrt{1 - \frac{365N_0T_{s1}f}{n_0^2GD^2}} \tag{9-107}$$

（二）"长办"公式

针对列宁格勒金属工厂公式未考虑迟滞时间的缺点，我国原长江流域规划办公室（简称"长办"，现为长江水利委员会）提出了一个修正公式。在水电站突丢负荷后，由于调速系统惯性的影响，导叶经过一小段迟滞时间 T_c 以后才开始关闭动作，如图 9-19 所示。机组转速经历 T_c 和升速时间 T_n（T_n 定义为水轮机出力自 N_0 降到零时的历时）后达到最大值 n_{max}。

丢弃负荷后多余能量为 $N \sim t$ 曲线所包围的面积，其值为

$$E = 102\left(N_0T_c + \frac{1}{2}N_0T_nf\right) \tag{9-108}$$

$$T_c = T_A + 0.5\Delta T_a$$

$$T_n = (0.9 - 0.000\,63n_s)T_s$$

$$T_a = n_0^2GD^2/365N_0$$

式中　T_c——调节迟滞时间；

T_A——导叶不动作时间，电调调速器取 0.1 s，机调调速器取 0.2 s；

Δ——调速器残留不均衡度，一般为 0.02～0.06；

T_a——机组时间常数，s。

T_n——升速时间；

n_s——比转速；

f——水击影响系数，可根据管道特性系数，从图 9-20 中查出。

机组剩余能量将转化为机组转动部分的动能，转速因而升高。

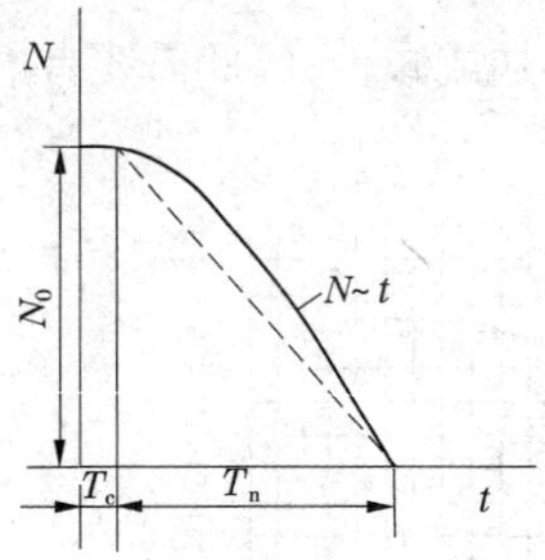

图 9-19　N ~ t 曲线

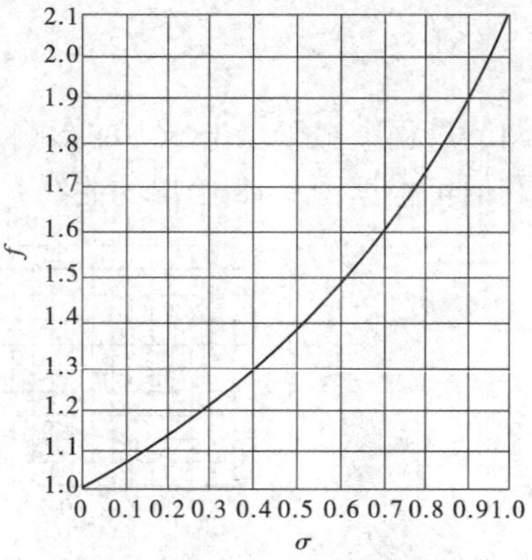

图 9-20　水击影响系数

$$102\left(N_0 T_c + \frac{1}{2} N_0 T_n f\right) = \frac{1}{2} J\left(\omega_{max}^2 - \omega_0^2\right) \tag{9-109}$$

解出

$$\beta = \sqrt{1 + \frac{365 N_0}{n_0^2 G D^2}\left(2T_c + T_n f\right)} - 1 \tag{9-110}$$

第八节　调节保证计算标准和改善调节保证的措施

一、调节保证计算标准和计算条件

所谓调节保证计算标准，是指水击压力和转速变化在技术经济上合理的允许值。这种标准在技术规范中有所规定，但这是在一定时期、一定技术水平和经济条件下制定的，应用时应结合具体情况加以确定。

（一）水击压力的计算标准

1. 压力升高

水击压力的最大升高值通常以相对值 $\xi_{max} = (H_{max} - H_0)/H_0$ 表示。H_0 与 H_{max} 分别表示发生水击前后作用于水轮机的静水头及最大水头值，其限制值主要根据技术经济要求确定，目前一般采用下列数值：

（1）当 $H_0 > 100$ m 时，$\xi_{max} = 0.15 \sim 0.30$；

（2）当 $H_0 = 40 \sim 100$ m 时，$\xi_{max} = 0.30 \sim 0.50$；

（3）当 $H_0 < 40$ m 时，$\xi_{max} = 0.50 \sim 0.70$。

2. 压力降低

在压力引水系统的任何位置均不允许产生负压，且应有 2 ~ 3 mH_2O 的余压，以保证管道尤其是钢管的稳定，并防止水柱分离。

尾水管进口的允许最大真空度为 8 mH_2O。

(二)转速变化的计算标准

限制机组转速过大的变化主要是为了保证机组正常运行和供电的质量。在丢弃全负荷的情况下,主要是防止机组超过其强度而产生破坏、振动和由于过速引起过电压而造成发电机电气绝缘的损坏。

最大转速变化值通常以相对值$\beta_{max}=(n_{max}-n_0)/n_0$表示。$n_0$及$n_{max}$分别表示机组正常转速及调节过程中的最大转速。目前,对全丢负荷时机组转速上升的允许值争论较多。考虑到目前国内机组的设计、制造、运行等情况,其允许值β_{max}可按以下情况考虑:

(1)当机组容量占电力系统总容量的比重较大,且担负调频任务时,宜小于45%。

(2)当机组容量占电力系统总容量的比重不大或担负基荷时,宜小于55%;对斗叶式水轮机,宜小于30%。

(3)当大于上述值时,应有所论证。

(三)调节保证的计算条件

1.水击压强计算条件

管道中的最大内水压强一般控制在以下两种工况:

(1)上游最高水位时电站丢弃负荷。此时,电站流量和水击压强都不是最大值,但由于管道中的静水压较高,叠加的结果可能成为控制工况。

(2)设计水头下电站丢弃负荷。管道中的静水压较低,但电站的流量和水击压力较大,叠加的结果也可能成为控制工况。

当压力管道为单元供水时,一般按丢弃全负荷考虑;当压力管道为联合供水时,若与管道连接的所有机组由一个回路出线,则应按这些机组同时丢弃全负荷考虑;若这些机组由两个或两个以上回路出线,则应根据具体情况分析而定。

管道中的最小内水压强一般控制在以下两种工况:

(1)上游最低水位时电站丢弃负荷。导叶关闭后的正水击经水库和导叶反射而成的负水击。

(2)上游最低水位时,电站最后一台机组投入运行。

2.转速上升率的控制工况

转速上升率的控制工况通常在设计水头下水电站丢弃全负荷。

二、减小水击压强的措施

(一)缩短压力管道的长度

缩短压力管道长度,使从进水口反射回来的水击波能够较早地回到压力管道末端,从而减小水击值。从管道特性系数$\sigma=LV_{max}/gH_0T_s$中可看出,减小L可以减小σ,再从水击计算近似公式中可看出,σ减小可使ξ_m^A或ξ_1^A减小。缩短管线长度受地形、地质条件所限,往往不易实现。

(二)设置调压室

在较长的引水系统中,设置调压室,实际上等于缩短压力管道的长度,使水击波尽早地反射回压力管道的末端,从而减小水击压力。设置调压室是缩短压力管道长度的常用措施,也是减小水击压力值最有效的一种方法,但造价较高,第十章将详细讨论。

(三)减小压力管道中的流速

减小流速可减小压力管道中单位水体的动量,从而减小水击压力。但是水电站在运行中要求流量是一定的,要降低流速势必要加大管径,增加管道造价。因此,用加大管径的办法降低水击压强,往往是不经济的,但在一定条件下,如果适当加大管径后便可不设调压室,还是比较合理的。

(四)延长有效的关闭时间

延长有效的关闭时间 T_s,可使管道内水体动量的变化率减小,从而降低水击压力。但增大 T_s 会使机组转速变化率 β 值增加,甚至超过允许值。要解决这个矛盾,可采取以下措施。

1. 反击式水轮机设置减压阀(空放阀)

如图 9-21 所示,在蜗壳的进口附近装设减压阀。在关闭过程中,导叶按照保证转速变化率不超过允许值所要求的关闭时间 T_s 关闭。同时,受到同一调速器控制的减压阀及时打开,向下游泄放部分流量。导叶完全关闭时,减压阀的流量达最大值,以后减压阀逐渐地关闭。整个泄水历时为 T,因而水击压力可以减小。

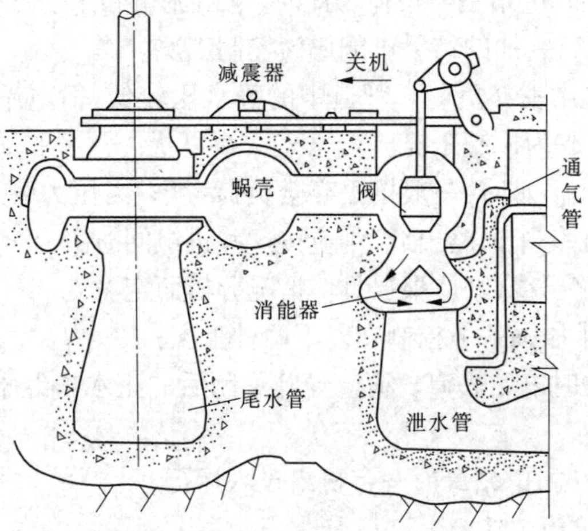

图 9-21　减压阀装置示意图

减压阀在机组增加负荷时不起作用。它构造复杂,造价较高,需增加厂房尺寸。但是在水头较高、机组台数不多的水电站,设置减压阀有可能省掉调压室,可在技术、经济上获得明显效益。

2. 冲击式水轮机的机组装置偏流器(折流器)

在喷嘴出口装置偏流器,丢弃负荷时,它能以较快速度在 1 ~ 2 s 内动作,将射流偏折,离开转轮,防止机组转速变化过大。针阀以较慢速度关闭,从而减小水击压力。偏流器在增荷时不起作用。偏流器构造简单,造价较低,且无须增加厂房的尺寸,在水斗式水轮机的机组中经常采用。

3. 设置水阻器

水阻器是一种利用水阻消耗能量的设备,它与发电机母线相连,用调速器操作。当机组丢弃负荷时,调速器使水阻器投入,将机组原来输入系统的功率消耗于水阻之中,也就是用水阻代替机组原有的负荷，然后调速器在一个较长时间内将水轮机导叶逐渐关闭。

（五）选择合理的调节规律

前面已讨论导叶开度的变化规律对水击压力的影响，如图9-9所示。由图9-9可以看出，采用合理的关闭规律能有效地降低水击压力值。在中低水头水电站中，最大水击压强常出现在调节过程终了，水轮机导叶可采取先快后慢的关闭规律，以提高开始阶段的水击压强，降低终了阶段的水击值；对于高水头电站，最大水击压强通常出现在调节过程开始阶段，可采用相反的调节规律。

第十章　调压室

第一节　调压室的功用、要求及设置条件

一、调压室的功用

对于有压引水式电站，在较长的压力引水系统中，为了降低高压管道的水击压力，满足机组调节保证计算的要求，常在压力引水道与压力管道衔接处建造调压室。这样，从水库到调压室为纵向坡度较缓的压力隧洞，其内水压力较低，而从调压室到厂房为坡度较陡的高压管道。有时如果尾水隧洞的长度较大，也可设置尾水调压室。

调压室利用扩大断面和自由水面反射水击波，它将有压引水系统分成两段：上游段为压力引水道，下游段为压力管道。调压室的功用可归纳为以下几点：

(1)反射水击波。限制水击波进入压力引水(或尾水)道，以满足机组调节保证的技术要求。

(2)缩短压力管道的长度，减小了压力管道(或尾水管)及厂房过水部分的水击压力。

(3)改善机组在负荷变化时的运行条件及供电质量。

二、调压室的基本要求

根据其功用，调压室应满足以下基本要求：

(1)调压室应尽量靠近厂房，以缩短压力管道的长度。

(2)调压室内水体应有自由表面和足够的底面积，以保证水击波的充分反射。

(3)调压室的工作必须是稳定的。在负荷变化时，引水道及调压室水体的波动振幅小并迅速衰减，达到新的稳定状态。

(4)正常运行时，水流经过调压室底部造成的水头损失要小。为此，调压室底部和压力管道连接处应具有较小的断面面积。

(5)结构安全可靠，施工简单方便，造价经济合理。

三、调压室的设置条件

调压室是改善有压引水系统和水电站运行条件的一种可靠措施。但调压室一般尺寸较大，投资较高，工期长，特别是对于低水头电站，调压室在整个引水系统造价中可能占相当大的比例。因此，是否设置调压室，应在机组过流系统调节保证计算和机组运行条件分析的基础上，考虑水电站在电力系统中的作用、地形及地质条件、压力管道的布置等因素，进行技术经济比较后加以确定。《水利水电工程调压室设计规范》(SL 655—2014)给出了是否需要设置上游和下游调压室的判别条件。

(一)上游调压室的设置条件

1. 基于水道特性的上游调压室设置条件

初步分析时,可用压力水道中水流惯性时间常数 T_w 来判断,设置上游调压室的条件:

$$T_w > [T_w]$$

$$T_w = \frac{\sum L_i V_i}{gH_p} \geqslant [T_w] \tag{10-1}$$

式中 L_i——上游压力水道及蜗壳各段的长度,m;

V_i——各管段内相应的平均流速,m/s;

H_p——设计水头,m;

$[T_w]$——T_w 的允许值,一般取 2 ~4 s,

T_w——上游压力水道水流惯性时间常数,s。

T_w 的物理意义为在水头 H_p 作用下,不计水头损失时,管道内水流速度从 0 增大到 V 所需的时间,显然,T_w 越大,水击压力的相对值也越大,对机组调节过程的影响也越大。

《水利水电工程调压室设计规范》(SL 655—2014)规定:$[T_w]$ 的取值随水电站在电力系统中的作用而异,当水电站做孤立运行,或机组容量在电力系统中所占比重超过 50% 时,宜用小值;当比重小于 10% ~20% 时,可取大值。

2. 基于机组特性的上游调压室设置条件

机组的运行稳定性不仅与水流惯性时间常数 T_w 有关,还与机组加速时间常数 T_a 相关,不设置上游调压室可根据式(10-2)初步判别:

$$T_w \leqslant -\sqrt{\frac{9}{64}T_a^2 - \frac{7}{5}T_a + \frac{784}{25}} + \frac{3}{8}T_a + \frac{24}{5} \tag{10-2}$$

式中 T_a——机组加速时间常数,s, $T_a = GD^2n^2/(365P)$;

GD^2——机组的飞轮力矩,kg·m²;

n——机组的额定转速,r/min;

P——机组的额定出力,W。

注意在式(10-2)中, T_w 为上、下游自由水面间压力水道中水流的惯性时间常数,仍按式(10-1)进行计算,但 L_i 和 V_i 分别为包括压力管道、蜗壳、尾水管、尾水延伸管道(无下游调压室时为压力尾水道)各段的长度及相应的平均流速。

若满足式(10-2),则可不设上游调压室;若不满足,则可根据图 10-1 进一步判断。若处于①区,则为调速性能好的区域,可以不设调压室;若处于②区,则属调速性能较好的区域,需要研究设置调压室的必要性;若处于③区,则是调速性能较差的区域,需要设置调压室。

(二)下游调压室的设置条件

机组下游尾水调压室的功用是缩短尾水道的长度,减小甩负荷时尾水管中的真空度,防止水柱分离。下游调压室的设置条件是以尾水管内不产生液柱分离为前提,判别条件为

$$\sum L_w > \frac{5T_s}{V_{w0}}\left(8 - \frac{\nabla}{900} - \frac{V_{wj}^2}{2g} - H_s\right) \tag{10-3}$$

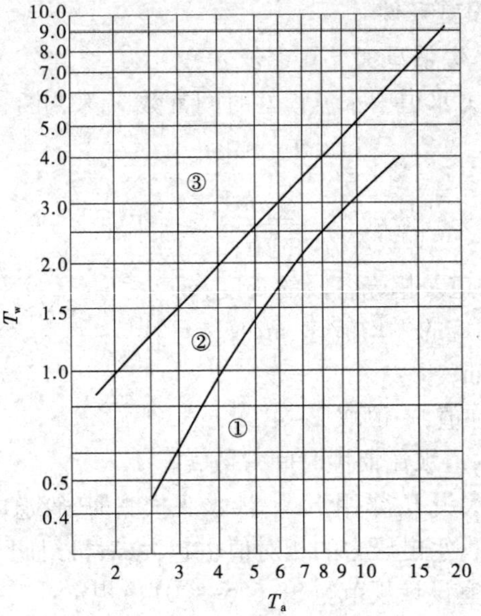

图 10-1　T_w、T_a 与调速性能关系曲线

式中　L_w——压力尾水道及尾水管各段的长度，m；

T_s——水轮机导叶有效关闭时间，s；

V_{w0}——稳定运行时压力尾水道中的平均流速，m/s；

V_{wj}——水轮机转轮后尾水管入口处的平均流速，m/s；

H_s——吸出高度，m；

∇——机组安装高程，m。

最终通过过渡过程计算验证，考虑涡流引起的压力下降与计算误差等不利影响后，尾水管进口处的最大真空度不应大于 8 mH_2O，对于大容量机组，宜适当增加安全度。高海拔地区尾水管进口处最大真空度应满足下式的要求：

$$H_v \leqslant 8 - \frac{\nabla}{900} \tag{10-4}$$

式中　H_v——尾水管进口处最大真空度，mH_2O。

第二节　调压室的工作原理及基本方程

一、调压室的工作原理

调压室具有较大的容积和自由水面，它将水电站因负荷变化而引起的有压系统非恒定流现象分为性质不同而又互相联系的两部分：一个是压力管道的水击现象；另一个是“水库—引水道—调压室”的水流波动现象。

图 10-2 为一设有调压室的引水系统。当水电站以某一固定出力运行时，水轮机和整个引水系统的引用流量均为 Q_0，并处于恒定流状态。这时调压室水位比上游水位低 h_{w0}

（h_{w0}是 Q_0通过引水道时造成的水头损失）。

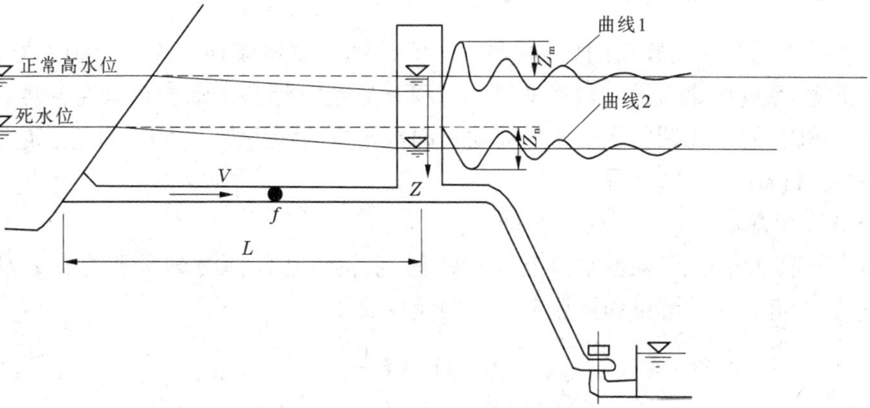

图 10-2　调压室水位波动现象

当水电站丢弃负荷时，压力管道的水击现象是在较短的时间内发生的，而“水库—引水道—调压室”中的水流波动时，可以认为压力管道中的水流是突然停止的。此时，压力引水道中的水流暂时处于原来的流速状态，根据水流的连续性原理，流进来的水量将存入调压室内，使其中的水位逐渐上升。由于压力引水道两端的水位差逐渐减小，引水道中的流速随之减慢。当调压室水位达到静水位时，引水道两端的水位差等于零，但由于引水道中水流的惯性作用仍继续流入调压室，使室中水位继续上升。当引水道中水流速度为零时，调压室中的水位达到最高。由于这时室中水位高于库水位，在引水道首尾两端又形成了新的水位差，水开始由调压室流向水库，即形成了相反的流动，调压室水位开始下降。如图 10-2 中曲线 1 所示，在调压室内发生的水位波动由于摩擦损失逐渐减弱。经过多次波动后，最终停止在静水位上。波动周期比水轮机导叶关闭时间长得多。引水道内由于水位波动而产生的内水压力增值一般只有几米水柱高，与水击压力相比要小得多。

当水电站增加负荷时，调压室内水位的波动过程与丢弃负荷时相反。由于水轮机需要增加的流量首先由调压室供给，室内水位开始下降，使引水道首尾两端的水位差增大，引水道内水流的速度随之增加。当调压室中水位降低到某一最低水位时，由引水道来的流量已超过水轮机的引用流量，多余的水量储存于调压室中，室内水位开始上升。经过多次波动后，最终停止在某一相应流量的调压室水位上。其波动曲线如图 10-2 中的曲线 2 所示。

由以上分析可知，引水道—调压室系统中的水位波动现象与压力管道中产生的水击波动性质有很大的差别。调压室的水位波动主要是由水体的往复运动引起的，其特点是振幅小、变化慢、周期长。而管道水击过程是水击波的传播，振幅大、变化快，往往在很短时间内即消失，而前者往往长达几十秒到几百秒甚至更长。

研究调压室内水位波动现象的目的在于：

（1）求出调压室中水位波动的最高水位和最低水位及变化过程，由此确定调压室的高度和引水道的设计内水压力及布置高程。

（2）根据波动稳定的要求，确定调压室所需的最小稳定断面。

二、调压室水位波动的基本方程

研究调压室的水位波动问题，需要从水流运动的基本规律出发。反映“水库—引水道—调压室”系统内水流运动规律的基本方程有连续方程和运动方程。在计算调压室波动稳定问题时，要考虑调压室中水位波动引起水轮机的水头变化，相应引起水轮机的出力变化，由此可得出等出力方程。

（一）连续方程

在非恒定流情况下，根据水流连续性原理，水轮机在任何时刻所需的流量 Q 由两部分组成：引水道流来的流量和调压室供给的流量。

$$Q = fV + F\frac{\mathrm{d}Z}{\mathrm{d}t} \tag{10-5}$$

式中 F——调压室横断面面积，m^2；

f——引水道的过流断面面积，m^2；

V——引水道的水流速度，m/s；

Z——库水位与调压室水位的差值，m，以库水位为基准，向下为正；

$\frac{\mathrm{d}Z}{\mathrm{d}t}$——调压室中水位变化速度。

（二）运动方程

在引水道为非恒定流的情况下，如果不考虑引水道和水体的弹性，则引水道中水体的质量与其加速度的乘积等于水体所受的力（忽略调压室中水体的惯性力），即

$$Lf\frac{\gamma}{g}\frac{\mathrm{d}V}{\mathrm{d}t} = f\gamma(Z - h_w) \tag{10-6}$$

由此可得水流的运动方程：

$$Z = h_w + \frac{L}{g}\frac{\mathrm{d}V}{\mathrm{d}t} \tag{10-7}$$

式中 L——引水道的长度，m；

h_w——引水道通过流量 Q 时的水头损失，m。

（三）等出力方程

在调压室水位波动过程中，为了保持机组出力不变，水轮机的调速系统必须随着水头的变化改变其引用流量。设下标 0 代表波动前的物理量，如调压室水位发生一微小变化 z，调速器使水轮机流量相应改变微小数值 q，则

$$\gamma Q_0(H_0 - h_{w0} - h_{wm0})\eta_0 = \gamma(Q_0 + q)(H_0 - h_w - h_{wm} - z)\eta \tag{10-8}$$

式中 η——机组效率；

h_{w0}——引水管道通过流量为 Q_0 时的水头损失；

h_{wm0}——压力管道通过流量为 Q_0 时的水头损失。

当水轮机的水头和流量变化不大时，可以认为机组的效率保持不变，由此得出等出力方程为

$$Q_0(H_0 - h_{w0} - h_{wm0}) = (Q_0 + q)(H_0 - h_w - h_{wm} - z) \tag{10-9}$$

第三节 水电站调压室的布置

一、调压室位置选择

调压室位置宜靠近厂房，并结合地形、地质、压力水道布置等因素进行技术经济分析比较后确定。

调压室宜布置在地下，并宜避开不利的地质条件，无法避开时，应采取围岩及边坡稳定防护措施，避免内水外渗造成不利影响。

需设置副调压室时，其位置宜靠近主调压室，主、副调压室间宜采用具有差动效应的布置形式。

二、基本布置方式及原则

根据调压室与厂房相对位置不同，调压室的布置有四种基本方式。

（一）上游调压室（引水调压室）

调压室位于厂房上游的引水道上，如图 10-3（a）所示，这种布置方式适用于厂房上游有较长的有压引水道的情况，应用也最广泛。

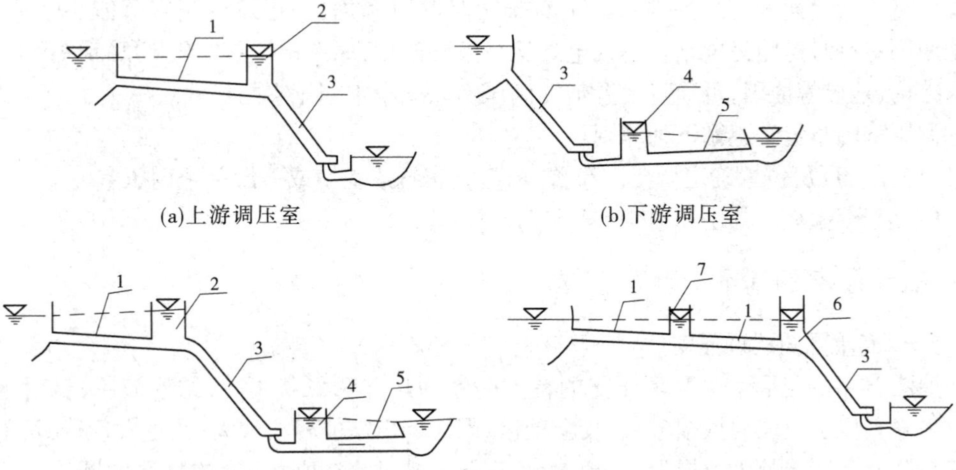

(a)上游调压室　(b)下游调压室

(c)上下游双调压室系统　(d)上游双调压室系统

1—压力引水道；2—上游调压室；3—压力管道；4—下游调压室；

5—压力尾水管；6—主调压室；7—副调压室

图 10-3　调压室的布置方式

（二）下游调压室（尾水调压室）

当厂房下游尾水隧洞较长时，需设置尾水调压室以减小水击压力，特别是防止在丢弃负荷时产生过大的负水击。尾水调压室应尽可能靠近水轮机，如图 10-3（b）所示。

尾水调压室水位变化过程与上游调压室相似，但变化方向相反。当丢弃负荷时，水轮机引用流量减小，调压室需向尾水隧洞补充水量，水位先下降，达到最低点后再开始回升。

当负荷增加时，尾水调压室的水位先开始上升，达到最高点后再开始下降。

（三）上下游双调压室系统

由于布置上的原因，有些地下厂房的上下游都有较长的压力水道，为减小水击压力，改善机组运行条件，在厂房的上下游均设置调压室而成为双调压室系统，如图 10-3（c）所示。

丢弃全部负荷时，上下游调压室的工作互不影响，可分别求出最高水位和最低水位。当增加负荷或丢弃部分负荷时，水轮机的流量发生变化，两个调压室的水位都将发生变化，而任一个调压室的水位变化，都将引起水轮机流量新的改变，从而影响另一个调压室水位的变化，两个调压室的水位变化相互制约和相互诱发，这使整个引水系统的水力现象非常复杂。特别是当引水隧洞和尾水隧洞的特性接近时，可能发生共振，设计时不能只限于推求第一振幅，而应求出波动的全过程，研究波动的衰减情况。

（四）上游双调压室系统

当上游引水道较长，也可设置两个调压室，如图 10-2（d）所示。靠近厂房的调压室对于反射水击波起主导作用，称为主调压室；靠近上游的调压室用来帮助衰减引水系统的波动，降低主调压室的高度，称为辅助调压室。辅助调压室愈接近主调压室所起的作用越大，愈向上游其作用越小。引水系统水位波动的衰减由两个调压室共同保证，增加一个调压室断面可以减小另一个调压室的断面，但两个调压室的断面面积之和总是大于只设一个调压室的断面面积。如果引水道上有施工竖井可利用，采用双调压室可能是经济的。辅助调压室有时是因为电站扩建或电站运行条件改变，原有调压室容积不够而增设的；有时因结构、地质等原因，可通过设置辅助调压室以减小主调压室的尺寸。

调压室的布置宜遵循下列原则：

（1）结合厂房位置确定调压室布置方式，宜布置成上游或下游单个调压室。

（2）宜采用多机共用一室的布置方式。

三、调压室的基本类型及选择

（一）简单圆筒式调压室

如图 10-4（a）所示，这种调压室的特点是断面尺寸和形状不变，结构简单，反射水击波效果好。但水位波动振幅较大，衰减较慢，因而调压室的容积较大；在正常运行时，引水系统与调压室连接处水力损失较大。为了克服上述缺点，可采用有连接管的圆筒式调压室，如图 10-4（b）所示。这种类型一般适用于低水头、小流量的水电站。

（二）阻抗式调压室

将圆筒式调压室的底部，用较小断面的短管或用较小孔口的隔板与隧洞及压力管道连接起来，这种孔口或隔板相当于局部阻力，称为阻抗式调压室，如图 10-4（c）、（d）所示。进出调压室的水流在阻抗孔口处消耗了一部分能量，可以有效地减小水位波动的振幅，加快了衰减速度，因而所需调压室的体积小于圆筒式。正常运行时水头损失小。由于阻抗的存在，水击波不能完全反射，压力引水道中可能受到水击的影响。

（三）水室式调压室

水室式调压室由一个竖井和上下两个储水室组成，如图 10-4（e）所示。上室供丢弃

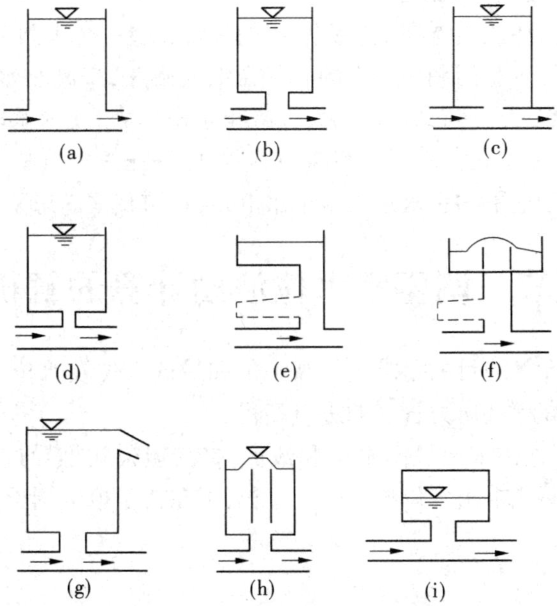

图 10-4　调压室的结构形式

负荷时储水用,一般在最高静水位以上,在正常运行时是空的。下室在正常运行时充满水,供增加负荷时补给水量用,应在调压室中最低静水位以下。竖井是用来连接上下室和引水道与压力管道的。在恒定流情况下,调压室中的自由水面位于竖井中。刚丢弃负荷时, 由于竖井断面较小,水位迅速上升,当水位达到上室时,其上升的速度放慢,从而减小波动振幅。当增加负荷时,水位迅速下降到下室中,并由下室补充不足的水量,因此限制了水位的下降。

这种调压室适用于水头较高、要求的稳定断面较小、水库水位变化较大的水电站。

(四)溢流式调压室

溢流式调压室顶部设有溢流堰,如图 10-4(f)、(g)所示。当丢弃负荷时,调压室的水位迅速上升,达到溢流堰顶后开始溢流,限制了水位的进一步升高,有利于机组的稳定运行,溢出的水量,可以设上室加以储存,也可排至下游。

(五)差动式调压室

由两个直径不同的同心圆筒组成,中间的圆筒直径较小,上有溢流口,称为升管,其底部以阻力孔口与外室相通,外室直径较大,如图 10-4(h)所示。丢弃负荷时,升管内的水位首先迅速升高,到达溢流堰口时开始溢出到外室。当升管内的水位降低到低于外室水位时,外室内的水通过底部的阻抗孔口回流,这样可以减小外室水位的波动幅度。在波动过程中,由于升管与外室大井之间常存在水位差,所以称为差动式。但在正常运行时,两者的水位是相同的。外室断面由波动稳定条件控制。差动式调压室所需容积较小,水位波动衰减得也较快。

此种调压室兼顾了阻抗式调压室和溢流式调压室的优点,但其构造复杂,施工难度大,造价高。它适用于地形和地质条件不允许设置大断面的中高水头水电站。

（六）气垫式或半气垫式调压室

如图10-4(i)所示，在压力隧洞上靠近厂房的位置建造一个大洞室，室中一部分充水，另一部分充满高压空气。利用调压室中的空气压缩或膨胀，来减小水位涨落的幅度。这种形式的调压室可以靠近厂房布置，从而大大减小水击压力，反射水击波比较充分，但水位波动稳定条件较差，需要较大的调压室断面，还需配置压缩空气机，定期补气增加运行费用。它适用于深埋于地下的引水道式地下水电站，目前我国尚未采用。

第四节　调压室水位波动计算的解析法

调压室水位波动计算的目的是求出最高水位和最低水位及水位变化过程，从而确定调压室的顶部和底部高程及压力管道的进口高程。

解析法较简单，可直接求出最高水位和最低水位，但公式推导过程中引入了各种假定，因此精度较差，且不能求出水位波动的全过程，可在初步拟定调压室尺寸时采用。

一、丢弃全负荷情况

当丢弃全负荷时，水轮机的流量变为零，则连续方程式(10-5)变为

$$fV + F\frac{\mathrm{d}z}{\mathrm{d}t} = 0 \tag{10-10}$$

在水流进出调压室时，考虑转弯、收缩和扩散引起的水头损失 k，则运动方程式(10-6)变为

$$Z = h_w + k + \frac{L}{g}\frac{\mathrm{d}V}{\mathrm{d}t} \tag{10-11}$$

$$k = k_0\left(\frac{Q}{Q_0}\right)^2 = k_0\left(\frac{V}{V_0^2}\right) \tag{10-12}$$

$$h_w = \alpha V^2 = h_{w0}\left(\frac{V}{V_0}\right)^2 \tag{10-13}$$

$$\alpha = \frac{L}{C^2R} + \frac{1}{2g} + \sum\xi'\frac{1}{2g} \tag{10-14}$$

式中　h_{w0}，k_0——流量 Q_0 流过引水道和进出调压室时，引起的水头损失；

ξ'——局部水头损失系数。

令 $y = \frac{V}{V_0}$，则 $V = yV_0$，$\mathrm{d}V = V_0\mathrm{d}y$。将以上关系代入式(10-11)，两边除以 h_{w0}，并令 $\eta = \frac{k_0}{h_{w0}}$（阻抗系数），则得

$$\frac{Z}{h_{w0}} = (1+\eta)y^2 + \frac{LV_0}{gh_{w0}}\frac{\mathrm{d}y}{\mathrm{d}t} \tag{10-15}$$

将 $V = yV_0$ 代入式(10-10)，并将式(10-10)和式(10-15)中的 $\mathrm{d}t$ 消去，并令 $S = \frac{LfV_0^2}{2gFh_{w0}}$，用以表示“引水道－调压室”系统的特性系数。

$\frac{dy^2}{dz} = 2y\frac{dy}{dz}$，则式(10-15)变为

$$\frac{Z}{h_{w0}} = (1+\eta)y^2 - S\frac{dy^2}{dz} \quad (10\text{-}16)$$

再令 $x = \frac{Z}{S}$，$x_0 = \frac{h_{w0}}{S}$，则将 $Z = Sx$，$dz = Sdx$ 代入式(10-16)得

$$\frac{x}{x_0} = (1+\eta)y^2 - \frac{dy^2}{dx} \quad (10\text{-}17)$$

式(10-17)为变数 x 和 y^2 的一阶线性微分方程式，积分后得

$$y^2 = \frac{(1+\eta)x+1}{(1+\eta)^2x_0} + \frac{\eta(1+\eta)x_0 - 1}{(1+\eta)^2x_0}e^{-(1+\eta)(x_0-x)} \quad (10\text{-}18)$$

由式(10-18)可以求出调压室水位 Z 和引水道中流速 V 之间的关系曲线，但不能定出调压室水位 Z 和时间的关系曲线。

(一)最高水位计算

要求波动最高水位 Z_{max}，只需求出 $x_{max} = \frac{Z_{max}}{S}$ 即可。在水位达到最高时，$V=0$，即 $y=0$，代入式(10-18)得

$$1 + (1+\eta)x_{max} = [1-(1+\eta)\eta x_0]e^{-(1+\eta)(x_0-x_{max})} \quad (10\text{-}19)$$

对式(10-19)两边取对数，得到最高涌波水位计算公式：

$$\ln[1+(1+\eta)x_{max}] - (1+\eta)x_{max} = \ln[1-(1+\eta)\eta x_0] - (1+\eta)x_0 \quad (10\text{-}20)$$

以上两式中的 x_{max} 的符号在静水位以上为负，在静水位以下为正。

式(10-20)适用于阻抗系数为 η 的调压室。对于圆筒式调压室，可认为阻抗为零，即令 $\eta=0$，可得：

$$x_0 = -\ln(1+x_{max}) + x_{max} \quad (10\text{-}21)$$

(二)丢弃全负荷后波动第二振幅计算

丢弃负荷后，调压室中水位先是升高到最高水位 Z_{max}。随后又降到最低幅值 Z_2，Z_2 称为第二振幅。当调压室水位达到最高水位后开始下降时，引水道中的水流由调压室向水库流动，因此 h_w 和 k 变为负值，用与前面相同方法加以推导得

$$\ln[1-(1+\eta)x_{max}] + (1+\eta)x_{max} = \ln[1-(1+\eta)x_2] + (1+\eta)x_2 \quad (10\text{-}22)$$

对于圆筒式调压室，$\eta=0$ 时式(10-22)可化为

$$\ln(1-x_{max}) = \ln(1-x_2) + x_2 \quad (10\text{-}23)$$

式中，$x_2 = \frac{Z_2}{\lambda}$，$Z_2 = \lambda x_2$。

二、增加负荷时的最低涌波水位

当上游水库为最低水位时，由部分负荷增加至最大负荷时所产生的水位波动的最大降低值，由波动微分方程不能进行直接积分，只能在某些假定下求近似解。

设水电站的流量由 mQ_0 增加到 Q_0($m<1$，称为负荷系数)，对 $\eta=0$ 的圆筒式调压室，

按照 Vogt(福格特)公式计算 $Z_{\min}$：

$$\frac{|Z_{\min}|}{h_{w0}} = 1 + (\sqrt{\varepsilon} - 0.275\sqrt{m} + 0.05/\varepsilon - 0.9)(1 - m)(1 - m/\varepsilon^{0.62}) \quad (10\text{-}24)$$

式中，$\varepsilon = \frac{LfV_0^2}{gFh_{w0}^2} = \frac{2S}{h_{w0}}$ 为无量纲系数，表示“引水道—调压室”系统特性。为了计算方便，可以用查图表的方法求解，根据 ε 和 m 值由图 10-5 查得 $\frac{Z_{\min}}{h_{w0}}$，$m=0$ 相当于增加全负荷情况。

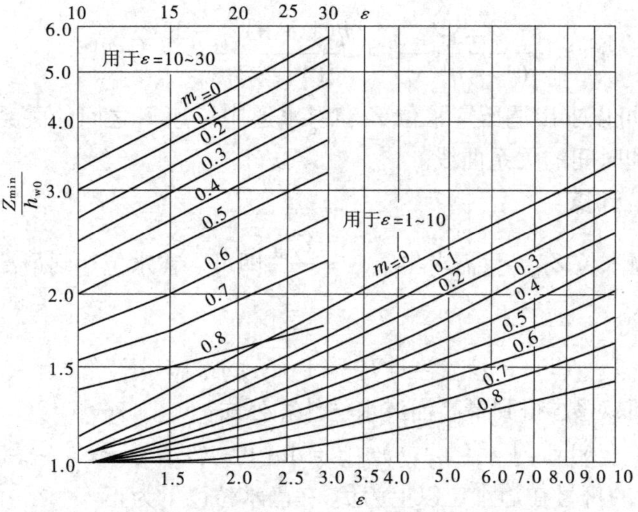

图 10-5　增加负荷时圆筒式、阻抗式调压室最低水位计算图

以上两种情况所求得的 Z_2 和 $Z_{\min}$，取其大值(绝对值)作为调压室的涌波水位。

第五节　调压室水位波动计算的图解法

图解法是建立在逐步积分的基础上的，其计算结果较精确，可以求出整个波动过程，是在已经拟定调压室尺寸的基础上进行的计算，一般用于最后设计阶段。适用于各种类型的调压室，是设计中常用的方法。

一、图解法的基本原理

(一)基本原理

将基本方程中导数 $\frac{dZ}{dt}$ 和 $\frac{dV}{dt}$ 用有限差的比值 $\frac{\Delta Z}{\Delta t}$ 和 $\frac{\Delta V}{\Delta t}$ 代替，则连续方程和运动方程变为

$$Q = fV + F\frac{\Delta Z}{\Delta t} \quad (10\text{-}25)$$

$$Z = h_w + \frac{L}{g}\frac{\Delta V}{\Delta t} \quad (10\text{-}26)$$

移项后得
$$\Delta Z = \frac{Q}{F}\Delta t - \frac{fV}{F}\Delta t \tag{10-27}$$

$$\Delta V = (Z - h_w)\frac{g}{L}\Delta t \tag{10-28}$$

令 $A = \frac{Q}{F}\Delta t, \alpha = \frac{f}{F}\Delta t, \beta = \frac{g}{L}\Delta t$, 代入式(10-27)、式(10-28)得

$$\Delta Z = A - \alpha V \tag{10-29}$$

$$\Delta V = \beta(Z - h_w) \tag{10-30}$$

水头损失 $h_w = \frac{LV^2}{C^2R} + \sum \xi \frac{V^2}{2g} + \frac{V^2}{2g}$,包括从进水口到调压室的全部沿程损失、全部的局部损失、调压室底部流速水头损失。式中,C 及 R 分别为引水道的谢才系数及水力半径。

计算时段 Δt 选定后,A,α,β 均为已知数。Δt 的选择关系到计算结果的精度。通常取 $\Delta t = \frac{T}{25} \sim \frac{T}{30}$,$T$ 为水位波动的理论周期,可近似取为 $T = \frac{2\pi}{\omega} = 2\pi\sqrt{\frac{LF}{gf}}$。

(二)图解计算的基本假定

(1)由于 Δt 很小,因此假定在 Δt 的过程中,调压室水位 Z 和引水道流速 V 保持不变,而在时段末发生突变,即 Z 和 V 为阶梯式变化。

(2)在一个时段 Δt 内,规定流速 V 和水位 Z 采用起始瞬时的数值计算。

(三)计算步骤

确定计算情况,选择 Δt,求出 A、α、β,将引水道的 V_0 代入式(10-29),可求出第一个时段末的调压室水位变量 ΔZ_1。将 $\Delta Z_1 = Z_1 - h_{w0}$ 代入式(10-30),求出第一个时段引水道的流速变量 ΔV_1。令 $V_1 = V_0 - \Delta V_1$ 代入式(10-29),可求出第二个时段末的调压室水位变量 ΔZ_2。再由式(10-30)求出第二个时段引水道的流速变量 ΔV_2。依此类推,可求出调压室整个波动过程。

二、圆筒式调压室水力计算的图解法

(一)丢弃负荷时

为了求出调压室中的最高水位,可以选定在水库最高水位时进行丢弃全部负荷的计算工况,这时水轮机从最大流量 Q_{max} 迅速变为 Q_{xx}(Q_{xx} 为水轮机空转开度的流量)。

1. 选定坐标系统

以横坐标表示引水道中流速 V,从原点向左(水流由水库流向调压室)时为正值,反之为负值;纵坐标表示调压室水位 Z,上游静水位处为 0 点,向下为正号、向上为负号。

2. 绘制三条辅助线

(1)水头损失曲线 $h_w = f(V)$。水头损失中应包括局部水头损失、沿程水头损失和流速水头损失等。

$$h_w = \sum \zeta \frac{V^2}{2g} + \frac{LV^2}{C^2R}\frac{V^2}{2g} \tag{10-31}$$

$h_w = f(V)$是一条抛物线。如图 10-6 所示,当流速为正值时,为了与 Z 值相对应,h_w取为正值,绘在左下象限。当流速为负值时(水流由调压室流向水库)取为负值,绘在右上象限。

(2)绘出 $\Delta V = (Z - h_w)\dfrac{g}{L}\Delta t$ 关系线。Δt 为计算时段长,因而 $\dfrac{g}{L}\Delta t$ 是一个常数。可以看出,它是一条经过坐标原点的直线。

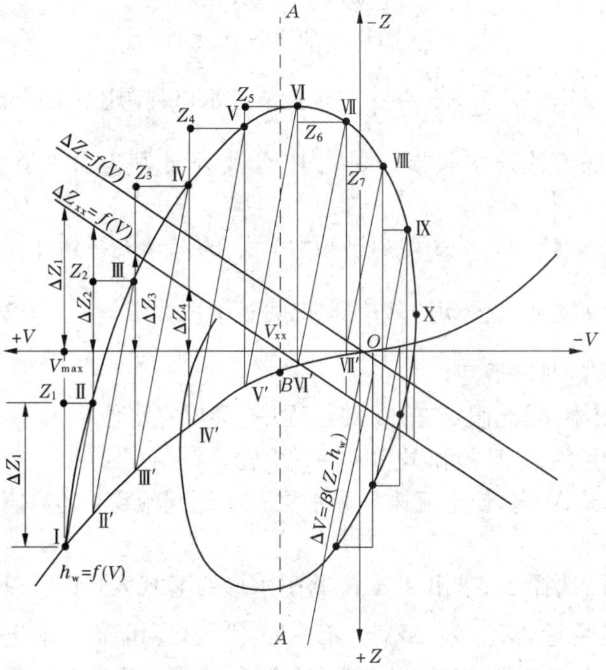

图 10-6 圆筒式调压室水力计算图解(丢弃负荷)

(3)绘制 $\Delta Z = \dfrac{Q}{F}\Delta t - \dfrac{f}{F}V\Delta t$ 曲线。如果计算丢弃全负荷后假定水轮机引用流量等于零($Q=0$),该曲线为通过原点的一条直线。如果当负荷全部丢弃,则流量由 Q_{max}变到 Q_{xx},则引水道中的流速为 V_{xx},该曲线为通过 V 轴上 V_{xx}点的一条直线。

3. *水力图解计算的方法和步骤*

(1)求起始时刻(导水叶关闭前,$t=0$)调压室中水位。在 $+V$ 坐标轴上标出丢弃负荷前的隧洞水流流速 V_{max},由该点作垂线与水头损失曲线 $h_w = f(V)$交于Ⅰ点,Ⅰ点的纵坐标 h_w为起始时刻调压室中的水位,实际上也是恒定流时进水口到调压室的水头损失。

(2)求第一个时段 Δt 末调压室中水位。水轮机丢弃负荷后,调压室中水位开始上升,隧洞中水流流速开始减小。当选用的 Δt 足够小时,可以认为流速在该时段内是不变的。在第一个时段 Δt 内,认为隧洞中水流流速等于 V_{max}。自水平轴上的 V_{max}点向上作垂直线与 ΔZ_{xx}直线相交,得出 ΔZ_1,ΔZ_1即代表第一个时段末室中水位升高值。由点Ⅰ向上量取 ΔZ_1,得到第一个时段末室中的水位 Z_1。通过点Ⅰ作 $\Delta V = f(Z - h_w)$的平行线,与经过 Z_1点的水平线相交于点Ⅱ,点Ⅱ相当于第一个时段末的室中水位,其横坐标相当于第一个时段末即第二个时段初的隧洞中流速，Z_1点与点Ⅱ之间的水平距离即等于第一时段内的流速变化值ΔV_1。Ⅱ′点的纵坐标为第一时段Δt_1末的水头损失，横坐标为Δt_1末的隧洞流速。

(3)求第二个时段Δt_2末调压室中水位。从点Ⅱ引平行Z轴的垂线与ΔZ_{xx}直线相交，得出ΔZ_2，ΔZ_2即为第二时段Δt_2末室中水位的升高值。由点Ⅱ向上量取ΔZ_2，得第二个时段末室中水位Z_2。通过点Ⅱ′作$\Delta V=f(Z-h_w)$的平行线，与经过Z_2点的水平线相交于点Ⅲ，点Ⅲ相当于第二时段末的室中水位，其横坐标相当于第二个时段末的隧洞中流速。Z_2点与点Ⅲ之间的水平距离即等于第一个时段内的流速变化值ΔV_2。Ⅲ′点的纵坐标为第一个时段Δt_2末的水头损失，横坐标为Δt_2末的隧洞流速。

(4)按以上步骤可以求出以后各时段末的调压室水位Ⅳ、Ⅴ、Ⅵ等点。但应注意点Ⅵ横坐标相对应的流速已小于V_{xx}，这表示隧洞流来的流量已小于水轮机的空转流量Q_{xx}，调压室开始供水，因而引起室中水位下降，这时应向下截取ΔZ值。

(5)将求出的Ⅰ、Ⅱ、Ⅲ…各点用光滑曲线连接起来，即得出调压室中水位与隧洞中流速的关系曲线$Z=f(V)$。如果波动是衰减的，则该曲线是向着B点逐渐收敛的一个螺旋线，B点即相当于流量Q_{xx}时的稳定水位。

由于Δt是已知的，又求出了各时段末调压室中的水位，可由此绘出调压室中水位与时间的关系线$Z=f(t)$。

当丢弃负荷后流量变为零时，直线A—A与Z坐标轴相重合，调压室中的水位变化采用关系线$\Delta Z=f(V)$，其作图方法和步骤与上述相同，这里不再重复。

(二)增加负荷时

增加负荷时的水位图解计算与丢弃负荷相同，用与上述相同的方法确定坐标系并绘出三条辅助线。

增加负荷时，如起始流量为Q_H，终了流量为Q_K，相应地隧洞中的流速由V_H增大到V_K。

如图10-7所示，经过横坐标轴上V_K点作平行Z轴的直线C—C(图中用虚线表示)及平行$\Delta Z=f(V)$的直线$\Delta Z_K=f(V)$。

调压室中的起始水位在点Ⅰ。在第一个时段Δt中，室中水位下降了ΔZ_1。ΔZ_1值由横坐标V_H代入方程$\Delta Z_K=f(V)$得出，即$\Delta Z_1=f(V_H)$。自点Ⅰ向下截取ΔZ_1即得出第一个时段末的室中水位Z_1。为了求第一个时段末隧洞的流速，通过点Ⅰ作平行于$\Delta V=f(Z-h_w)$的直线，并与通过点Z_1的水平线相交，得到点Ⅱ。点Ⅱ所对应的横坐标即为第一个时段末隧洞的流速V_1，其相应的水头损失为Ⅱ′的纵坐标。点Z_1与点Ⅱ之间的水平距离即为第一个时段内的流速变化值ΔV_1。

为了求第二个时段内的水位变化ΔZ_2，将第一时段末(也即第二时段初)的流速V_1代入方程$\Delta Z_K=f(V)$，得$\Delta Z_2=f(V_1)$。从图10-6上可以看出，从Ⅱ点作平行Z轴的直线，与辅助线$\Delta Z_K=f(V)$相交，其交点与横坐标轴的距离即为ΔZ_2。由点Ⅱ向下截取ΔZ_2，即得出第二个时段末的室中水位Z_2。通过点Ⅱ′引平行于$\Delta V=f(Z-h_w)$的直线，与通过点Z_2的水平线相交，得到点Ⅲ。点Ⅲ所对应的横坐标即为第二个时段末隧洞中的流速V_2，相应的水头损失为点Ⅲ′的纵坐标。点Z_2与点Ⅲ之间的水平距离即为第二个时段内的流

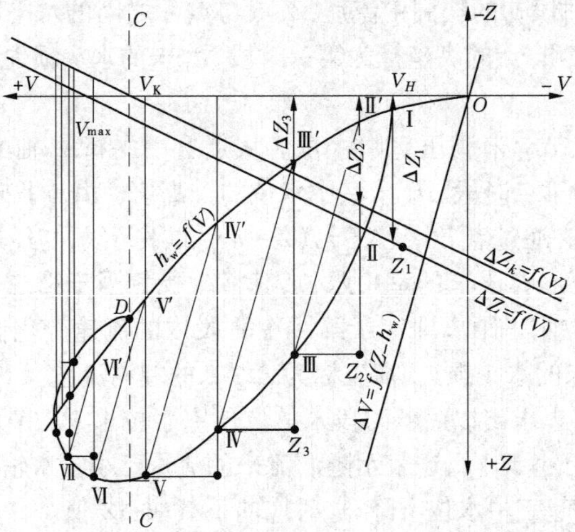

图 10-7　圆筒式调压室水力计算图解(增加负荷)

速变化值 ΔV_2。

依此类推,求出点Ⅳ、Ⅴ、Ⅵ…等。但应注意,在直线 $C—C$ 左边的 ΔZ 变为负值,因其相应的隧洞中的流速已大于 V_K,这说明室中水位开始上升,因此 ΔZ 必须由前一点向上截取。

将点Ⅰ、Ⅱ、Ⅲ…连成光滑的曲线,即得室中水位与隧洞中流速的关系曲线 $Z=f(V)$。它也是一个螺旋线,从点Ⅰ开始向点 D 收敛。D 点相当于终了时的稳定水位。

三、阻抗式调压室水力的图解计算

阻抗式调压室的做图方法和步骤与圆筒式调压室一样,选用的坐标系及辅助曲线的做法也相同,所不同的只是要考虑阻抗的影响。总水头损失为

$$h_t = h_w + h_{conp} = \sum \zeta \frac{V^2}{2g} + \frac{L}{C^2 R}\frac{V^2}{2g} + k\frac{V_K^2}{2g} \tag{10-32}$$

式中　k——阻抗系数,一般流进和流出调压室时阻抗系数不相同。

首先分别作出沿程损失曲线 $h_w=f(V)$ 和阻抗损失曲线 $h_{conp}=f(V)$,再将两条损失曲线加起来,绘出总水头损失曲线 $h_n=h_w+h_{conp}$(见图 10-8)。

丢弃负荷时,流量由 Q_{max} 变到零,其相当于隧洞中的流速由 V_{max} 变到 $V=0$。

在横坐标上标出 V_{max},向下作垂线与 $h_w=f(V)$ 交于点Ⅰ(正常运行时,流入或流出调压室的流量为零,阻抗不影响调压室水位),即得调压室中的起始水位。再由 V_{max} 向上作垂线与 $\Delta Z=f(V)$ 直线相交,截取 ΔZ_1,ΔZ_1 即为第一个时段室中水位的变化值。从点Ⅰ向上量取 ΔZ_1 得 Z_1。由点Ⅰ′作平行于辅助线 $\Delta V=f(Z-h_n)$ 的直线,与通过点 Z_1 的水平线相交于点Ⅱ。以同样的方法求出点Ⅲ、Ⅳ、Ⅴ…的水位。

由于阻抗的作用,水位上升时,调压室底部的水压力等于调压室水位升高加上阻抗损失,即等于 $Z+k$。这样在螺旋线 $Z=f(V)$ 的Ⅰ、Ⅱ、Ⅲ…各点上,向上加上阻抗损失值,得出Ⅰ‴、Ⅱ‴、Ⅲ‴…,就得出了调压室底部的压力变化过程曲线,如图 10-8 中的虚线。这条曲线可用于压力引水隧洞的设计。

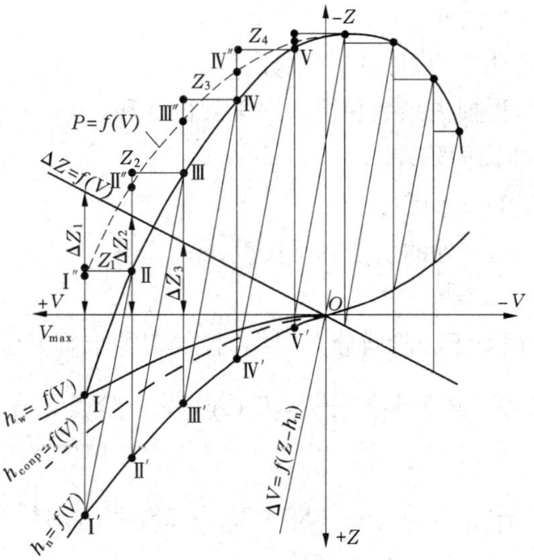

图 10-8　阻抗式调压室水力计算图解法(丢弃负荷)

第六节　调压室水位波动的计算机求解方法

随着计算机的应用普及,使精确计算具有复杂水力联系的调压室涌浪和实现压力管道水击与调压室涌波联合求解成为可能。

和前面介绍的解析方法、图解方法相比,采用计算机求解方法进行调压室水位波动计算可以更精确地了解水位波动的全过程,具有快速、精确、应用方便等优点,可以针对各种工况、各种边界条件等情况进行分析计算,从而选择最优方案。另外,由于计算机图形技术的发展,其结果可以方便地用计算机图形表示出来,非常直观,为工程设计提供了很大的方便。

本节仅对阻抗式调压室和简单圆筒式调压室的水位波动计算给出程序,其他形式的调压室原理相同,其计算程序可参考有关文献。

一、基本原理

将本章第二节得出的调压室水流的连续方程和运动方程(考虑阻抗损失)改写为

$$\frac{\mathrm{d}Z}{\mathrm{d}t}=\frac{Q-Q_m}{A_s}=f_1(t,Z,Q) \tag{10-33}$$

$$\frac{\mathrm{d}Q}{\mathrm{d}t}=\frac{(H_0-Z-KQ_s|Q_s|-RQ|Q|gA_t)}{L}=f_2(t,Z,Q) \tag{10-34}$$

式中　Q——引水隧洞中的流量,m^3/s;

Q_m——压力管道中的流量,m^3/s;

Q_s——调压室中的流量,$Q_s=Q-Q_m$,以流入调压室为正,m^3/s;

Z——调压室水位,m;

H_0——上游水库水位,m;

K——调压室阻抗孔口的阻抗损失系数;

R——引水隧洞沿程损失系数和局部损失系数之和;

A_s——调压室的断面面积,m^2;

A_t——引水隧洞的断面面积,m^2;

L——从水库到调压室处的引水隧洞长度,m;

g——重力加速度,m/s^2。

上面的两个基本方程属于一阶微分方程组,有很多种求解方法。本节采用精度较高的四阶龙格－库塔法求解。对于形如 $\frac{dy}{dx} = f(x,y)$ 的一阶微分方程,四阶龙格－库塔法的求解公式为

$$y_{(n+1)} = y_{(n)} + (S_1 + 2S_2 + 2S_3 + S_4)/6 \qquad (10\text{-}35)$$

其中

$$S_1 = hf(x_{(n)}, y_{(n)});$$
$$S_2 = hf(x_{(n)} + h/2, y_{(n)} + S_1/2)$$
$$S_3 = hf(x_{(n)} + h/2, y_{(n)} + S_2/2)$$
$$S_4 = hf(x_{(n)} + h, y_{(n)} + S_3)$$

式中 h——计算步长。

将式(10-35)应用于调压室基本方程的求解。已知 t 时刻的 Q_t 和 Z_t 值,通过式(10-35)可以得到式(10-36)和式(10-37),由此可以求出 $t + \Delta t$ 时刻的 $Q_{t+\Delta t}$ 和 $Z_{t+\Delta t}$ 值。

$$Z_{t+\Delta t} = Z_t + (K_1 + 2K_2 + 2K_3 + K_4)/6 \qquad (10\text{-}36)$$

$$Q_{t+\Delta t} = Q_t + (L_1 + 2L_2 + 2L_3 + L_4)/6 \qquad (10\text{-}37)$$

其中

$$K_1 = \Delta t \cdot f_1(t, Z_t, Q_t)$$
$$L_1 = \Delta t \cdot f_2(t, Z_t, Q_t)$$
$$K_2 = \Delta t \cdot f_1(t + \Delta t/2, Z_t + K_1/2, Q_t + L_1/2)$$
$$L_2 = \Delta t \cdot f_2(t + \Delta t/2, Z_t + K_1/2, Q_t + L_1/2)$$
$$K_3 = \Delta t \cdot f_1(t + \Delta t/2, Z_t + K_2/2, Q_t + L_2/2)$$
$$L_3 = \Delta t \cdot f_2(t + \Delta t/2, Z_t + K_2/2, Q_t + L_2/2)$$
$$K_4 = \Delta t \cdot f_1(t + \Delta t, Z_t + K_3, Q_t + L_3)$$
$$L_4 = \Delta t \cdot f_2(t + \Delta t, Z_t + K_3, Q_t + L_3)$$

式中 Δt——计算时间步长,s。

二、算例

某水电站设计参数如下:上水库水位 $H_0 = 763.77$ m,一条引水道给一台机组供水,稳态运行时机组引用流量 $Q_0 = 260\ m^3/s$,调压室初始水位 $Z_0 = 761.05$ m,并已知引水隧洞长 $L = 1\ 712$ m,断面面积 $A_t = 56.74\ m^2$,水头损失系数 $R = 0.000\ 040\ 3\ s^2/m^5$,进出调压室的阻力系数均假定为 $K_{in} = K_{out} = 0.000\ 036\ 7\ s^2/m^5$,调压室的高程—断面面积关系见表 10-1。

表 10-1　高程—断面面积关系

Z (m)	740.00	768.28	790.00
A_s (m^2)	380.13	530.93	530.93

试计算在此水力条件下，水电站全弃负荷，导叶（或阀门）关闭时间 $T_s = 40$ s 时，调压室的水位波动过程。

三、计算程序及结果

根据上述原理编制计算程序，程序中的符号含义为：

L：从水库到调压室处的引水隧洞长度，m；

H0：上游水库水位，m；

At：引水隧洞断面面积，m^2；

Z_As：调压室高程—断面面积关系，如图 10-9 所示的阻抗式调压室，当 $Z_1 \leqslant Z < Z_2$ 时，$A_s = A_1$；当 $Z_2 \leqslant Z \leqslant Z_3$ 时，$A_s = A_2$；

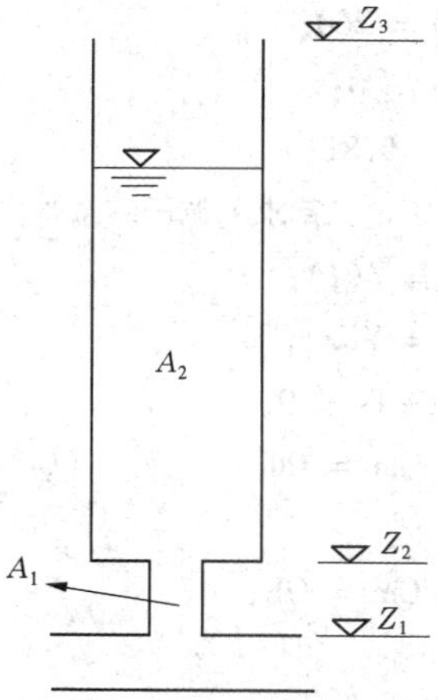

图 10-9　调压室断面示意图

Z：调压室中的水位，m；

Q：引水隧洞中的流量，m^3/s；

As：调压室断面面积，m^2；

Kin：水流流入调压室时的损失系数，s^2/m^5；

Kout：水流流出调压室时的损失系数，s^2/m^5；

R：引水隧洞的水头损失系数，s^2/m^5；

Ts：导叶或阀门动作时间，s；

Q0：初始流量，m^3/s；

Z0：调压室内初始水位，m；

QE：终止流量，m^3/s；

Qm：压力管道中的流量，m^3/s；

Qs：调压室中的流量，以进入调压室时为正，m^3/s；

Tmax：总计算时间，s；

Dt：计算时间步长，s；

g：重力加速度，m/s^2。

采用 MATLAB R2014a 进行程序编制，首先编写函数文件，以定义待求解的调压室基本方程，源程序代码如下：

```
%%调压室的基本方程------------------------------------
function surge = surgef(t,Y)
%%输入基础参数----------------------------------------
L = 1712;                                % 水库到调压室处的隧洞长度
```

```
H0 = 763.77;                                     % 上游水库水位
At = 56.74;                                      % 引水隧洞面积
Z_As = [740,380.13;768.28,530.93;790,530.93];    % 调压室高程—断面面积关系
Kin = 3.672 * 10^(-5);                           %水流流入调压室时的损失系数
Kout = 3.672 * 10^(-5);                          % 水流流出调压室时的损失系数
R = 4.03 * 10^(-5);                              % 隧洞沿程和局部损失系数
Ts = 40;                                         %导叶或阀门动作时间
Q0 = 260;                                        %初始流量
QE = 0;                                          % 终止流量
g = 9.81;                                        %重力加速度
%%定义待求的调压室基本方程--------------------------------------
Z = Y(1);
Q = Y(2);
if t - Ts < 0;
   Qm = Q0 - t/Ts * (Q0 - QE);                   %压力管道中的流量
else
   Qm = QE;
end
Qs = Q - Qm;                                     %调压室中的流量
if (Z >= Z_As(1,1) && Z < Z_As(2,1));
    As = Z_As(1,2);                              %确定调压室断面面积
elseif ((Z >= Z_As(2,1) && Z < Z_As(3,1)));
    As = Z_As(3,2);
end
if  Qs > 0;
    K = Kin;                                     % 确定调压室阻抗损失系数
elseif Qs == 0;
    K = 0;
else Qs < 0;
    K = Kout;
end
f1 = Qs/As;                                      %调压室的基本方程
f2 = (H0 - Z - K * Qs * abs(Qs) - R * Q * abs(Q)) * g * At/L;
surge = [f1;f2];
end
```

继而编写执行脚本文件,以绘制调压室水位和引水隧洞流量变化过程,提取调压室最高、最低涌波水位及对应时刻,源程序代码如下:

```
%%执行程序---------------------------------------------------
%%定义计算步长及设置初始值-----------------
clear; clc; close all
```

```
Tmax = 800;                                   %总计算时间,s
Dt = 0.8;                                     % 计算步长,s
t = 0:Dt:Tmax;                                % 定义自变量
n = length(t);
Q0 = 260;                                     %隧洞内初始流量
Z0 = 761.05;                                  % 调压室内初始水位
Y(:,1) = [Z0;Q0];                             % 变量 Z 和 Q 的初始值
%%四阶龙格-库塔法求解调压室基本方程------------------------
for i = 1 : n-1;
    K1 = surgef(t(i),Y(:,i));
    K2 = surgef(t(i)+Dt/2,Y(:,i)+K1*Dt/2);
    K3 = surgef(t(i)+Dt/2,Y(:,i)+K2*Dt/2);
    K4 = surgef(t(i)+Dt,Y(:,i)+K3*Dt);
    Y(:,i+1) = Y(:,i)+Dt*(K1+2*K2+2*K3+K4)/6;
end
Z = Y(1,:);
Q = Y(2,:);
%%绘制调压室水位 Z 和隧洞中流量 Q 的求解结果---------------------
figure;
set(gcf,'units','normalized','position',[0.15 0.2 0.7 0.6]);
subplot(1,2,1);
%动态显示 Z-t 结果---------------------------------
t1 = 0;                                       % 确定起始点
nframes = n;                                  % 总动画帧数
for j = 1 : nframes;
    t1 = t1 + Dt;
    t = 0 : Dt : t1;
    Zm = Z(1:length(t));
    plot(t,Zm,'b');
    xlabel('t/s');
    ylabel('Z/m');
    Zm = Z;
    Zframe(j) = getframe;            %将当前图形存入矩阵 Zframe 中
end
%动态显示 Q-t 结果---------------------------------
subplot(1,2,2);
t1 = 0;                                       % 确定起始点
nframes = n;                                  % 总动画帧数
for m = 1 : nframes;
    t1 = t1 + Dt;
```

```
    t = 0 : Dt : t1;
    Qm = Q(1:length(t));
    plot(t,Qm,'r');
    xlabel('t/s');
    ylabel('Q/(m3/s)');
    Qm = Q;
    Qframe(m) = getframe;           %将当前图形存入矩阵 Qframe 中
end
%%显示极值结果-----------------------------------------
[Zmax,Zmax_index] = max(Z);
T_Zmax = t(Zmax_index);
[Zmin,Zmin_index] = min(Z);
T_Zmin = t(Zmin_index);
[Qmax,Qmax_index] = max(Q);
T_Qmax = t(Qmax_index);
[Qmin,Qmin_index] = min(Q);
T_Qmin = t(Qmin_index);
disp(['T_Zmax = ',num2str(T_Zmax),'s  ','Zmax = ',num2str(Zmax),'m  ',…
'T_Zmin = ',num2str(T_Zmin),'s  ','Zmin = ',num2str(Zmin),'m  '])
```

求出水电站丢弃全负荷时的调压室最高涌波水位为 780.310 9 m,对应时刻 82.4 s;最低涌波水位为 748.382 3 m,对应时刻 197.6 s;水位和流量波动过程线见图 10-10。

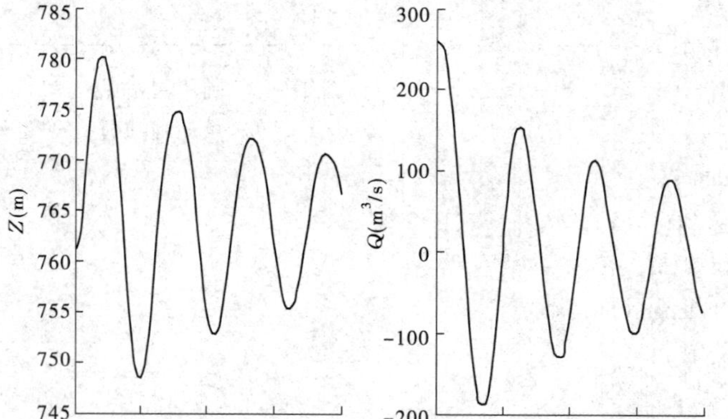

图 10-10 调压室水位和引水道流量变化过程曲线(丢弃负荷)

对于水电站增加负荷情况,只需调整上述代码中调压室的初始水位、隧洞中初始流量和终止流量,以及导叶(或阀门)的开启时间即可,如调整 Z_0 = 763.77 m(静水位)、Q_0 = 0 m³/s、Q_E = 260 m³/s、T_s = 40 s,求出水电站增加负荷时的调压室最高涌波水位为 773.556 5 m,对应时刻 123.2 s;最低涌波水位为 753.427 3 m,对应时刻 28.8 s;水位和流量波动过程线见图 10-11。

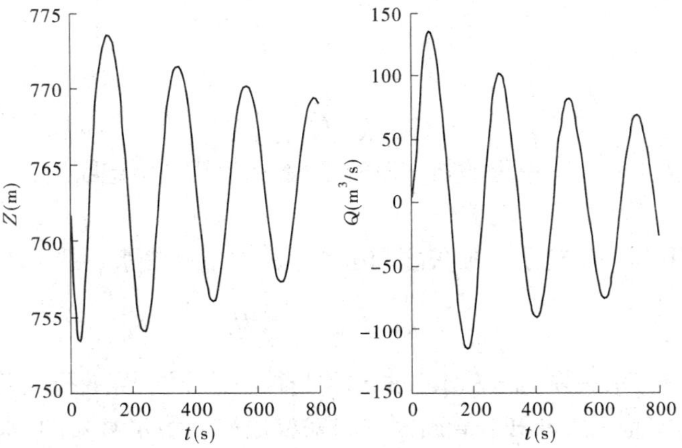

图 10-11　调压室水位和引水道流量变化过程曲线(增加负荷)

第七节　调压室水位波动的稳定问题

水位波动稳定是调压室工作中的一个基本要求。在任何工作情况下都应保证水位波动是逐渐衰减的,则称调压室水位波动是稳定的。

水电站在正常运行中除有大的负荷变化外,也经常不断地发生较小的负荷变化,从而使调压室内水位产生很小的水位波动。由于调压室断面面积和引水道长度等因素的不同,这种波动可能出现两种情况:一种是波动发生后周期性或非周期性地衰减下去,调压室内随之达到新的稳定水位而不再波动。另一种是在发生小波动后,振幅不是衰减而是逐渐增大,引起机组运行的不稳定,甚至造成事故,这种现象称为调压室工作情况的不稳定现象,设计调压室时应避免这种情况。因此,必须研究调压室水位波动的稳定条件及改善波动稳定的途径。

一、小波动稳定断面的计算公式

调压室在运行过程中,可将水位波动分为两种类型:一种是大波动,即水电站发生大幅度的负荷变化,调压室中将发生较大振幅的水位波动;另一种是小波动,即水电站微小的负荷变化所造成的水位小幅度波动。

1910 年在德国汉堡水电站上曾发生过调压室波动的不稳定现象,托马(Thoma)首先进行了研究。在研究过程中做了以下假定:

(1)波动为无限小,以使微分方程线性化,从而容易得出解析解。

(2)调速器能绝对保证水轮机的出力为一常数。

(3)水电站单独运行,机组效率保持不变。

(4)调压室与引水道直接连接,因而可不考虑调压室底部流速水头的影响。

据此托马教授通过理论推导提出了保证微小波动振幅逐渐衰减的稳定条件。

(1)保证波动稳定衰减的一个必要条件是调压室断面 F 大于临界断面 F_k,即

$$F > F_k = \frac{Lf}{2g\alpha(H_0 - h_{w0} - 3h_{wm0})} \tag{10-38}$$

$$\alpha = \frac{L}{c^2 R} + \Sigma\xi$$

式中 F_k——调压室波动稳定的临界面积,通常称为托马稳定断面,m^2;

ξ——引水道水头损失系数。

(2)引水道和压力管道水头损失之和必须小于水电站静水头的1/3,即

$$h_{w0} + h_{wm0} < \frac{1}{3}H_0 \tag{10-39}$$

在实际工程中,水头损失占总水头的比重是很小的,这一条件通常均能满足。

差动式调压室是用大井和升管断面之和来保证波动稳定衰减的;水室式调压室是用竖井断面来保证的。

二、波动稳定条件分析

托马稳定条件是在一些假定的基础上推导出来的,应用时必须根据水电站的情况做某些修正。

(一)大波动的稳定条件

如果调压室水位的波动幅值较大,则波动微分方程式不能进行线性化处理,因此托马条件不能直接应用于大波动。比较实用的方法是首先按托马断面初定调压室尺寸,然后利用数值积分法求解,如应用电算或图解法可求出各种可能工况下的波动过程,分析水位波动是否稳定。

研究表明,如小波动稳定不能保证,大波动必然不能衰减。为了保证大波动的稳定,一般要求调压室断面大于托马稳定断面,初步分析时可取(1.0 ~ 1.1)F_k,作为调压室的设计断面。

(二)调压室底部流速水头的影响

对于有连接管的调压室,调压室底部的流速水头对波动稳定是有利的。因为从调压室的运动方程可以看出,对引水道而言,流速水头的作用与水头损失相似,它相当于加大了摩阻损失。但对水轮机来说,并不减小水电站的有效水头。因此,托马断面公式应修改为

$$F_k = \frac{Lf}{2g(\alpha + \frac{1}{2g})(H_0 - h_{w0} - 3h_{wm0} + \frac{V_0^2}{2g})} \tag{10-40}$$

引水道的直径越大,长度越短,流速水头的影响也越显著。

在实际运行中,调压室底部三通管处水流状态是极不稳定的,特别是连接管直径较大和调压室水位较低时更是如此。因此,考虑全部流速水头是不妥的。卡戴尔对连接管与引水道直径相等的情况,考虑连接管处实际的速度水头,得出

$$F_k = \frac{Lf}{2g(\alpha + \frac{0.7}{2g})(H_0 - h_{w0} - 3h_{wm0})} \tag{10-41}$$

这是比较符合实际的。

(三)水轮机效率的影响

在推导托马稳定断面时假定水轮机的效率为常数,实际上水轮机的效率是随水头和流量的变化而变化的。这时可把公式(10-38)做如下修正:

$$F_k = \frac{Lf(1+\Delta)}{2g\alpha[H - 2h_{wm0}(1+\Delta)]} \tag{10-42}$$

$$\Delta = \frac{H}{\eta_0}\frac{\Delta\eta}{\Delta H}$$

式中　Δ——考虑效率变化的修正值,表示水轮机效率变化的无因次系数;

H——恒定情况下水轮机的净水头;

η_0——在恒定情况下,对应于净水头时的机组效率;

$\frac{\Delta\eta}{\Delta H}$——根据水轮机综合特性曲线绘制出出力为常数的 $\eta = f(H)$ 关系曲线,由此得到水头变化时的效率变化值。

(四)电力系统的影响

对于单独运行的水电站,当调压室内水位变化而引起出力变化时,只能依靠本电站水轮机调速器的调节使出力保持常数。如果水电站在系统中运行,则可由系统中的各水电站的机组共同来保证系统出力不变,因此可减小本电站流量变化的幅度,有助于调压室水位波动的稳定。

第八节　调压室水力计算内容及计算工况

一、调压室水力计算内容

调压室的布置和基本尺寸是由水力计算得到的,调压室水力计算的主要内容包括:

(1)由调压室水位波动的稳定条件,确定调压室的断面面积;

(2)计算调压室最高涌波水位,从而确定调压室的顶部高程;

(3)计算调压室最低涌波水位,从而确定调压室底部和压力管道进口的高程。

为此,应根据水电站和引水道的实际运行情况,选择可能出现的最不利情况,作为水力计算的条件,使调压室在确保安全的前提下最经济合理。

(一)水位波动的稳定性计算

1. 水头

为使求得的稳定断面满足各种运行工况的要求,由式(10-38)可知道,应按水电站在正常运行中可能出现的最小水头 H_{min} 计算。上游的最低水位一般为死水位。

2. 糙率

引水道应选用可能的最小糙率(使 α 值最小),而压力管道则应选用可能的最大糙率。

(二)最高涌波水位的计算

上游水库水位应取正常发电可能出现的最高水位,一般按设计洪水位计算。

引水道的糙率应取可能的最小值。

计算工况，一般按丢弃全负荷考虑。在这种情况下可假定由最大流量 Q_{max} 减至空转流量 Q_{xx}，为了安全考虑，也可丢弃到流量等于零。

（三）最低涌波水位的计算

上游水库水位应取可能的最低水位。

引水道糙率应取可能的最大值。

在初步设计阶段，通常采用其余所有机组均满负荷运行，而最后一台机组投入运行的情况作为设计工况，但最后加入的容量应不小于水电站总容量的 1/3。

如调压室水位波动的衰减时间相当长，则还应补充研究丢弃负荷后不久又重新带上负荷或相反情况下引起波动叠加的可能。

对于一般的调压室，还应计算在上述水库水位下丢弃全负荷后水位波动的第二振幅，以检验其是否低于增荷时的最低涌波水位。

二、调压室水力计算工况

进行调压室水力计算之前，需先确定水力计算的工况。应根据水电站河引水道的实际情况，选择可能出现的最不利工况作为计算工况，使调压室在确保安全的前提下最经济合理。

（一）波动稳定计算

波动稳定计算按水电站在正常运行中可能出现的最小水头计算，上游的最低水位一般为死水位，但是如果水电站有初期发电和战备发电的任务，这种特殊最低水位也应加以考虑。

引水系统的糙率是无法精确预测的，只能根据经验在可能变化的范围内，根据不同的设计情况，选择偏于安全的数值。计算调压室的临界断面时，引水道应选用可能的最小糙率，压力管道应选用可能的最大糙率。

（二）最高涌波水位计算

对于上游调压室，按上游水库水位为正常蓄水位，共用同一调压室的全部机组满载运行，同时丢弃全部负荷的工况进行设计，压力引水道糙率应选用最小值。

对于下游调压室，按厂房下游设计洪水位时，调压室的全部 n 台机组由 $n-1$ 台增至 n 台或全部机组由 2/3 负荷增至满负荷作为设计工况，压力尾水道糙率应选用最大值。按厂房下游校核洪水位时相应的工况进行校核，并复核设计洪水位时调压室全部机组瞬时丢弃全负荷的第二振幅。

（三）最低涌波水位的计算

对于上游调压室，按上游死水位时，调压室的全部 n 台机组由 $n-1$ 台增至 n 台或全部机组由 2/3 负荷增至满负荷作为设计工况，压力引水道糙率应选用最大值。此外，尚需复核死水位时瞬时丢弃全负荷的第二振幅，以检验其是否低于增荷时的最低涌波水位。

对于下游调压室，按调压室的全部机组在满负荷运行及相应下游尾水位时瞬时丢弃全负荷时的工况进行设计，压力尾水道糙率应选用最小值。

第九节　调压室的结构布置

调压室分为调压井和调压塔两种典型结构，其结构形式也不尽相同。调压井是在山体中开挖竖井，井壁用钢筋混凝土等衬砌，但当岩石质量较好时，经过论证也可以采用锚杆喷混凝土支护。当调压井高度不大、岩性均一时，衬砌厚度可上下一致；当井筒较高、岩性不均时，衬砌可上薄下厚。确定衬砌厚度时，根据调压井高度、断面面积及地质条件，初步取井壁厚度为调压井直径的 0.05 ~ 0.1 倍，底板厚度为调压井直径的 0.1 倍进行结构计算。如不能满足强度及抗裂要求，则修改衬砌厚度，重新计算。

调压井结构比较经济，施工简单，在地形条件合适的情况下获得了广泛的应用。调压塔是在地面上修建钢筋混凝土的塔体，多为薄壁圆筒结构，其结构和受力复杂，施工困难，造价较高，只有在厂房附近找不到修建调压井的合适地点（如地形不合适或岩石质量太差等）时，才采用塔式结构。有时也可以利用厂房附近的地形，修建半塔半井式结构，即一部分在地面以下采用井式结构，一部分在地面以上采用塔式结构。在寒冷地区采用调压塔需要注意塔体部分的防冻，而调压井的防冻比较容易处理。另外，采用塔式结构还要重视其抗震问题，差动式调压室大井内的升管部分也要校核其抗震性能。对于调压室上部及外侧边坡岩体的稳定性也必须校核，如不稳定则需进行加固处理。

本章第三节介绍了调压室的基本形式，但在实际工程建设中，往往会根据地形、地质、引水系统的布置、施工、建筑材料、水电站的特性（如水电站的水头、流量、设备，本电站在系统中的作用和要求等）等条件，在进行经济分析的基础上，采用更加灵活的布置方式，形成了各具特色的调压室结构形式。

目前，我国已建成的水电站调压室几乎都是井式结构或半井半塔式结构。鉴于此，后面的结构计算以井式结构为主。

调压井结构主要包括：①大井（直井）井壁，一般为埋设在岩石中的钢筋混凝土圆筒结构，可以视为圆筒结构；②底板，为放置于弹性地基上的圆板或环形板；③升管，为圆形管；④顶板，架设调压井的启闭机或起防护作用，为圆板或球形壳。对调压室进行结构计算时，可先分别计算各自的变形和内力，然后考虑整体作用。

直井和底板多做成刚接，如图 10-12（a）所示，为此底板与井筒最下面一段必须同时浇筑；若做成铰接，如图 10-12（b）所示，则需设止水，构造较复杂，很少采用。

一、调压井结构的荷载及其组合

调压井结构所承受的荷载分为基本荷载和特殊荷载两类。

基本荷载包括围岩压力、设计情况下的内水压力、稳定渗流情况下的外水压力及衬砌自重、设备重量、风荷载（塔式结构）等。

特殊荷载包括校核水位时的内水压力、外水压力、温度作用、灌浆压力及地震荷载等。其中，差动式调压室升管的水压力按运行中可能出现的不利工况下大室与升管的最大水位差计算。

计算荷载应根据运行、施工、检修等不同工况，分别组合为基本荷载和特殊荷载，在结

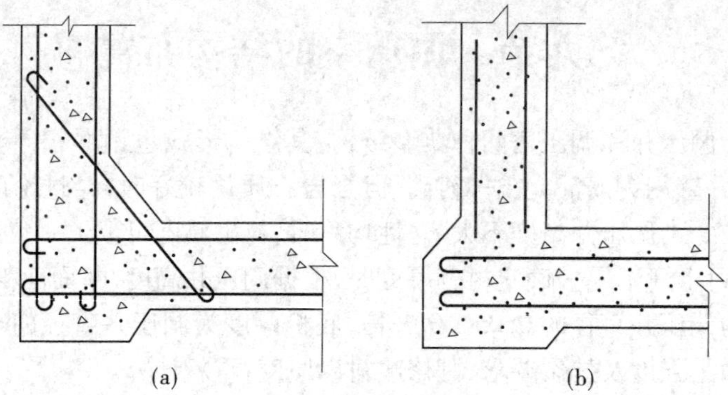

图 10-12　直井和底板的连接方式

构计算中采用最不利的荷载组合。

（一）基本荷载

(1)正常工作情况最高内水压力 p_1。分别考虑上游正常蓄水位加丢弃全负荷后最高涌波及上游设计洪水位不加涌波两种情况,取其大值。

(2)外水压力 p_2。由调压井外的地下水位确定。当地下水位较高时常采取排水措施降低水位,从而减小底板所承受的上浮力,也可提高山体的稳定性。在正常运行情况下,一般不计外水压力。

(3)岩石或回填土压力 p_3 及围岩弹性抗力 p_4。如果围岩比较破碎或衬砌完成后围岩仍有向井内滑移的倾向,应考虑围岩的主动压力,但此时不再计入围岩的弹性抗力。

(4)衬砌自重。对于直井部分,其影响较小,一般不予考虑。底板和井下连接段可计入自重。

（二）特殊荷载

(1)特殊工作情况最高内水压力 p_5。分别考虑上游设计洪水位加丢弃全负荷后最高涌波及上游校核洪水位加丢弃部分负荷后涌波,取其大值。

(2)温度应力 p_6。调压井运行期间,由于温度变化产生的应力。除了温差较大且无保护措施的情况,一般不做计算。

(3)灌浆压力 p_7。分为回填灌浆和固结灌浆,其中前者用于填塞井壁与围岩之间的收缩缝隙,常用0.2～0.3 MPa;后者用于加固围岩并预压衬砌,常用0.5～0.8 MPa。一般为校核强度用,不能作为结构的控制荷载。

(4)施工荷载 p_8。

(5)地震荷载 p_9。地下建筑物具有良好的抗地震能力,故调压室设计中一般不进行抗震计算和校核,只采取适当加强其整体性和刚度等抗震措施即可。但对位于差动式调压室大室内的升管及地面以上的塔式结构,须按《水工建筑物抗震设计规范》(SL 203—1997)的要求进行抗震计算。

根据上述两类荷载同时存在的可能性,进行最不利情况的荷载组合。常用的荷载组合见表10-2。

表 10-2　计算工况与荷载组合

荷载			p_1	p_2	p_3	p_4	p_5	p_6	p_7	p_8	p_9
荷载组合	基本	正常运行情况	√			√		√			
	特殊	特殊运行情况				√	√	√			
		施工情况			√			√	√	√	
		检修情况		√	√			√			
		地震情况	√			√		√			√

二、调压井结构计算原理

调压井为地下空间结构，且其工作条件复杂，所以至今没有统一的计算标准和成熟的计算方法。目前，在设计中采用的计算方法主要是结构力学方法，适用于中小型且较简单的情况。对于大型调压井，或当调压井受力较复杂、围岩质量较差时，设计规范建议采用有限元方法进行校核。下面对结构力学计算方法进行简要介绍。

（一）计算假定

（1）直井衬砌计算时，假定井壁是一个整体，每段圆筒断面上下一致，外半径不变。

（2）直井和底板都是薄板结构，可用薄板和薄壳理论求解。

（3）岩石为各向同性均匀弹性介质，当衬砌受内压力向外变形时，岩石产生的弹性抗力与其变形成正比，比例系数为岩石的弹性抗力系数。

（4）直井与岩石紧密接触，两者之间的摩擦力能够维持衬砌的自重，故可假定圆筒底部的竖向变位为零。

（5）底板在井壁传来的径向力作用下所产生的径向变形与井壁的挠曲变形相比很小，可以忽略不计。

（二）计算方法

将调压井分为直井井筒、底板、顶盖、升管等几部分分开计算，然后考虑整体作用。

直井为埋于岩石中的圆筒，常分段浇筑，其间留有水平工作缝。为简化计算，可按底部固定顶部自由的长圆筒，用弹性力学方法求解。对于顶部露出地面的调压井，上部岩体覆盖较浅且往往风化破碎，此时不计围岩的弹性抗力。

简单圆筒式调压井底板为一四周固结的实心圆板，其下部为基岩，当底板向下变形时，应考虑基岩的弹性抗力。有连接管或升管的调压井，下有引水道通过，部分底板与岩石直接接触，部分底板架空，为一中空的圆板，此时应力分析较复杂，圆形和环形底板通常视为弹性地基上的薄板，用薄板理论进行计算，并考虑底板下隧洞穿过处不与岩石接触的影响。

按上述方法分别计算出直井井筒和底板刚接处两者的固端弯矩后，将弯矩的不平衡值按两者在该处的抗挠劲度进行分配，分配力矩与固端弯矩之和，即为最终的边界力矩。

直井井筒的设计步骤：①估算各段衬砌厚度，按最高内水压力考虑井壁与围岩的联合作用，求出井壁中的环向拉力。②按环向拉力配筋。③根据井壁结构尺寸、钢筋量和环向拉力，计算混凝土和钢筋的应力。要求混凝土拉应力不超过其极限抗拉强度，否则要加厚衬砌或增加钢筋。④按井壁的力矩配纵向钢筋。由于井壁的力矩在底部较大,但向上迅速减小,因此底部钢筋较密,但通常有一定数量的钢筋直达井顶,作为环向钢筋的架立筋或作为温度及分布钢筋。

调压井圆形平盖板可按简支圆板设计;球形盖板按球壳设计;埋在地下的拱形顶板按无压隧洞的顶拱设计。

求出内力后即可进行配筋计算及限裂验算。直井井筒承受环向拉力和纵向弯矩,因此需配置环向钢筋及纵向钢筋。后者还作为架立筋及分布钢筋之用,底板的钢筋按径向弯矩和环向弯矩配筋。前者为放射状,后者为环形,组成一个钢筋网,根据弯矩的方向将钢筋配置在底板的上层或下层。直井与底板交界处应配置斜向筋,以保证两者刚接。

需要说明的是,调压井的设计与地质条件关系密切。如果围岩新鲜完整且有足够的强度,围岩可以与衬砌共同承担荷载,则衬砌可以很薄或仅做锚喷支护;否则,围岩不仅不能承担荷载,还会增加作用在衬砌上的作用力,这样衬砌就要独立承担各种荷载。因此,对井壁衬砌的作用、要求和设计原则的考虑,是很重要的问题。

第十一章　水电站地面厂房布置设计

第一节　水电站厂房的任务、组成及类型

一、水电站厂房的任务

水电站厂房是将水能转化为电能的生产场所,也是运行人员进行生产和活动的场所。其任务是通过一系列工程措施,将水流平顺地引入水轮机,使水能转换成为可供用户使用的电能,并将各种必需的机电设备安置在恰当的位置,创造良好的安装、检修及运行条件,为运行人员提供良好的工作环境。

水电站厂房是水工建筑物、机械及电气设备的综合体,在厂房的设计、施工、安装和运行中需要各专业人员通力协作。

二、水电站厂房的组成

水电站厂房的组成可从不同角度划分。

(一)从设备布置和运行要求的空间划分

(1)主厂房。水能转化为机械能是由水轮机实现的,机械能转化为电能是由发电机完成的,两者之间由传递功率装置连接,组成水轮发电机组。水轮发电机组和各种辅助设备安装在主厂房内,是水电站厂房的主要组成部分。

(2)副厂房。安置各种运行控制和检修管理设备的房间及运行管理人员工作和生活用房。

(3)主变压器场。装设主变压器的地方。水电站发出的电能经主变压器升压后,再经输电线路送入电网。

(4)开关站(户外配电装置)。为了按需要分配功率及保证正常工作和检修,发电机和变压器之间以及变压器与输电线路之间有不同电压的配电装置。发电机侧的配电装置,通常设在厂房内,而其高压侧的配电装置一般布置在户外,称高压开关站。装设高压开关、高压母线和保护设施,高压输电线由此将电能输送给电力用户。

水电站主厂房、副厂房、主变压器场和开关站及厂区交通等,组成水电站厂区枢纽建筑物,一般称厂区枢纽。

(二)从设备组成的系统划分

水电站厂房内的机械及水工建筑物共分五大系统。

(1)水流系统。水轮机及其进出水设备,包括压力管道、水轮机前的进水阀、蜗壳、水轮机、尾水管及尾水闸门等。

(2)电流系统。电气一次回路系统,包括发电机及其引出线、母线、发电机电压配电设备、主变压器和高压开关站等。

(3)电气控制设备系统。电气二次回路系统,包括机旁盘、励磁设备系统、中央控制室、各种控制及操作设备(如各种互感器、表计、继电器、控制电缆、自动及远动装置、通信及调度设备等直流系统)。

(4)机械控制设备系统。包括水轮机的调速设备,如接力器及操作柜,事故阀门的控制设备,其他各种闸门、减压阀、拦污栅等操作控制设备。

(5)辅助设备系统。包括为了安装、检修、维护、运行所必需的各种电气及机械辅助设备,如厂用电系统(厂用变压器、厂用配电装置、直流电系统),油系统、气系统、水系统,起重设备,各种电气和机械修理室、实验室、工具间、通风采暖设备等。

(三)从水电站厂房的结构组成划分

(1)水平面上可分为主机室和安装间。主机室是运行和管理的主要场所,水轮发电机组及辅助设备布置在主机室;安装间是水电站机电设备卸货、拆箱、组装、检修时使用的场地。

(2)垂直面上,根据工程习惯主厂房以发电机层楼板面为界,分为上部结构和下部结构。

①上部结构。与工业厂房相似,基本上是板、梁、柱结构系统。

②下部结构。为大体积混凝土整体结构,主要布置过流系统,是厂房的基础。

图 11-1 详细表述了水电站厂房的组成及配合关系。

三、水电站厂房的基本类型

水电站厂房形式往往是随不同的地形、地质、水文等自然条件和水电站的开发方式、水能利用条件、下游水位的变化、水利枢纽的总体布置而定的。

水电站厂房类型划分方法很多,根据厂房与挡水建筑物的相对位置及其结构特征,可分为三种基本类型,即引水式厂房、坝后式厂房和河床式厂房。

(一)引水式厂房

发电用水来自较长的引水道,厂房远离挡水建筑物,一般位于河岸,其轴线常平行河道,如图 1-7 和图 1-8 所示。若将厂房建在地下山体内,则称为地下厂房,如图 11-2 所示。

(二)坝后式厂房

厂房位于拦河坝的下游,紧接坝后,在结构上与大坝用永久缝分开,发电用水由坝内高压管道引入厂房,如图 11-3 所示。有时为了解决泄水建筑物布置与厂房建筑物布置之间的矛盾,可将厂房布置成以下形式。

(1)溢流式厂房。厂房位于坝后,将厂房顶作为溢洪道,成为坝后溢流式厂房,如图 11-4 所示。这种溢流式厂房通常是承受中、高水头的水电站厂房。

(2)坝内式厂房。厂房移入溢流坝体空腹内,厂房与大坝合为一体,如图 11-5 所示。

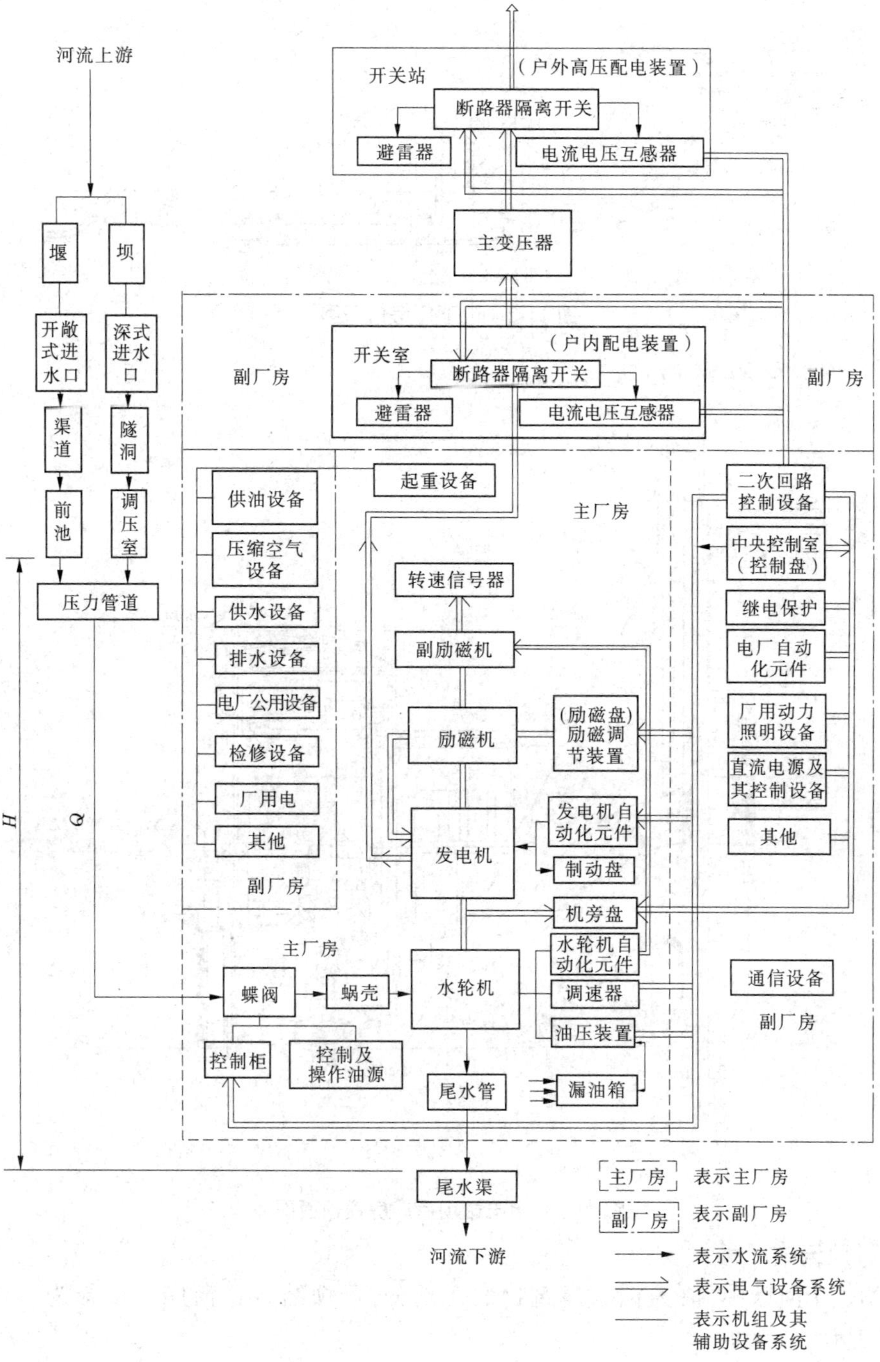

图 11-1　**水电站厂房组成图**

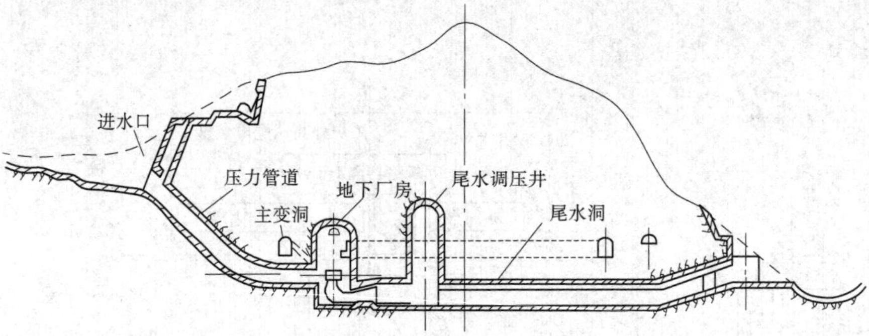

图 11-2　地下厂房剖面图

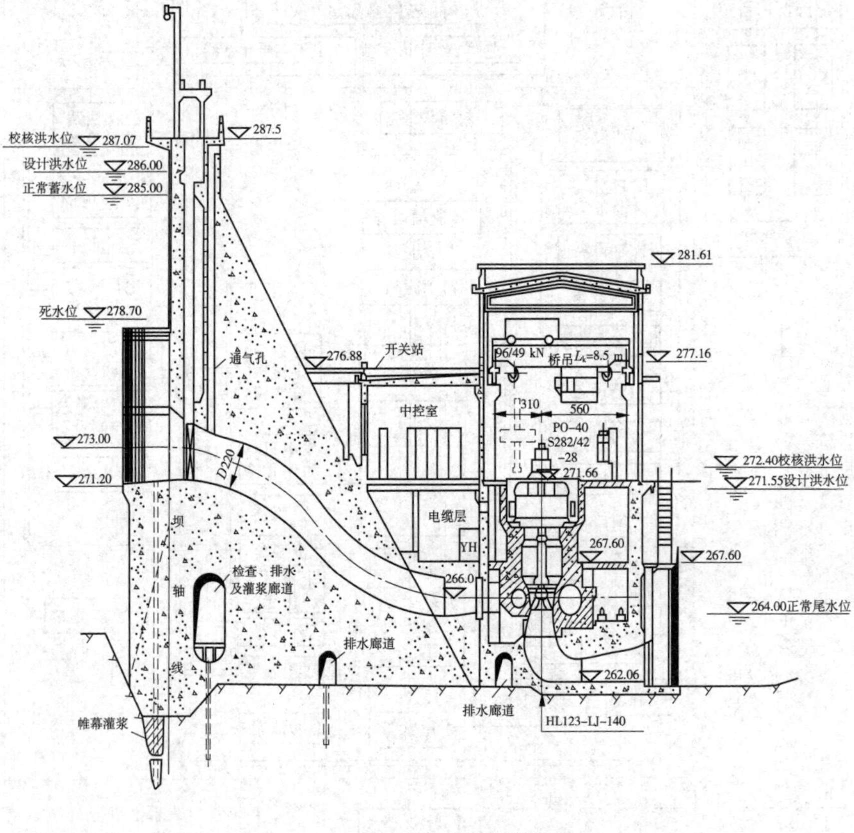

图 11-3　水电站坝后厂房横剖面图

(三)河床式厂房

厂房位于河床中,成为挡水建筑物的一部分,厂坝结构在河床上衔接为一体, 如图 11-6 所示。

如按机组主轴的装置方式分,水电站厂房还可分为立式机组厂房和卧式机组厂房。本章主要介绍立式机组厂房。

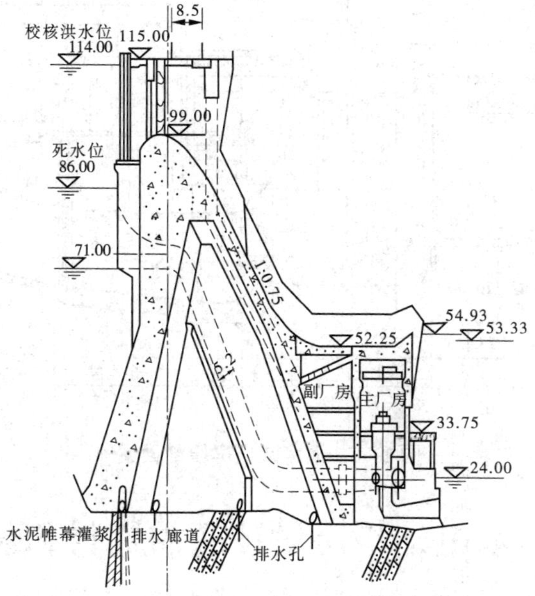

图 11-4　溢流式厂房横剖面图　（单位：尺寸，cm；高程，m）

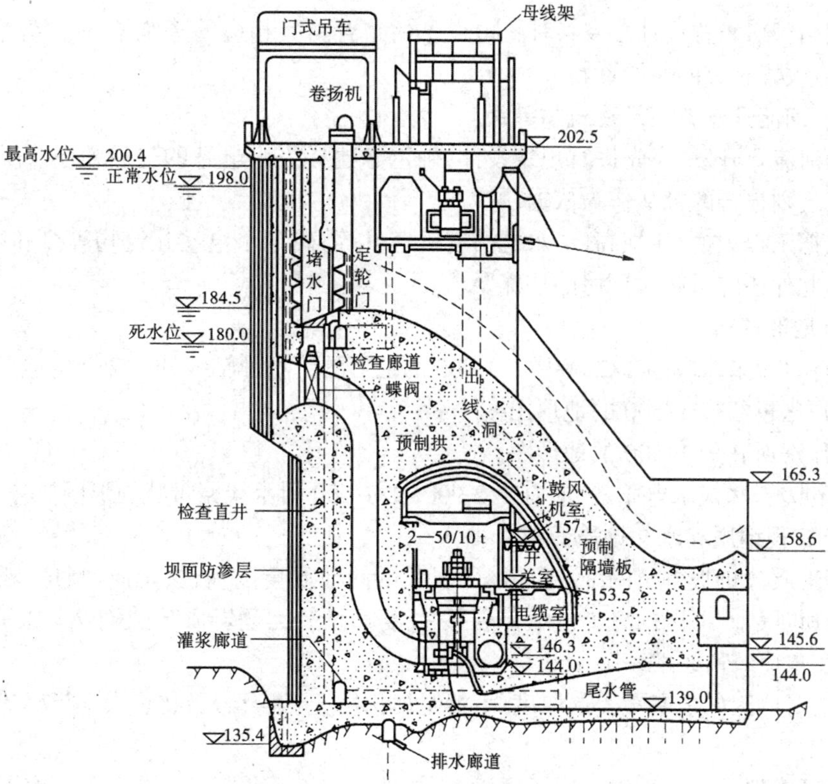

图 11-5　坝内式厂房横剖面图

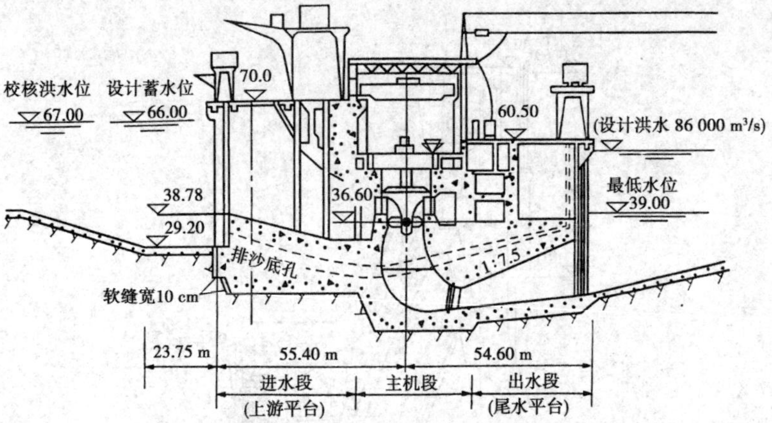

图 11-6 河床式厂房横剖面图

第二节 水电站厂房设计所需资料和设计程序

一、厂房设计所需资料

水电站厂房布置设计涉及各种机电设备的布置与其相应的建筑结构布置，在进行设计之前，应收集有关的原始资料。

(一) 河流开发方案及建筑物等级

一条河流要开发，应先进行规划设计，确定修建梯级水电站的先后顺序。所以，设计之初应有规划报告的批文作为依据。

应根据工程规模、建坝高低、水电站装机容量等，确定水电站建筑物等级和相应的设计标准。此外还应了解对厂房的特殊要求。

(二) 地形资料

(1) 库区及取水枢纽 1/2 000～1/1 000 的地形图。坝址轴线处 1/200 的地形图。

(2) 厂区枢纽处 1/500 的地形图。

(3) 厂房所在处 1/200 的地形图。

(4) 若为引水式水电站，还应有 1/2 000～1/1 000 引水线路带状地形图。

(三) 工程地质和水文地质资料

厂区地质分析报告及图纸，对厂区所属范围的地质情况、岩层走向、倾角、断层走向、条数应有所了解。厂区内有无滑坡体、厂区厂房后坡有无危岩孤石、枢纽及厂区的地震级别有多大，也应有所了解。

此外，对厂区的地基覆盖层厚度、下覆基岩深度、土壤及岩石物理力学指标等，均应了解清楚。

对厂区内地下水活动情况应了解清楚，如地下水有无腐蚀性、岩层有无承压水、其渗透性等。

(四)水文及水能资料

(1)站址的多年径流资料,用以进行洪水、枯水、径流等水文计算的依据。

(2)水库的调洪方式,包括水库及大坝的各种水文及下泄流量,坝址及厂址处的水位—流量关系曲线,尾水相应的校核、设计及最小等各特征水位值。

(3)厂区所在河流的泥沙资料、河流冰凌资料以及山洪泥石流等资料。

(4)水电站的装机容量、机组台数,最大、最小等加权平均水头。

(5)水电站的运行方式、输电方向、电压等级、输电距离等。

(五)施工组织资料

了解施工单位的施工技术水平,包括施工方法及设备、施工材料的运输条件、施工工期、施工单价等资料。

(六)机组与辅助设备资料

(1)主机组及总装图(立面和平面)及台数。

(2)发电机的尺寸和重量,冷却方式及通风道尺寸。

(3)水轮机型号、直径和重量,蜗壳和尾水管的形式和尺寸。

(4)变压器的台数、重量和尺寸。

(5)机旁盘、各种配电盘、发电机引出线接地等装置图;油开关等的地脚螺栓基础图;调速器;高低压空气压缩机、水泵等尺寸及基础图;吊车的规格及技术资料。

综上所述,要设计厂房,须在地形、地质、水文、气象、施工、机组等基本资料收集齐后,方可进行。

二、水电站厂房的设计程序

水电站厂房设计,根据水电站规模和工程难易程度可分为两个阶段或三个阶段设计。一般大中型水电站按两个阶段设计,即初步设计和施工详图设计(或技施设计,即技术设计和施工详图合并进行)。某些大型水电站或比较复杂的厂房,则可按三个阶段设计,即初步设计、技术设计、施工详图。

(一)初步设计

初步设计阶段的主要任务是通过技术经济论证,确定厂区总体布置、厂房内部布置等方案,具体包括以下内容:

(1)阐述各比较方案的厂房及开关站布置的地形、地质、形式、布置、工程量、施工及运行条件、劳动力及造价等情况。各比较方案的优缺点和选定方案的论证。

(2)主副厂房的内部布置、结构形式、面积、高程和主要尺寸的选定,厂房结构的稳定计算及工程地质处理措施等。

(3)尾水建筑物的结构形式、控制高程、断面尺寸、长度、尾水闸门及操作平台布置的选定。尾水建筑物的水力计算以及提出尾水渠和下游河床防护整治措施方案的意见。

(4)开关站和主变压器的位置、场地布置、面积、高程的选定。

初步设计是关键,技术经济上是否合理主要取决于初步设计阶段,因此必须做到充分论证、精心设计。

(二)技术设计

技术设计阶段是在批准初步设计基础上进行各建筑物的详细设计。包括建筑物的细部布置、结构布置,确定主要结构的计算原则及编写出设计大纲,进行结构及构件的设计和计算。为施工组织设计和编制工程预算提供更详细的工程量,编制该阶段的设计文件,包括技术设计书、专题报告等。

(三)施工详图

施工详图阶段是在技术设计的基础上进行的。包括各建筑物的基础开挖图,边坡及基础处理图,混凝土浇筑分层分块图,各浇筑层预埋件图,各结构及构件钢筋图,水下结构的止水排水设计图,各建筑物的观测设备埋设图及其他构造详图。

第三节　水轮发电机

发电机是实现机械能向电能转化的主要电气设备,其形式和布置对主厂房的布置和尺寸影响很大。

一、发电机类型及传力方式

竖轴水轮发电机就其传力方式可分为以下两大类。

(一)悬挂式发电机

如图 11-7 所示,推力轴承位于转子上方,支承在上机架上。悬挂式发电机转动部分(包括发电机转子、水轮机转轮、大轴和作用于转轮上的水压力)的重量,通过推力头和推力轴承传给上机架,上机架传给定子外壳,定子外壳再把力传给机墩,整个机组好像在上机架上挂着一样,因此称为悬挂式。

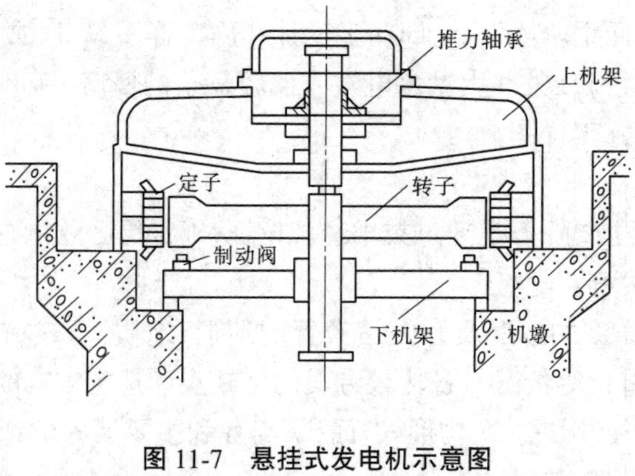

图 11-7　悬挂式发电机示意图

下机架的作用是支承下导轴承和制动闸,下导轴承是防止摆动的。当机组停机时,需用制动闸将转子顶起,以防烧毁推力头和推力轴承。

制动闸反推力、下导轴承自重等通过下机架传给机墩。发电机楼板自重和楼板上设备重量通过通风道外壳传到机墩上。高转速的发电机则多做成悬挂式的,因其转子直径小、高度大、重心高。

从图中可看出,悬挂式发电机的传力方式如下:

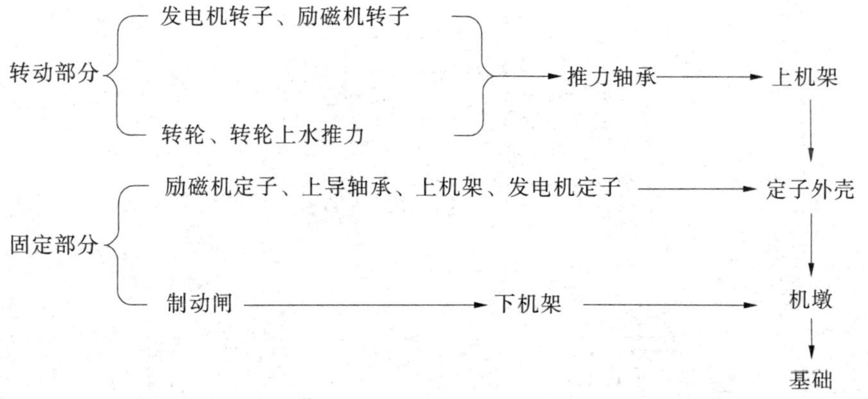

(二)伞式发电机

如图 11-8 所示,伞式发电机推力轴承位于转子下方,设在下机架上。整个发电机像把伞,推力头像伞柄,转子像伞布,故称伞式发电机。

1. 普通伞式

普通伞式发电机有上下导轴承,见图 11-8(a)。

机组转动部分的重量通过推力头和推力轴承传给下机架,下机架再把力传给机墩。上机架只支承上导轴承和励磁机定子。由于利用水轮机和发电机之间的轴安放推力头,上机架的高度可减小,轴长可缩短,因而降低了厂房高度。发电机的重量比悬挂式要小,发电机转子可单独吊出,不需卸掉推力头,安装检修都比较方便。

普通伞式发电机的传力方式如下:

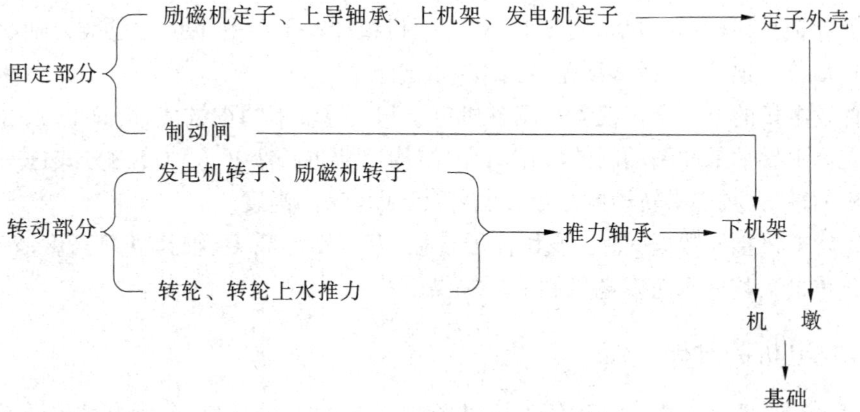

伞式发电机转子重心在推力轴承之上,重心较高,运转时容易发生摆动,应用范围受到限制。对于大容量、低转速的发电机,由于转子直径大、高度小、重心低,多做成伞式。

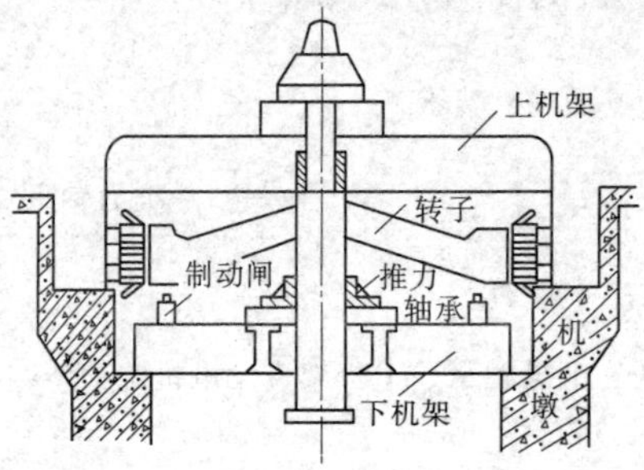

(a)普通伞式

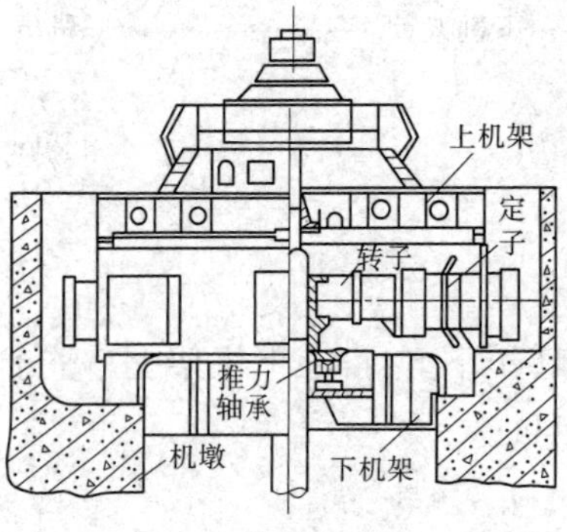

(b)半伞式

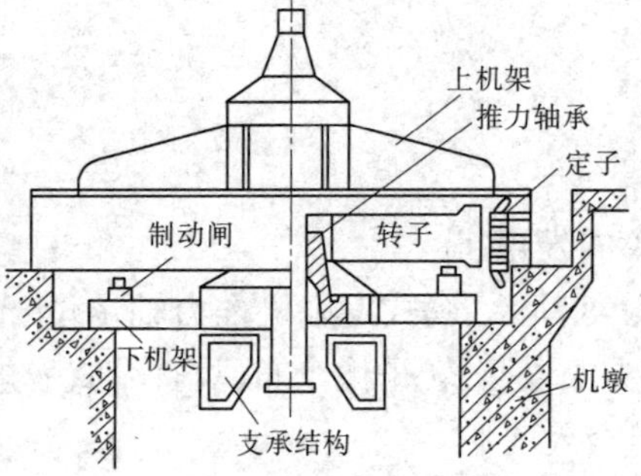

(c)全伞式

图 11-8　伞式发电机剖面图

2. 半伞式

有上导轴承,无下导轴承,见图 11-8(b)。此种形式的发电机通常将上机架埋入发电机层地板以下。

3. 全伞式

无上导轴承,有下导轴承,见图 11-8(c)。机组转动部分的重量通过推力轴承的支承结构传到水轮机顶盖上,通过顶盖传给水轮机墩环。

这种发电机的上机架仅仅支承励磁机定子和上导轴承的重量,结构简单,尺寸小。下机架只支承下导轴承和制动闸的反作用力,结构尺寸也较小。这种传力方式进一步缩短了发电机的轴长,减小了转子的重量,同时降低了厂房的高度。

水轮发电机主要数据(如定子和转子直径、有效铁芯高度、轴长和总高度、转子带轴重量和总重量),均由水轮发电机制造厂提供。

二、发电机的励磁系统

励磁系统是向发电机转子供给形成磁场的直流电源。一般每台发电机都设各自独立的励磁系统。励磁系统包括励磁机和励磁盘。

(一)励磁机

目前,水轮发电机的励磁方式有直流发电机励磁和静电可控硅励磁。直流发电机励磁又分为两种:一种是采用与水轮发电机同轴的励磁机的直接励磁,另一种是采用由水银整流器组成的离子励磁系统、半导体整流等非直接励磁。静电可控硅励磁是将发电机输出电流的一部分经可控硅整流、降压后送回发电机作为励磁电流。可省去励磁机,但需要增加励磁盘的数量和励磁变压器。大型水轮发电机多采用静电可控硅励磁方式。

(二)励磁盘

它是装设水轮发电机励磁回路的控制设备和自动调整装置的配电盘,其作用是控制和调整水轮发电机的励磁电流。每台发电机一般有3~5块励磁盘。一般布置在发电机层的上游侧或下游侧。

三、发电机的支承结构(机墩)

机墩是发电机的支承结构,其作用是将发电机支承在预定位置上,并为机组的运行、维护、安装和检修创造条件。对于立式机组的机墩承受水轮发电机组的全部动、静荷载,这些荷载通过机墩传到水下混凝土。为保证机组正常运行,要求机墩具有足够的强度和刚度,同时具有良好的抗振性能,一般为钢筋混凝土结构。常见的机墩形式如下。

(一)圆筒式机墩

如图11-9所示,其结构形式为厚壁钢筋混凝土圆筒,其壁厚在1 m以上。外部形状可以是圆形,也可以是八角形。内壁为圆形的水轮机井,其直径一般为1.3~1.4倍的转轮直径。

圆筒式机墩的优点是刚度较大,抗压、抗振、抗扭性能较好,结构简单,施工方便。我国大中型水电站采用较多。其缺点是水轮机井空间狭小,水轮机的安装、检修、维护不方便。

(二)环形梁立柱式机墩

如图11-10所示,环形梁立柱式机墩由环形梁和立柱组成,发电机坐落在环形梁上,立柱底部固结在蜗壳上部混凝土上,并将荷载传到下部块体结构。此种机墩的优点是混凝土用量省,水轮机顶盖处宽敞,立柱间净空对设备的布置,机组的出线、安装、维修均比较方便。缺点是机墩刚度小,抗振、抗扭性能较差,一般用于中小型机组。

(三)构架式机墩

如图11-11所示,机墩是由两个纵向刚架和两根横梁组成的。发电机支承在框架上部的梁系上,并由框架将荷载经蜗壳外围混凝土传至下部块体结构。其优点是节约材料,施工简单,造价低。构架下面的空间便于布置管路和辅助设备,机组安装、检修都较方便。缺点是刚度更小,仅适用于小型机组。

(四)块体式机墩

如图11-12所示,发电机下除留有必要的水轮机井和通道外,全部为块体混凝土,无水轮机层,机组直接支承在块体混凝土上。其优点是强度和刚度大,支承能力强,适用于大型机组。缺点是混凝土用量大。

(五)平行墙式机墩

由两平行承重钢筋混凝土墙及其间的两横梁组成,机组支承在平行墙及其间的横梁上,如图11-13所示。其优点是辅助设备布置方便,不拆除发电机可从平行墙间吊出水轮机检修,适用于大型机组。

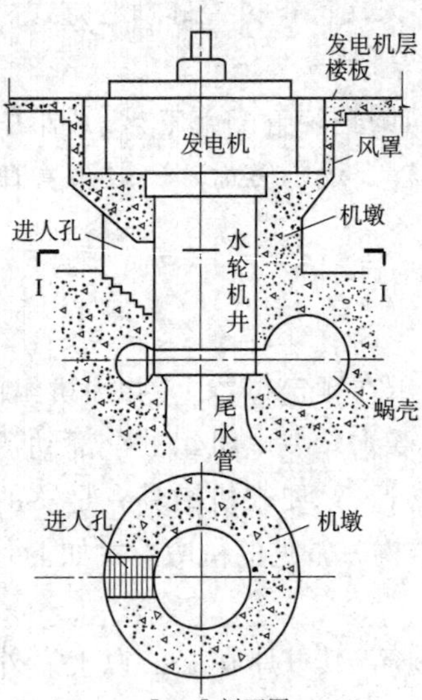

I — I 剖面图

图 11-9　圆筒式机墩

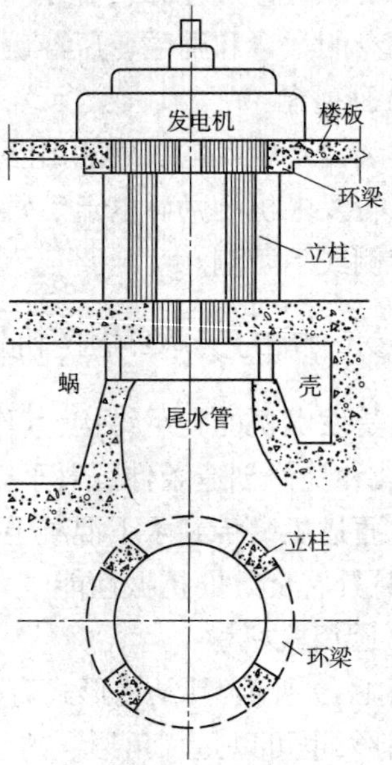

图 11-10　环形梁立柱式机墩

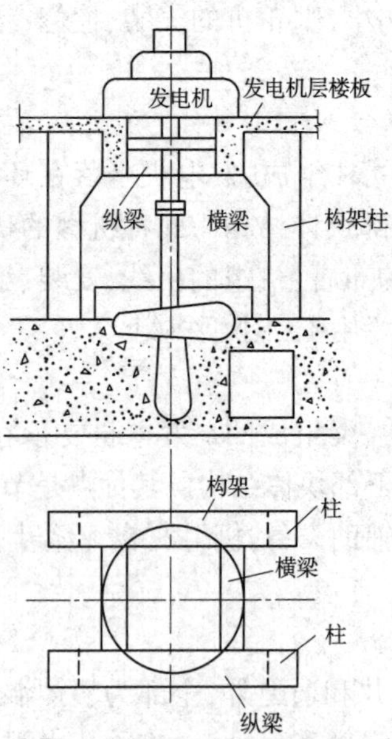

图 11-11　构架式机墩

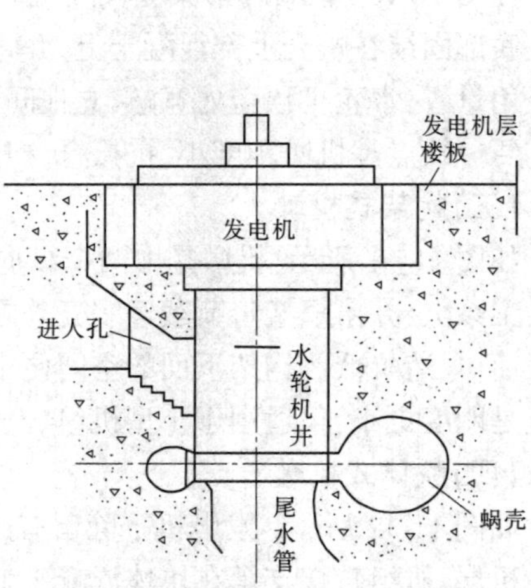

图 11-12　块体式机墩

(六) 混凝土墙板式机墩

用支承于水轮机层厂房边墙上的混凝土厚板承担机组荷载。澳大利亚的 MURRAY2

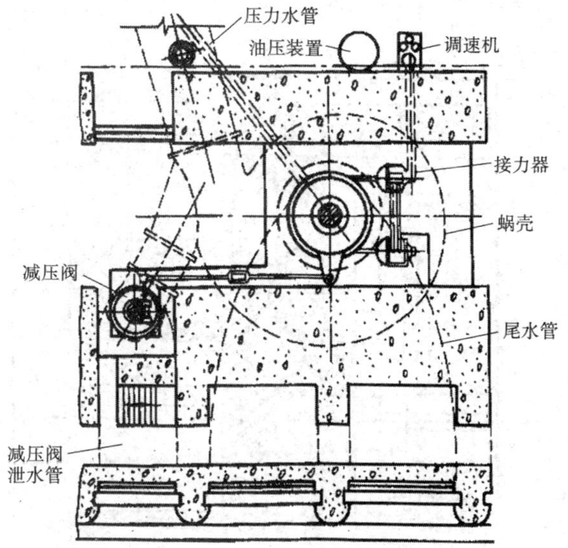

图 11-13　平行墙式机墩

水电站和马来西亚的 BatangAi 水电站均采用了墙板式机墩，国内洪家渡水电站厂房（装机容量 3×200 MW）也采取了这种机墩形式，如图 11-14 所示。

（七）钢机墩

采用钢结构制成发电机机墩。其优点是发电机与水轮机直接配套，结构布置紧凑，利用钢结构优势，安装方便迅速，减少了复杂的钢筋混凝土工程。缺点是钢材用量多，我国尚未在实际工程中应用。

四、发电机的布置方式

发电机的布置方式是按发电机与发电机层楼板的相互位置划分的，常见的布置方式有开敞式、埋入式和半岛式三种。

（1）外露布置也叫开敞式布置，如图 11-15（a）所示。发电机定子完全出露于发电机层地面以上。此种布置在大型机组中不多见，因其占去发电机层地板很多位置，显得拥挤，同时水轮机层高度小，不便其间布置夹层。

（2）埋入式布置，如图 11-15（b）所示。分为定子埋入式和上机架埋入式两种。发电机定子埋入发电机层楼板下机坑内。此种布置使得发电机层较宽敞，由于提高了发电机层高程而增高了水轮机层高度，可利用增设中间层布置发电机引出线及电气设备，目前采用较多。单机容量在 100 MW 以上的大型机组常采用上机架埋入式布置，即发电机定子及上机架全部埋设在发电机层楼板之下，发电机层只留有励磁机。这样要增加一些厂房的高度，但发电机层较宽敞，检修场地大，利于各种控制设备和辅助设备的布置，有可能减小厂房的宽度。

（3）半岛式布置，如图 11-15（c）所示。这种布置方式仅在机组一侧（上游侧或下游侧）设有水轮机层和发电机层，厂房内空间狭小，设备拥挤、安装检修不便，采用不多。

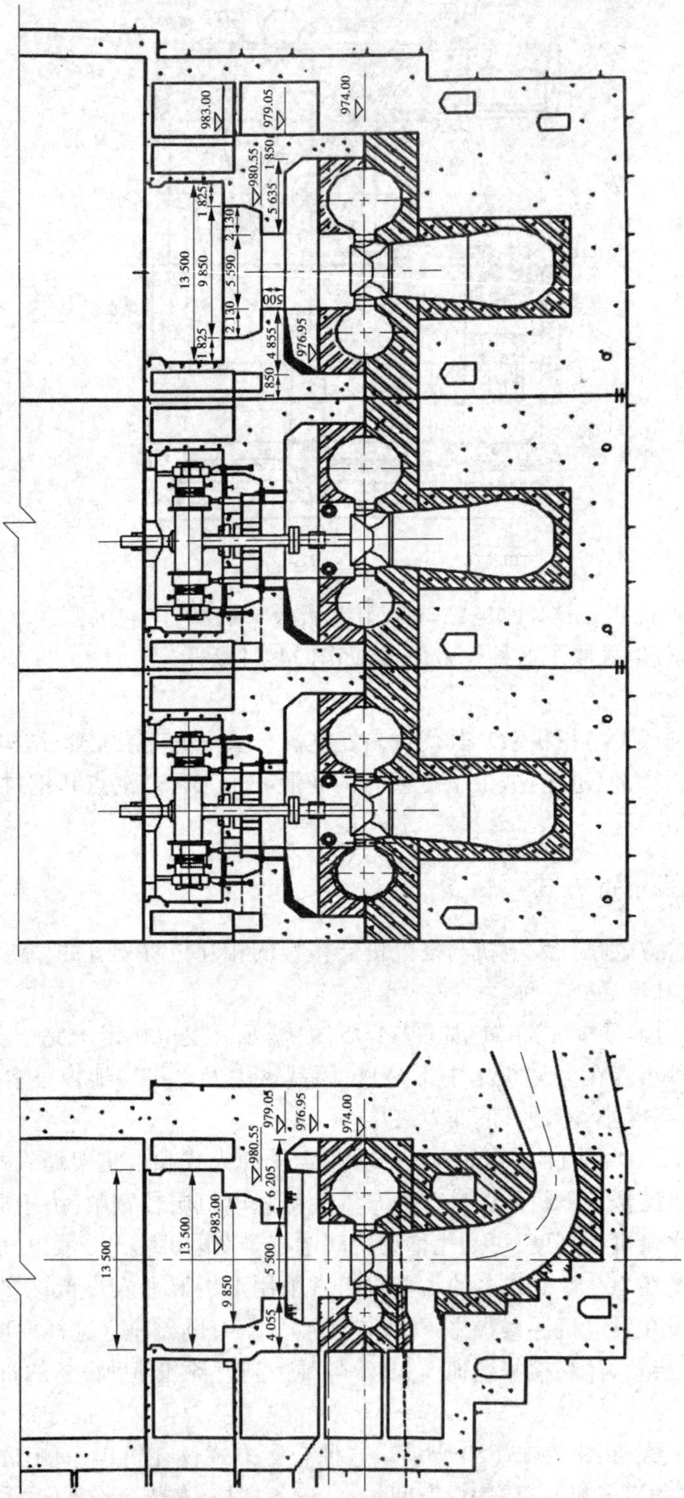

图 11-14　混凝土墙板式机墩

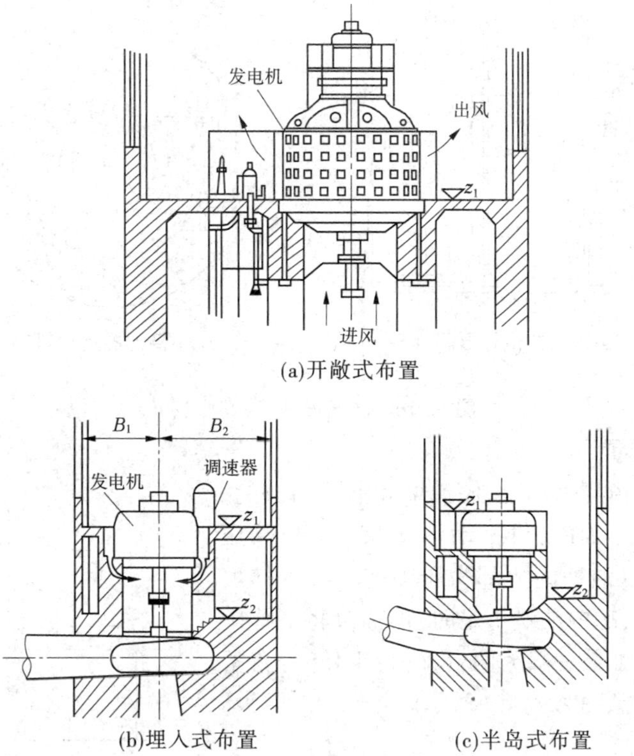

图 11-15　发电机的布置方式

第四节　水电站厂房内的辅助设备

辅助设备是保证机组正常运行和安装所必需的,对厂房的布置和尺寸也有一定的影响。主要有调速系统、油系统、供水系统、排水系统、压气系统和起重设备。

一、调速系统

每台机组装设一套包括调速器、油压装置等附属设备组成的调速系统,根据电力系统要求自动调整机组的出力,同时使机组保持一定的额定转速。调速设备一般由下列三部分组成:调速器柜、作用筒(接力器)、油压装置。三部分之间用管路联系。

(一)调速器柜

单机容量不同,机型不同,调速系统也不一样,调速器柜的外形尺寸变化不大,一般为方形,尺寸为 800 mm×800 mm×1 900 mm,如图 11-16(a)所示。它以机械的传动杆和油管与作用筒相连。因作用筒多布置在机墩的上游侧,所以调速器柜也多布置在发电机的上游侧。

(二)作用筒(接力器)

作用筒是个油压活塞,大中型机组都采用两个,用来推转调节环。调节环带动导水叶来控制水轮机的引用流量,以调节机组的出力。因蜗壳上游断面尺寸较小,作用筒一般布置在上游侧机墩内,如图 11-16(b)所示。

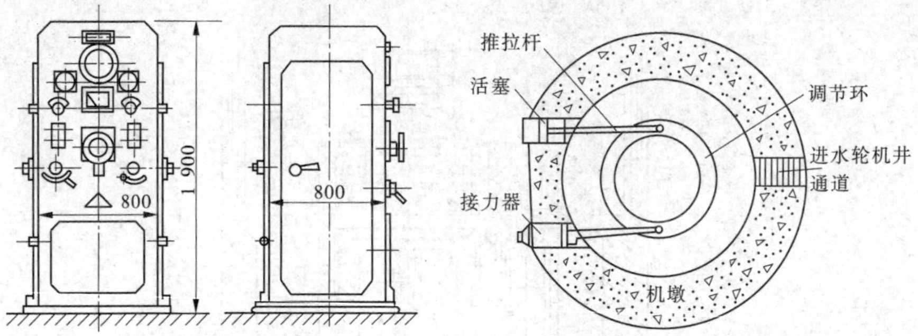

(a)调速器柜外形图　(b)接力器示意图

图 11-16　调速设备　(单位:mm)

(三)油压装置

油压装置是由压力油罐、储油槽和油泵组成的。油罐内油压为 2.5 MPa,供推动活塞用。油压靠压缩空气维持,所以油桶内上部为压缩空气。工作后的油回到储油槽,罐内油量不足时,由油泵将油槽中的油打入罐内。油泵一般为两台,一台工作,一台备用。油压装置示意图为 11-17 所示。

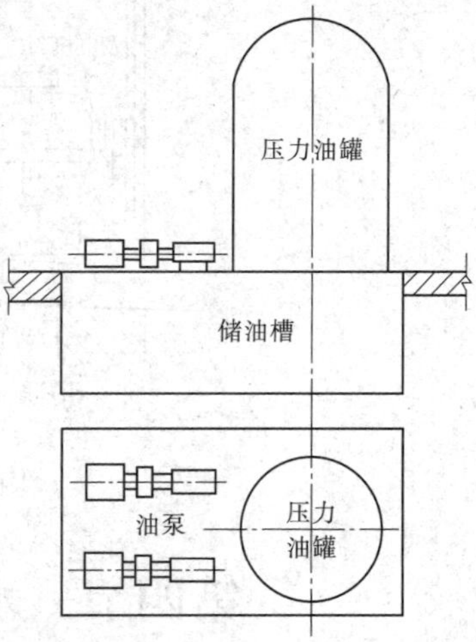

图 11-17　油压装置示意图

二、油系统

(一)作用及分类

水电站油系统任务有两方面:一是供给机组轴承的润滑油和操作用的压力油,称为透平油。其作用是润滑、散热及传递能量;二是供给变压器、油开关等电气设备的绝缘油,其作用是绝缘、散热及灭弧。两种油的性质不同,应有两套独立的油系统。

(二)油系统的组成及布置

1. 油库

油库是接受和贮存油的地方,油库设有油罐。透平油的用油设备均在厂内,故透平油库一般布置在厂内,只有在油量很大时才在厂外另设贮存新油的油库。用油量大的主变压器和开关站都在厂外,所以绝缘油库常布置在厂外主变压器和开关站附近。油库要特别注意防火,大于 100 t 时油库应设在厂外。

2. 油处理室

设有油泵和滤油机,有时还有油再生装置。油处理室一般设在油库旁。透平油与绝缘油常合用油处理室。相邻水电站可合用一套油处理设备。

3. 补给油箱

设在主厂房的吊车梁下。当设备中的油有消耗时,补给油罐自流补给新油。当不设补给油箱时,可利用油泵补给新油。

4. 废油槽

在每台机组的最低点设废油槽，收集漏出的废油。

5. 事故油槽

当变压器、油开关、油库发生燃烧事故时迅速将油排走，以免事故扩大。油可排入事故油槽中或直接排入下游河道。事故油槽应布置在便于充油设备排油的位置，并便于灭火。

6. 油管

油管是油的输送设备，一般布置在水轮机层。

三、供水系统和排水系统

（一）供水系统

1. 供水对象及要求

水电站厂房内的供水系统包括技术供水、生活供水、消防供水。

技术供水包括冷却及润滑用水，如发电机的空气冷却器、机组导轴承和推力轴承的油冷却器、水润滑导轴承、空气压缩机汽缸冷却器、变压器的冷却设备等。耗水量最大的是发电机和变压器的冷却用水，约占技术用水的80%，要求水质清洁，不含对管道和设备有害的化学成分。

2. 供水系统布置及供水方式

供水系统一般是从压力管道取水、上游水库取水、下游水泵取水和地下水源取水。供水系统由水源、供水设备、水处理设备、管网和测量控制元件组成。管路应尽可能靠近机组，以缩短管线并减少水头损失。供水泵房应布置在水轮机层或以下的洞室内。为保证水质，用水管把水引向过滤设备，经过滤后再分配用水。

（1）水泵供水：当水电站的水头太低（水压力不够）或太高（需要减压设备）时采用此方式供水。

（2）自流供水：适用于水头在12~60 m的水电站，但当水头大于40 m时需要减压设备。坝后式厂房从水库引水，引水式厂房从压力水管引水。

（3）混合式供水：水电站水头变化较大时采用，高水头用自流方式，低水头时用水泵。

消防用水要求水流能喷射到建筑物的最高部位，水量一般为15 L/s。消防用水可从上游压力管道、下游尾水渠或生活用水的水塔取水，并且应设置两个水源。生活用水根据工作人员的多少决定。

（二）排水系统

1. 排水系统的作用和排水方式

厂房内的生活用水、技术用水、阀门或建筑物及其他设备的渗漏水，均需及时排走。发电机冷却用水等均自流排往下游。不能自流排除的用水和渗水，则集中到集水井，再用水泵排到下游，这个系统称为渗漏排水系统。

机组检修时常需要排空蜗壳和尾水管，为此需设检修排水系统。检修时，将检修机组前蝴蝶阀或进水闸门关闭，将蜗壳及尾水管中的水经尾水管自流排往下游。当蜗壳和尾水管中的水位等于下游尾水时，关闭尾水闸门，利用检修排水泵将余水排走。检修排水可

采用下列几种方式:

(1)集水井。各尾水管与集水井之间以管道相连,并设阀门控制,尾水管的积水可自流排入集水井,再用水泵排走。

(2)排水廊道。在厂房最低处沿纵轴线设一廊道,各尾水管的积水直接排入廊道,再用水泵排走。由于廊道体积大,尾水管中积水排除迅速,可缩短检修时间。

(3)分段排水。在每两台机组之间设集水井和水泵,担负两台机组的检修排水。

(4)移动水泵。需检修某台机组时,临时移动水泵装在该处进行排水。

2. 排水系统的布置要求

渗漏水泵集中在水泵房内,集水井设在水泵房的下层。集水井通常布置在安装间下层、厂房一端、尾水管之间或厂房上游侧。集水井的底部高程要足够低,以便自流集水。每个集水井至少设两台水泵,一台工作,一台备用。

渗漏排水系统和检修排水系统一般分开布置,对中型水电站,经论证可考虑两系统合并,但必须在两系统管路和集水井之间设逆止阀,只允许集水井中的水通过水泵,不得造成倒灌,以免淹没厂房。

四、压气系统

(一)压气系统的用途

压缩空气分为低压压缩空气和高压压缩空气。

(1)低压压缩空气系统。机组制动;调相运行压水;蝴蝶阀关闭时,将压缩空气通入阀上的空气围带,使其膨胀而减少漏水;检修时清扫设备,供风动工具使用;通向拦污栅,防冻清污。额定气压为 0.5~0.8 MPa。

(2)高压压缩空气系统。厂房中所有调速器油压装置的压力油箱充气,调速器压力油箱中约有 2/3 的体积为压缩空气,以保证调速器用油时无过大的压力波动,额定气压为 2.5 MPa 及 4 MPa。配电装置如空气断路器的灭弧和操作的用气,以及开关和少油断路器的操作用气,额定气压为 2~5 MPa。

(二)压气系统的组成及布置

压气系统的组成有空压机、储气罐、输气管、测量控制元件。

用气设备如远离厂房(如高压开关站及进水口),则在该处另设有压气系统,厂房内高低压系统均要设置。空气压缩机室一般布置在水轮机层,安装间的下面,其噪声很大,要远离中央控制室,并满足防火防爆要求。

五、水电站厂房的起重设备

为了安装和检修机组及其辅助设备,厂房内要装设专门的起重设备。最常见的起重设备是桥式起重机(桥吊)。桥吊由横跨厂房的桥吊大梁及其上部的小车组成,桥吊大梁可在吊车梁顶上沿主厂房纵向行驶,桥吊大梁上的小车可沿该大梁在厂房横向移动,如图 11-18 所示。

起重设备的形式和吊运方式对厂房上部结构和尺寸影响较大,正确选择起重设备和吊运方式,可减小其宽度或高度。

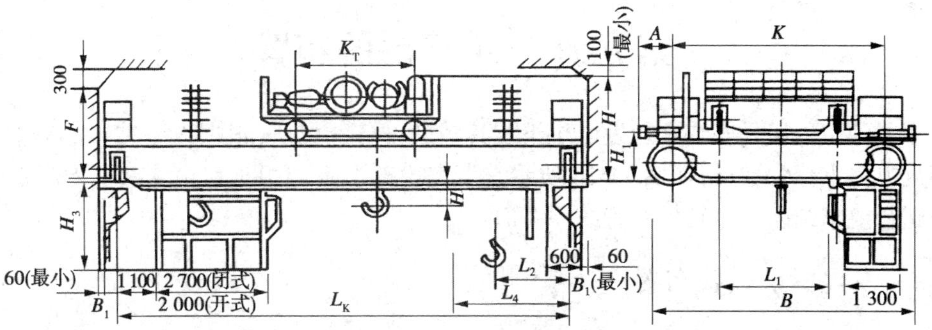

图 11-18　吊车构造图

(一)桥吊的起重量和台数

桥吊的最大起重量取决于所吊运的最重部件,一般为发电机转子。悬式发电机的转子需带轴吊运;伞式发电机的转子可带轴吊运,也可不带轴。对于低水头水电站,最重部件也可能是带轴或不带轴的水轮机转轮。少数情况下,桥吊的起重量取决于主变压器(主变需要在厂内检修时)。

桥式起重机有单小车和双小车两种。单小车设有主钩和副钩,当起重量不大时一般采用一台双钩桥吊;双小车是在桥吊大梁上设有两台可以单独或联合运行的小车,每台小车只有一个起重吊钩,起重量大于 75 t 时,可采用双小车桥吊。与单小车桥吊相比,双小车桥吊不仅重量轻、外形尺寸小,而且用平衡梁吊运带轴转子时,大轴可以超出主钩极限位置以上,从而可降低主厂房的高度。当机组较大而且台数多于 6 台时,也可考虑采用两台吊车。两台桥吊可降低厂房高度,运用较灵活。

(二)桥吊跨度与工作范围

桥吊跨度是指桥吊大梁两端轮子的中心距。选择桥吊跨度时应综合考虑下列因素:

(1)桥吊跨度要与主厂房下部块体结构的尺寸相适应,使主厂房构架直接坐落在下部块体结构的一期混凝土上。

(2)满足发电机层及安装间布置要求,使主厂房内主要机电设备均在主钩和副钩工作范围之内,以便安装和检修。

(3)尽量采用起重机制造厂家所规定的标准跨度。

桥式起重机的工作范围是指主钩和副钩所能达到的范围,起重机产品目录上给出的吊钩各方向上的极限位置构成吊车的工作范围,如图 11-19 所示。

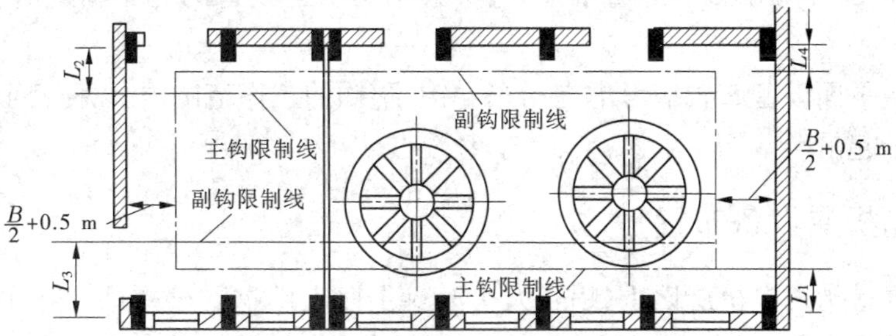

图 11-19　起重机工作范围

第五节　主厂房的布置

水电站主厂房是安装水轮发电机组及其辅助设备的场所，根据设备布置的需要通常在高度方向上分为数层，如图 11-20 所示。厂房内部布置应根据机电布置、设备安装、检修及运行要求结合水工结构布置统一考虑。

一、发电机层设备布置

发电机层为安放水轮发电机组及辅助设备和仪表表盘的场地，也是运行人员巡回检查机组、监视仪表的场所。主要设备有发电机、调速器柜、油压装置、机旁盘、励磁盘、蝶阀孔、楼梯、吊物孔等，如图 11-21 所示。

（一）调速器柜

应与下层的接力器相协调，尽可能靠近机组，并在吊车的工作范围之内。

（二）机旁盘（自动、保护、量测、动力盘）

为便于工作人员在机组启动时能观察到盘上的仪表，一般尽可能靠近调速器柜，与调速器布置在同一侧，靠近厂房的上游或下游墙壁。但不能紧靠墙壁，至少应有 80 cm 的空间。

（三）励磁盘

为控制励磁机运行而设置，常布置在发电机近旁。如果发电机层拥挤，也可布置在水轮机层，但需要配备通风防潮设备。

（四）蝶阀孔

如果在水轮机前装设蝴蝶阀，则其检修需要在发电机层的安装间内进行，这就需要在发电机层与其相应的部位预留吊孔，以方便检修和安装。

（五）楼梯

每隔一段距离需要设置一个楼梯，一般两台机组设置一个。由发电机层到水轮机层至少设两个楼梯，分设在主厂房的两端，便于运行人员到水轮机层巡视和操作、及时处理事故。楼梯不应破坏发电机层楼板的梁格系统。

（六）吊物孔

在吊车起吊范围内应设供安装检修的吊物孔，以沟通上下层之间的运输，一般布置在既不影响交通，又不影响设备布置的地方，其大小与吊运设备的大小相适应，平时用铁盖板盖住。

发电机层平面设备布置应考虑在吊车主钩、副钩的工作范围内，以便楼面所有设备都能由厂内吊车起吊。

二、水轮机层设备布置

水轮机层是指发电机层以下，蜗壳大块混凝土以上的这部分空间。在水轮机层一般布置调速器的接力器、水力机械辅助设备（如油、气、水管路）、电气设备（如发电机引出线、中性点引出线、接地、灭磁装置等）、厂用电的配电设备，如图 11-22 所示。

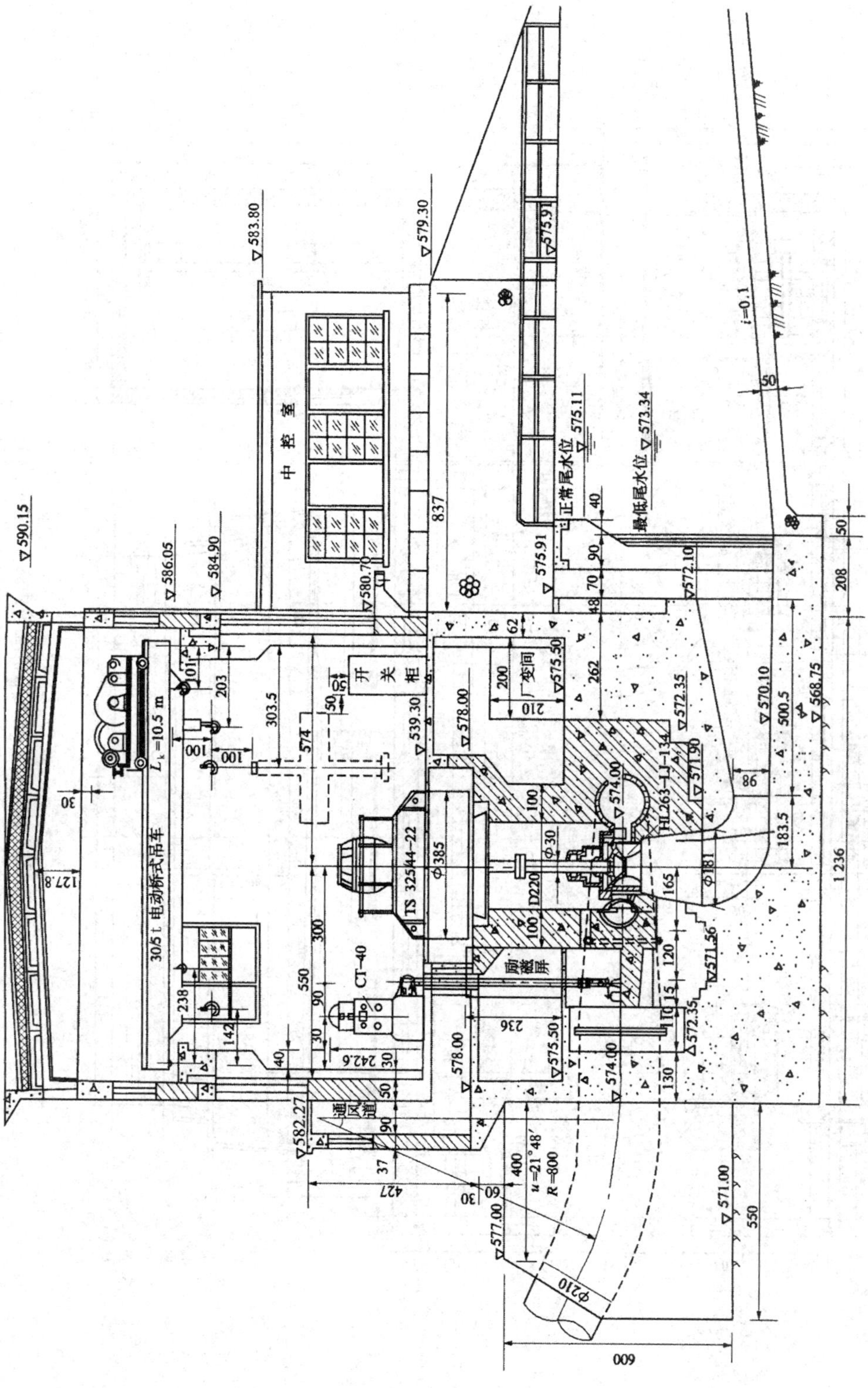

图 11-20　某水电站厂房横剖面图　（单位:尺寸:cm;高程:m）

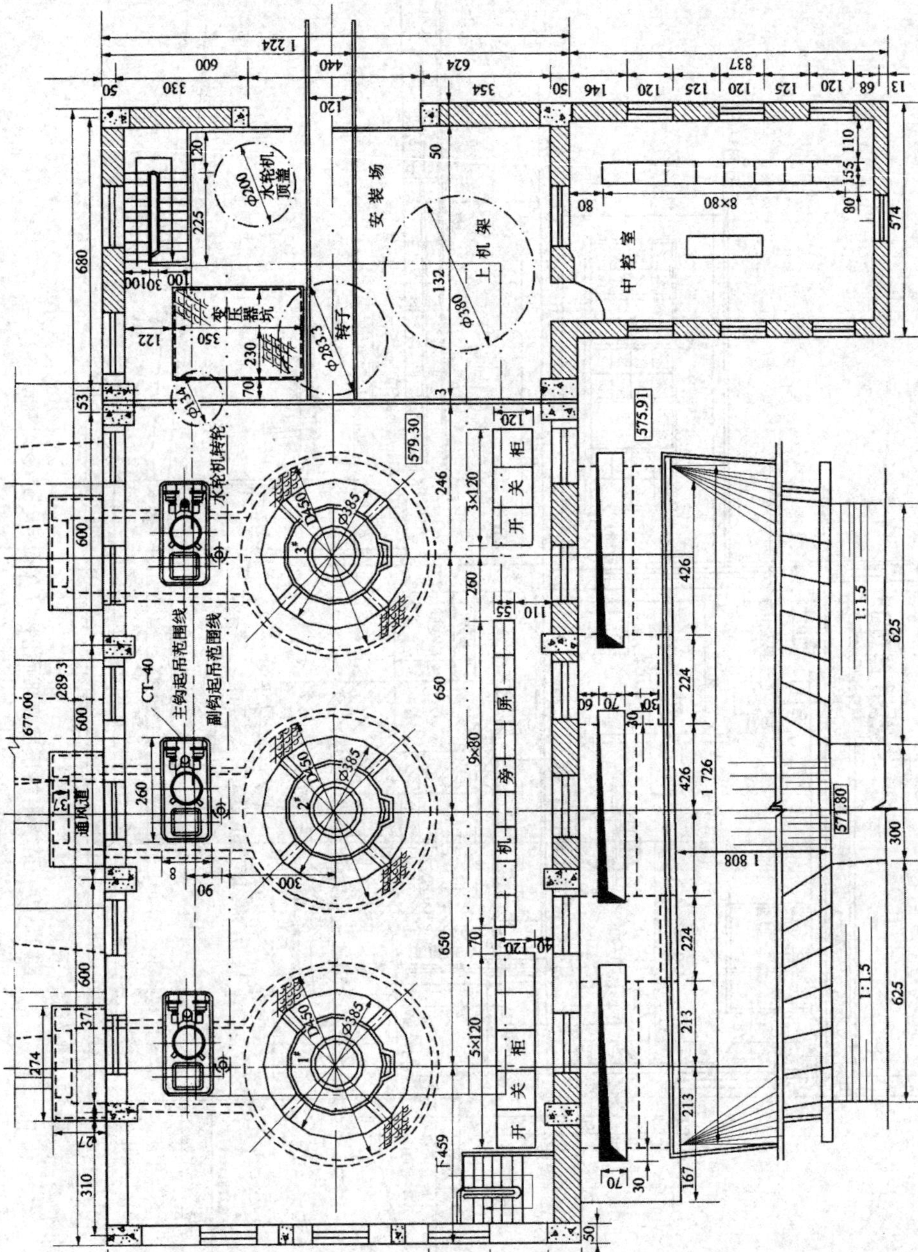

图 11-21　水电站厂房发电机层平面图（单位：m）

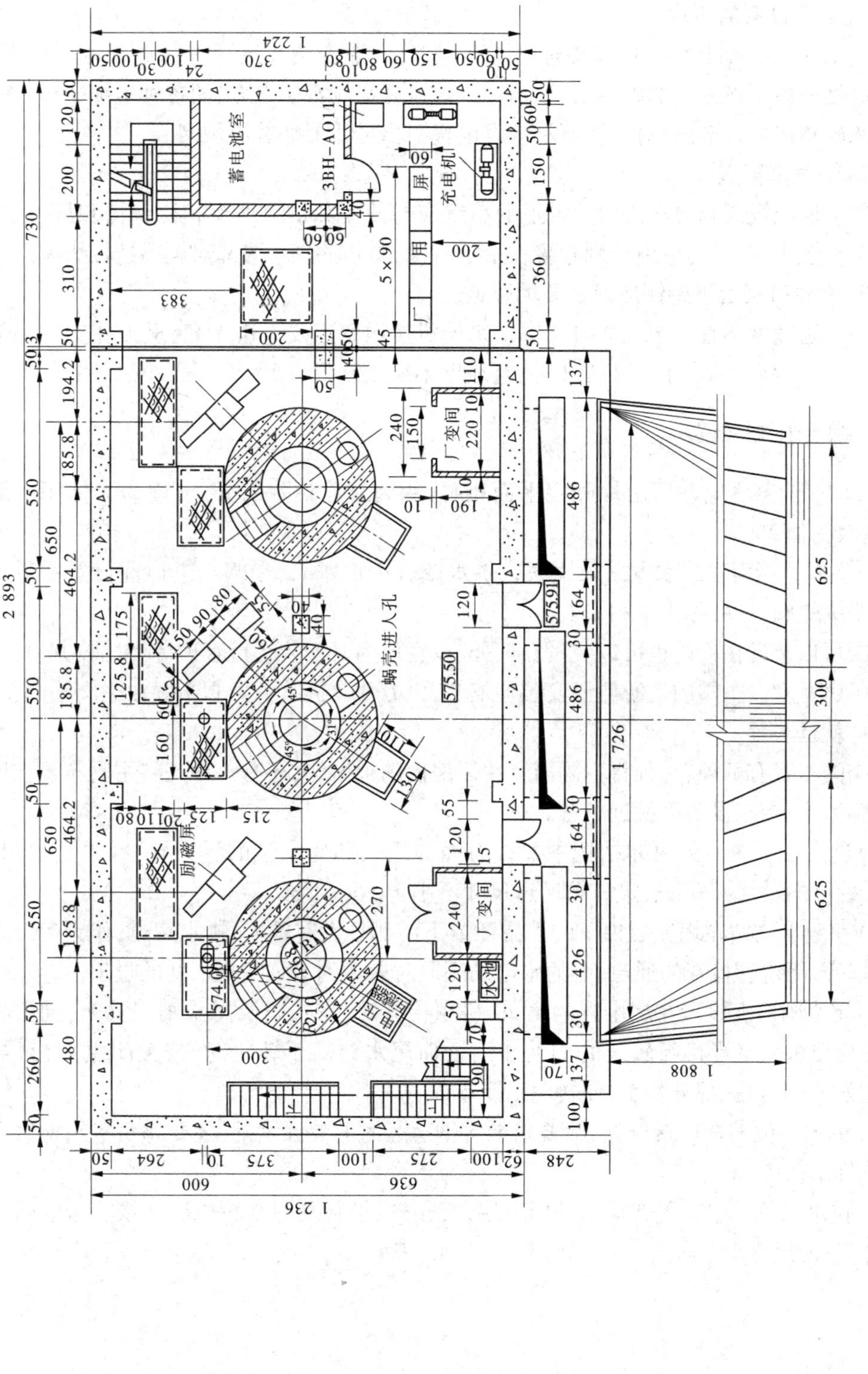

图 11-22　水电站厂房水轮机层平面图　（单位:cm）

(一)调速器的接力器

接力器位于调速器柜的下方,与水轮机顶盖连在一起,并布置在蜗壳最小断面处,因为该处的混凝土厚度最大。

(二)电气设备的布置

发电机引出线和中性点侧都装有电流互感器,一般安装在风罩外壁或机墩外壁上。小型水电站一般不设专门的出线层,引出母线敷设在水轮机层上方,而各种电缆架设在其下方。水轮机层比较潮湿,对电缆不利。发电机引出母线要加装保护网。

(三)油气水管道

一般沿墙敷设或布置在沟内。管道的布置应与使用和供应地点相协调,同时避免与其他设备相互干扰,且与电缆分别布置在上下游侧,防止油气水渗漏对电缆造成影响。

(四)水轮机层上下游侧应设必要的过道

主要过道宽度不宜小于 1.2~1.6 m。水轮机机墩壁上要设进人孔,进人孔宽度一般为 1.2~1.8 m,高度不小于 1.8~2.0 m,且坡度不能太陡。

三、蜗壳层的布置

图 11-23 为某水电站厂房蜗壳层平面布置,蜗壳层除过水部分外,均为大体积混凝土,布置较为简单。

(1)主阀。当引水式水电站采用联合供水或分组供水时,在蜗壳进口前设置一道快速闸门或蝴蝶阀,一般称为主阀。

主阀可以装设在厂内也可以装设在厂外,设在厂内时安装运行管理等都比较方便,但增加了厂房宽度。主阀的上游侧要安装伸缩节,以方便其拆装。主阀布置在主阀层内,其控制设备就近布置。

主阀的布置有两种:一种将主阀布置在厂房内的上游侧,还有一种是将主阀布置在厂房外的廊道中,控制设备可就近布置。

(2)进人孔。在下部块体结构中要设有通向蜗壳和尾水管的进人孔,并设置通道。一般进人孔的直径为 60 cm,进人孔通道尺寸不小于 1 m×1 m。

(3)一般水电站在蜗壳层以下的上游侧或下游侧均设有检查、排水廊道,作为运行人员进入蜗壳、尾水管检查的通道,有的水电站还同时兼作到水泵室集水井的过道。

(4)尾水闸门。设置在尾水管的出口,机组检修时,将主阀及尾水闸门关闭,抽去积水,以便检修进入。当机组较长时间调相运行而尾水位高于转轮时,需关闭主阀(或导叶)及尾水闸门,排去部分积水,使转轮出露水面。

(5)集水井位于全厂最低处,除要求能容纳运行时的渗漏水外,还要担负机组检修时的集水、排水任务。

(6)排水泵室一般布置在集水井的上层,有楼梯、吊物孔与水轮机层连接。水电站排水都通向下游尾水渠。

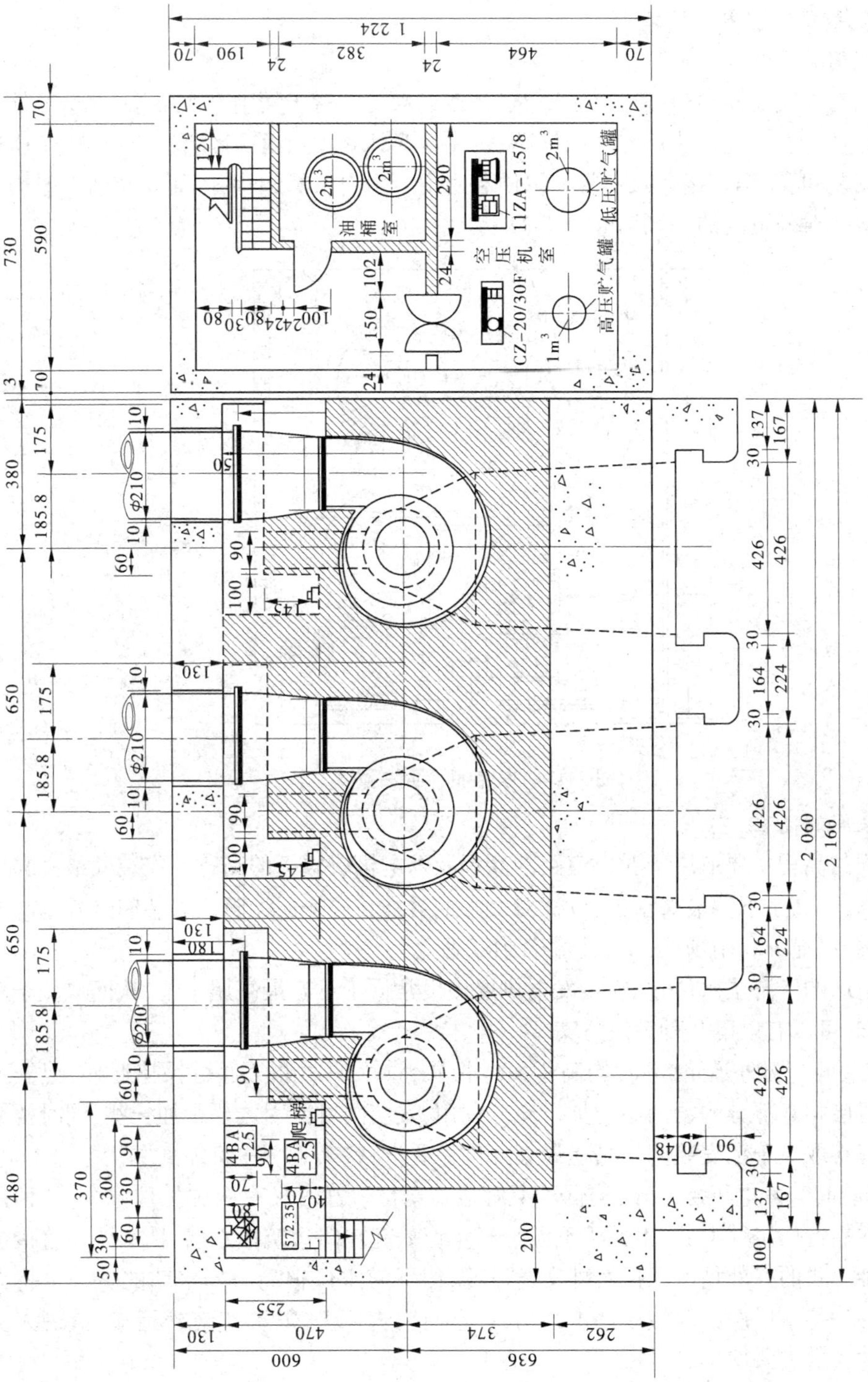

图 11-23　水电站厂房蜗壳层平面图　（单位：cm）

四、安装间的布置

(一)安装间的位置与高程

1. 安装间的位置

水电站对外交通运输道路可以是铁路、公路或水路。对于大中型水电站,由于部件大而重,运输量又大,因此常建设专用的铁路线;中小型水电站多采用公路。对外交通通道必须直达安装间,车辆直接开入安装间以便利用主厂房内桥吊卸货,因而安装间一般均布置在主厂房有对外道路的一端,如图 11-24 所示。

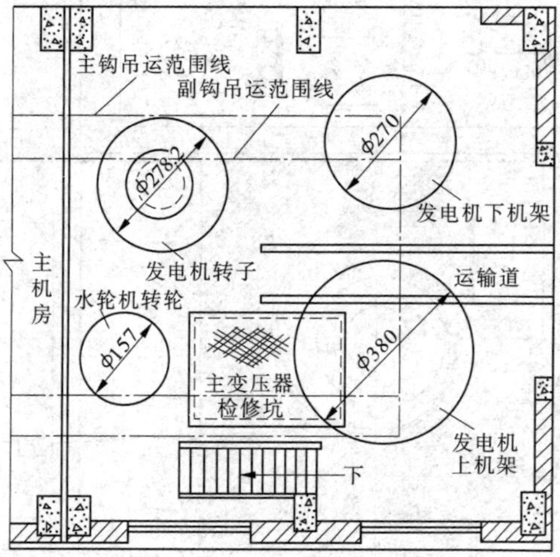

图 11-24 安装间平面布置

2. 安装间的高程

安装间的高程主要取决于对外道路的高程及发电机层楼板的高程。安装间最好与对外道路同高,均高于下游最高水位,以保持洪水期对外交通畅通无阻。安装间最好也与发电机层同高,以充分利用场地,安装检修工作方便。

当水电站的下游尾水位过高时,发电机层楼板常低于下游最高尾水位,从而也低于对外道路,这时可以有以下几种解决方案:

(1)安装间与对外道路同高,均高于发电机层,洪水期对外交通可保持通畅,但安装间与发电机层相邻部分的场面不能加以充分利用,安装间可能因之要稍加长些,同时桥吊的安装高程将取决于在安装间处吊运最大部件的要求,整个主厂房将加高。

(2)安装间与发电机层同高,均低于下游最高水位。这时又有两种处理方式:一种是对外道路在靠近厂房处下坡,由低于下游最高水位处起在路边筑挡水墙,挡水墙一直接主厂房。这种方式的好处是可保持对外交通通畅,但下游水位很高时挡水墙的工程量将太大。另一种是将主厂房大门做成挡水闸门,洪水时将大门关闭,断绝对外运输,值班人员可由高处的通道进入厂房。

(3)安装间与发电机层同高,而在安装间上专门划出一块货车停车卸货处,此停车处高于安装间而与对外道路同高。这时安装间场面不能充分利用,而厂房的高度可能取决于卸货的要求。

(二)安装间的面积和布置

1. 安装间的面积

安装间与主厂房同宽以便桥吊通行,所以安装间的面积就决定了它的长度。安装间的面积可按一台机组扩大性检修的需要确定,一般考虑放置四大部件,即发电机转子、发电机上机架、水轮机转轮、水轮机顶盖。四大部件要布置在主钩的工作范围内,其中发电机转子应全部置于主钩起吊范围内。发电机转子和水轮机转轮周围要留有 1~2 m 的工作场地。在缺乏资料时,安装间的长度可取 1.25~1.5 倍机组段长;多机组水电站,安装间面积可根据需要增大或加设副安装间。

2. 安装间的布置

安装间平面布置见图 11-24。安装间的大门尺寸要满足运输车辆进厂要求,如通行标准轨距的火车,其宽度不小于 4.2 m,高度不小于 5.4 m。通行载重汽车的大门宽度不小于 3.3 m,高度不小于 4.5 m。

发电机转子放在安装间上时轴要穿过地板,地板上在相应位置要设大轴孔,面积要大于大轴法兰盘约 0.5 m。为了组装转子时使轴直立,在轴下要设大轴承台,并预埋地脚螺栓。

主变压器有时也要推入安装间进行大修,这时要考虑主变压器运入的方式及停放的地点。因为主变重量很大,尺寸也很大,安装间的楼板常常要专门加固,地板应设专门轨道,大门也可能要放大。

主变压器大修时常需吊芯检修,在安装间上设尺寸相当的变压器坑,先将整个变压器吊入坑内,再吊铁芯,以免增加厂房高度。目前,大型变压器常做成钟罩式,检修时吊芯改为吊罩,起重量和起吊高度大为减小,安装间不再设变压器坑。主变吊装如图 11-25 所示。

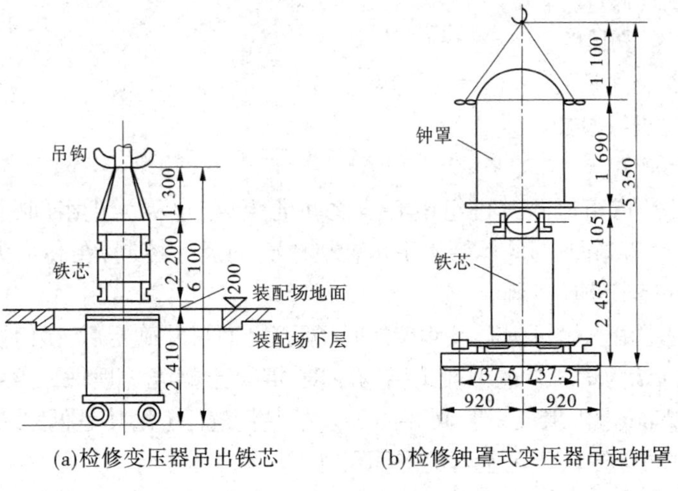

图 11-25　主变吊装图　(单位:mm)

五、尾水平台的布置

尾水平台位于主厂房下游侧，主要布置尾水闸门启闭机，兼作交通道。

尾水平台宽度应满足尾水闸门及启闭设备布置、闸门吊运、交通、下游防洪设施和消防等对结构尺寸的要求。尾水闸门启闭机形式主要有门式起重机、桥式吊车、移动绞车或电动葫芦等。尾水闸门一般为平板闸门，可数台机组共享一套闸门，轮流检修使用。

尾水平台长度可根据启闭设备运行、闸门检修要求确定。尾水管较长的厂房可利用尾水平台布置主变压器、开关站或副厂房，若为此需增加尾水管长度，应经技术经济论证。

尾水平台高程通常与发电机层同高。

第六节　主厂房的轮廓尺寸

水电站主厂房布置设计就是确定主厂房的空间尺寸。其设计原则是在满足设备布置和安装、维护、运行、管理的前提下，尽量减小厂房尺寸，以降低造价。

水电站主厂房的空间尺寸指主厂房的长度、宽度和高度，其中长度和宽度称为厂房的平面尺寸。

一、主厂房平面尺寸的确定

（一）主厂房的长度

主厂房的长度包括机组段长度、安装间长度及边机组段加长，即

$$L = nL_0 + L_{安} + \Delta L$$

式中　L——主厂房的总长度；

n——机组台数；

L_0——机组段长度；

$L_{安}$——安装间长度；

ΔL——边机组段加长。

1. 机组段长度 L_0

机组段长度是指相邻两台机组中心线之间的距离，也称为机组间距，如图 11-26 所示。机组段间距一般由下部块体结构中水轮机蜗壳的尺寸控制，在高水头水电站情况下也可能由发电机定子外径控制。

当机组段间距由水轮机蜗壳尺寸控制时，蜗壳平面尺寸确定后，机组段长度 L_0 = 蜗壳平面尺寸 $+2\Delta l$。Δl 为蜗壳外的混凝土结构厚度，混凝土蜗壳一般取 0.8～1.0 m，金属蜗壳一般可取 1～2 m，边机组段一般取 1～3 m。某些情况下（尤其是低水头水电站），下部块体结构的尺寸可能取决于尾水管的平面尺寸。

当机组段间距由发电机定子外径控制时，机组段长度 $L_0 = D_{风} + d$。式中 $D_{风}$ 为发电机风罩外缘直径，d 为相邻两风罩外缘之间通道的宽度，一般取 1.5～2.0 m。为了减小机组间距，最好不将调速器、油压装置和楼梯等布置在两台机组中间。

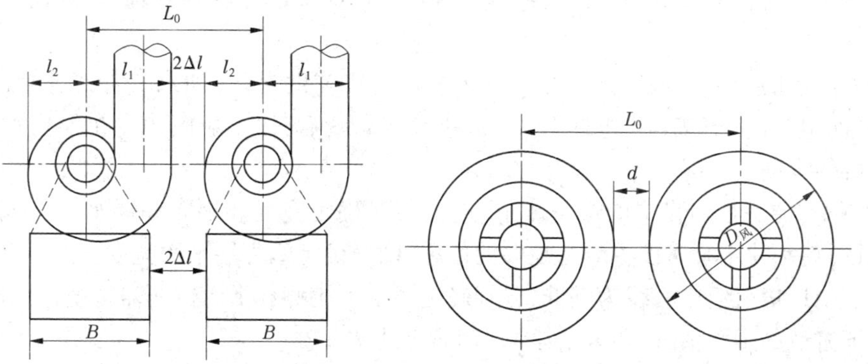

(a)蜗壳与机组间距的关系　　(b)发电机及其通风设备与机组间距的关系

图 11-26　机组间距

机组段长度应综合考虑厂房分缝、蜗壳和尾水管厚度的影响,水轮机层和发电机层的布置要求,包括排架柱的布置要求,调速器、接力器坑布置要求,楼梯、楼板孔洞和梁格系统布置的要求。

2. 边机组段加长

一般主厂房的一端是安装间,另一端的机组称为边机组。如果安装间在主厂房的中部,则主厂房两端的机组都是边机组。由于远离安装间一端的机组段外侧有主厂房的端墙,为了使机组设备和辅助设备处于桥吊工作范围内,边机组段需要加长 ΔL,一般取 $\Delta L=(0.1\sim1.0)D_1$,D_1 为水轮机标称直径。

3. 安装间长度

安装间的宽度一般与主厂房相同,其面积在第四节安装间布置中已讲述,这时不再重复。安装间长度一般取 $L_{安}=(1.0\sim1.5)L_0$。高水头混流式水轮机和悬式发电机采用偏小值,低水头轴流式水轮机、伞式发电机和贯流式机组采用偏大值。

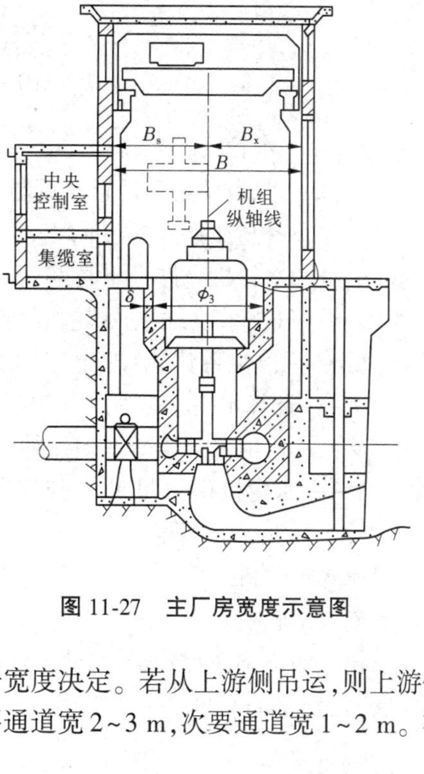

图 11-27　主厂房宽度示意图

(二)主厂房的宽度

以机组中心线为界,将主厂房宽度分为上游侧宽度 B_s 和下游侧宽度 B_x,如图 11-27 所示,则主厂房总宽度为

$$B=B_x+B_s \tag{11-1}$$

在确定 B_s 和 B_x 时,应分别考虑发电机层、水轮机层和蜗壳层的布置要求。

(1)发电机层中,首先决定吊运转子(带轴)的方式,是由上游侧还是下游侧吊运。若由下游侧吊运,则厂房下游侧宽度主要由吊运转子宽度决定。若从上游侧吊运,则上游侧较宽。此外,发电机层交通应畅通无阻。一般主要通道宽 2~3 m,次要通道宽 1~2 m。在机旁盘前还应留有 1 m 宽的工作场地，盘后应有 0.8～1 m 宽的检修场地，以便于运行人员操作。

(2)水轮机层中，一般上下游侧分别布置水轮机辅助设备(油水气管路等)和发电机辅助设备(电流电压互感器、电缆等)。这些设备布置后，以不影响水轮机层交通来确定水轮机层的宽度。

(3)蜗壳层一般由设置的检查廊道、进人孔等确定宽度。蜗壳和尾水管进人孔的交通要通畅，集水井水泵房设置应有足够的位置，以此确定蜗壳层平面宽度。

一般由厂房机组中心线为基准，分别确定各层上游侧和下游侧所需宽度，再分别找出各层上下游侧的最大值 B_s 和 B_x，则主厂房宽度为 B_s+B_x。

(4)当宽度基本确定后，要根据尺寸相近的吊车标准宽度 L_k 验证，厂房宽度必须满足吊车安装的要求。

一般在高水头水电站中，常由发电机层布置要求确定厂房的宽度，而在低水头水电站中常由下部块体结构确定厂房宽度。

二、主厂房的高度及各层高程的确定

水电站厂房的各层高程中，起基准作用的高程是水轮机安装高程。水轮机的安装高程确定以后，其他高程就可逐个确定下来。

(一)水轮机的安装高程

水轮机的安装高程是一个基准高程，与水轮机的形式、允许吸出高度和水电站下游尾水位等有关。其计算公式为

$$\nabla_T = \nabla_w + H_s + X \tag{11-2}$$

$$H_s = 10 - (\sigma + \Delta\sigma)H - \frac{\nabla}{900} \tag{11-3}$$

式中 ∇_T——水轮机安装高程，m；

∇_w——水电站正常运行时可能出现的最低下游水位，一般可取一台机组的过流量相应的尾水位，m；

H_s——水轮机允许吸出高度，m；

σ——气蚀系数，根据水轮机特性曲线确定；

$\Delta\sigma$——气蚀系数的修正值，由水轮机厂家提供；

H——计算水头，m；

∇——水电站厂房所在地点的海拔，m。

X——水轮机压力最低点与安装高程之间的高差，m，与水轮机的形式有关，见图 11-28。

混流式水轮机 $X = b_0/2$ (11-4)

轴流式水轮机 $X = 0.41D_1$ (11-5)

水轮机的安装高程确定后，就可依据结构和设备的布置要求确定各层高程。主厂房的各层高程见图 11-29。

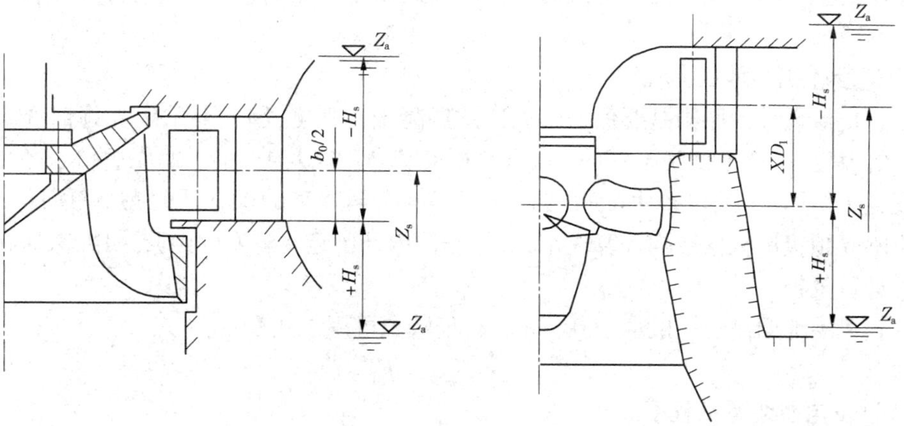

(a)竖轴混流式水轮机　　(b)竖轴轴流式水轮机

图 11-28　不同类型的水轮机吸出高度

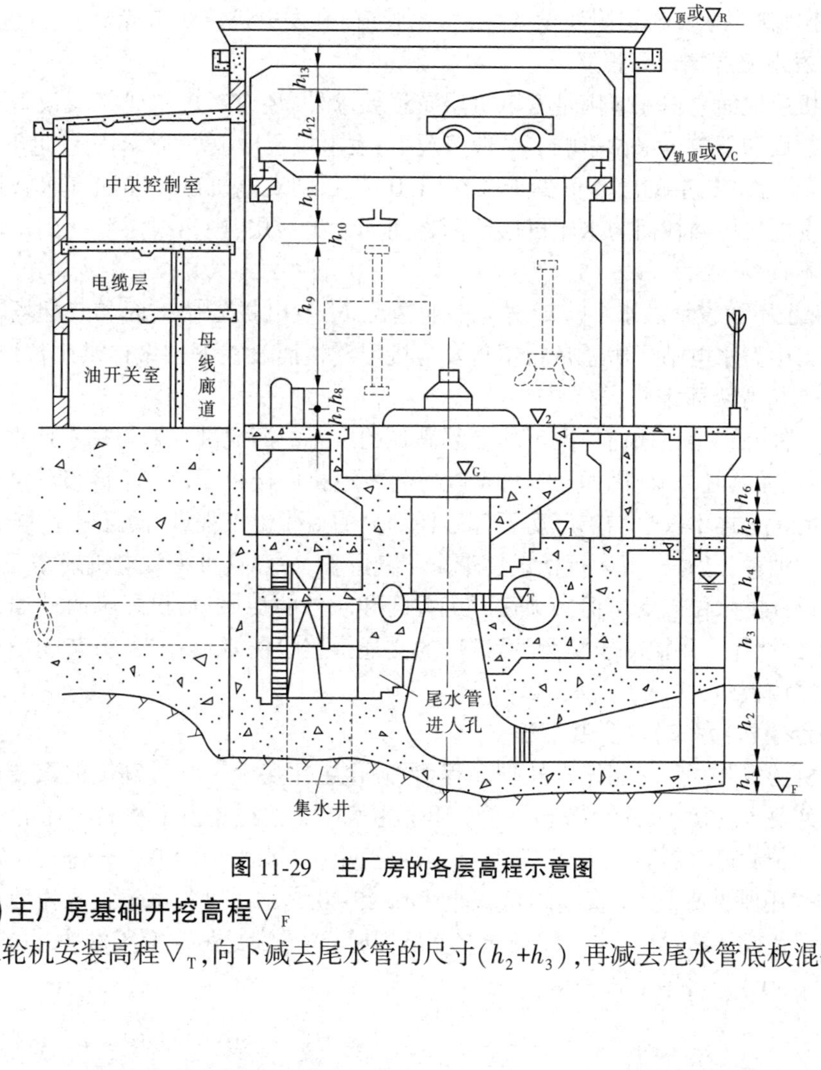

图 11-29　主厂房的各层高程示意图

(二)主厂房基础开挖高程∇_F

从水轮机安装高程∇_T,向下减去尾水管的尺寸(h_2+h_3),再减去尾水管底板混凝土厚度

h_1(根据地基性质和尾水管结构形式而定),就得到厂房基础开挖高程∇_F,可用下式表示:

$$\nabla_F = \nabla_T - (h_3 + h_2 + h_1) \tag{11-6}$$

(三)水轮机层地面高程∇_1

水轮机层设计的原则是要保证蜗壳顶部混凝土的强度,因此要求蜗壳顶部混凝土要有足够的厚度,一般不低于1.0 m。从水轮机安装高程∇_T向上加上蜗壳进口半径和蜗壳顶部混凝土层厚度h_4,可得水轮机层地面高程。金属蜗壳的保护层一般不少于1.0 m。混凝土蜗壳顶板厚根据结构计算决定,或根据国内外已建水电站的经验采用,然后在结构设计时进行复核。

水轮机层地面高程一般取100 mm的整倍数。可用下式表示:

$$\nabla_1 = \nabla_T + h_4 \tag{11-7}$$

(四)发电机装置高程∇_G

从水轮机层地面高程加上发电机机墩进人孔高度h_5(一般取1.8~2.0 m)和进人孔顶部厚度h_6(混凝土强度要求,一般为1.0 m左右),就可得发电机定子装置高程。可用下式表示:

$$\nabla_G = \nabla_1 + h_5 + h_6 \tag{11-8}$$

式中,h_5还须满足水轮机层附属设备(油气水管道)和发电机出线布置要求的高度。

(五)发电机层楼板高程∇_2

发电机层地面高程除应满足发电机层布置要求外,还应考虑水轮机层设备布置及母线电缆的敷设和下游尾水位影响。一般情况下,发电机层楼板高程∇_2应满足下列条件:

(1)保证水轮机层的净高不少于3.5~4.0 m,否则发电机出线和油气水管道布置困难。如果发电机层楼板面与水轮机层地面之间加设出线层,则出线层底面到水轮机层地面净高也不宜少于3.5 m。

(2)保证下游设计洪水不淹厂房。一般情况下,发电机层楼板面和装配场楼板面高程齐平。大中型水电站厂房总是希望将发电机层楼板面设在下游设计洪水位以上0.5~1.0 m(由厂房等级而定)。

上述条件并不是在任何情况下均必须满足的。有的河流洪水期与枯水期水位相差很大,山区河流尤其是如此,因而在这种情况下将发电机层楼板面设在下游设计洪水位以上是不经济的。这样不仅会增加厂房下部结构部分的混凝土工程量,而且机组主轴增长,既增加金属的消耗,又对机组运行稳定性带来不利影响。这时,可将发电机层楼板面高程布置在下游设计洪水位以下。但必须在厂房大门和对外的交通口,设置临时性插板以挡洪水;窗台下的墙体采用混凝土防渗,沿进厂的交通道路设防水墙;或者将装配场楼板面高出发电机层楼板面,并高于洪水位。

(六)起重机(吊车)的安装高程∇_C

起重机的安装高程是指吊车轨顶高程,是确定主厂房上部结构高度的重要因素。它取决于下列要求:机组拆卸检修起吊最大和最长部件(往往是发电机转子带轮或水轮机转轮带轴)时与固定的机组、设备、墙、柱、地面之间保持水平净距0.3 m,垂直净距0.6~1.0 m(如采用刚性夹具,垂直净距可减小为0.25~0.5 m),以免由于挂索松弛或吊件摆动而碰坏设备或墙柱;另外在装配场检修变压器时,还需满足吊起变压器铁芯所需要的高度(见图11-30)。可用下式表示:

$$\nabla_C = \nabla_2 + h_7 + h_8 + h_9 + h_{10} + h_{11} \tag{11-9}$$

式中　h_7——发电机定子高度和上机架高度之和(如果发电机定子为埋入式布置,h_7 就仅为上机架的高度);

h_8——吊运部件与固定的机组或设备间的垂直净距;

h_9——最大吊运部件的高度;

h_{10}——吊运部件与吊钩间的距离(一般为 1.0~1.5 m),取决于发电机起吊方式和挂索、卡具,见图 11-30;

h_{11}——主钩最高位置(上极限位置)至轨顶面距离,可从起重机主要参数表查出。

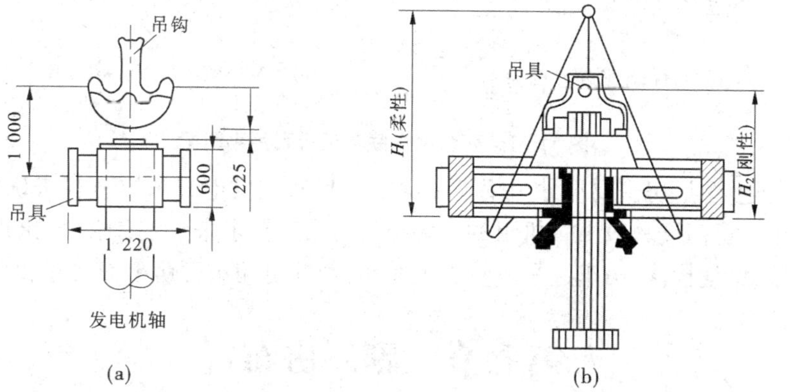

图 11-30　发电机起吊方式和挂索、卡具　(单位:mm)

图 11-29 中 h_{12} 为起重机轨顶至小车顶面的净空尺寸,可以从起重机主要参数表查出;h_{13} 为小车顶与屋面大梁或屋架下弦底面的净距。当采用肋形结构或屋架时,h_{13} = 0.2~0.3 m(指屋架下弦底或屋面大梁底),小车可在两根屋架间或两根大梁间进行检修;当采用整片屋面厚板时,可在装配场上方留出小车检修用的空间或在厂顶预留吊孔,而不必过多地抬高厂房的高度。

大型水电站机组台数较多,为了降低主厂房的高度,同时为避免设置一台吊车起重量太大,常设两台吊车来吊装发电机和水轮机。这时,用平衡梁做连接构件。因此,除吊装部件外,必须考虑平衡梁的重量,通常约增加起重量的 10%。当两台吊车联合运行时,水轮机轴用法兰连接于平衡梁上,而发电机转子轴可穿过平衡梁孔,用固定装置连接在平衡梁上(见图 11-31)。因此,装有两台吊车的水电站厂房可以降低轨顶高程,但在厂房纵轴方向需要加长几米。

(七)屋顶高程 ∇_R

屋顶高程应根据屋顶结构尺寸和形式确定,并应满足起重机部件安装与检修、厂房吊顶和照明设施布置等要求。

吊车轨顶高程确定后,根据已知轨顶到吊车上小车高度 h_{12},加上为检修吊车需要在小车上方留有 h_{13}(一般取 0.5 m),根据屋面大梁的高度、屋面板厚度、屋面保温防水层厚度等确定屋顶高程 ∇_R。

(八)安装间的楼板高程

安装间的楼板高程确定见本章第五节。

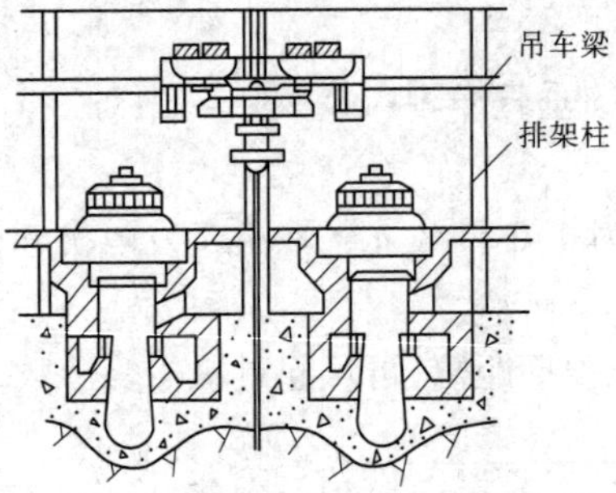

(a)两台吊车利用平衡梁

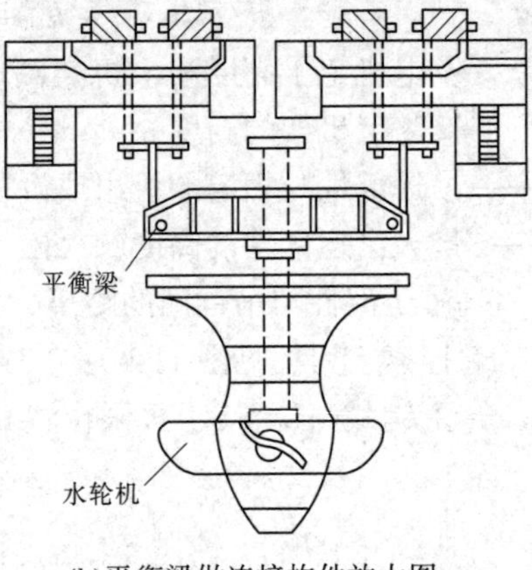

(b)平衡梁做连接构件放大图

图 11-31　两台吊车联合运行利用平衡梁

综上所述,主厂房主要尺寸由蜗壳和尾水管尺寸或发电机风罩直径来确定。发电机层以上的主厂房高度一般由主机组的安装检修时吊运需求来确定,国外已出现新型机组,可就地安装、就地检修,吊车起吊重量大大减小,由此可缩小厂房平面尺寸和高度。

第七节　副厂房布置

为了保证机组正常运行,在主厂房近旁布置的各种辅助机电设备、控制、试验、管理和运行人员工作和生活的房间,称为副厂房。

一、副厂房的组成

副厂房的组成、面积和内部布置取决于水电站装机容量、机组台数、水电站在电力系统中的作用等因素。大型水电站的副厂房,按性质可分为三类:直接生产副厂房、检修试验副厂房、工作生活副厂房,见表 11-1。

二、副厂房的位置

副厂房的位置应紧靠主厂房,基本上布置在主厂房的上游侧、下游侧和端部,可集中一处,也可分两处布置。

(一)副厂房设在主厂房的上游侧

这种布置方式的优点是布置紧凑,电缆短,监视机组方便,主厂房下游侧采光和通风条件良好。但电气设备线路与进水系统设备互相交叉干扰,引水道可能要增长。适用于引水式水电站、坝后式水电站,坝后式厂房主要是利用厂坝之间的空间。

(二)副厂房设在主厂房的下游侧

其优点是电气设备的线路集中在下游侧,与水轮机进水系统设备互不交叉干扰,监视机组方便。缺点是主厂房的采光和通风受到影响,由于发电机引出母线和变压器布置在主厂房的下游侧,尾水管的振动影响较严重,容易引起电气设备的误操作,运行人员的工作环境不好。另外,副厂房布置在下游侧需延长尾水管的长度,相应增加厂房下部结构尺寸和工程量,电气出线也较复杂。适用于河床式水电站,如葛洲坝、富春江水电站。

表 11-1　副厂房房间及参考面积　（单位:m^2）

类别	副厂房名称	装机容量		
		20 万~130 万 kW	10 万~20 万 kW	2.5 万~10 万 kW
直接生产副厂房	中央控制室	90~130	65~90	35~65
	继电保护盘室	80~120	50~80	30~60
	电缆室	90~130	65~90	35~65
	蓄电池室	2×55	45	45
	储酸室和套间	1×55 2×15 1×20	15	12
	蓄电池的通风机室	20~25	15~20	10~15
	充电机室	30~35	30~35	15~20
	计算机室	20~25	15~20	10~15
	巡回检测装置室	25~30	25~30	25~30
检修试验副厂房	继电保护试验室	40~45	40~45	40~45
	精密仪器试验室	30~35	30~35	25~30
	测量表计试验室	35~40	30~35	25~30
	高压试验室	40~45	35~40	25~35
	电工修理间	25~35	25~35	25~35
	机械修理间	60~100	40~60	40~60
	电气工具间	20	15	15
	油化验室	10~20	10~20	10~20
间接生产副厂房	交接班室	20~25	20~25	15~20
	运行分场	30~40	20~30	20~30
	检修分场	30~40	20~30	20~30
	水工分场	25~35	25~35	25~35
	总工程师室	20~25	20~25	20~25
	厂长室	25	20	15
	生产技术科	25~30	25~30	20~25
	会议室	35~50	35~50	20~35
	资料室	25~35	25~35	25~35
	厕所、盥洗室	10~15	10~15	10~15

(三)副厂房设在主厂房靠对外交通的一端

其优点是主副厂房的总宽度较小,采光和通风良好,给运行人员创造了良好的工作条件,能适应水电站分期建设、初期发电的特点,运行与机电设备安装干扰小,可以减轻机组噪声对中央控制室的影响。缺点是母线与电缆线路较长,投资加大,当机组台数较多时,监视、维护距离较长。适用于引水式水电站。

三、副厂房平面布置设计的原则和要求

(一)中央控制室(简称中控室)

中控室是整个水电站发电、配电、变电等设备,以及水位和流量等集中控制和集中监视的场所,是水电站的神经中枢。中控室一般布置控制盘、直流盘、继电保护盘和信号盘、厂用盘、自动调频盘等。

中控室的位置要便于水电站的控制、监视并迅速消除故障,电缆长度尽量短,一般布置在发电机层的中部。中控室不宜布置在主变压器场的下层或尾水平台上,因为出现的噪声和振动将会影响继电保护设备的整定值,并使值班人员过度疲劳和注意力分散。

中央控制室的布置应为值班人员提供良好舒适的工作环境,室内色彩协调,有良好的照明、采暖通风和空气调节设备及防噪声设施,应充分利用自然采光和通风。

中央控制室的面积宜根据工程规模、装机台数、进出线数量、电气主接线等控制方式确定。当室内布置有控制台、模拟屏(大屏幕)时,宜为 100~150 m^2,净高宜为 3.5~4.0 m,并使宽高比例适宜。

(二)集缆室

集缆室又称电缆夹层,布置在中控室和继电保护盘室的下层,面积等于或稍小于中央控制室。室内只有电缆和电缆吊架,布置简单,室内净高一般为 2~3 m,以工作人员能站立工作为宜。该层汇集来自主厂房和变电站的各种操作电缆,然后通往中控室的控制盘、操作盘。集缆室安全出口不少于两个,并应做好防潮设计。

(三)继电保护盘室

继电保护盘室布置在中控室附近,当开关站距主厂房较远,尤其是在高程相差很大的情况下,可将输电线路保护盘室布置在开关站。

(四)发电机电压配电装置室(低压开关室)

主要布置发电机电压母线和发电机电压断路器等设备,通常这些设备成套地集成于一个金属柜中,称为开关柜。低压开关室的位置布置在主变压器与发电机之间,与发电机层同高程的副厂房内,高度为 4~5 m、宽度为 6~8 m。

开关室一般不设窗户,要满足通风、防潮、防火、防爆的要求。开关室长度超过 7 m 时,须两端设出口,超过 60 m 或通向防爆间隔通道长度大于 40 m 时,宜设三个出口,门朝外开,两个出口相距不宜超过 30 m,开关室不应布置在浴室或厕所下面。耐火等级不应低于 2 级。采用自然通风,当不能满足温度要求或发生事故排烟困难时,可考虑增设机械通风装置。

（五）通信室及远动装置室

当输电电压在 110 kV 以上时，为了便于水电站与系统调度中心联系，由系统调度中心指挥电站运行，专设载波电话通信室、自动电话交换机室、微波或其他无线电通信室和远动装置室等。这些房间要毗邻中控室且同一高程，室内最小高度为 3.2~3.5 m。要求防尘防震，避免过大的噪声，不应与蓄电池室或强电设备邻近。微波或其他无线电通信室，应在其屋顶或附近设无线或微波发射塔。

（六）直流设备室

直流设备室包括蓄电池室、储酸室、充电机室、通风机室及套间等。这些房间作为整套布置在一起，一般布置在副厂房的一端，并靠近用电设备，以缩短直流配电盘的电缆长度。不允许布置在中控室、配电装置室（开关室）和通信室的上方，以免酸性残液渗到下面房间。其要求如下：

（1）蓄电池室是向厂房内电气设备提供直流电源，并作为备用电源。采用人工照明，不设窗户，避免硫酸气产生的氢气在阳光直晒下引起爆炸。门窗、墙壁、顶棚、蓄电池台架和调配池均应用耐酸材料铺设，地面和墙裙用白色瓷砖（缝中填耐酸砂浆）或耐酸性沥青地面，并有适当的排水坡度。

（2）储酸室储存电池所用的酸类，应尽量靠近蓄电池室。为了防止酸气外溢，储酸室一般用套间与其他房间分开，墙壁较厚，地板、墙壁、顶棚要考虑耐酸问题。

（3）通风机室和套间的作用是排除有害酸气，防止有害气体扩散，应采用单独的通风系统。

（4）充电机室是向蓄电池充电的，最好布置在与蓄电池室毗邻的房间内。

（七）厂用电设备室

厂用变压器可布置在厂外主变压器旁；如厂内有空间，也可布置在厂内，尽可能靠近开关室，以缩短连接母线的长度。每台厂用变压器应布置在防火、防爆的单独小间，并与水轮机层同高，且设专用走廊。厂用变压器一般就地检修，门朝外开，地面设计 2% 坡度倾向集油槽（干式变压器可不设坡）。

厂用高压成套开关柜，通常布置在水轮机层母线室附近，不宜布置在发电机层或距中控室太近。厂用低压配电装置，又称动力盘，一般应集中布置在单独房间。

（八）母线廊道、母线室或母线竖井

发电机与主变压器之间的母线，一般要经过母线廊道、母线室或母线竖井引到主变压器。布置要满足安装、维修的要求。发电机母线廊道位置宜布置在发电机出线方向的一侧，并靠近主变、厂变的位置，其面积和层高取决于母线的数量和带电安全距离的要求。母线竖井应设有巡视、检修用的电梯和楼梯，每隔 4~5 m 设维修平台，平台和楼梯宽度均不应小于 0.8 m。

（九）各种试验室和车间

电气试验室的试验对象是二次回路的设备和 500 V 以下的电气设备，最好布置在中控室附近。电气试验室要求通风、防尘和防潮措施，不宜布置在尾水管上部。

高压试验室的试验对象是 3 kV 以上的电气设备，这些设备一般比较笨重，搬运不便，因此高压试验室应布置在与发电机同高程的安装间附近或副厂房内。

电工修理间和电气工具间,应布置在靠近发电机层交通方便处。机修车间可单独布置在厂外,尽量靠近厂房。

(十)办公室及生活用房

值班室和调度室一般与中控室邻近,并与主厂房联系快捷、方便。行政办公及生活用房可设在厂外单独房间内,要求布置在较安静的地方。

副厂房可采用两层或两层以上的砖混结构,其尺寸可根据副厂房各层的平面布置要求,协调上下层关系,定出副厂房的长度和宽度。根据工程经验,副厂房的宽度一般为6~9 m。

副厂房的面积和内部各房间布置应根据机电设备布置、维修、试验及管理需要,结合厂房具体条件综合考虑确定。表11-1可供初步设计阶段参考。

第八节　厂房的采光、通风、交通及防火

水电站厂房必须妥善考虑采光、通风、取暖、防潮、防火、保安、交通运输等问题,以确保水电站的正常运行,并给运行人员提供良好的工作环境。

一、采光

地面厂房应尽可能采用自然采光,布置主副厂房时要考虑开窗的要求。主厂房自然采光主要靠厂房两侧的大窗,吊车梁以上的窗子主要起通风的作用,大窗开在构架柱之间的墙上,为长形独立窗。窗宽度不要太小,使照明均匀。窗的高度一般不小于房间进深的1/4。窗下槛在发电机层楼板以上不宜超过1~2 m,以保证窗子附近有足够的光线,并便于通风。

地下式、坝内式、溢流式厂房或地面厂房水下部分的房间,要设计人工照明。人工照明分为工作照明、事故照明(当交流电源中断时自动投入的直流电照明)、安全照明(设有防触电措施或采用36 V及以下电压的照明)、检修照明及警卫照明。中央控制室及主机房内的照明不能使仪表盘面上产生反光,以保证运行人员能清晰地观察仪表。

二、通风

地面厂房应尽量采用自然通风。当自然通风达不到要求,或当下游水位过高而不能有效地采用自然通风时,或在产生过多热量的房间(如变压器室、配电装置室等),或在产生有害气体的房间(如蓄电池室、油处理室等),需装设人工通风。

主副厂房的通风量应根据设备的发热量、散湿量和送排风参数等因素决定。要合理安排进出风口的位置以达到最佳的通风效果。水轮机层、水泵室、蝴蝶阀室等厂内潮湿部位采用以排湿为主的通风方式,对于产生有害气体的房间要设置专用的排风系统,以免有害气体渗入其他房间。人工通风系统的进风口要设在排风口上风,低于排风口但高于室外地面2 m以上,要考虑防虫及防灰沙的措施。主通风机室的位置除满足通风系统气流

组织的合理性外,还应远离中央控制室、载波机室等安静场所,以免噪声干扰。

盛夏酷热地区或人工通风仍不能满足厂内温度、湿度要求时,可采用局部或全部的空气调节装置。

三、取暖

冬天厂房内的温度不能过低,以保证机电设备的正常运行。冬季水电站若正常发电,发电机层、出线层、水轮机层、母线廊道等处,靠机电设备发出的热量即可维持必需的温度。热量不足以维持必需温度的房间,可用电辐射取暖或电热取暖。中央控制室可装设空气调节器,以便在冬季取暖、夏季降温。

蓄电池室及油处理室的取暖方式必须满足防火及防爆的要求。

四、防潮

地面厂房水下部分的房间要注意防潮,坝内式及地下式厂房的防潮问题更为突出。过分潮湿会造成电气设备的短路、误动作或失灵,可使机械设备加速锈蚀,运行人员工作条件恶化。防潮的措施有以下四项:

(1)防渗防漏。外墙混凝土要满足抗渗要求,必要时可加设防潮夹层;要减小设备漏水,伸缩缝及沉陷缝要加设止水;冷却水管、混凝土墙及岩石表面如有结露滴水,则要采用绝热包扎。

(2)加强排水。已渗漏进厂房或防潮夹层的水要迅速排出,不能让其积存。

(3)加强通风。潮湿部位宜采用以排湿为主的通风方式,减小空气中的湿度。

(4)局部烘烤。以电炉或红外线烘烤,防止设备受潮。

五、厂内交通

厂房对外开有大门,以便运输大部件。大门尺寸很大,可采用旁推门、上卷门或活动钢门。为了保持厂房内部的清洁、干燥与温度,不运输大部件时大门应关闭。安排各种房门部位时要考虑防火的安全出口,安全出口的门净宽不小于0.8 m,门向外开。某些可产生负压的房间,如闸门室,门最好向里开,以便出现负压时门可自动开启。

主厂房内各层及副厂房布置机电设备的房间内都要有通道,以便运输设备和进行安装,并供工作人员通行。发电机层及水轮机层常设贯穿全长的水平通道,通道一般宽1~2 m。为了吊运各种设备,在通道相应位置要布置吊物孔,如蝴蝶阀吊孔、水泵吊孔、公用吊孔等。

主副厂房不同高程各层之间可设斜坡道、楼梯、攀梯、转梯或电梯。斜坡道坡度在20°以下,一般以12°为宜。楼梯的坡度为20°~46°,以34°为宜。单人楼梯宽0.9 m,双人楼梯宽1.2~1.4 m。每台机组最好有专用楼梯,至少每两台机组要设一座楼梯。楼梯设置要能使运行人员巡视方便,并要保证发生事故时能迅速到达现场。只供少数人员偶然使用的楼梯可做成钢攀梯,坡度常在60°~90°,宽0.7 m。转梯可节省空间,适用于不经常上下的地方。电梯用于厂房高度较大或各层间高差太大时。

六、防火保安

由于水电站一旦发生事故可能给国民经济造成极大的损失,因此应特别重视水电站厂房的防火保安问题。各种建筑物及设备的布置及设计,均应符合防火保安的专门规定,还要满足国防上的特殊要求。

主副厂房各层至少要有两个安全出口,要布置疏散用的走廊及楼梯、消防用的通道及消防器材,要装设事故照明。

厂内的油库要用防火墙隔开,墙的厚度要大于0.3 m,柱的尺寸要大于0.4 m,门要能防火。为了防止事故中燃油外流扩大火势,油库门要设拦油槛,其高度应能使油库形成容纳一只最大油桶油量的容积,并有相应的油、水排出的措施,油库内要配备足够的消防器材,推荐采用水喷雾灭火。厂房内充油的电气设备如油浸式变压器及油开关,若充油量超过600 kg,则应布置在防爆间隔内,并由防爆走廊通向外面。采用干式变压器是杜绝变压器火灾事故的根本措施。蓄电池室不仅散发有害气体,而且具有燃烧及爆炸的危险。蓄电池室的一切设施都要符合防火防爆的要求。蓄电池室一般应设在地面以上,有对外的窗户以便泄压,减少爆炸的损失。

第九节　厂区布置

厂区布置是指水电站的主厂房、副厂房、主变压器场、高压开关站、引水道、尾水道及厂区交通的相互位置的安排,使厂房与上游进水口和下游尾水道之间衔接良好、水流顺畅,各建筑物功能得到良好发挥,建筑物之间配合协调,满足运行安全可靠、施工快捷、交通便利、投资少的要求。进行厂区布置时,要综合考虑水电站枢纽总体布置、地形地质条件、运行管理、环境设计等各方面的因素,根据具体情况,拟定出合理的布置方案。一般要遵循以下原则:

(1)合理布置主厂房、副厂房、主变压器场、开关站、高低压出线、进厂交通、发电引水及尾水建筑物等,使水电站运行安全,管理和维护方便。

(2)妥善解决厂房和其他建筑物(包括泄洪、排沙、通航、过竹木、过鱼等)布置及运用的相互协调,避免干扰,保证水电站安全和正常运行。

(3)考虑厂区消防、排水及检修的必要条件。

(4)尽量少占用农田,保护天然植被、生态环境和文物。

(5)做好总体规划及主要建筑物的建筑艺术处理。

(6)统筹安排运行管理所需的生产辅助设施。

(7)综合考虑施工程序、施工导流及首批机组发电投入运行的工期要求,优化建筑物的布置。

厂区布置方案实例见图11-32。

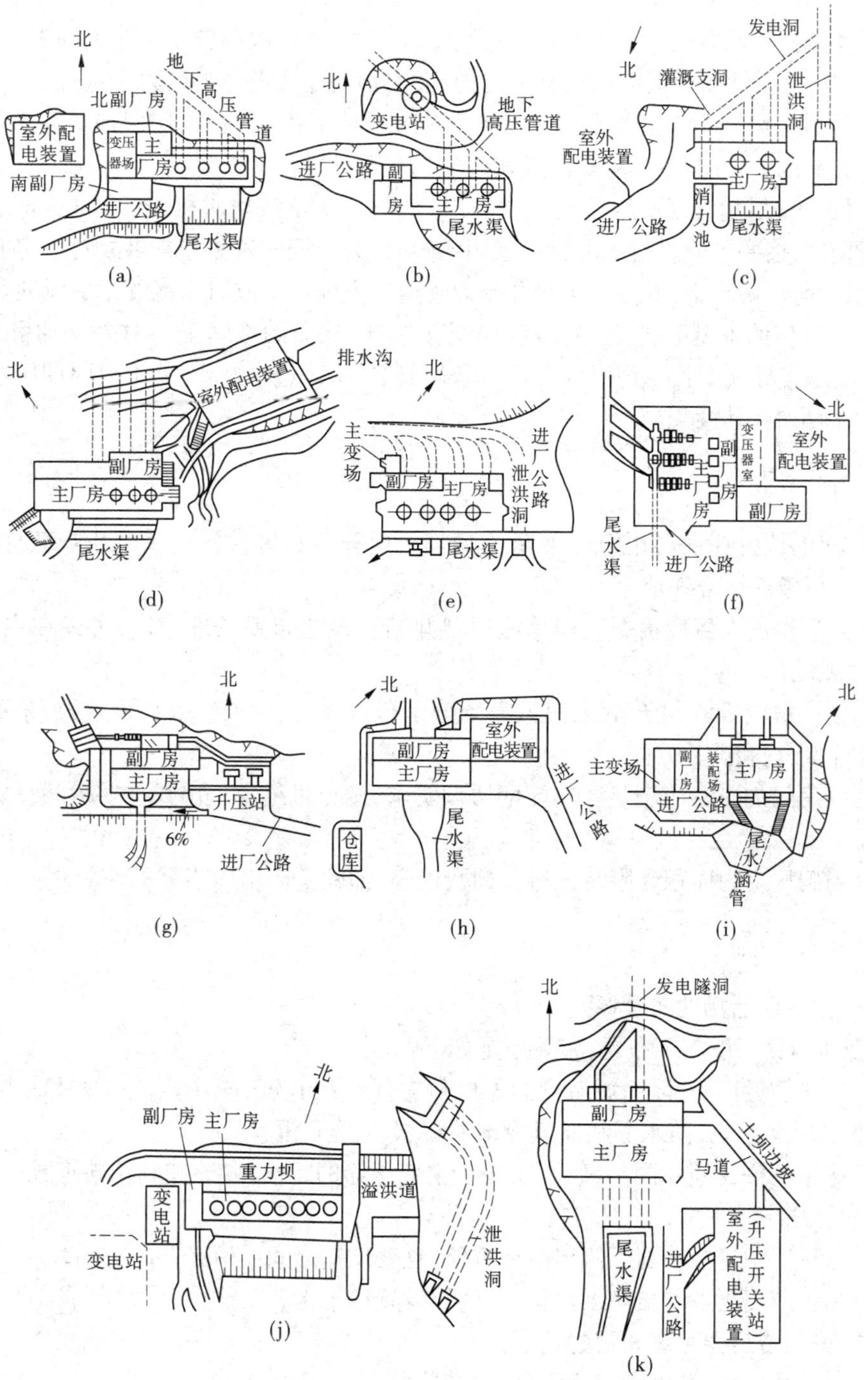

图 11-32　厂区布置方案实例

一、主厂房

主厂房是厂区的核心，对厂区布置起决定性作用，其位置的选择是在水利工程枢纽总体布置中进行，除注意厂区各组成部分的协调配合外，还应考虑下列因素：

(1)尽量减小压力水管的长度。因此，对于坝后式水电站，主厂房应尽量靠近拦河坝；对于引水式水电站，主厂房应尽量靠近前池和调压室。

(2)尾水渠尽量远离溢洪道或泄洪洞出口，防止水位波动对机组运行不利。尾水渠与下游河道衔接要平顺。当压力管道采用明管时，为减轻或避免非常事故对厂房的危害，宜避免钢管与厂房正交，以使厂房避开压力管道发生破裂事故时水流的主要流向。

(3)主厂房的地基条件要好，避免建筑在松散、软弱的地基上。对外交通和出线方便，且不受施工导流干扰。厂区水文地质条件要好，山体透水性要小，不致因调压室、压力管道渗水而影响山坡稳定。

二、副厂房

副厂房的位置、面积和内部各房间应根据机电设备布置、维修、试验和管理自动化水平，结合下列条件综合确定：

(1)副厂房的布置应根据工程总体规划并结合枢纽布置条件确定，可设在主厂房的上下游侧或端部。

(2)副厂房内机械、电气设备宜按系统分区布置，应使相关设备联系紧密、布置合理，检修、运行、维护和试验方便。

(3)各房间的布置应满足各功能的协调要求，避免机组主引出线、电缆和通风管路等相互干扰。

(4)当副厂房内面积受限时，可将试验、检修、辅助生产用房移至厂外。

三、主变压器

(一)主变压器场的布置原则

主变压器场一般露天布置，布置原则如下：

(1)尽量靠近厂房，以缩短昂贵的发电机电压母线长度，减小电能损失和故障率，并满足防火、防爆、防雷、防水雾和通风冷却的要求，安全可靠。

(2)尽量与安装间在同一高程上，便于主变压器的运输、安装和利用轨道推进厂房的安装间进行检修。

(3)变压器的运输和高压侧出线要方便，且变压器之间要留必要的空间。

(4)高程应高于下游最高洪水位，且四周设置排水沟。

(二)升压变压器可能布置的位置

(1)坝后式厂房，可以利用厂坝之间的空间布置升压变压器。

(2)河床式厂房，由于尾水管较长，可将升压变压器布置在尾水平台上，这时尾水平台的宽度，应使升压变压器在检修移出时符合最小安全净距的要求(详见电气设备规范)。

(3)引水式地面厂房，变压器场可能的位置是厂房的一端进厂公路旁、尾水渠旁、厂房上游侧或尾水平台上。引水式地面厂房一般靠山布置,厂房上游侧场地狭窄,若布置变压器场需增加土石开挖,且通风散热条件差;变压器布置在尾水平台上需增长尾水管长度,一般这两种布置较少采用。

(4)由于地形和场地的限制,个别水电站有将主变压器布置在厂房顶上。地下厂房的主变压器可布置在地下洞室内。

四、高压开关站

高压开关站布置各种高压配电装置和保护设备,如电缆、母线、各种互感器、各种开关继电保护装置、防雷保护、输电线路及杆塔构架。这些设备形式、数量、布置方式和需要的场地面积,应根据电气主接线图、主变的位置、地质地形条件及运行要求加以确定。其布置原则如下:

(1)要求高压进出线及低压控制电缆安排方便且短,出线要避免交叉跨越水跃区、挑流区等。

(2)地基及边坡要稳定,避开冲沟口等不利地形,不能避开时,须对泥石流、滑坡、山洪等采取必要的预防措施。

(3)场地布置整齐、清晰、紧凑,便于设备运输、维护、巡视和检修。

(4)土建结构经济合理,符合防火保安等要求。

(5)布置在河谷或山口地段时,应特别注意风速和冰冻的影响。

高压开关站一般露天布置。应尽量靠近主变压器场和中央控制室,且在同一高程上,但由于地形限制,往往有一高程差,通常布置在附近山坡上,也有布置在主厂房顶上的。当地形较陡时,可布置成阶梯式和高架式,以减少挖方。当高压出线不止一个等级时,可分设两个或多个开关站。

随着配电装置类型的改进和发展,高压开关站布置也更加紧凑合理,如三峡水电站采用的 SF_6 气体绝缘全封闭组合式高压配电装置(GIS),占地面积小,几乎不受大气和环境条件的影响,工作安全可靠性高,且维护工作量很小。

五、引水道、尾水渠及对外交通线路的布置

引水道一般为正向引水,尽可能保证进、出水水流平顺。当水管直径很小且根数较少时,也可侧向引水。

水电站的尾水渠一般为明渠,正向将尾水导入下游河道,少数情况也可侧向导入下游河道。水轮机的安装高程较低,为与天然河道相接,尾水渠常为倒坡。尾水管出口水流紊乱,流速分布不均匀,需设衬砌加以保护。布置尾水渠时要考虑泄洪的影响,避免泄洪时在尾水渠中形成较大的壅高和漩涡,避免出现淤积。必要时要加设导墙,将水电站尾水与泄洪分开,以减少水电站尾水波动,影响水电站的出力。

对外交通一般为公路,也有的采用铁路或水路。引水式厂房一般沿河岸布置,进厂公路可沿等高线从厂房一端进入厂房。坝式水电站进厂公路一般从下游侧进入。

公路、铁路要直接通入主厂房的安装间,临近厂房一段应是水平,长度不小于 20 m,并有回车场地。公路的坡度不宜大于 10%~12%,转弯半径大于 20 m。

对于高尾水的水电站厂房，布置高线进厂交通有困难，或尾水位陡涨陡落、洪峰历时较短的厂房，经论证，其进厂交通线也可低于非常运用洪水位，此时厂房应满足防洪要求，同时另设非常运用洪水位时不受阻断的人行通道。

第十二章　水电站厂房结构分析

水电站厂房结构设计的内容包括整体稳定分析、地基应力校核、构件的强度和稳定计算。

第一节　水电站厂房的结构特点

一、水电站厂房的结构组成及作用

水电站地面厂房结构可分为上部结构和下部结构两大部分。上部结构包括屋面系统、构架、吊车梁、围护结构（外墙）及楼板，基本上属板、梁、柱系统，通常为钢筋混凝土结构。上部结构设计方法与一般工业建筑相同；下部结构主要由机墩、蜗壳、尾水管、基础板和外墙组成，为块体或大体积水工钢筋混凝土结构，其结构设计比较复杂，要符合《水工混凝土结构设计规范》（SL 191—2008）。水电站厂房结构组成如图 12-1 所示。

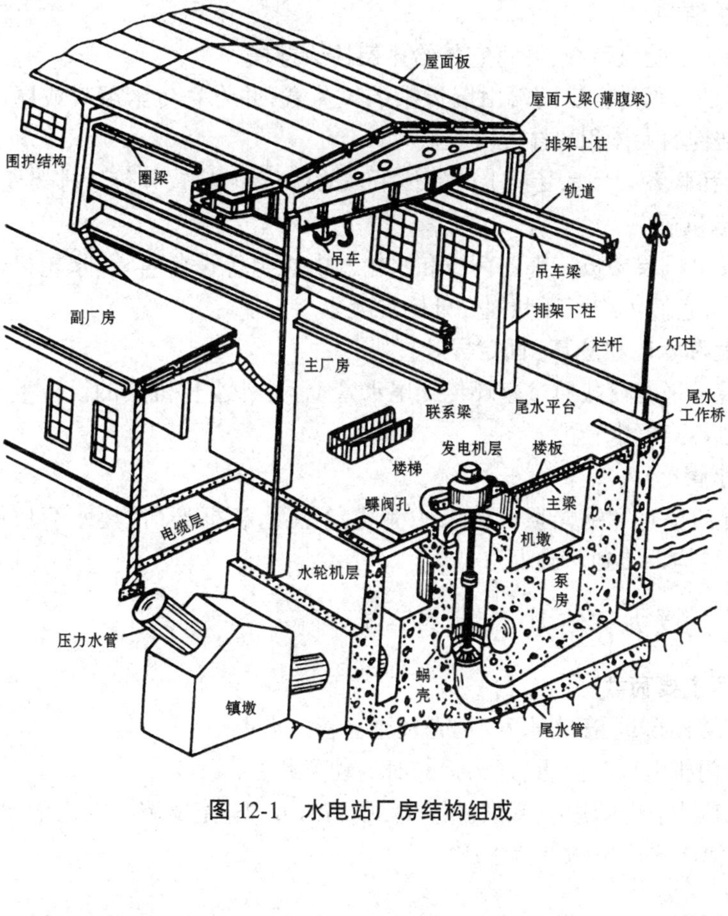

图 12-1　水电站厂房结构组成

各组成构件的作用如下。

(一)屋盖结构

屋盖结构起着围护和承重等双重作用,包括以下内容:

(1)屋面板。直接承受屋面荷载,如风、雨、雪和自重等,并将它们传给屋架或屋面大梁。

(2)屋架或屋面大梁。承受屋盖上的全部荷载(包括风、雨、雪和屋面板等)及屋架或屋面大梁自重,并传到排架柱或壁柱上。

(二)吊车梁

承受吊车荷载(包括起吊部件在厂房内部运行时的移动集中垂直荷载),以及吊车在起重部件,启动或制动时产生的纵、横向水平制动荷载,并将它们传给排架柱或壁柱。

(三)排架柱或壁柱

承受屋架或屋面大梁、吊车梁、外墙传来的荷载和排架柱或壁柱自重,并将它们传给厂房下部结构的大体积混凝土。

(四)发电机层和安装间楼板

发电机层楼板承受着自重、机电设备静荷载和人的活荷载,传给梁并部分传到厂房下部结构的发电机机墩和水轮机层的排架柱。安装间楼板承受自重、检修或安装时机组荷载和活荷载,传到基础,当安装间没有下层时就传给排架柱。

(五)围护结构

(1)外墙。承受风荷载,并将它传给排架柱或壁柱。

(2)抗风柱。承受厂房两端山墙传来的风荷载,并将它传给屋架或屋面大梁和基础或厂房下部结构的大体积块体混凝土。

(3)圈梁和联系梁。承受梁上砖墙传下来的荷载和自重,并传给排架柱或壁柱。

(六)发电机机墩

承受从发电机层楼板传来的荷载和水轮发电机组等设备重量、水轮机轴向水压力和机墩自重,并将它们传给座环和蜗壳外围混凝土。

(七)蜗壳和水轮机座环(固定导叶)

将机墩传下来的荷载通过座环传到尾水管上,另外水轮机层的设备重量和活荷载通过蜗壳顶板也传到尾水管上。

(八)尾水管

承受水轮机座环和蜗壳顶板传来的荷载,经尾水管框架(由尾水管顶板、闸墩、边墩和底板构成)结构再传到基础上。

二、厂房的受力和传力

(一)厂房主要荷载

(1)厂房结构自重,压力水管、蜗壳及尾水管内水重。

(2)厂房内机电设备自重,机组运转时的动荷载。

(3)静水压力:尾水压力,基底扬压力,压力水管、蜗壳及尾水管内的水压力,永久缝内的水压力,河床式厂房的上游水压力。

(4)厂房四周的土压力。

(5)活荷载:吊车运输荷载、人群荷载及运输工具荷载。

(6)温度荷载。

(7)风荷载。

(8)雪荷载。

(9)严寒地区的冰压力。

(10)地震力。

厂房在施工安装期、运转期和检修期的荷载是不同的。在结构计算中应根据厂房在不同工作条件下可能同时发生的荷载进行组合,并取最不利的荷载组合作为设计的控制情况。

(二)厂房的传力途径

作用于厂房的各种静、动荷载,通过各承重构件的传力途径,如图12-2所示。

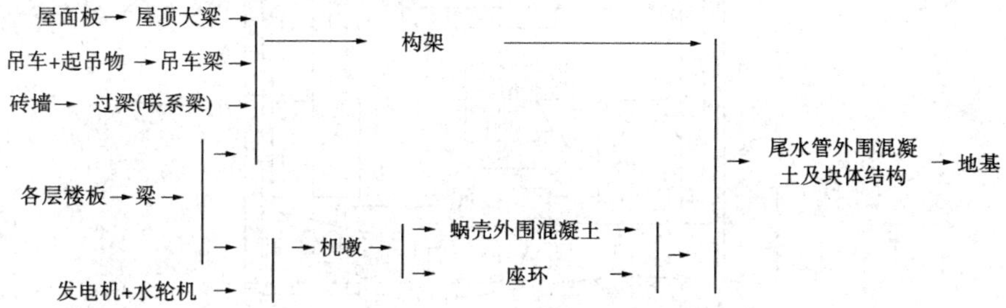

图12-2　各承重构件的传力途径

三、厂房混凝土浇筑的分期和分块

(一)厂房混凝土浇筑的分期

由于机组到货一般均迟于土建的施工期,为了适应水轮发电机组的安装要求,厂房中的混凝土需要分期浇筑,分为一期和二期混凝土。

一期混凝土包括底板、尾水管扩散段、尾水闸墩、尾水平台、上下游边墙、厂房构架、吊车梁、部分楼板等,在施工时先浇筑,以便利用吊车进行机组安装。

二期混凝土是为了机组安装和埋件需要而预留的,要等到机组和有关设备到货后、尾水管圆锥钢板内衬和金属蜗壳安装完毕后,再进行浇筑。二期混凝土包括蜗壳外围混凝土、尾水管直锥段外包混凝土、机墩、发电机风罩外壁、部分楼层的楼板。

(二)混凝土浇筑分层、分块

水电站厂房水下部分的混凝土属于大体积块体混凝土。其特点是现场浇筑量大,结构几何形状复杂,基础高差大,对裂缝要求严格。由于受混凝土浇筑能力的限制和为了适应厂房形状的变化,因此每期混凝土要分层、分块浇筑。厂房一、二期混凝土的浇筑分层、分块,视具体情况而定,一般原则如下:

(1)分层、分块必须保证机组安装方便;

(2)应分在构件内力最小部位,这常与施工方便有矛盾,不易做到;

(3)分块的大小应与混凝土的生产能力、振捣工作强度及浇筑方法相适应;

(4)在保证质量的前提下,混凝土分块尽量大些、高些,以加快施工进度;

(5)分块必须尽量使工作过程具有最大的重复性,以简化施工和重复利用模板,同时最有效地利用机械设备。

图12-3表示了厂房混凝土浇筑的分期和分块,图中数字"Ⅰ"、"Ⅱ"分别代表一、二期混凝土,其下标序数说明浇筑的先后次序。

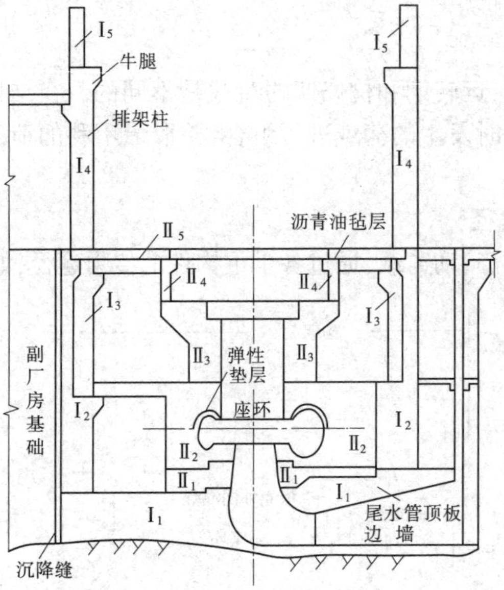

图12-3 厂房混凝土分期分块图

四、厂房结构的分缝和止水

(一)分缝

水电站厂房为防止不均匀沉陷,减小下部结构受基础约束产生的温度和干缩应力,必须沿厂房长度方向设置伸缩缝和沉降缝,如图12-4所示。通常两缝合一,称为沉降伸缩缝。此种缝一般都是贯通至地基,只在地基相当好时,伸缩缝才仅设在水上部分,但也需每隔数道伸缩缝设一道贯通地基的沉降伸缩缝。伸缩缝和沉降缝统称为永久缝。

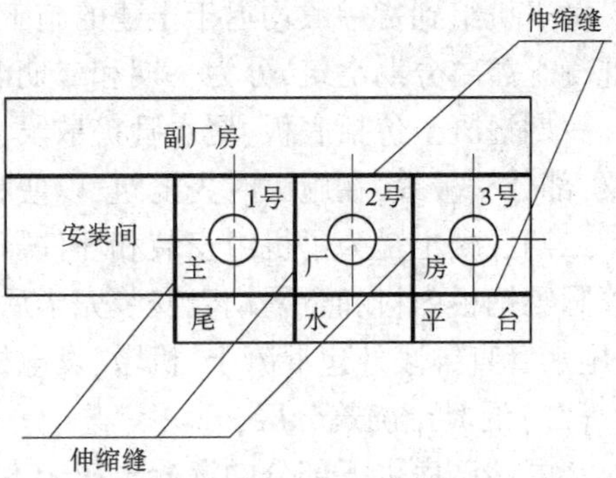

图12-4 主副厂房、安装间、尾水平台间的分缝

根据施工条件设置的混凝土浇筑缝,称为施工缝,是一种临时缝。

岩基上大型厂房通常一台机组段设一永久缝,中小型水电站可增至2~3台机组设一条永久缝。在安装间与主机房之间、主副厂房高低跨分界处,由于荷载悬殊,需设沉降缝。坝后式厂房的厂坝之间常沿整个厂房的上游外侧设一条贯通地基的纵缝。

永久缝的宽度一般为 1～2 cm，软基上可宽一些，但不超过 6 cm。

（二）止水

厂房水上部分的永久缝中常填充一定弹性的防渗、防水材料，以防止在施工或运行中被泥沙或杂物填死和风雨对厂房内部的侵袭。

厂房水下部分的永久缝应设置止水，以防止沿缝隙的渗漏，重要部位设两道止水，中间设沥青井。止水布置主要取决于厂房类型、结构特点、地基特性等，应采取可靠、耐久且经济的止水形式。

第二节　厂房整体稳定及地基应力

厂房整体稳定和地基应力计算的内容一般包括沿地基面的抗滑稳定、抗浮稳定和厂基面垂直正应力计算。河床式厂房本身是挡水建筑物，厂房地基内部存在软弱层面时，还应进行深层抗滑稳定计算。

厂房在运行、施工和检修期间，在抗滑、抗倾与抗浮方面必须有足够的安全系数，以保证厂房的整体稳定性。厂房地基应力必须满足承载能力的要求，不允许发生有害的不均匀沉陷。

河床式厂房直接承受上游水压力，在确定地下轮廓线、校核整体稳定性和地基应力时，基本原则与混凝土重力坝及水闸相似。但因厂房机电设备多，结构形状复杂，故必须以两个永久缝之间或一个机组段长度为计算单元，进行稳定分析和地基应力计算时，不能取单宽进行计算。厂房有大量的二期混凝土，并可能有分期安装问题，故在机组安装前后荷载变化较大，确定荷载与荷载组合时也有其特点。

一、荷载及其组合

（一）荷载

作用在水电站厂房上的荷载可分为基本荷载和特殊荷载两类。

（1）基本荷载：厂房结构及永久设备自重；回填土石重；正常蓄水位或设计洪水位情况下的静水压力；相应于正常蓄水位或设计洪水位情况下的扬压力；相应于正常蓄水位或设计洪水位情况下的浪压力；泥沙压力；土压力；冰压力；其他出现机会较多的荷载。

（2）特殊荷载：校核洪水位或检修水位情况下的静水压力；相应于校核洪水位或检修水位情况下的扬压力；相应于校核洪水位或检修水位情况下的浪压力；地震力；其他出现机会较少的荷载。

作用在厂房上的静水压力应根据厂房在不同的运行工况下的上下游水位确定。

（二）荷载组合

厂房整体稳定分析的荷载组合可按表 12-1 规定采用。

厂房稳定和地基应力计算要考虑厂房施工、运行和扩大检修期的各种不利情况。

表 12-1 厂房整体稳定分析的荷载组合

荷载组合	计算情况		水位选取	荷载类别											附注
				结构自重	永久设备自重	回填土石重	水重	静水压力	扬压力	浪压力	泥沙压力	土压力	冰压力	地震力	
基本组合	正常运行	a_1	上游正常蓄水位和下游最低水位	√	√	√	√	√	√	√	√	√	√		
		a_2	上游设计洪水位和下游相应水位	√	√	√	√	√	√	√	√	√			
		b	下游设计洪水位	√	√	√	√	√	√			√			
特殊组合	机组检修	a	上游正常蓄水位和下游检修水位	√		√	√	√	√	√	√	√	√		
		b	下游检修水位	√		√	√	√	√			√			
	机组未安装	a	上游正常蓄水位或设计洪水位和下游相应水位	√		√	√	√	√	√	√	√	√		
		b	下游设计洪水位	√		√	√	√	√			√			
	非常运行	a	上游校核洪水位和下游校核洪水位	√	√	√	√	√	√	√	√	√			
		b	下游校核洪水位	√	√	√	√	√	√			√			
	地震情况	a	上游正常蓄水位和下游最低水位	√	√	√	√	√	√	√	√	√	√	√	
		b	下游满载运行水位	√	√	√	√	√	√			√		√	

注：表中 a 适用于河床厂式房，b 适用于坝后式和引水式厂房。

1. 正常运行

对河床式厂房来说，a_1 组合情况下厂房承受的水头最大；a_2 组合情况下扬压力最大，对稳定不利。

对坝后式厂房和引水式厂房来说，引起稳定问题的水平荷载为下游水压力，因此正常运行情况中取下游设计洪水位进行组合。

2. 机组检修

河床式厂房机组检修情况下，不考虑机组设备自重，厂房承受的水头大，而厂房的重量轻，只有结构自重和水重，对稳定不利。

3. 机组未安装

厂房施工一般是先完成一期混凝土浇筑和上部结构，以后顺序逐台安装机组并浇筑二期混凝土，机组安装周期较长，如机组是分期安装的，厂房的施工安装或更长，所以要进行机组未安装时的稳定计算。在这种计算情况中，二期混凝土和设备重量不计，厂房重量最轻，而厂房已经承受水压，对抗滑和抗浮不利。

如厂房位于软基上，地基承载力低，施工期还需考虑本台机组已安装，而吊车满载通过的情况，如厂房尚未承受水压，则厂基面无扬压力作用，流道中也无水重。

4. 其他

厂房基础设有排水孔时，特殊组合中还要考虑排水失效的情况。

二、计算方法和要求

厂房整体稳定和地基应力计算应以中间机组段、边机组段和安装间段作为一个独立的整体，按荷载组合分别进行。边机组段和安装间段，除上下游水压力作用外，还可能受侧向水压力的作用，所以必须核算双向水压力作用下的整体稳定性和地基应力。图 12-5 为河床式厂房稳定分析时的受力图。

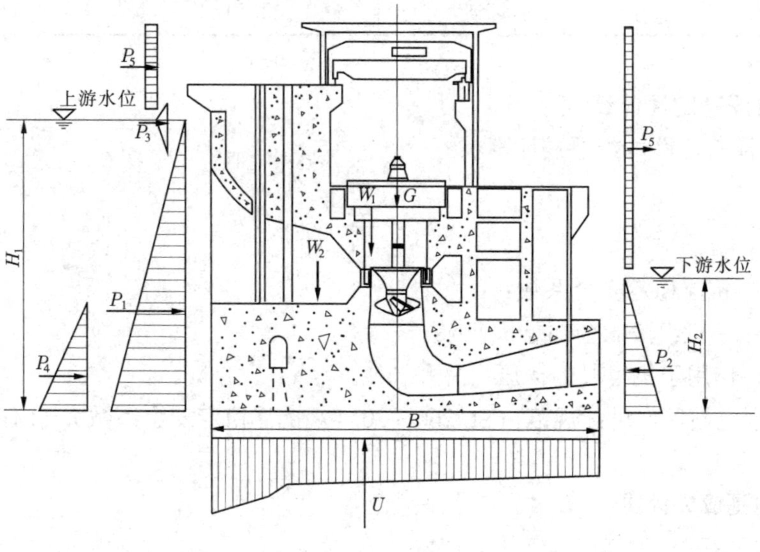

图 12-5　河床式厂房稳定分析时的受力图

(一) 抗滑稳定性计算

厂房抗滑稳定性可按抗剪断强度公式或抗剪强度公式计算。

1. 抗剪断强度计算公式

$$K' = \frac{f' \sum W + c'A}{\sum P} \tag{12-1}$$

式中　K'——按抗剪断强度计算的抗滑稳定安全系数；

f'、c'——滑动面的抗剪断摩擦系数及抗剪断黏结力，kPa；

A——基础面受压部分的计算面积，m^2；

$\sum W$——全部荷载对滑动面的法向分力（含扬压力），kN；

$\sum P$——全部荷载对滑动面的切向分力（含扬压力），kN。

2. 抗剪强度计算公式

$$K = \frac{f \sum W}{\sum P} \tag{12-2}$$

式中　K——按抗剪强度计算的抗滑稳定安全系数；

f——滑动面的抗剪摩擦系数。

岩基厂房整体抗滑稳定安全系数不分等级按表 12-2 选用。

表 12-2　抗滑稳定安全系数

抗滑稳定安全系数	荷载组合		
	基本组合	特殊组合	
		无地震	有地震
K	1.10	1.05	1.00
K'	3.00	2.50	2.30

(二) 抗浮稳定性计算

厂房抗浮稳定性可按下式计算：

$$K_f = \frac{\sum W}{U} \tag{12-3}$$

式中　K_f——抗浮稳定安全系数；

$\sum W$——机组段的全部重量，kN；

U——作用于机组段的扬压力总和，kN。

根据《水电站厂房设计规范》（SL 266—2014），抗浮稳定安全系数 K_f 在任何计算情况下不得小于 1.1。

(三) 地基应力计算

1. 计算方法

厂房地基面上的法向应力，可按下式计算：

$$\sigma = \frac{\sum W}{A} \pm \frac{\sum M_x y}{J_x} \pm \frac{\sum M_y x}{J_y} \tag{12-4}$$

式中　σ——厂基面垂直正应力，kPa；

$\sum W$——作用于机组段上全部荷载在厂基面上的法向分力总和，kN；

$\sum M_x$、$\sum M_y$——作用于机组段上全部荷载对计算截面形心轴 x、y 的力矩总和，kN · m；

x、y——计算截面上任意点至形心轴的距离，m；

J_x、J_y——计算截面对形心轴 x、y 轴的惯性矩，m^4；

A——厂基面计算截面面积，m^2。

式(12-4)假定厂房基础为刚体，厂基面地基应力为线性分布。

2. 计算要求

岩基上厂房地基面上的垂直正应力用材料力学计算时应符合下列要求：

(1)厂房地基面上承受的最大垂直正应力，不论是何种形式的厂房，在任何情况下均不应超过地基允许承载力，在地震情况下地基允许承载力可适当提高。

(2)厂房地基面上承受的最小垂直正应力(计入扬压力)应满足下列条件：

对于河床式厂房，除地震情况外都应大于零，在地震情况允许出现不大于 0.1 MPa 的拉应力。

对于坝后式和引水式厂房，正常运行情况下，一般应大于零；机组检修、机组未安装及非常运行情况下，允许出现不大于 0.1~0.2 MPa 的局部拉应力。地震情况下，如出现大于 0.2 MPa 的拉应力，应进行专门论证。

厂房整体稳定和地基应力计算不满足要求时，应在厂房地基中采取防渗和排水措施。

第三节　吊车梁及排架柱结构计算

厂房上部结构的屋盖、发电机楼板、围护砖墙结构设计与一般工业厂房相同，这里不再赘述。吊车梁与构架则有其不同于一般工业厂房的使用特点，现将结构设计原理做简要介绍。

一、吊车梁

吊车梁是直接承受吊车荷载的承重结构，是厂房上部的重要结构之一。水电站厂房内大多采用电动桥式吊车，其特点是起吊容量大、工作间歇性大、操作速度缓慢、使用率低(只在机组进行安装和检修时才用)。

水电站吊车性质属于轻级工作制，吊车梁可不验算重复荷载作用下的疲劳强度。

现在我国大中型水电站已大多采用预应力钢筋混凝土吊车梁，也有采用钢结构的。钢筋混凝土吊车梁在施工上可分为现浇、预制和叠合梁等形式。现浇吊车梁可分为单跨简支和多跨连续结构(在厂房伸缩缝处必须分开)。预制梁大多为单跨预应力混凝土结构。吊车梁截面形式有矩形、T 形和 I 字形。

(一)吊车梁荷载

1. 固定荷载

固定荷载包括自重(按吊车梁实际尺寸计算),钢轨及附件重根据厂家资料取,初估时可取 1.5~2.0 kN/m。

2. 移动荷载

1)竖向最大轮压 P_{max}(见图 12-6)

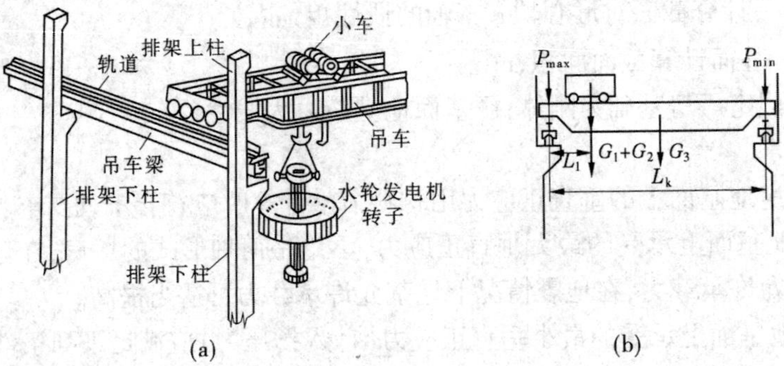

图 12-6　竖向最大轮压计算简图

一台吊车工作时:

$$P_{max} = \frac{1}{m}\left[(G_1 + G_2)\frac{L_k - L_1}{L_k} + \frac{1}{2}(G - G_1)\right] \tag{12-5}$$

两台吊车工作时:

$$P_{max} = \frac{1}{2m}\left[(2G_1 + G_2 + G_3)\frac{L_k - L_1}{L_k} + \frac{1}{2}(G - G_1)\right] \tag{12-6}$$

式中　m——一台吊车作用在一侧吊车梁上的轮子数;

G—— 吊车总重,kN;

G_1——小车和吊具重,kN;

G_2——最大起吊物重,kN;

G_3——平衡梁重,kN;

L_k——吊车跨度,m;

L_1——起吊最重件时,主钩至吊车轨道的最小距离,m。

在计算吊车梁时,竖向最大轮压 P_{max} 应乘以动力系数 μ,轻级工作制软钩吊车动力系数为 1.1。

2)横向水平刹车制动力 T_1

当小车沿厂房横向行驶突然刹车时,产生横向水平制动力(见图 12-7),由大车一侧各轮平均传至轨顶,方向与轨道垂直,并考虑正反两个方向。各方向均考虑一侧吊车承受,不再乘以动力系数。

当一台吊车工作时:

对硬钩吊车

$$T_1 = \frac{G_1 + G_2}{10m} \tag{12-7}$$

对软钩吊车
$$T_1 = \frac{G_1 + G_2}{20m} \tag{12-8}$$

当两台吊车工作时：

对硬钩吊车
$$T_1 = \frac{2G_1 + G_2 + G_3}{20m} \tag{12-9}$$

对软钩吊车
$$T_1 = \frac{2G_1 + G_2 + G_3}{40m} \tag{12-10}$$

式中符号意义同前。

3）纵向水平刹车力 T_2

纵向水平刹车力 T_2 由大车一侧制动轮传至轨顶，方向与轨道一致，其值为

$$T_2 = 0.1\sum P_{max} \tag{12-11}$$

式中　$\sum P_{max}$——一侧轨道上各制动轮最大轮压之和，kN。

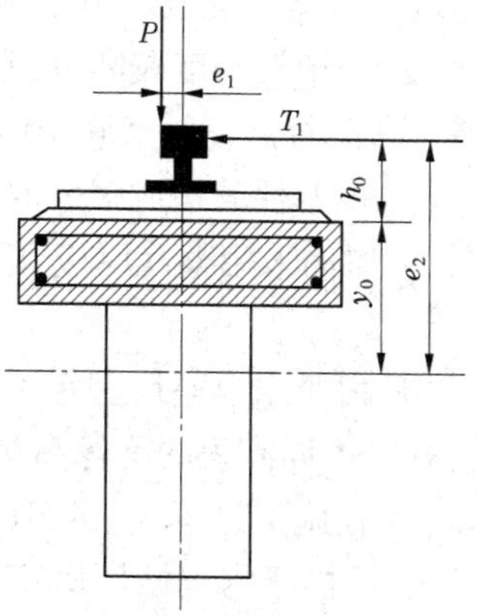

图 12-7　吊车梁承受的横向制动力和扭矩

此外，对预制吊车梁的运输和吊装过程，自重应乘以动力系数 1.5。

（二）吊车梁内力计算

吊车梁的内力计算和截面设计包括以下内容：

（1）承受移动竖向轮压作用的内力计算。

（2）承受移动横向水平制动力作用的内力计算。

（3）正、斜截面的强度计算。

（4）扭矩计算。吊车梁受到的扭矩是由梁顶钢轨安装偏差 e_1（一般为 2 cm）和由横向水平制动力 T_1 对截面弯曲中心的距离 e_2（等于 h_0+y_0）两项组成的，其中 h_0 为轨顶到吊车梁顶的垂距，一般取 20 cm；y_0 为截面弯曲中心到截面顶面的垂距，如图 12-7 所示。

（5）挠度计算。电动桥式吊车最大允许挠度：钢筋混凝土吊车梁为 $L_0/600$（L_0 为吊车梁计算跨度）；钢结构为 $L_0/750$。

（6）裂缝宽度验算和局部拉应力计算。

对预制吊车梁须进行施工期的吊装验算。对预应力混凝土吊车梁还需进行局部应力验算。

吊车梁是直接承受吊车荷载的承重结构，除吊车梁自重、轨道及附件等均布恒载外，主要承受移动的竖向集中荷载和横向水平制动力，因此需用影响线求出各计算截面的最大（或最小）内力，画出内力包络图，并据此进行截面强度设计及抗裂或限裂、变形等验算。

二、排架柱

排架柱是厂房上部的主要承重结构，它承受屋面、吊车梁、楼板、风雪等荷载。在高尾水位的水电站还承受下游水压力。厂房排架柱一般采用钢筋混凝土结构，以牛腿面为界分上柱和下柱。

与一般工业厂房相比，水电站排架柱具有如下特点：

(1)承受的荷载大且种类繁多。大中型水电站吊车容量常达数百吨，有的达数千吨。安装间荷载常为0.05 ~0.2 MPa，发电机层楼板荷载一般为0.02~0.07 MPa。

(2)排架柱高度较高，通常为20~30 m。主厂房一般为单层排架，安装间单层、多层均有。排架柱跨度一般在10~25 m范围内，且大多是单跨排架。

(3)排架柱的构成多采取实复柱与屋面大梁现场浇筑的整接形式。有的水电站因特殊需要，屋面采用整片厚板，围护结构采用钢筋混凝土墙，由厚板、墙、柱整体浇筑构成排架。

(4)由于水电站厂房水下结构开有各种类型的孔洞及其他布置，排架柱往往形成上、下游柱脚不同高程的不等高结构。

(5)在施工过程中，机组的安装使排架柱处于独立承载的不利受力状态。

另外，由于水电站厂房布置各不相同，排架柱的形式、尺寸、受荷情况也不相同，设计较难标准化、定型化。

(一)排架柱设计荷载

作用在排架柱上的荷载分恒载和活荷载两类(见图12-8)。

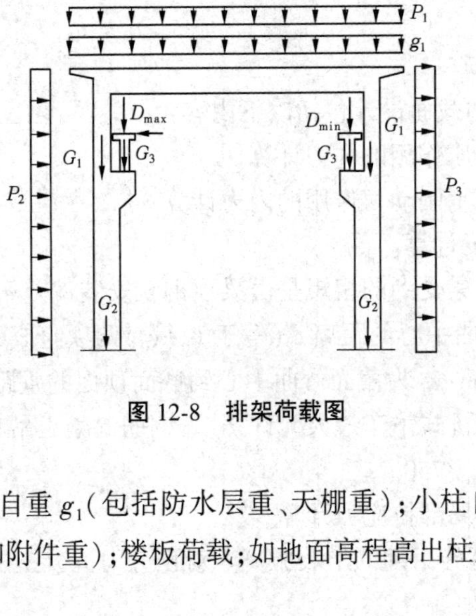

图12-8　排架荷载图

1. 恒载

恒载一般包括：屋面自重 g_1(包括防水层重、天棚重)；小柱自重 G_1；大柱自重 G_2；吊车梁自重 G_3(包括轨道和附件重)；楼板荷载；如地面高程高出柱底高程，在上游侧尚有填土压力或山岩压力等。

2. 活荷载

一般包括屋面活荷载(人群荷载或雪荷载) p_1，吊车竖向荷载 D_{max}、D_{min}，横向水平制动力 T_{max}，风荷载 P_2、P_3 等，温度应力和干缩应力。如下游水位高出柱底高程，还有尾水压力。如厂房建在地震区，还有地震荷载。

作用在排架柱上的最大竖向荷载 D_{max} 为吊车梁作用最大轮压 P_{max} 时的支座反力，D_{min} 为另一侧相应的反力，D_{max} 与 D_{min} 同时产生，计算时不考虑动力系数。如吊车梁为连续结构，可视为简支梁来计算 D_{max}、D_{min}。

横向水平制动力 T_{max} 的计算，按下式进行：

$$T_{max} = \frac{D_{max} T_1}{P_{max}} \tag{12-12}$$

荷载组合要选择可能发生的最不利情况进行组合。

(二)排架计算简图

厂房排架结构为一空间构架,但一般均简化成按纵、横两方向的平面结构分别进行计算。

由于纵向平面排架柱较多,刚度较大,荷载较小,往往可不必计算。但当厂房围护结构为砖墙,开窗面积较大,且吊车梁又是简支的情况下,应进行纵向平面排架柱的计算。

横向平面排架柱由于荷载大,刚度相对较小,是排架计算的主要内容。

1. 计算单元

横向平面排架是由相邻柱距的中线划出一个典型区段作为一个计算单元的,如图 12-9 所示。除吊车等移动荷载外,图中阴影线部分就是一个排架柱的受荷范围。

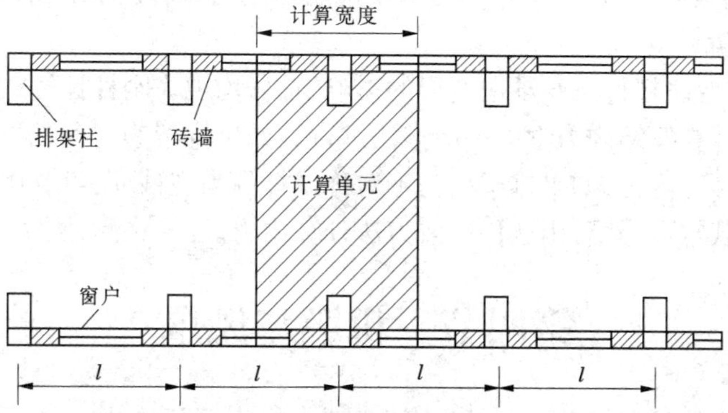

图 12-9　排架计算单元

2. 计算简图

排架由于上、下柱截面不等,为一变截面排架,其计算简图根据柱与屋面大梁、楼板和基础连接的实际情况选取,如图 12-10 所示。

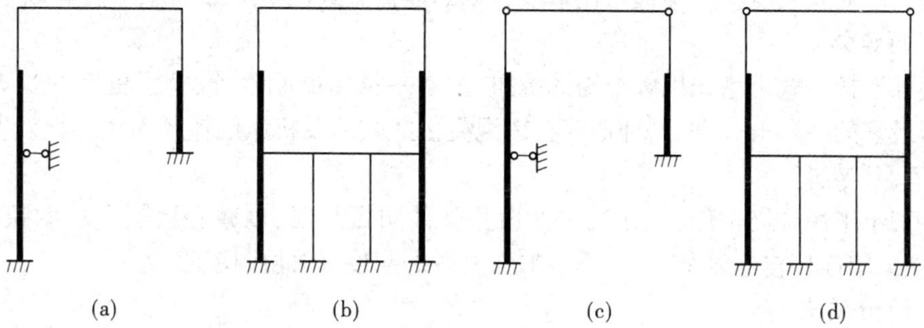

图 12-10　主机间和安装间典型排架计算简图

(1)当排架柱与屋面大梁整体浇筑时,柱与梁视为刚接;屋盖采用厚板结构时,也为刚接;当屋盖采用屋架结构时,柱与屋架视为铰接。

(2)排架柱与基础连接。排架上游柱脚一般假设固定在水轮机层块体混凝土顶部，并避开进厂钢管或蝴蝶阀坑等大孔洞。如上游墙较厚，墙柱的刚度比在 12～15 时，则上游柱可假设固定在底墙顶部。当厂房下游墙为与尾水闸墩整体浇筑的厚墙时，排架下游柱脚可假设固定在尾水闸墩顶部，否则按固定在水轮机层考虑。

(3)排架柱与楼板连接。主机间发电机层楼板一般为后浇的二期混凝土，且刚度较小，楼板可视为柱的铰支承。安装间楼板刚度较大，且大梁与柱均为一期混凝土整体浇筑，柱与梁可视为刚接。

(4)计算简图中，横梁的计算工作线取截面形心线(屋架则取其下弦线)。柱取上部小柱的形心线，整个柱为一阶形变截面构件。

3. 计算宽度

计算排架各杆的刚度时，柱截面计算宽度的取法为：当围护结构为砖墙时，取柱宽；当围护结构为与柱整浇的混凝土墙时，取窗间净距。横杆计算宽度的取法是：当横杆为独立梁(采用预制屋面板)时，取梁宽；当横杆为整浇肋形结构时，按 T 形截面梁计算刚度。

(三)内力计算

排架计算中，忽略杆件自身轴向变形的影响，各杆均视为刚杆计算。

排架的内力计算按结构力学的一般方法进行。如果排架为对称的二阶形柱 Π 形，可利用现成的图表计算内力；如果排架柱为不对称或杆件为变截面，可利用专门图表查出各杆件的形常数和载常数，然后用迭代法或力法计算内力。

第四节　机墩与风罩

机墩是立式水轮发电机的支承结构，其底部与蜗壳顶板连成一体，承受着巨大的静、动荷载，必须具有足够的刚度、强度、稳定性和耐久性。本节主要介绍适用于大中型水电站厂房的圆筒式机墩的结构计算原理与方法。

一、机墩或风罩与发电机层楼板的连接形式

对于圆筒式发电机层楼板与机墩或风罩的连接方式(见图 12-11)，一般有以下几种。

(一)整体式

这种连接方式可增强机墩结构的抗扭、抗水平推力的刚度，改善了机墩的受力情况，是应用最多的一种形式，但这种形式会因混凝土的收缩及机墩的振动而使楼板发生裂缝。

(二)简支式

有利于采用预制构件，并在机墩处设置弹性防振垫层，以减轻楼板受机墩振动的影响，简支式的连接构造复杂些，又不能加强机墩的刚度，因此应用不广。

(三)分离式

楼板与机墩自成独立的受力系统，互不影响，楼板上的荷载通过梁柱系统直接传给基础，楼板不受机墩振动的影响。对小型水电站没有单独的副厂房时，可将部分辅助设备布置在发电机层楼板上，由于楼板不支承在机墩上，楼板的浇筑及楼板上设备的安装均可在机墩施工前进行，可加快水电站的施工进度。

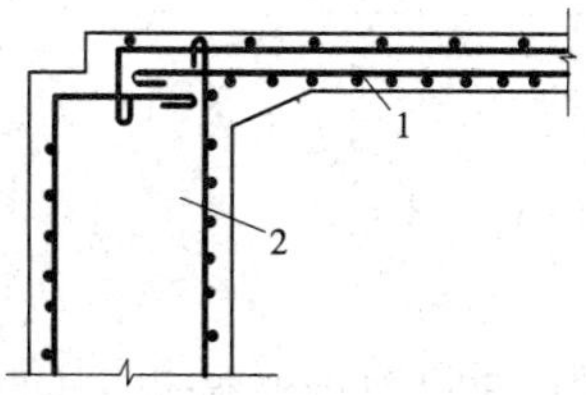

(a)机墩与楼板整体式连接

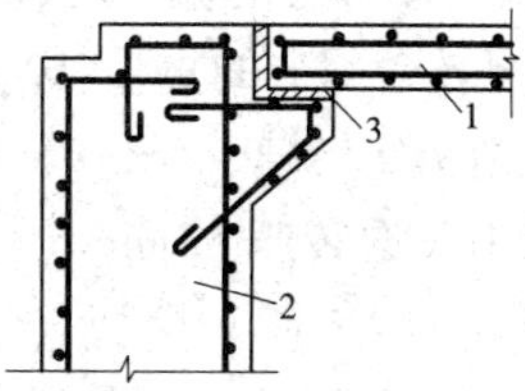

(b)机墩与楼板简支式连接

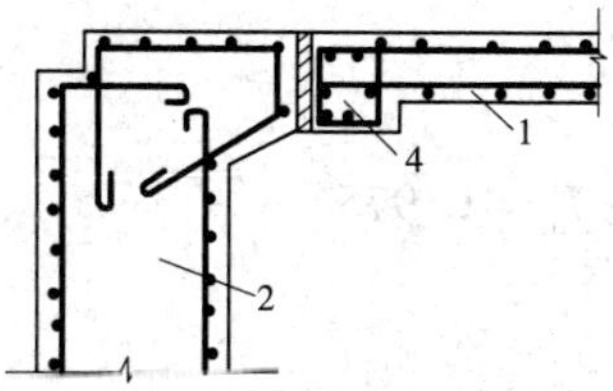

(c)机墩与楼板分离式连接

1—楼板;2—机墩或风罩;3—弹性垫层;4—次梁

图 12-11　机墩与楼板的连接方式

二、作用在机墩上的荷载及荷载组合

(一)荷载

1. 垂直静荷载 A_1

垂直静荷载包括机墩自重,发电机层楼板重及其荷载,发电机定子、励磁机定子及附属设备等重,上机架、下机架重,定子基础板重,下支架在顶起转子时的负荷。这些荷载通过定子基础板作用于机墩顶部。

2. 垂直动荷载 A_2

垂直动荷载包括发电机转子连轴及励磁机等重,水轮机转轮连轴重,轴向水推力。通过推力轴承传给机架再传至机墩。

发电机层楼板传来的荷载应由厂房上部结构计算得出。机组部分重量和轴向水推力资料由制造厂家提供,在未取得厂家资料以前,机组重量可参考机组造型参数表数据。轴向水推力可由下式估算:

$$P_{水推} = K\frac{\pi D_1^2}{4}H_{max}\quad (kN) \tag{12-13}$$

式中　D_1——水轮机转轮直径,m;

H_{max}——最大水头,m;

K——系数。

3. 水平动荷载 A_3

由于发电机转子中心与转动中心不相重合,有一个偏心距 e,因而机组在运行中就产生了惯性离心力,从而引起机墩的振动离心力。通过导轴承传给机墩。按下式计算:

正常运行
$$P_m = 0.001\,1eGn_0^2 \tag{12-14}$$

飞逸状态
$$P_{mp} = 0.001\,1eGn_p^2 \tag{12-15}$$

式中 e——机组转动部分的偏心距,m;

G——机组转动部分的重量,kN;

n_0——机组额定转速,r/min;

n_p——机组飞逸转速,r/min。

4. 扭矩荷载 A_4

转子磁场对定子磁场的引力受到切向力的作用,通过机墩基础板的固定螺栓形成机墩扭矩。由下式计算

机组的正常扭矩由下式计算:

$$T_n = 0.975 \frac{N\cos\varphi}{n_0} \tag{12-16}$$

式中 T_n——正常扭矩,kN · m;

N——机组的视在功率,kV · A;

$\cos\varphi$——功率因数;

n_0——机组额定转速,r/min。

发电机短路时,由于巨大的短路电流而产生的突然扭矩,是一个冲击荷载,其值比正常扭矩大得多,可按下式计算:

$$T'_n = 9.75 \frac{N}{nx_2} \tag{12-17}$$

式中 T'_n——短路扭矩,kN · m;

x_2——发电机的暂态电抗,其值为 0.18~0.33,由厂家提供。

(二)荷载组合

机墩荷载组合按表 12-3 采用。

表 12-3 机墩荷载组合

荷载组合	计算情况	荷载名称					
		A_1	A_2	A_3		A_4	
				正常	飞逸	正常	短路
基本组合	正常运行	√	√	√		√	
特殊组合	1. 短路时	√	√	√			√
	2. 飞逸时	√	√		√		

三、圆筒式机墩的结构计算

(一)静力计算

圆筒式机墩按上端自由(不计发电机层楼板的刚度)、下端固结于蜗壳顶盖上(矮机墩除外)的等截面圆筒计算。作用在机墩上的荷载,可按均布荷载计算,即按实际作用位置分别换算为沿相当圆筒中心圆周上的垂直均布静、动荷载,作用于机墩截面形心。根据力的平移法则,将全部垂直荷载简化为作用在圆筒截面中和轴上的轴力 P 和它对中和轴

的弯矩 M,如图 12-12 所示。

在静力计算时,除轴向水压力外,所有静动荷载均乘以 1.3~1.5 的动力系数。

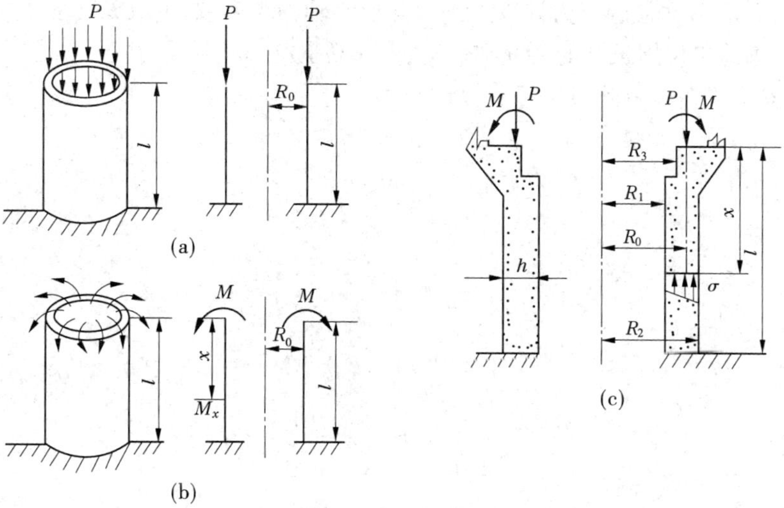

图 12-12　圆筒式机墩结构计算简图

1. 内力计算

当圆筒较矮厚,即圆筒高度 $L<\pi/\beta$ 时,可沿圆筒中心周长截取单位宽度,按上端自由、下端固定的偏心受压柱计算。单宽圆筒端截面最大轴力和最大弯矩为

$$P_{max}=P \tag{12-18}$$

$$M_{max}=M \tag{12-19}$$

当圆筒较高薄,即圆筒高度 $L>\pi/\beta$ 时,可按整体薄壁长圆筒计算,当筒顶单位周长作用弯矩为 M 时,距端顶 x 处截面弯矩 M_x 为

$$M_x=M\phi(\beta x) \tag{12-20}$$

式中函数:

$$\phi(\beta x)=e^{-\beta x}(\cos\beta x+\sin\beta x)$$

$$\beta=\sqrt[4]{\frac{3(1-\mu^2)}{R_0^2h^2}}$$

式中　M——作用于圆筒顶部中心的单位周长弯矩,kN·m;

R_0——机墩的平均半径,m;

h——圆筒的壁厚,m。

作用于距筒顶 x 处单位周长上的轴力:

$$P_x=P \tag{12-21}$$

2. 各截面的垂直应力分布

求得截面的 M_x 及 P_x 后,可按偏心受压构件的计算公式求各截面的垂直应力分布:

$$\sigma=\frac{P_x}{F}\pm\frac{M_xC}{J} \tag{12-22}$$

式中 P_x——作用在距筒顶 x 处单位周长上的轴力,kN;

F——圆筒单位周长上的受压面积,$F=1\times h$,m^2;

C——计算截面上的应力计算点到截面形心轴的距离,这里取 $h/2$,m;

J——圆筒单位周长上的断面惯性矩,$J=1\times h^3/12$,m^4。

3. 扭矩及水平离心力作用下剪应力计算

1)扭矩作用下的剪应力

正常扭矩
$$\tau_{x1}=\frac{M_n r\eta}{J_p} \tag{12-23}$$

短路扭矩
$$\tau_{x2}=\eta'\frac{M'_n r}{J_p} \tag{12-24}$$

$$J_p=\frac{\pi}{32}(D^4-d^4)$$

$$\eta'=\frac{2[1+\frac{T_a}{t_1}(1-e^{-\frac{t_1}{T_a}})]}{1+e^{\frac{-0.01}{T_a}}}$$

$$t_1=30/n_p$$

式中 η——动力系数;

r——计算点距圆筒中心的距离,m;

J_p——圆环截面极惯性矩,m^4;

d、D——计算圆环的内、外直径,m;

η'——短路扭矩的冲击系数;

T_a——发电机的时间因数,s;

n_p——发电机的飞逸转速。

2)水平离心力作用下的剪应力

正常运行
$$\tau_{x3}=\frac{P_m\eta}{F} \tag{12-25}$$

飞逸状态
$$\tau_{x4}=\frac{P_{mp}\eta}{F} \tag{12-26}$$

式中 F——圆环截面面积,m^2;

其他符号含义同前。

4. 机墩强度校核

按第三强度理论进行校核。机墩内外壁最大主拉应力按下式验算:

$$\sigma_{主}=\frac{1}{2}(\sigma_x-\sqrt{\sigma_x^2+4\tau^2})\leqslant R_l/K_h \tag{12-27}$$

式中 R_l——混凝土的抗拉强度,MPa;

K_h——混凝土抗拉强度安全系数,按《水工混凝土结构设计规范》(SL 191—2008)采用。

当机组正常运行时，$\tau=\tau_{x1}+\tau_{x3}$；当机组短路时，$\tau=\tau_{x1}+\tau_{x1}+\tau_{x3}$；当机组飞逸时 $\tau=\tau_{x4}$。

(二)动力计算(包括验算共振、振幅和动力系数计算)

机墩动力计算目的如下：

(1)校核机墩强迫振动和自振之间是否会产生共振现象；

(2)验算振幅是否在允许范围内；

(3)核算动力系数(为静力计算所用)。

机墩自振频率的计算通常简化为单自由度体系的振动，将机墩圆筒本身的重量，用一个作用于筒顶的集中质量(相当质量)来代替，在计算自振频率和动力系数中，假定为无阻尼作用，并认为机墩振动是在弹性范围内的微幅振动。

1. 自振频率计算

机墩的自振频率，一般分为垂直、水平和扭转三种自振频率。

1)垂直自振频率

机墩的振动是由无阻尼单自由度体系来确定自由振动频率的，因而其垂直自振频率为

$$n_{01}=\frac{30}{\sqrt{G_1\delta_1}}=\frac{30}{\sqrt{(\sum P_i+P_0)\dfrac{H}{E_hF}+P_a\delta_p}}\quad(\text{r/min})\qquad(12\text{-}28)$$

式中　H——机墩的高度，m；

F——机墩截面面积，m^2；

E_h——混凝土的弹性模量，kPa；

$\sum P_i$——作用在机墩顶部的全部垂直荷载，kN；

P_a—— 蜗壳顶板自重，kN；

P_0—— 机墩自重，kN；

δ_p——蜗壳顶板在单位垂直力作用下的挠度，m/kN。

2)水平横向自振频率

$$n_{02}=\frac{30}{\sqrt{G_2\delta_2}}=\frac{30}{\sqrt{(\sum P_i+0.35P_0)\dfrac{H^3}{3E_hJ_p}}}\quad(\text{r/min})\qquad(12\text{-}29)$$

式中　J_p——机墩截面惯性矩，m^4；

δ_2——机墩顶端作用单位水平力时的水平变位，m/kN，可按下端固定、上端自由的空心圆筒悬臂梁求得，即忽略楼板对机墩顶的固结影响。

3)水平扭转自振频率

$$n_{03}=\frac{60}{2\pi}\sqrt{\frac{g}{J_\varphi\varphi}}=\frac{30}{\sqrt{J_\varphi\varphi}}\quad(\text{r/min})\qquad(12\text{-}30)$$

$$J_\varphi=\sum P_ir_i^2+0.35P_0R_0^2\qquad(12\text{-}31)$$

式中　J_φ——相当于集中在机墩顶端的荷载转动惯量，kN·m^2；

r_i——垂直荷载至回转中心距离，m；

R_0——机墩的平均半径,m;

φ——单位扭矩作用下机墩的扭转角,$\varphi=\dfrac{H}{GI_p}$,rad/kN · m;

G——混凝土的剪切弹模,kPa;

I_p——机墩的极惯性矩,$I_p=\dfrac{\pi(D^4-d^4)}{32}$,$m^4$;

d、D——机墩内、外直径,m。

2. 机组强迫振动频率

机组在正常运行时,机墩受迫振动一般可有以下两种:

(1)由机组转子质量不平衡产生的强迫振动,其频率等于机组每分钟转数,即

$$n_1 = n(\text{或 } n_p) \quad (\text{r/min}) \tag{12-32}$$

这就是机组离心力的振动频率,对机墩来讲,它是外力,所以称为强迫振动频率,振动的方向是水平的。

(2)由水力冲击产生的强迫振动,其频率等于导叶叶片与转轮叶片在运动中的相互交会次数,即

$$n_2 = \frac{n_0 Z_1 Z_2}{a} \quad (\text{r/min}) \tag{12-33}$$

式中 Z_1、Z_2——导叶叶片数与转轮叶片数;

a——Z_1、Z_2 的最大公约数。

3. 共振校核

求出强迫振动频率 n_1、n_2 以及自振频率 n_{01}、n_{02}、n_{03} 后,即可进行共振校核。为避免与机墩自振频率发生共振,要求机墩的自振频率与强迫振动频率之差和自振频率之比应大于 20%~30%。如果不能满足,则应修改机组尺寸。

4. 振幅计算

振幅计算包括垂直振幅、水平横向振幅和水平扭转振幅三种。

1)垂直振幅

$$A_1 = \frac{P_1}{G_1/g}\frac{1}{\sqrt{(\lambda_1^2-\omega_1^2)^2+0.2\omega_1^2\lambda_1^2}} \tag{12-34}$$

式中 λ_1——垂直方向的自振圆频率,$\lambda_1=\dfrac{2\pi n_{01}}{60}=0.104\ 7n_{01}$,1/s;

ω_1——垂直方向的迫振圆频率,$\omega_1=\dfrac{2\pi n_1}{60}=0.104\ 7n_1$,1/s;

P_1——作用在机墩上的垂直动荷载,kN。

2)水平横向振幅

$$A_2 = \frac{P_2}{G_2/g}\frac{1}{\sqrt{(\lambda_2^2-\omega_2^2)^2+0.2\omega_2^2\lambda_2^2}} \tag{12-35}$$

式中 λ_2——水平方向的自振圆频率,$\lambda_2=\dfrac{2\pi n_{02}}{60}=0.104\ 7n_{02}$,1/s;

ω_2——水平方向的迫振圆频率，$\omega_2=\dfrac{2\pi n_2}{60}=0.1047n_2$，1/s；

G_2——作用在机墩上的全部垂直荷载加 0.35 倍机墩自重，kN；

P_2——作用在机墩上的水平动荷载，即离心力 $P_2=\dfrac{G}{g}e\omega_2^2$，kN。

3）水平扭转振幅

$$A_3=\frac{M_nR}{\dfrac{I_\varphi}{g}\sqrt{(\lambda_3^2-\omega_3^2)^2+0.2\lambda_3^2\omega_3^2}} \tag{12-36}$$

式中　M_n——正常扭矩或短路扭矩，kN·m；

R——机墩的外圆半径，m；

I_φ——作用在机墩顶部荷载的转动惯量加 0.35 倍自重的转动惯量，kN·m²；

λ_3——机墩扭转自振频率，$\lambda_3=0.1047n_{03}$，1/s；

ω_3——机墩扭转迫振频率，$\omega_3=0.1047n_p$，1/s。

5. 振幅校核标准

为保持机组的旋转稳定性，算出的振幅值应满足：

垂直振幅　　$A_1<0.10\sim0.15$ mm

水平振幅　　$A_2+A_3<0.15\sim0.20$ mm

6. 动力系数的核算

结构在动荷载作用下的变形与应力比静荷载所产生的变形与应力大，即

$$\eta=\frac{1}{1-\left(\dfrac{n_i}{n_{0i}}\right)^2} \tag{12-37}$$

式中　η——动力系数；

n_i——机墩强迫振动频率，r/min；

n_{0i}——机墩在相应于 n_i 方向的自振频率，r/min。

在机墩结构计算时，将动荷载乘以动力系数当成静荷载计算，设计中 η 值一般采用 1.3~1.5。从式（12-37）中计算出的 η 值若小于 1.3~1.5，仍采用 1.3~1.5。

四、圆筒式机墩配筋

圆筒式机墩沿圆筒圆周配置竖向钢筋、水平环向钢筋、孔口钢筋，一般不布置斜向钢筋。

竖向受力筋应按偏心受压柱计算确定。直径不小于 16 mm，间距不大于 30 cm，沿内外壁各布置一层，兼起架立筋的作用。

环向钢筋起固定竖向钢筋、抵抗温度应力、混凝土收缩应力及环向力作用。由于机墩水平环向截面大，环向应力相对较小，一般均按构造配筋，直径不小于 12 mm，间距不大于 30 cm。

大孔口根据孔口应力计算结果，按应力大小在孔边配环向筋，直径 10~16 mm，间距不大于 10~15 cm；小孔口孔边配适量的钢筋。

五、风罩墙的结构计算

风罩墙一般是钢筋混凝土薄壁圆筒结构,底部与机墩圆筒顶部固结,顶部与发电机层楼板的连接有整体式、简支式和分离式三种。风罩墙一般是整体浇筑,也可用预制构件分片组合。

(一)风罩墙计算简图

风罩墙结构计算简图通常有两种:

(1)当风罩墙半径与壁厚之比(R/δ)大于10,并且高度较大时,可按有限长的薄壁圆筒公式计算,底部固结,顶部自由或径向简支。

(2)当开孔较多且尺寸较大,破坏圆筒整体性时,按圆周上为单宽的竖向梁计算,底部固结,顶部采用自由、铰支、固接或与发电机层楼板刚结,风罩墙与发电机层楼板一起按Γ型框架计算,但环向要适当布筋加强。

(二)荷载

风罩墙承受的荷载如下:

(1)结构自重。

(2)发电机层楼板传来的荷载。

(3)发电机上支架千斤顶水平推力。

(4)发电机产生短路扭矩时,发电机层楼板施于风罩的约束扭矩。

(5)温度应力。温度应力不与千斤顶力组合。

(三)内力计算及配筋

根据各项算出的纵向弯矩、水平径向剪力、纵向轴力、环向弯矩和环向轴力后,分别按最不利组合叠加。以纵向弯矩、纵向轴力按偏心受压构件配置风罩墙纵向钢筋,以环向弯矩按受弯构件配置环向钢筋,环向轴力忽略不计,并用水平径向剪力校核风罩墙水平截面的抗剪强度。

第五节 蜗壳结构计算

蜗壳是水轮机的进水设备,进口与引水钢管连接,把水流引向水轮机导水叶进入转轮。其尺寸与断面形状由制造厂家根据水力模型试验确定。

蜗壳必须满足强度条件,并不应开裂与渗漏。当水电站最高水头 $H_{max} \geqslant 40$ m 时,应采用圆形断面的金属蜗壳,外包以钢筋混凝土。当水电站最高水头<40 m时,可采用梯形断面的钢筋混凝土蜗壳,但对水头超过30 m的情况,宜采用薄钢板衬砌,防止混凝土裂缝而渗水。

一、钢蜗壳外围混凝土结构计算

(一)构造方法

金属蜗壳是圆形薄壁结构,金属蜗壳与外围混凝土之间,在蜗壳上半部与外围混凝土之间应设2~4层总厚为2~4 cm的沥青油毛毡或软木玛琋脂等弹性垫层,使两者互相分离,受力互不传递。钢蜗壳承担全部内水压力,外围混凝土结构承担上部结构传来的荷载及自重,如图 12-13 所示。

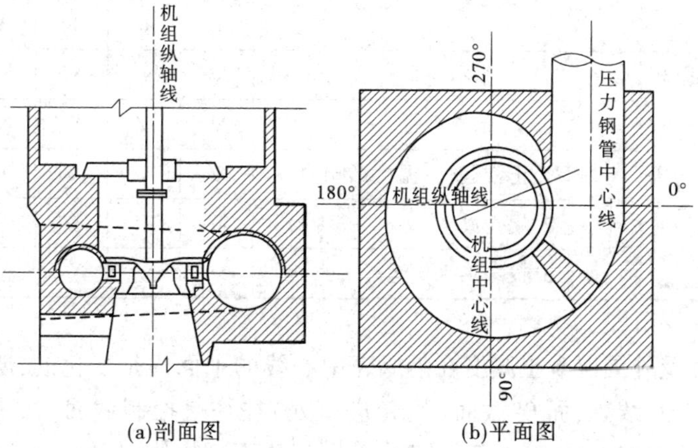

图 12-13　金属蜗壳外围混凝土结构

对此种蜗壳,结构计算主要是针对蜗壳中心线以上的外围混凝土结构,蜗壳中心线以下部分混凝土与块体结构整体浇筑,不必计算。

当金属蜗壳与外围混凝土之间不设垫层时,外围混凝土结构除承受结构自重和外荷载外,还要承受部分内水压力。

(二)荷载与荷载组合

金属蜗壳外围混凝土结构承受的荷载及荷载组合如下。

1. 荷载

(1)结构自重 A_1。

(2)机墩传来的荷载 A_2。机墩静力计算中求出的底面正应力假定为直线分布。

(3)水轮机层地面活荷载 A_3。参考实际工程资料确定。

(4)内水压力(包括水击压力)A_4。

(5)外水压力 A_5。

(6)温度影响力 A_6。

2. 荷载组合

蜗壳外围混凝土结构荷载组合按表 12-4 采用。

(三)蜗壳结构计算模型

蜗壳外围混凝土是空间整体结构,当不考虑金属蜗壳与外围混凝土结构联合作用时,内力计算一般按平面问题处理。设计中常沿蜗壳中心线径向切取若干单位宽度的截面,按平面 Γ 形框架进行计算;对大型工程宜采用三维有限元分析。

当有技术经济论证时,也可考虑由蜗壳与外围混凝土联合作用,水压力由钢蜗壳与外围混凝土共同承担。内力计算由三维有限元分析、结构模型试验确定。

表 12-4　蜗壳外围混凝土结构荷载组合

蜗壳形式	荷载组合		荷载名称					
			A_1	A_2	A_3	A_4	A_5	A_6
金属蜗壳外围混凝土	基本组合		√	√	√			
钢筋混凝土蜗壳	基本组合		√	√	√	√	√	
	特殊组合	1. 正常运行+温度影响力	√	√	√	√	√	√
		2. 蜗壳放空	√	√	√		√	
		3. 校核洪水位运行	√	√	√	√	√	

因蜗壳尺寸及外围混凝土厚度在沿蜗壳中心线的平面内是变化的，所取的截面一般为 0°、90°、180°包角线处，而 0°截面（蜗壳进口处）往往是控制截面。Γ 形框架横梁（顶板）与座环连接端假定为铰接，蜗壳边墙底部固接于下部块体混凝土上或安装高程处，如图 12-14 所示。

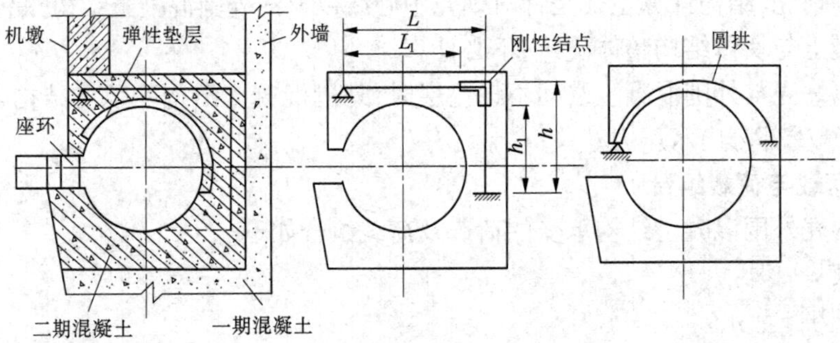

(a)　(b)　(c)

图 12-14　钢蜗壳外围混凝土结构计算简图

蜗壳外围结构的一、二期混凝土间易形成冷缝，故 Γ 形刚架截面厚度仅考虑二期混凝土的厚度。

计算简图的选取以杆件曲面中心轴线为准。

(1) 当杆件截面厚度较小，截面最小高度 h 与计算跨度 L 之比 $h/L<1/5$ 或蜗壳尺寸很小时，可忽略结点宽度和剪切变形影响，按一般 Γ 形刚架计算。

(2) 当杆件截面厚度很大，$h/L>1/5$ 时，应考虑结点刚度和剪力引起的剪切变形对结构内力的影响，可将结点宽度范围内的杆件用刚性杆段代替，如图 12-14(b) 所示。

为简化计算，可按杆件中心线长度 L 及 h 构成的 Γ 形刚架计算跨中弯矩，用净跨长 L_1 及 h_1 构成的 Γ 形刚架计算结点弯矩。初步估算时也可按净跨 L_1 及 h_1 构成的 Γ 形刚架计算内力，不考虑刚性杆段作用。

(3) 若蜗壳边墙较厚，或相邻两机组段之间不设永久性变形缝，蜗壳边墙刚度比顶板刚度大 8 倍以上时，可考虑按一端铰接于座环，另一端固接于边墙的梁或圆拱计算，如图 12-14(c) 所示。

（四）内力计算

根据计算简图及荷载，用结构力学方法求出杆件内力。

(1)不考虑剪切变形和结点刚性影响。Γ形刚架的内力计算可直接利用有关建筑结构计算手册图表及公式进行。

(2)考虑剪切变形和结点刚性影响。这种Γ形刚架的内力计算，在杆件形常数和载常数计算中，需计入剪切变形和结点刚性影响，其他计算完全相同。

（五）配筋原则

由于蜗壳断面小的地方用Γ形刚架计算内力不很合理，一般除进口断面按计算配筋外，其余部位可采用计算值的80%配筋或按构造配筋。

蜗壳顶板按受弯构件配筋。受力筋径向辐射等距布置，上下各一层。上层钢筋可分区按一定等差切断，但切断点应伸出边墙外周边 $30d$（d 为钢筋直径）以上。下层钢筋可沿金属蜗壳表面整环布置，两端与座环焊接。计算时不计水平环向约束，但在顶板及边墙的环向应配置构造钢筋及温度筋，直径不小于20 mm，间距不大于20~30 cm。

蜗壳的边墙按偏心受压构件配筋，受力筋垂直向布置，分内、外两层，直径不宜小于12~16 mm，间距不大于20~30 cm。外围混凝土结构的配筋情况，如图12-15所示。

外围混凝土结构不需验算斜截面强度。混凝土允许开裂，但应验算裂缝开展宽度。

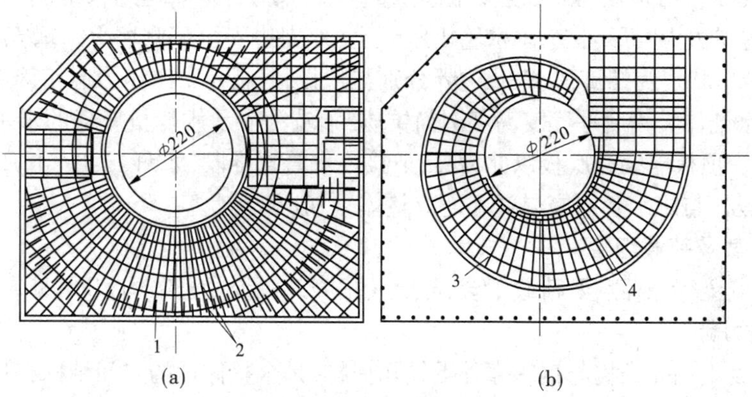

1—水平环向构造温度筋；2—径向受力筋等差切断；
3—径向受力筋沿蜗壳表面整环布置；4—水平环向构造温度筋

图12-15　金属蜗壳外围混凝土结构配筋图

二、钢筋混凝土蜗壳

钢筋混凝土蜗壳既承受自重与上部结构传来的荷载，又承受内水压力。由于这种蜗壳过流量大、防渗要求高、体形复杂，因此对设计施工的要求较高，必须满足强度、抗渗要求。蜗壳组成如图12-16所示，包括以下几部分：

(1)进口段。由顶板、边墙、底部大块体结构或底板组成。当进口段横截面跨度较大时，可在跨中设中墩以改善顶板受力条件。

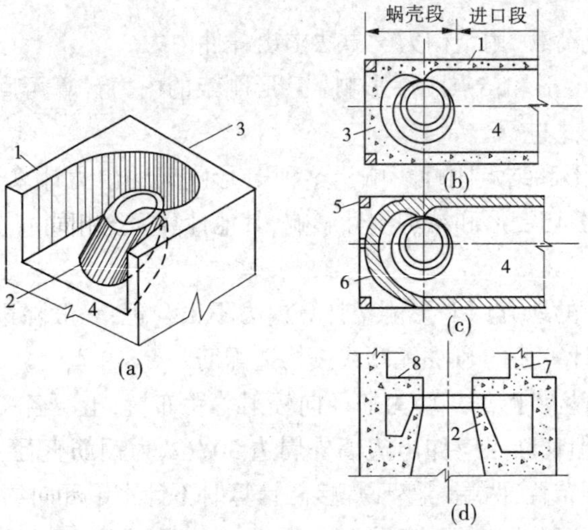

1—侧墙;2—尾水锥体;3—下游压力墙;4—进口底板;
5—排架柱;6—环形薄墙;7—机墩;8—顶板

图 12-16　钢筋混凝土蜗壳组成图

(2)蜗壳段。由顶板、侧墙(左右侧墙、下游墙)及底部大块体结构组成。顶板为螺旋形环形板,内周边为圆形,支承于水轮机座环上,外周边支承于侧墙上。蜗壳段侧墙为厚壁块体墙,其形状也为螺旋形,三个边界分别与顶板、底板及下游压力墙相接。

(3)尾水锥体。为变厚度变高度圆筒锥体,顶端为支承水轮机座环的水平圆环,支承顶板内周边。顶板与蜗壳底板以此为界,下接尾水管直锥段,如图 12-16(d)所示。

(4)底板。与尾水管周围混凝土连成整体,一般不予计算。

(一)荷载及荷载组合

钢筋混凝土蜗壳荷载及荷载组合,与金属蜗壳外围混凝土结构相同,见表 12-4。

(二)内力计算

钢筋混凝土蜗壳结构与钢蜗壳外围结构一样,是个整体性的空间结构,只有用三维有限元法才能求出蜗壳结构的整体应力状态。目前,设计中沿用的基本方法有结构力学法或弹性理论方法,对大型厂房应用三维有限元计算蜗壳结构内力。

1. 平面框架法

把钢筋混凝土蜗壳空间整体结构简化为平面框架计算,可利用结构力学常用图表计算。其方法与金属蜗壳外围混凝土结构相同。宜于中小型机组采用。

(1)进口段。沿水流方向切取单宽横截面,按固结于底板的 Π 形框架计算,荷载为内水压力及自重。

(2)蜗壳段。沿下游压力墙中心周长从径向切取单宽平面 Γ 形框架。框架横梁(蜗壳顶板)一端与水轮机座环铰接,另一端与蜗壳侧墙刚接,侧墙固结于蜗壳底板或尾水管顶板上。此法在计算中忽略了平面框架之间的相互作用即环向约束,如图 12-17(a)所示。计算简图上的刚架荷载按实际作用位置确定,如图 12-17(b)所示。

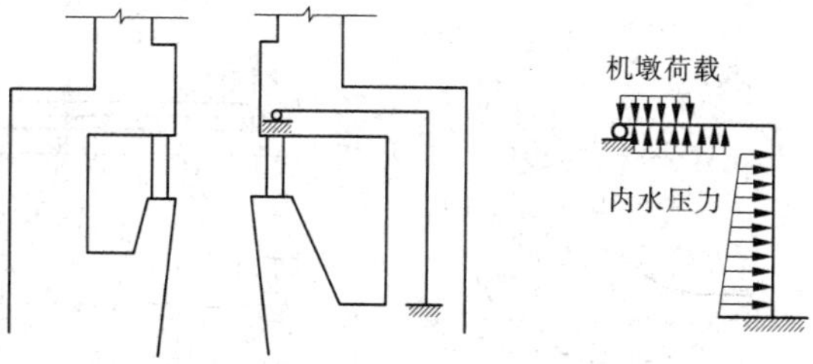

图 12-17　平面框架法

(3)尾水锥体。为一变厚变高的厚壁锥形圆筒,上端水平、下端为螺旋形曲面,如图 12-18(a)所示。计算时,一般简化为上端自由、下端固结于尾水管弯管和边墩上的等厚等高短圆筒。圆筒高度取进水口处锥体最大高度 H,厚度与直径取上、下两端平均值,如图 12-18(b)所示,图中 $r_0=(r_1+r_2)/2$。

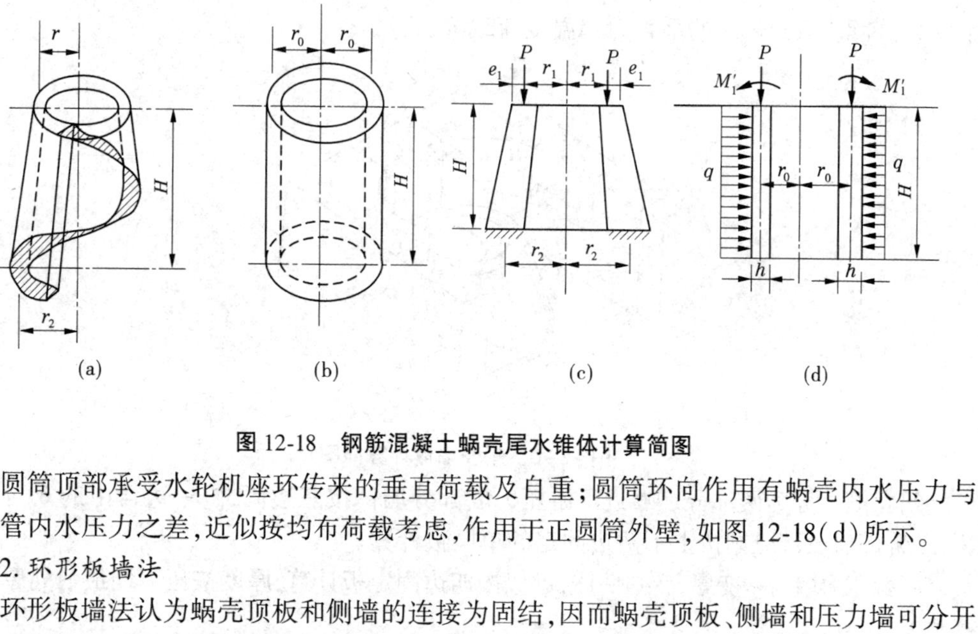

图 12-18　钢筋混凝土蜗壳尾水锥体计算简图

圆筒顶部承受水轮机座环传来的垂直荷载及自重;圆筒环向作用有蜗壳内水压力与尾水管内水压力之差,近似按均布荷载考虑,作用于正圆筒外壁,如图 12-18(d)所示。

2. *环形板墙法*

环形板墙法认为蜗壳顶板和侧墙的连接为固结,因而蜗壳顶板、侧墙和压力墙可分开计算,假定各为独立结构,不考虑相互之间的变位调整,仅考虑反力传递。

(1)进口段。顶板与侧墙都按两端固定的梁式板或双向板计算。

(2)蜗壳旋形段。旋形段顶板作为环形板计算或将顶板分成数块,每块均作为环形板的一部分计算,如图 12-19 所示。环形板外周视为固定端,内周根据具体布置情况确定支承形式:支承在水轮机导水叶座环上时,作为铰支考虑;当与机墩整结时,按固定端考虑。顶板荷载有自重、机墩传来的荷载、水轮机层地板传来的荷载及内水压力等。

环形板的内力计算应根据荷载与支承情况,按弹性力学方法计算内力。由于环形板以承受均布荷载为主,具体计算时可利用外周边固定、内周边自由的环形板在环面上作用均布荷载,沿内周边作用集中荷载或弯矩时内力计算的现成图表和公式,计算内周边的挠

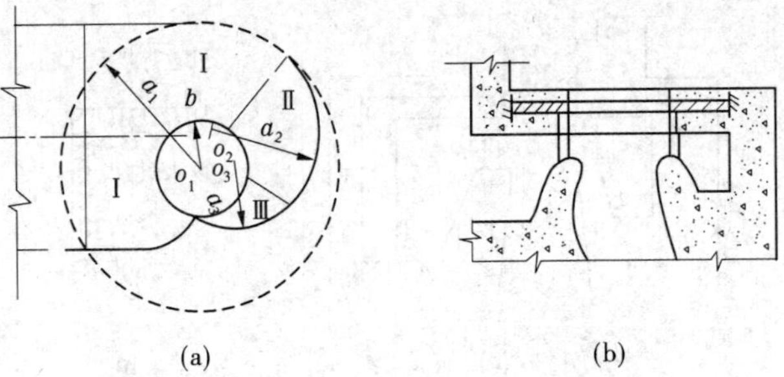

图 12-19　环形板

度、转角及内力值,根据实际支座处变位为零的条件,求出支座反力(集中力),并求出在支座反力作用下的内力与均布荷载作用下的内力叠加,从而得出各种内周边支承情况的环形板承受均布荷载时的内力。顶板还受到侧墙传来的径向拉力(内水压力产生),此拉力颇大,顶板应按偏心受拉构件计算配筋。

(3)蜗壳墙体由侧墙与下游压力墙组成,如图 12-20 所示。侧墙和压力墙的荷载有内水压力、自重、顶板传来的垂直力和温度荷载等。

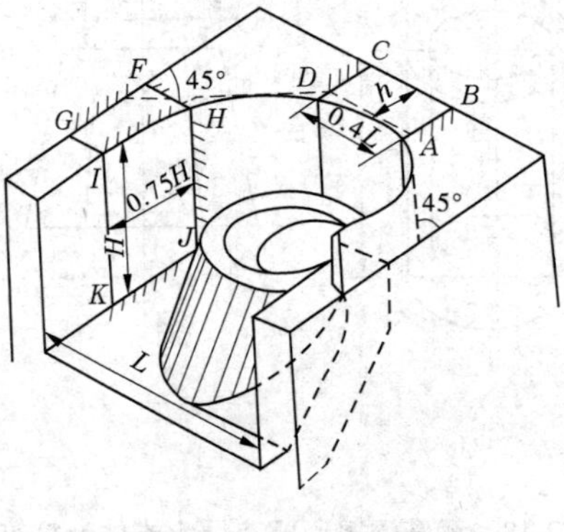

图 12-20　蜗壳墙体计算简图

蜗壳侧墙分为两部分。靠近下游压力墙部分墙体按三边固结、一边自由的双向板计算;上游进口段部分则按上下两边固定的单向板计算。

下游压力墙为一变厚、变高墙体,近似按四边固定板计算,厚度按压力墙最薄处厚度计算。

当下游压力墙为等厚环形薄墙时,可看作由许多高为 H 的单宽垂直梁和半径为 R 的水平圆环组成的结构,两者共同承担内水压力。垂直方向上、下两端分别固结于顶板及底板,水平圆环位于梁中部 $H/2$ 范围内,两端连接于侧墙。梁内侧水压力呈阶梯形分布,外侧受到水平圆环反力作用,梁顶部受到顶板传来的垂直荷载作用。根据梯形荷载 q 作用下垂直梁产生的挠度应与圆环在反力 P_k 作用下产生的环向伸长相等的变形相容条件,求出 P_k 作为外荷载作用于垂直梁,即可计算垂直梁的内力,如图 12-21 所示。

对侧墙与下游压力墙的内力计算,根据相应的图表和公式进行。侧墙还受到由顶板传来的轴向拉力(由内水压力产生),故侧墙亦为偏心受拉构件。

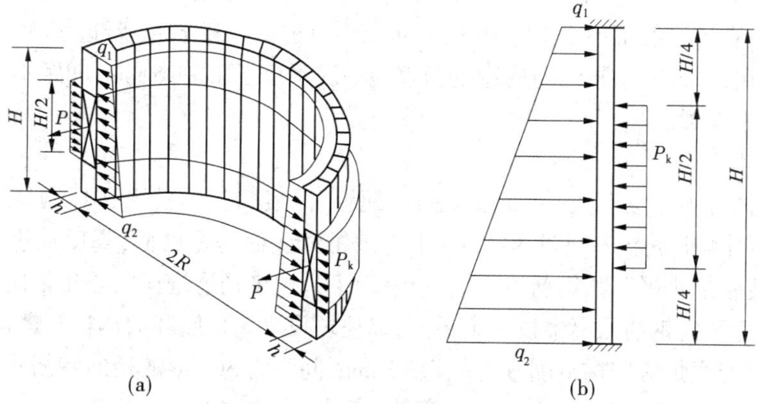

图 12-21　环形薄墙计算简图

(4)尾水锥体。可根据计算简图,按工程手册中有关等厚壁圆筒的计算公式和图表进行。

(三)配筋原则

钢筋混凝土蜗壳承受较大的内水压力,除强度计算外,应按不允许开裂进行校核。

1. 进口段

按平面框架计算,顶板为偏心受拉构件,受力钢筋直径一般不小于 12~16 mm,顺水流方向布置分布钢筋,直径一般不小于 12 mm,间距不超过 30 cm。

边墙及中墩按偏心受拉构件配筋,竖向受力钢筋直径不小于 12~16 mm,间距不超过 20~30 cm。水平分布筋直径不小于 12 mm,间距不超过 30 cm。若边墙为块体结构,竖向钢筋直径可采用 12 mm。

2. 顶板

按平面Γ形刚架计算内力时,顶板按偏心受拉构件计算配筋,径向为受力钢筋。计算中忽略环向约束,但仍应按受力钢筋的 20%配置环向构造钢筋,分上、下两层布置。

按环形板计算时,径向作用有弯矩及水平力,按偏心受拉构件分上、下两层配置径向受力钢筋。环向作用有切向弯矩,应按受弯构件配置环向钢筋。

径向钢筋布置时,靠近内缘不能太密,间距应根据钢筋用量确定,净距不宜小于 5 cm。从内缘辐射向外缘布置时,因外缘径向弯矩较大,上层可用短钢筋加密,并与蜗壳墙钢筋相连,间距不超过 20~30 cm。径向钢筋另一端焊接于座环上。径向钢筋按构造配置时,直径不宜小于 12~16 mm,间距不超过 20~30 cm。环向钢筋宜用弧形,用分段焊接方式与蜗壳螺线相适应。环向钢筋分上、下两层布置,构造要求与金属蜗壳外围混凝土结构相同。

3. 蜗壳墙

按平面框架计算时,竖向受力钢筋按偏心受拉构件配置。环向则应布置足够数量的构造钢筋。

当按厚壁墙计算时,垂直方向除弯矩外,还应计入竖向内力,按偏心受拉构件配筋。内水压力对压力墙产生的水平向拉力,由于两端为大体积结构而变得很小,故可按受弯构件配筋。

蜗壳墙的垂直高度一般不大，同时，从进口到出口，墙高逐渐减小，可按最大弯截面配置竖向钢筋，直径一般不小于 12～16 mm，间距不超过 20～30 cm。若边墙为块体混凝土，竖向钢筋可用 12 mm，水平环向构造钢筋直径一般不小于 12～16 mm，间距不超过 30 cm，沿内外层水平放置。

4. 尾水锥体

尾水锥体应力一般不大，钢筋多按构造配置，沿表面竖向及水平环向均匀布置直径 12～16 mm 的钢筋，间距不超过 30 cm。由于圆锥体底面是螺旋面，高度从进口起逐渐缩小，故沿高度各层水平环状钢筋不封闭，自上而下采用半径递增而圆心角依次递减的圆弧钢筋。第一道环向钢筋需离锥顶一定距离，以便埋设水轮机座环的钢板和螺栓。

此外，蜗壳底板应按构造配置直径为 12 mm、间距为 30 cm 的径向钢筋及环向钢筋各一层。截面拐角处应配置 45°方向的斜钢筋，直径不小于 12 mm，以抵抗应力集中。间距则与竖向内层钢筋及顶板径向内层钢筋协调确定。

钢筋混凝土蜗壳配筋示意图，如图 12-22 所示。

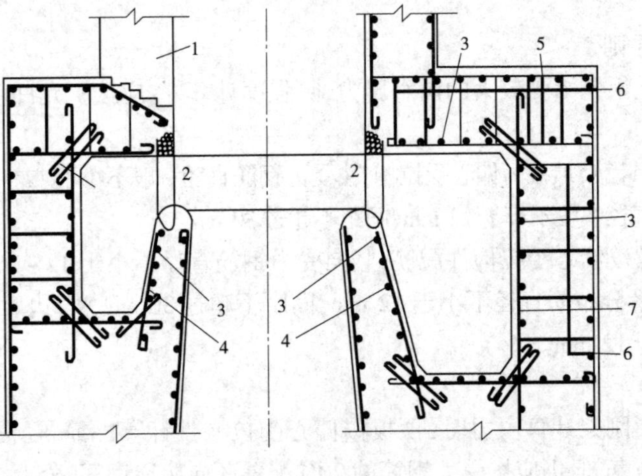

1—机墩；2—座环立柱；3—环向筋；4—受力筋；5—径向受力筋；6—架立筋；7—垂直受力筋

图 12-22　钢筋混凝土蜗壳配筋示意图

第六节　尾水管

尾水管是水电站水下部分的主要承重结构之一，它的内部形状和尺寸由水轮机制造厂通过水力模型试验确定。直锥形尾水管大多限于容量较小的水轮机中，无须进行结构计算。为了减小水力损失和厂房开挖，目前大多采用弯肘形尾水管。

大型水电站的尾水管结构分析宜进行三维有限元计算。

一、尾水管结构

尾水管按结构特点分为直锥段、弯管段和扩散段三部分。锥管段四周为大体积混凝土，一般不需进行结构计算；弯管段和扩散段则为顶板、底板、边墩和中墩组成的复杂空间结构,如图 12-23 所示。

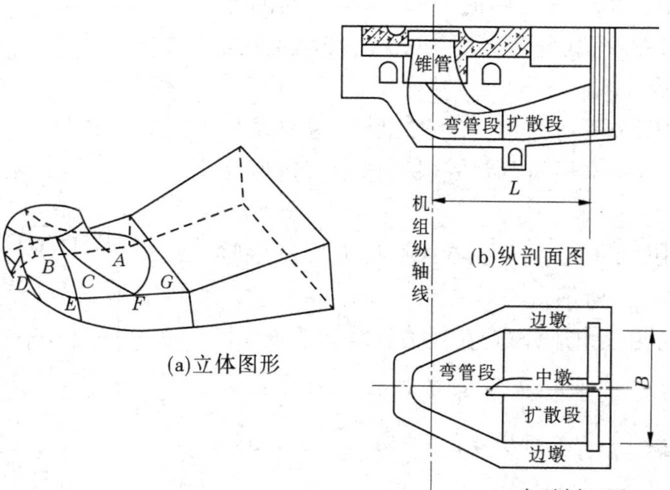

(a)立体图形　(b)纵剖面图　(c)水平剖面图

图 12-23　尾水管结构图

扩散段底板结构形式有以下两种。

(一)分离式底板

若基础为坚硬完整的岩基,尾水管底板宜与边墙、中墩及弯管段底板用永久缝分开,整个厂房的荷载由墩子传给地基,改善底板受力条件。

为减薄底板厚度亦可不做底板而只在基岩表面衬护抹光,为在检修时满足抗浮稳定,应设可靠的排水设施,底板上常设排水孔与锚筋,使作用在底板上的浮托力减小 40%~60%;也可做窄槽使底板反向支承在墩子上。

(二)整体式底板

修筑在软基或破碎岩基上的尾水管底板与边墩、中墩及变管段浇筑成整体结构,形成箱形刚架结构。大、中型工程整体式尾水管底板厚度大多在 1 m 以上,有的达 2~3 m。

二、荷载及荷载组合

(一)荷载

(1)结构自重 A_1。

(2)上部结构(二期混凝土)及设备传来的重量 A_2。尾水管顶板上沿垂直水流方向的分布,近似作为均布荷裁,机电设备动荷载不乘以动力系数。

(3)内水压力 A_3。按设计尾水位计算,校核情况按校核尾水位计算内水压力。

(4)外水压力 A_4。扩散段边墙承受的外水压力来自机组段永久变形缝,顶板上也可能有外水压力,锥管段承受来自蜗壳的水压力。

(5)基础扬压力 A_5。由厂房整体计算中确定的扬压力图给定。

(6)地基反力 A_6。

当尾水管按弹性地基梁或平面框架计算时,由厂房整体地基应力计算得到的地基反力分布图确定。对整体式尾水管，其地基反力可做如下假定：

（1）底板刚度较大（$\beta L<1$）时，垂直水流方向的地基反力为均匀分布，荷载分布强度为 $q=V/(2L)$ 时，如图 12-24（b）所示。

（2）底板刚度中等（$\beta L=1\sim3$）时，反力为曲线分布，如图 12-24（b）中虚线所示。一般近似为三角形分布。

（3）底板刚度相对较小（$\beta L>3$）时，反力按三角形分布，如图 12-24（c）所示。

当地基反力为三角形分布时，反力计算如下：

反力荷载宽度

$$a_0=\frac{1.5}{\beta}\quad（当\ \beta\geqslant 3/L\ 时）\tag{12-38}$$

反力最大强度

$$q=\frac{W-U}{2a_0}=\frac{V}{2a_0}\tag{12-39}$$

特征系数

$$\beta=\sqrt[4]{\frac{Kb}{4E_hJ}}\tag{12-40}$$

式中 b——底板计算宽度，取 1.0 m；

K——基岩弹性抗力系数；

E_h——底板混凝土弹性模量，kPa；

J——计算宽度内底板截面惯性矩，m^4；

L——底板跨度，m；

W——上部荷载的合力，kN；

U——底板扬压力合力，kN；

V——基础反力合力，kN。

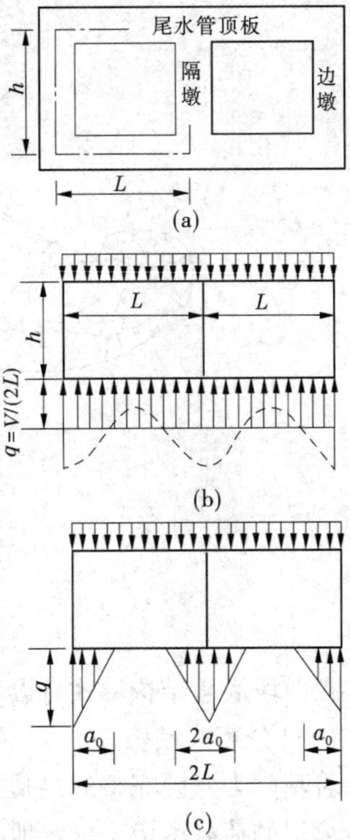

图 12-24 尾水管地基反力分布图

（二）荷载组合

荷载组合见表 12-5。

表 12-5 尾水管荷载组合

荷载组合	计算情况	荷载名称										
		A_1	A_2	A_3		A_4			A_5			A_6
				正常尾水位	校核尾水位	正常尾水位	校核尾水位	检修尾水位	正常尾水位	校核尾水位	检修尾水位	
基本组合	正常运行	√	√	√		√			√			√
特殊组合	检修	√	√					√			√	√
	校核洪水位	√	√		√		√			√		√
	施工期	√	√									√

三、计算简图及计算原则

(一)计算简图

由于弯肘形尾水管为钢筋混凝土的空间整体结构,形状复杂,目前尚无成熟的计算方法。为简化计算,常不考虑空间整体作用而顺水流方向切取若干截面,按单宽平面结构计算。根据各剖面构件的相对刚度,分别假定按上端固定的倒框架、下端固定或铰接的框架、弹性地基上的框架进行计算,如图 12-25 所示。

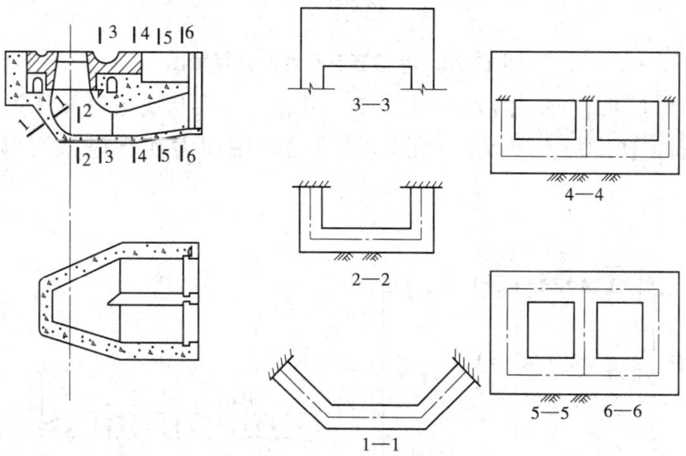

图 12-25　尾水管计算简图

(二)扩散段计算原则

扩散段包括顶板、底板、边墩和中墩。计算时沿水流方向切取若干截面,按单宽平面结构计算。通常在计算中做一些简化和假定:

(1)假定尾水管按平面框架计算,其计算跨度不能按一般杆件系统取杆件中心到中心计算,否则弯矩偏大很多。

(2)刚架内力计算中,当刚架杆件截面高度跨度比 $h/l<1/5$ 时,可不计刚架剪切变形和结点刚性影响,利用刚架结构的现成图表和公式,计算结点弯矩。当刚架杆件截面高跨比 $h/l>1/4\sim1/3$ 时,由剪应力引起的剪切变形对杆件总变形影响较大,计算时不能忽略,如属厚壁杆件,需考虑结点刚性影响,如图 12-26 所示。节点刚性段的长度取节点宽度一半,柔性段的长度取净跨。支座外的配筋,原则上按柔性端弯矩计算,其数值比刚性端弯矩小很多,有时甚至改变了弯矩的方向,具体计算可参阅有关书籍。

(3)由于整个厂房的基础反力系沿水流方向通过总体计算求得,故在按单宽平面框架计算时,每一框架上的全部竖向荷载(包括自重与扬压力)与该截面底板上的基础反力之间往往存在不平衡状态,其差值由切取相邻截面间相互作用的剪力所平衡。此剪力以一定规律分配给中墩、边墩、顶板和底板。作为外荷载作用于其上,框架处于平衡状态,再按结构力学方法计算平面框架内力,可得出较为精确的结果。

相邻框架间不平衡剪力推求方法可参阅有关书籍。

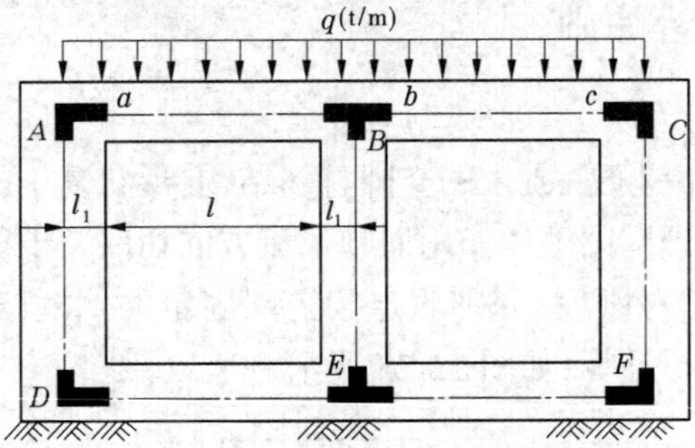

图 12-26　考虑节点刚性的计算简图

(4)当尾水管底板较厚,相对刚度较大时,可假定框架与底板分开计算,如图 12-27 所示。框架墩子固定在底板上,求出传给底板的荷载(轴向力和弯矩)后,再将底板按弹性地基梁计算。

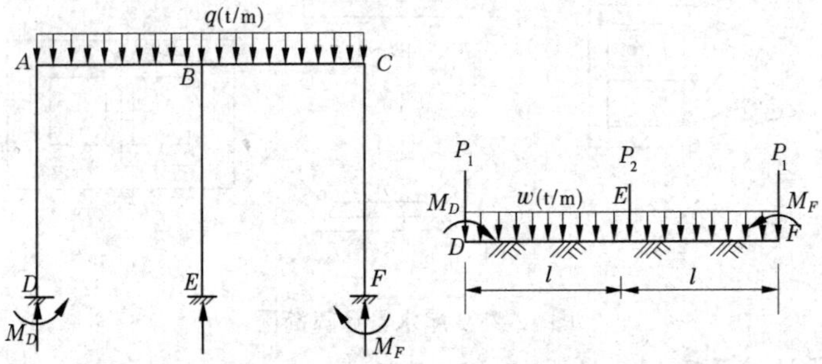

图 12-27　尾水管上部框架与底板分开计算简图

当为分离式底板(或底板很薄,或不设底板),而墩子又不挖齿槽时,则框架底端按铰接处理,如图 12-28 所示。荷载有上部结构传来的垂直荷载及自重,按平面问题用结构力学方法计算内力,尾水管底板视为独立结构。因检修时抗浮稳定所需,底板上一般设有钢筋与排水孔,底部荷载为自重与扬压力,可作为以锚筋为支点的无梁楼板计算,计算方法可参阅有关书籍。

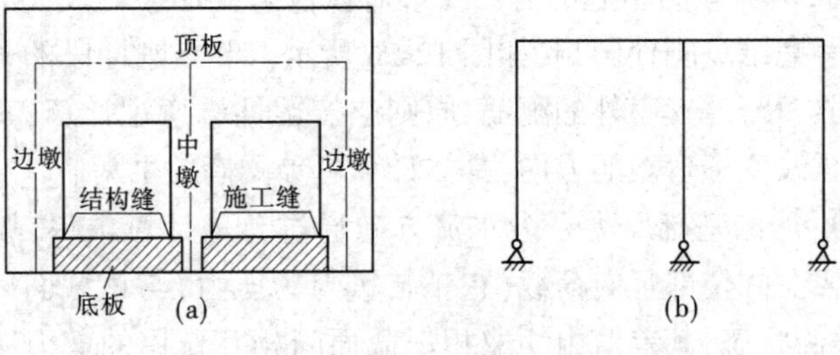

图 12-28　分离式底板尾水管计算简图

如岩石坚硬完整,在挖槽、加锚筋、回填混凝土处理后,则框架底端按固端计算。

(5)底板为整体式时,切取的刚架为一由边墙、中墩、顶板和底板构成的闭口刚架,计算时可视为弹性地基上的刚架,如图 12-29 所示。对于左右对称的刚架,可只取一半计算。按弹性地基上框架计算时,一般不计刚性结点和剪切变形的影响,按净跨作为高、宽组成的闭口刚架,用结构力学方法计算内力。

(6)当尾水管顶板特别厚时,不能再按平面刚架计算。尾水管跨度 l 与截面高度 h 之比 $l/h \leqslant 2.5$ 时,顶板截面内力分布完全不同于浅梁,须按深梁计算,如图 12-30 所示。

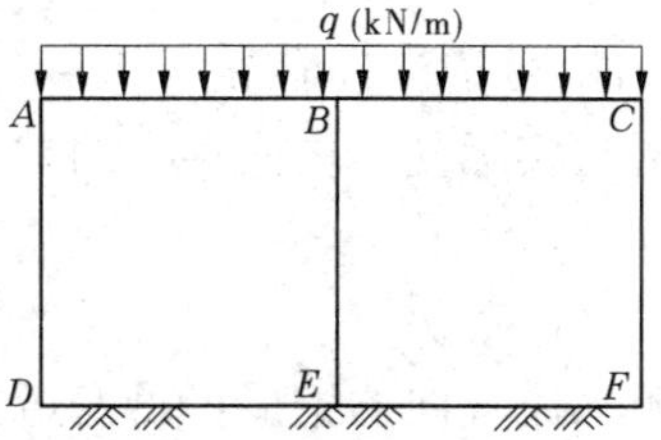

图 12-29　尾水管按弹性地基上刚架计算

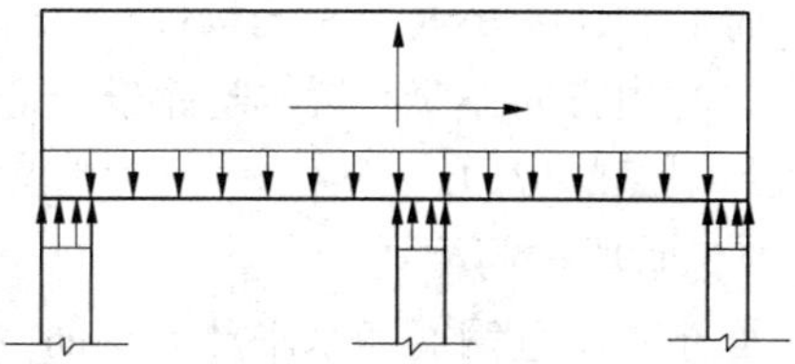

图 12-30　尾水管顶板按深梁计算简图

(三)弯管段计算

尾水管弯管段通常指自中间的隔墩的墩头到锥管以下这一段。该段的结构特点是顶板很厚,底板相对较薄,而两侧边墩在水平方向为变厚度。弯管段上部通常为块体混凝土,底板下游侧的边界条件通常是:当尾水管扩散段为分离式底板或无底板时为自由边;当扩散段用整体式底板时,则可考虑中墩对弯管段底板的简支作用。

实际上弯管段为一复杂的空间结构,要精确计算其内力是很困难的,其计算简图的选取要视底板、边墩、顶板三者之间的相对刚度及上下游边界的支承条件而定。在设计实践中,一般有以下三种简化方法:

(1)平面框架。当底板、边墩、顶板的结构厚度比较一致时,底板、边墩、顶板为一整体框架结构,如图 12-31(a)、(b)所示。

(2)当顶板厚度很大时,顶板可按简支深梁计算内力,如图 12-31(c)、(d)所示。

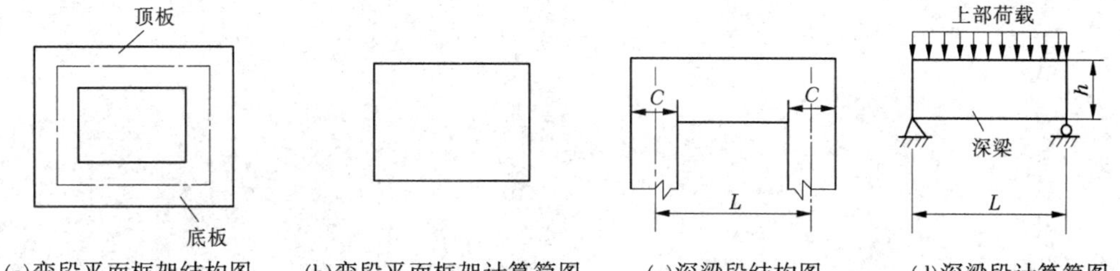

(a)弯段平面框架结构图　(b)弯段平面框架计算简图　(c)深梁段结构图　(d)深梁段计算简图

图 12-31　弯管段结构计算简图

(3)当顶板比较薄,两边边墩较厚、刚度较大时,按两端固定的梁式板计算。

四、配筋原则

尾水管各部分尺寸均较大,有的属少筋混凝土,有的仅按构造配筋以抵抗温度应力及混凝土收缩应力。

尾水管结构允许发生裂缝,但应限制裂缝开展宽度。

(1)尾水管受力钢筋按计算配置,计算方法与一般钢筋混凝土构件相同。

①受弯构件、大偏心受拉构件和大偏心受压构件的受拉钢筋配筋率不得小于0.05%。

②大偏心受压构件及大偏心受拉构件的受压钢筋,若计算结果不需配置,可不配或按构造配置适量钢筋。

③轴心受压或小偏心受压构件,一般能满足强度条件,可按构造配筋。

在非受力方向亦应布置构造钢筋,以考虑计算简图与实际受力之间存在的差异及混凝土收缩引起的应力。

(2)锥管段钢筋配置。

表面布置斜直钢筋和水平环向钢筋,弯管段顶板顺水流方向的钢筋可沿弯道内壁均匀布置,间距应与直锥段协调,或直接由锥管段钢筋下延。水平环向钢筋可用长约3 m的钢筋搭接,不宜整环形布置。

底板为双向配筋,环向为受力钢筋,直径与间距应与侧墙钢筋相互协调。

(3)扩散段受力钢筋。水流方向垂直布置,内外壁各一层。中墩与其中的受力钢筋交接。沿水流方向布置构造钢筋。

(4)在所有结构转角处,应布置交叉斜钢筋,直径和间距应与构造筋一致。

(5)若尾水管顶板在水流方向的内力较小,顶板受力方向为垂直水流方向,采用预制的倒T形梁顶板是合适的。倒T形梁兼作施工模板,并作为顶板的一部分参与受力,节约了施工模板。

第十三章 其他类型厂房

前面所述水电站厂房的布置设计主要是以引水式地面厂房为例,其布置基本原理对其他形式的厂房也适用,本章主要说明其他类型厂房布置上的一些特点。

第一节 坝后式、溢流式、坝内式厂房

一、坝后式厂房

坝后式厂房通常是指布置在非溢流坝后,与坝体衔接的厂房。坝址河谷较宽,河谷中除布置溢流坝外还需布置非溢流坝时,通常采用这种厂房,如图 11-3 所示。

位于混凝土重力坝后的厂房,厂坝连接处通常设纵向沉降伸缩缝将厂坝结构分开。采用这种连接方式时,厂坝各自独立承受荷载和保持稳定,连接处允许产生相对变位,因而结构受力比较明确。采用这种连接方式时,压力钢管穿过上述纵缝处应设置伸缩节。

厂坝连接处有时不设纵向沉降伸缩缝,厂房紧靠坝体,压力管道可以缩短,这时厂房的下部结构通常与坝体连接成整体,厂坝共同保持整体稳定。采用这种连接方式时,坝体的变位会影响厂房,坝体承受的荷载一部分要传给厂房承担,需要研究厂房下部结构的应力和变位情况;厂坝整体连接时,连接处需要传递较大的推力和剪力,因而厂坝连接段的结构强度应足够。

坝后式厂房,尤其是厂坝间设纵缝分开时,厂房上部与坝体之间的空间较大,主变与副厂房往往可布置于此。有些水电站河岸地形陡峻,不宜布置开关站,开关站也以高架形式布置在坝的下游面上。

二、溢流式厂房

厂房布置在溢流坝后,洪水通过厂房顶下泄,这类厂房称为溢流式厂房,如图 11-4 所示。溢流式厂房适用于中、高水头的水电站,坝址河谷狭窄、洪水流量大,河谷只够布置溢流坝,采用坝后式厂房会引起大量土石方开挖,这时可以采用溢流式厂房。溢流式厂房布置紧凑,由于厂房通常布置在河床中央,泄洪时下游水流条件较好。

溢流式厂房布置特点如下:

(1)由于厂房顶泄洪,溢流式厂房通常是全封闭的,除必要的进厂出入口外,一般不设窗户,上游被大坝所挡,因此需要采取人工照明、通风和防潮等措施。中央控制室、发电机层和各主要通道的照明最为重要,必须全日照明,以便运行人员监视和巡回检查,以及处理紧急事故;通风机室一般布置在厂房的两端,便于进风和排风。

(2)溢流式厂房的厂坝之间往往留有较大的空间,常将副厂房布置在厂坝之间,可节

省投资。但由于厂坝之间阴暗潮湿,空气不好,设计时要进行必要的装饰,使副厂房具有较好的通风、照明和防潮功能,为运行人员和机电设备提供良好的工作条件。

(3)尾水平台在泄洪时受到较大的吸力,而且在泄洪开始和终了时受到水舌的冲击,所以尾水平台上不宜设副厂房。

(4)溢流式厂房的安装间结合进厂交通条件,一般设于主厂房的一端或两端,很少设于中间。安装间大门设计要考虑泄洪时防止溅水或地面水进入厂房发电机层,防止水渗入安装间下面的房间,必要时设置临时防洪设施。

(5)为了减小溢流顶板的跨度,主厂房内除布置主机及必要的附属设备并留有主通道外,尽量不布置辅助设备和电气设备,后者宜布置在厂坝之间。

(6)由于溢流厂房顶承受巨大的水重、顶板自重及水平推力(来自大坝及溢流时),厂房排架通常由整片很厚的钢筋混凝土箱形结构组成,而不另设柱子。

溢流式厂房厂坝之间的下部连接形式有:

(1)厂坝分开。这种布置是在厂坝之间设永久性沉降伸缩缝,厂房原则上不承受坝体传给的外荷载,坝体也不依靠厂房提高稳定性。钢管通过厂坝之间必须设伸缩节,以适应地基不均匀沉陷。

(2)厂坝整体连接。这种布置在厂坝之间不设永久缝,施工缝进行回填灌浆,并由骑缝钢筋相连,使厂房底板与坝体连成整体,厂坝之间不设伸缩节。这种布置方式可以利用厂房的重量共同承受外荷载,减小坝体断面面积,提高坝的稳定性,同时提高了厂房自身的抗浮、抗滑稳定性和抗震能力。

(3)厂坝缝面接触式连接。这种连接方式介于厂坝分开和整体连接之间。在厂坝之间留施工缝,待混凝土达到稳定温度后再进行接触灌浆,缝面不放插筋,不做键槽。这种缝面能传递水平推力,不能传递很大弯矩和剪力。

厂坝之间的连接方式主要取决于地质条件,地基条件好的可采用整体连接方式,地基条件差的宜采用分开布置。

有的水电站为了避免在厂顶泄流,将厂顶布置在溢流坝的挑流鼻坎高程以下,如图13-1所示,这种厂房又可称为挑越式厂房。在高拱坝、高重力坝之后布置溢流式厂房时一般采取这种形式。不过,在布置该类型溢流式厂房时,要特别注意溢流面上的高速水流(有时流速可达30~40 m/s)对厂坝间变形不连续部位所造成的气蚀破坏。为此,常常需要设置专门的补气设施来确保其安全。另外,厂坝间钢管也需要设置伸缩节,以适应厂坝接头处钢管因温度变化所产生的水平向变位,厂坝间产生不均匀沉陷时的垂直变位,以及因厂坝基础相对转动所产生的弯曲变形等。

三、坝内式厂房

坝内式厂房既是将主厂房布置在坝体空腔内的一种厂房形式;又是厂坝联合泄洪的水电站中溢流式厂房的一种,图13-2为空腹重力拱坝的坝内式厂房。

我国是发展坝内式厂房较早的国家之一,无论是建设规模或建成数量均位居世界前

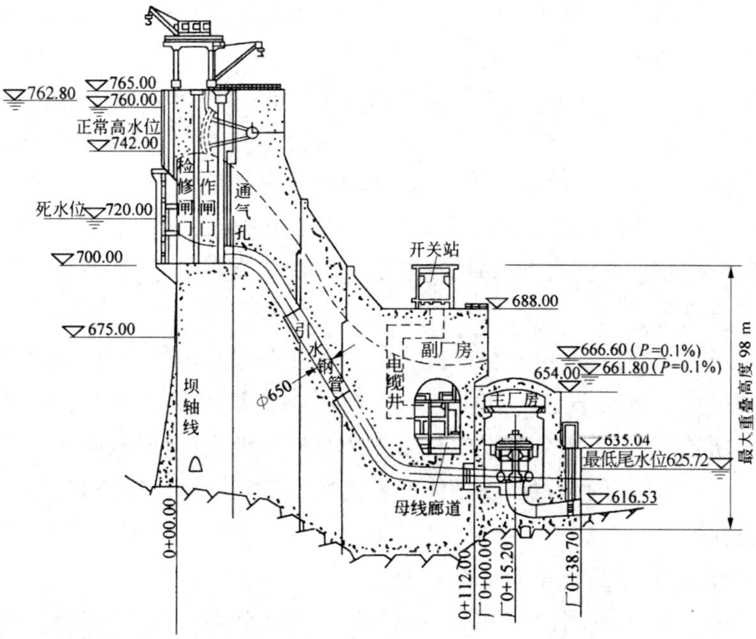

图 13-1　乌江渡水电站挑越式厂房横剖面图　（单位：m）

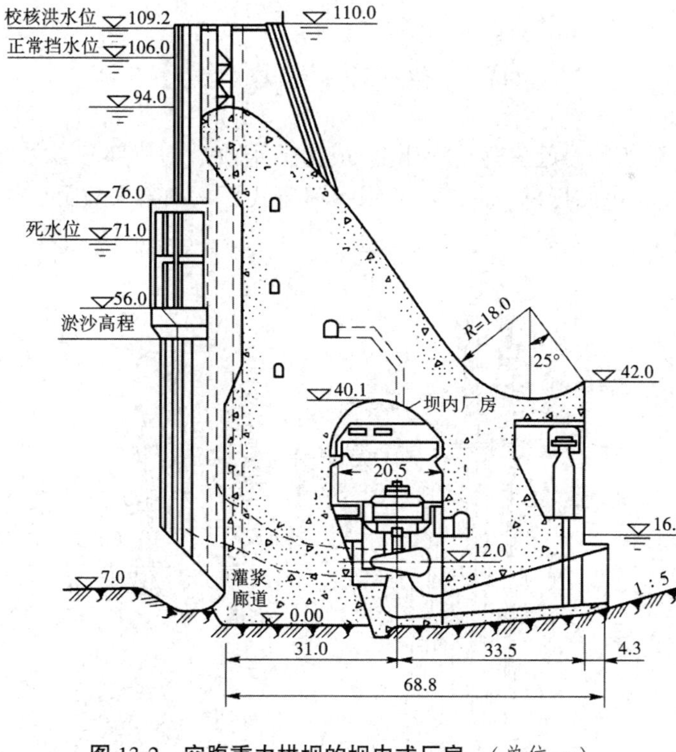

图 13-2　空腹重力拱坝的坝内式厂房　（单位：m）

列。国内大中型坝内式厂房水电站包括上犹江（4×15 MW）、凤滩（4×100 MW）、枫树坝（2×75 MW）、牛路岭（2×40 MW）和长潭（4×15 MW）等。采用坝内式厂房设计时，因厂坝互为一体,彼此相互影响,故厂区及主厂房的布置必须与大坝坝体布置相适应,由此使坝内式厂房的布置各具特色。

河谷狭窄不足以布置坝后式厂房,而坝高足够允许在坝内留出一定大小的空腔布置厂房时,可采用坝内式厂房。坝内式厂房布置在溢流坝内,泄洪以及洪水期的高尾水位不直接作用于厂房。但坝内空腔削弱了坝体,使坝体应力复杂化。

坝内式厂房坝体空腔的大小和形状对坝体的应力影响很大。空腔的大小和形状应结合坝型、坝高、厂房布置的要求,选择优化断面。坝内厂房的布置设计应与大坝剖面形状的拟定密切配合进行。

坝内式厂房机组容量的确定、机电设备的选择和布置必须与坝内空腔的大小相适应。应采取一定的措施尽量减小主厂房的高度或宽度,例如采用双小车桥吊或双桥吊吊运转子以降低桥吊轨顶高程,采用伞式发电机以缩短水轮发电机的轴长等。

坝内式厂房、副厂房的布置要视坝体空腔的大小而定。当厂房空腔宽度较大时,副厂房可平行布置在同一空腔内主厂房的上、下游侧。当厂房空腔宽度较小时,可将大部分副厂房布置在坝外,这样给运行带来一些不便。

坝内式厂房布置需特别注意防渗、防潮、通风、照明问题。坝内空腔周围需设有隔墙,空腔壁与隔墙间布置排水沟管,主厂房顶部设有顶棚,上铺防水层。坝内式厂房应有完善的通风、照明系统。

第二节　河床式厂房

厂房与挡水建筑物一起坐落在河床上,成为挡水前沿的一部分,厂、坝在结构上合为一体,称为河床式水电站厂房,如 13-3 所示。河床式厂房内部布置和结构计算与一般地面厂房的不同之处在于:

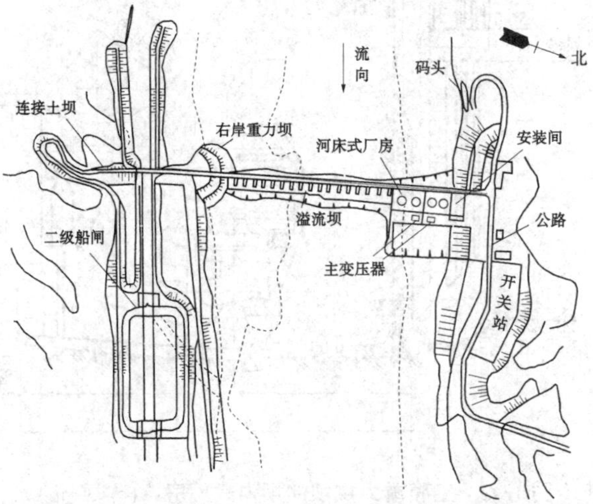

图 13-3　河床式厂房平面布置图

(1)厂房即是挡水建筑物,厂房上游侧设置挡水墙来承受上游水压力,因此必须进行厂房总体稳定性分析和计算,包括抗滑稳定、基础防渗、地基应力等一系列问题。

(2)河床式水电站的进水口与厂房的主机室连接成为一个整体结构,如图 13-4 所示。进口段的设计即为厂房设计的一部分,其他类型水电站进水口与厂房是分开布置的,属引水建筑物单独设计。

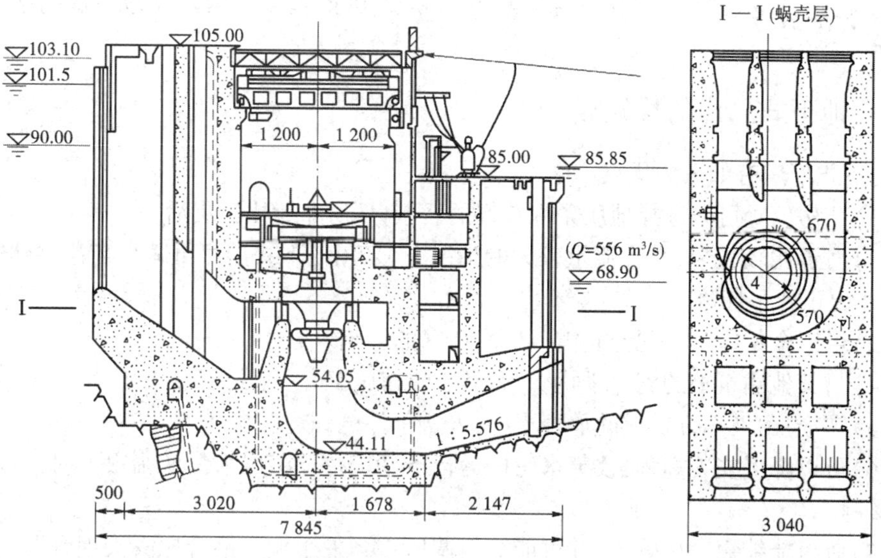

(a)横剖面图　(b)蜗壳层平面图

图 13-4　河床式厂房剖面图　(单位:cm)

(3)厂房的上游侧一般不设吊车梁,将吊车轨道直接铺设在由上游挡水墙伸出的带形牛腿上。另外由于机组容量大,水轮发电机组的尺寸较大,发电机的重量大,厂房桥吊、立柱、吊车梁的负荷也较大。

(4)由于水电站的水头低,单机引用流量大,进口尺寸、蜗壳尺寸较大,而内水压力小,所以通常采用钢筋混凝土蜗壳。为了缩短机组段长度,钢筋混凝土蜗壳包角为 135°~225°,常用的为 180°;由于引用流量大,尾水管尺寸增大,因此尾水平台加宽,平台下面空间较大,可以布置很多辅助设备。

(5)低水头、大容量的水轮机(轴流转桨式机组)气蚀性能较差,要求安装高程较低,因此基础开挖很深,水下混凝土方量很大。为了减少方量,尾水管扩散段底板常常上翘。

(6)河床式水电站的水库容量不大,水库中流速较大,泥沙、漂浮物均会被带到厂房前面,因此整个枢纽布置和厂房设计都要考虑采取排沙、防淤及排污措施。泥沙问题处理不当,可能淤死进水通道,加快水轮机磨损。防污措施不当,也能压垮拦污栅,造成停电事故。

(7)河床式水电站落差不大,洪水期落差更小。尾水位高,除出力受阻外,对水电站厂房设计也会造成不利的影响。一是进厂道路高,发电机层低,因此安装间与发电机层不在一个高程上;二是下游墙受到的水压力也大,几乎使厂房两面受压。河床式水电站落差小,要求水头损失尽量减少,流道要平顺,尾水管效率高,以回收更多的动能。

第三节 地下式厂房

把水电站厂房等主要建筑物布置在山岩洞室之中就是地下式厂房。随着地下结构设计理论的发展和地下厂房开挖机械的不断改进及施工技术的不断提高,地下开挖的进度越来越快,造价越来越低,其优越性不断得以显现,因此近年来国内外地下水电站建设速度加快。

一、地下式厂房的优缺点

地下式厂房有如下的优点:

(1)厂房位置可以选择地质条件较好的区域,厂房布置比较灵活。

(2)河道比较狭窄、洪水流量较大的情况下,采用地下式厂房可减少与泄洪建筑物的矛盾,并便于施工导流。

(3)可以全年施工,不受雨、雪、酷暑、严寒的影响。

(4)与其他建筑物的施工干扰少,有利于快速施工。

(5)雪崩、山坡塌方造成的危害小些,人防条件也好。

(6)可以降低安装高程,改善水轮机运行条件。在下游尾水位变幅很大时,对厂房也无大影响。

(7)有可能缩短高压管道,并可能取消调压室。采用地下钢管比露天钢管要安全些,并可节省钢材。

地下式厂房有如下的缺点:

(1)地下岩石开挖量很大,增加了工程的开挖费用。

(2)通风、防潮、照明条件较差,要有专门措施,否则对设备和管理人员都不利。

(3)地质条件较差时,会增加用于支护方面的费用。

二、地下式厂房的布置形式

由于地形、地质、施工条件和枢纽布置要求不同,地下水电站的布置形式也各不相同。根据厂房在引水系统中的位置,地下厂房的布置有首部式、中部式和尾部式三种。

(一)首部式地下厂房

如图 13-5(a)所示,厂房位于水电站引水系统的首部。这种布置方式的特点是有压引水隧洞较短,尾水隧洞较长,而尾水隧洞承压较小或为无压隧洞,造价相对较低,并省去了造价较高的上游调压室。压力管道以单元供水方式向水轮机供水,可不设下端阀门,因而可以降低造价。

但这种地下厂房靠近水库,需注意处理水库渗水对厂房的影响。由于厂房的交通、出线及通风一般采用竖井,因而水电站水头过大时,采用首部式地下厂房会使厂房埋藏于地下过深,从而增加了交通、出线及通风等洞井的费用,也给施工和运行带来困难。由于尾水隧洞较长,往往需设置尾水调压室。

(二)尾部式地下厂房

如图 13-5(b)所示,厂房位于引水系统的尾部,具有较长的引水隧洞和较短的尾水隧洞,一般均设有上游调压室。尾部厂房靠近地表,尾水洞短,厂房的交通、出线及通风等辅助洞室的布置及施工运行比较方便,因而采用较多。

尾部式地下水电站适用水头范围较大,最高水头达 1 000 m 以上,目前高水头水电站多采用尾部式布置方式,我国已建成的地下水电站尾部式占 70%以上。

(三)中部式地下厂房

如图 13-5(c)所示,厂房位于引水系统的中部,同时具有较长的上游引水道和下游尾水道,当引水道和尾水道均为有压时需要同时建引水调压室及尾水调压室。当水电站引水系统中部的地质、地形条件适宜,对外联系如运输、出线及施工场地布置方便时,可采用中部式地下厂房。

地下式厂房布置形式的选择,要结合水电站水能规划,地形、地质、交通运输、出线条件,施工和运行条件,经过技术经济比较确定。

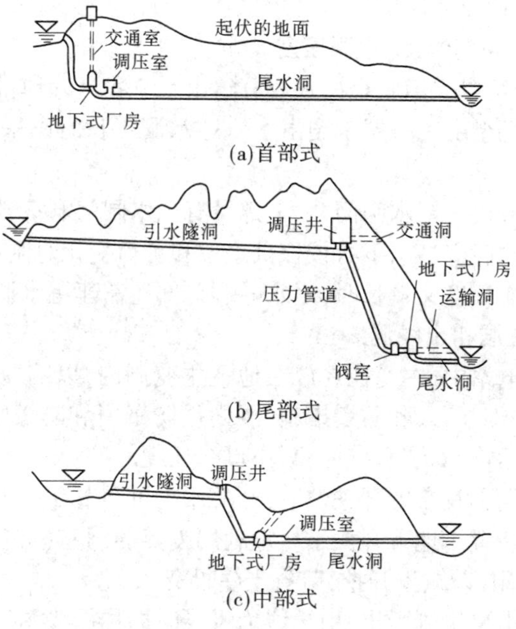

图 13-5　地下厂房的三种布置形式

三、地下式厂房的洞室组成

除主厂房布置在地下洞室内外,地下厂房还需布置各种用途的附属洞室,通常布置成若干不同断面尺寸和不同高程的洞室,附属洞室纵横交错,将地下厂房系统形成一组洞室群。附属洞室主要布置机电设备和作为交通运输、出线及通风的通道。

(一)交通运输洞和安装间

交通运输洞是地下厂房的主要对外通道。交通运输洞一般采用平洞,当受地形条件限制,用平洞做交通运输洞有困难时,可采用竖井做交通运输井。运输洞或井的位置与安装间位置直接关连,两者应一起考虑确定。地下厂房的安装间可布置在主厂房一端,还可考虑布置在厂房中间机组段之间。

(二)地下副厂房

地下厂房中,一部分必须靠近主机的附属设备可集中布置在紧靠主机房的地下副厂房内,其他则可以利用已有洞室分散布置或放在地面副厂房内。为避免增加主洞室的跨度,地下副厂房往往设于主厂房的一端,由于中控室等电气用房最好不与安装间在同一端,地下副厂房往往布置在另一端。机组尺寸不大、围岩稳定性好时,也可将地下副厂房放在主厂房一侧,主副厂房集中布置在同一主洞室内。

(三)主阀门洞室

水轮机前设有快速阀门时,主阀室可布置在主厂房内,利用厂房桥吊吊运,以免另开阀门洞和增设专用桥吊。阀门放在厂房内,阀门爆破的后果严重,所以在阀门的设计和制造上必须确保安全。

阀门也可布置在靠近厂房上游侧的单独阀门室内。这种布置有利于减小主厂房洞的跨度,阀门爆破后不致危及主厂房。

(四)尾水洞、尾水闸门洞、尾水调压室

尾水洞比较长时,可以采用联合出水或分组出水方式,即所有机组尾水管出水后汇合成一条尾水洞或几台机组由一条尾水洞出水。尾水洞不长时则采用单独出水,即一机一洞出水。

每台机组一般均应设置尾水闸门井,上部设有尾水闸门洞室,用以吊运和操纵启闭尾水闸门。尾水闸门洞洞底应高出下游校核洪水位和负荷变化时闸门井内可能出现的涌浪高度。尾水洞为有压而长度又较长时,尾水隧洞首部还需建尾水调压井。

(五)主变洞、开关洞和出线洞

在大中型地下水电站中,主变往往放在地下主变洞内,以缩短发电机母线长度,这时需采取专门的通风、排烟、防火和防爆措施,洞内设防爆门和防爆隔墙。主变洞应靠近主厂房以便于变压器的运输、安装和维修,减小母线长度。

当地面地形陡峻而不宜布置开关站时,开关站也可布置在地下洞室内,这时需选用高压封闭绝缘组合电气装置。地下开关站尽量利用废弃的洞室(如施工支洞、导流洞)或与其他洞室(排风洞)合用,以减少开挖,节省土建投资。

地下厂房输电线由出线洞引出,引出线为母线时即称母线洞。出线洞可以采用平洞、斜井或竖井。地下厂房内为了敷设电缆和引出母线至主变洞,需要设置相应的电缆和母线支洞。

(六)通风洞

地下式厂房应设有完善的通风系统,包括进风洞、出风洞及通风机室。通风机噪声大,通风机室应远离主、副厂房,一般可放在洞口或单独的洞室内。

通风洞一般应充分利用交通运输洞、出线洞及无压尾水洞,如利用交通运输洞或无压尾水洞进风,利用出线洞出风。

四、地下式厂房的洞室布置

地下式厂房洞室布置见图 13-6 和图 13-7。

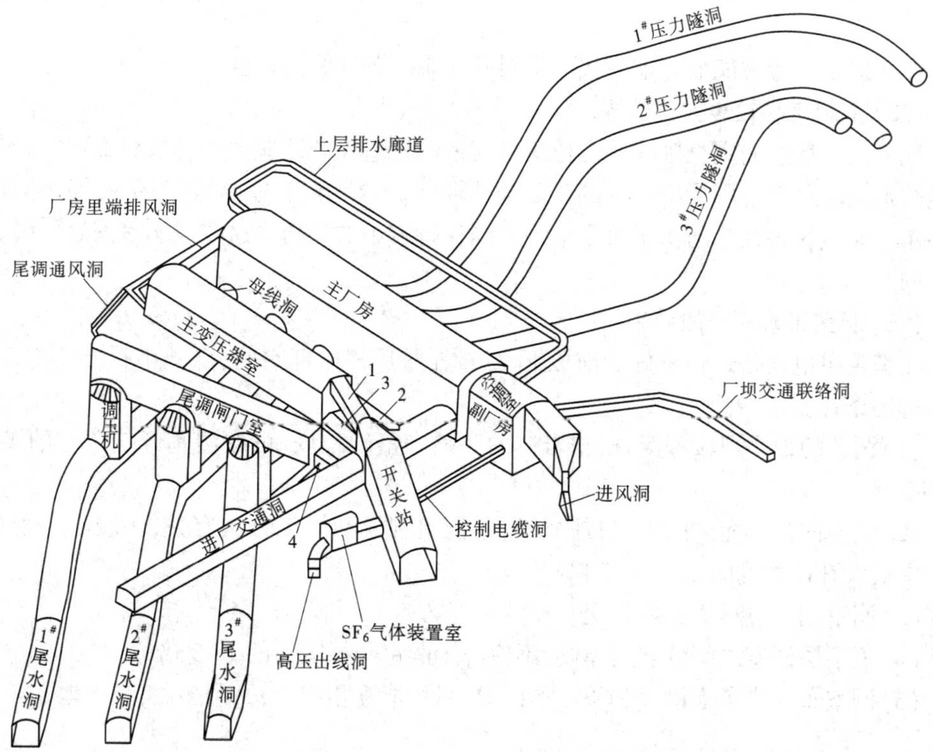

1—排风洞;2—主变搬运洞;3—高压电缆洞;4—尾闸搬运洞

图 13-6　白山水电站地下式厂房及洞室布置图

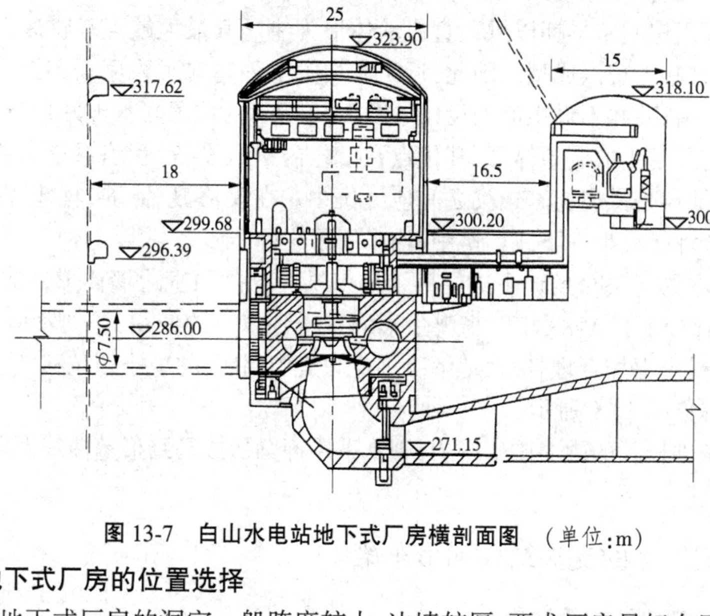

图 13-7　白山水电站地下式厂房横剖面图　(单位:m)

(一)地下式厂房的位置选择

大中型地下式厂房的洞室一般跨度较大,边墙较厚,要求厂房最好布置在岩体完整坚硬、地应力较小、地下水微弱的山体内。地下洞室的上覆岩体应有一定的厚度。应尽量避开较大断层带、节理裂隙发育区和破碎带。此外,地表岸坡应该稳定,便于设置洞、井的出口。

在地形上应考虑能缩短地下式厂房对外连系的洞井线路长度。

(二)主洞室纵轴线方位选择

地下式厂房主洞室纵轴线的方位应考虑地质构造面和地应力场的情况确定。洞室纵轴线的走向应尽量与围岩中存在的主要构造弱面,如断层、节理、裂隙和层面等保持较大的夹角。洞室纵轴线应与水平大主应力方向保持较小的夹角。这样对洞室围岩的稳定是有利的。

(三)洞室布置的一般要求

在满足机电设备运行良好的前提下,尽量缩小厂房内部空间,以减小石方开挖,改善围岩稳定条件。

(1)洞顶的最小埋藏深度,根据岩体的完整和坚硬程度,可取洞室开挖宽度的1.5~2.0倍。

(2)洞室的最小允许间距,与地质条件、洞室规模和施工方法有关,一般不小于相邻洞室中最大开挖宽度的1.0~1.5倍。

(3)洞室相交应尽量保持正交。

(4)上下层洞室之间的岩石厚度,不应小于洞室开挖宽度的1~2倍。

(5)洞室布置应考虑勘探和施工的需要,尽可能互相结合,一洞多用,减少地下开挖。

五、地下式厂房的洞室体形特点

按照洞室断面形状,地下洞室体形可分为拱顶直边墙体形、拱顶斜边墙体形、曲线形体形3类。其中,曲线形体形又包括椭圆形、马蹄形和鸡蛋形等断面形状。

我国地下式厂房洞室早期以拱顶直边墙体形为主。其最大缺点是拱座问题突出,不仅应力集中,而且施工难以成型。因此,近年来相关工程趋向于采用顶部为半圆拱,拱端与垂直边墙直接衔接,并不设拱座的设计。图13-8所示的猴子岩水电站地下洞室群布置形式是我国目前最常用的洞室体形,其优点在于厂内机电设备、管路系统布置方便、施工开挖容易实现;缺点是拱肩与岩锚梁之间应力集中。在溪洛渡、锦屏、官地、瀑布沟、大岗山、长河坝、黄金坪等大型地下式厂房中,均采用了这种体形。

在国外,日本约有79%的地下式厂房采用带拱座的拱顶直边墙体形,16%为鸡蛋形,5%为圆筒直墙体形。自1983年以来鸡蛋形洞室得到广泛的使用,该洞室体形充分利用了拱的承载力,受力更加合理,极大地解决了应力集中问题,并减小了位移、应变和松弛深度。其发展历程如图13-9所示。

对于地址条件较差的软弱破碎围岩,则常采用椭圆形或马蹄形等曲线形洞室断面,如图13-10所示。

六、地下式厂房的支护结构和吊车梁

(一)地下式厂房的支护结构

地下洞室永久性支护结构的作用:提高或充分发挥围岩的承载能力,确保围岩稳定,

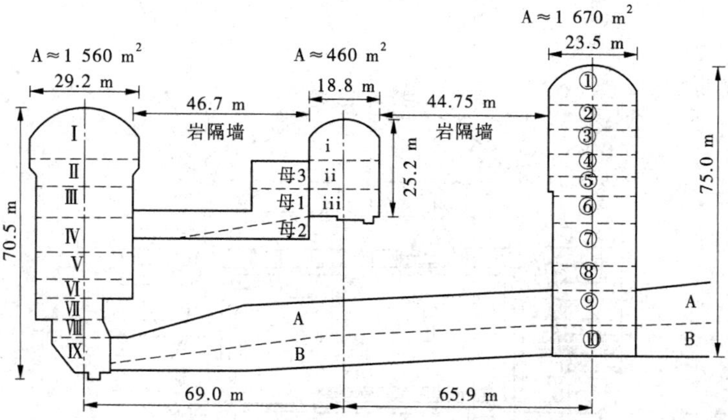

图 13-8　典型地下式厂房洞室体形(猴子岩水电站)示意图

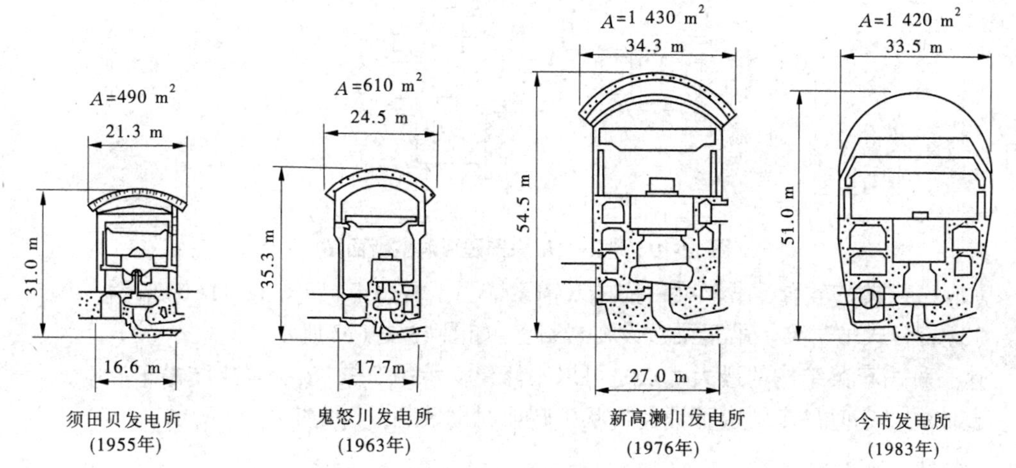

图 13-9　日本地下式厂房洞室体形变迁

防止岩壁风化,阻止岩块脱落,阻截地下水等。如洞室围岩完整、密致、稳定、干燥、主厂房洞室也可不做永久支护。

常见的支护结构形式如下:

(1)喷锚支护:喷混凝土、钢筋网喷混凝土、砂浆锚杆、预应力灌浆锚杆、预应力锚索。

(2)顶拱钢筋混凝土衬砌或钢筋混凝土拱助支护。

(3)整体式钢筋混凝土衬砌支护,适用于围岩为松软岩石的情况。

在永久性支护结构的内侧一般建有顶棚及隔墙,用以防潮、排除渗水和防止岩石碎片掉入主厂房。

(二)地下式厂房的吊车梁

地下式厂房除常规吊车梁、柱外,还有下列三种吊车梁结构:

(1)悬挂式吊车梁。吊车梁悬挂在顶拱拱座上,如图 13-11(a)所示。

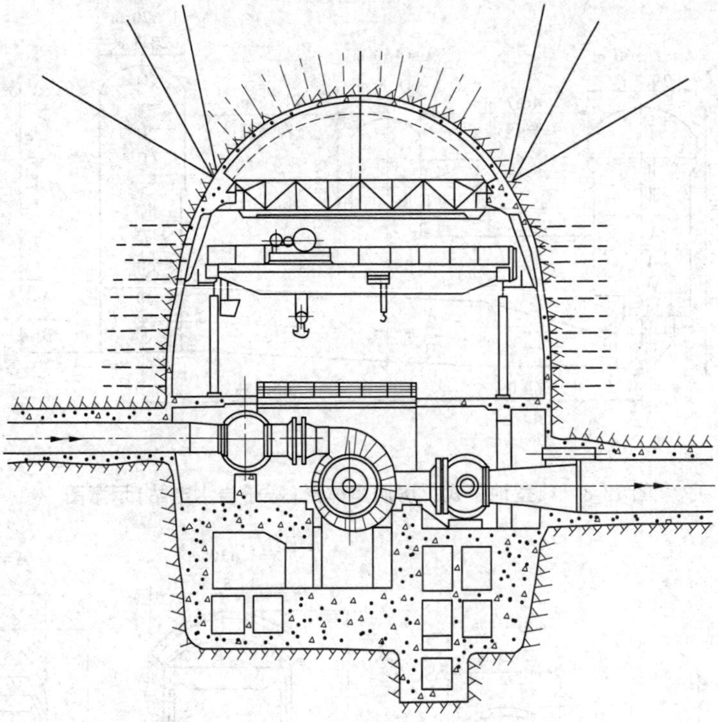

图 13-10　地下式厂房椭圆形洞室断面图

(2)锚着式吊车梁。吊车梁用锚杆或锚索锚固于岩壁上,如图 13-11(b)所示。

(3)岩台式吊车梁。吊车梁敷设在岩石上,如图 13-11(c)所示。

这三种吊车梁结构的最大优点是可以不修建支承吊车梁柱,提早组装吊车。

整体式衬砌时吊车轨道可铺在带状牛腿或衬砌墙顶上,如图 13-12 所示。

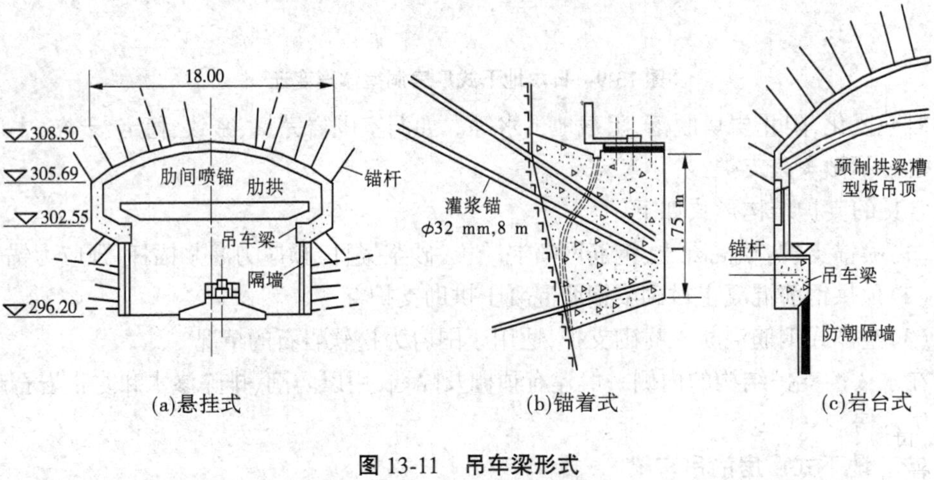

(a)悬挂式　(b)锚着式　(c)岩台式

图 13-11　吊车梁形式

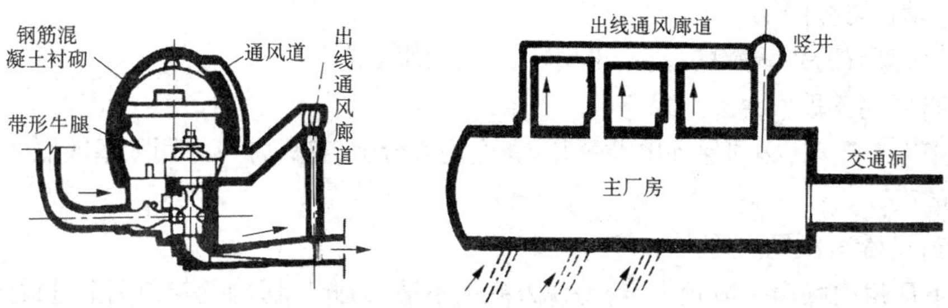

图 13-12　整体式钢筋混凝土衬砌及带形牛腿吊车梁

七、地下式厂房布置设计中的特殊要求

水电站地下工程十分庞大,其地下洞室群包括压力管道、主厂房、主变室、尾调室、尾水连接洞、尾水洞等,洞室断面相异,长短不一,空间布置异常复杂。由于存在洞室群开挖量巨大、技术要求高,施工照明、通风条件差,噪声大等问题,因此地下厂房与其他类型的厂房不同,有其特殊的要求,在布置与设计中要予以注意。

(一)围岩稳定问题

围岩稳定是地下式厂房设计中最关键的部分。围岩不稳定,施工、运行中就会发生塌方事故,危及人员及设备设施安全。影响围岩稳定的主要因素包括:

(1)岩体物理力学性质和地质构造情况。

(2)地应力的大小及主应力方向。

(3)地下水的活动,尤其是岩体中有软弱夹层、泥化夹层等。

(4)工程因素。地下洞室的形状、大小、洞群间距、施工方法、支护措施等工程因素对洞室围岩稳定均有重要的影响。

(二)厂房空间问题

地下式厂房的每一立方米空间都是由开挖石方换来的。厂房尺寸如设定过大,不但增加开挖费用,而且对围岩稳定也会造成不利影响,因此要尽量缩减厂房的空间尺寸。缩减地下式厂房空间的途径主要有下列措施:

(1)凡能够布置在地面副厂房中的设备,辅助用房尽量不要放到地下。

(2)采用先进、尺寸较小的机组及附属设备。

(3)将副厂房布置在厂房一端。这样虽然在一定程度上增加了厂房长度,但可缩减厂房跨度,对围岩稳定是有利的。

(4)用喷锚支护加固顶拱与边墙,取消厚重的混凝土衬砌(地质条件极差除外)。

(三)通风防潮问题

地下式厂房一般需要采用人工通风,并要有一系列防渗、防潮措施,此类问题若解决不当,将造成厂内闷热潮湿,不仅有害健康,并且会增加设备的事故率。

常用的通风方式有机械进、排风,机械进风、自然排风,全排风。

常用的防渗、防潮措施包括:

(1)在厂房上游甚至厂房周围设置排水廊道、排水孔幕截、排渗水。

(2)设置防潮隔墙。

(3)对潮气特别敏感的设备,采用特殊的防潮装置。

(四)照明问题

采用人工照明,必须保证电源可靠、亮度均匀合适,有条件可采用太阳能照明,保证运行人员健康。

(五)防噪声问题

地下厂房内噪声一般较大,容易使人疲倦不适,为此厂房墙壁与顶棚上宜设置吸音层以减少噪声。

参考文献

[1] 韩菊红,温新丽,马跃先.水电站[M].郑州:黄河水利出版社,2003.

[2] 刘启钊,胡明,水电站[M].4版.北京:中国水利水电出版社,2010.

[3] 张丽,韩菊红.水电站[M].郑州:黄河水利出版社,2009.

[4] 马善定,汪如泽.水电站建筑物[M].2版.北京:中国水利水电出版社,1996.

[5] 史海珊.水电站[M].北京:水利电力出版社,1993.

[6] 张治滨.水电站建筑物设计参考资料[M].北京:中国水利水电出版社,1997.

[7] 金钟元,伏仪淑.水电站[M].北京:水利电力出版社,1992.

[8] 袁俊森.水电站[M].郑州:黄河水利出版社,2001.

[9] 王树人,董毓新.水电站建筑物[M].北京:清华大学出版社,1992.

[10] 徐国宾.水电站[M].北京:中国水利水电出版社,2017.

[11] 中华人民共和国能源行业标准.水电工程动能设计规范:NB/T 35061—2015[S].北京:中国电力出版社,2016.

[12] 中华人民共和国水利行业标准.水利水电工程等级划分及洪水标准:SL 252—2017[S].北京:中国水利水电出版社,2017.

[13] 中华人民共和国电力行业标准.水电水利工程沉沙池设计规范:SL/T 269—2019[S].北京:中国水利水电出版社,2019.

[14] 中华人民共和国水利行业标准.水电站引水渠道及前池设计规范:SL 205—2015[S].北京:中国水利水电出版社,2015.

[15] 中华人民共和国水利行业标准.水利水电工程进水口设计规范:SL 285—2003[S].北京:中国水利水电出版社,2003.

[16] 中华人民共和国水利行业标准.水工隧洞设计规范:SL 279—2016[S].北京:中国水利水电出版社,2016.

[17] 中华人民共和国能源行业标准.水电站压力钢管设计规范:NB /T 35056—2015[S].北京:中国电力出版社,2016.

[18] 中华人民共和国水利行业标准.水利水电工程调压室设计规范:SL 655—2014[S].北京:中国水利水电出版社,2014.

[19] 中华人民共和国能源行业标准.水电站调压室设计规范:NB/T 35021—2014[S].北京:中国电力出版社,2014.

[20] 中华人民共和国行业标准.水电站厂房设计规范:SL 266—2014[S].北京:中国水利水电出版社,2014.

[21] 中华人民共和国能源行业标准.水电站地下厂房设计规范:NB/T 35090—2016[S].北京:中国电力出版社,2017.

[22] 郑源,陈德新,于波,等.水轮机[M].北京:中国水利水电出版社,2011.

[23] 程远楚,张江滨,陈光大,等.水轮机自动调节[M].北京:中国水利水电出版社,2010.

[24] 陈帝伊,卢娜,王玉川,等.水轮机调节系统[M].北京:中国水利水电出版社,2019.

[25] 于波,肖惠民.水轮机原理与运行[M].北京:中国电力出版社,2008.

[26] 侯才水.水电站[M].2版.北京:中国水利水电出版社,2005.

[27] 刘幼凡,吴小兵,陈林.水电站[M].北京:中国水利水电出版社,2016.

[28] 于永海,许健,王永年. 水电站[M]. 北京:中国水利水电出版社,2008.
[29] 徐国宾. 水电站[M]. 2版. 北京:中国水利水电出版社,2012.
[30] 金钟元. 水力机械[M]. 2版. 北京:中国水利水电出版社,2011.
[31] 刘竹溪. 水泵及水泵站[M]. 2版. 北京:水利出版社,1986.
[32] 姜乃昌. 水泵及水泵站[M]. 3版. 北京:中国建筑工业出版社,1993.
[33] 梅瑞松,杨富昌. 我国泵站工程的现状与发展[J]. 水利水电科技进展,2000(1),21-23.
[34] 栾鸿儒. 水泵及水泵站[M]. 北京:水利电力出版社,1993.
[35] 查森. 叶片泵原理及水力设计[M]. 北京:机械工业出版社,1988.
[36] 丁成伟. 离心泵与轴流泵[M]. 北京:机械工业出版社,1985.
[37] 陈子山. 水泵及水泵站[M]. 郑州:黄河水利出版社,1999.
[38] 仲付维. 泵站工程[M]. 南京:河海大学出版社,1994.
[39] 刘家春. 水泵与水泵站[M]. 北京:中国水利水电出版社,1998.
[40] 王永盛. 水泵与水泵站[M]. 3版. 北京:水利电力出版社,1993.
[41] 郭雪莽,温新丽. 中国水利概论[M]. 郑州:黄河水利出版社,1999.
[42] [苏]Φ. Φ. 古宾. 水力发电站[M]. 徐锐,等,译. 北京:水利电力出版社,1983.
[43] 杨欣先,李彦硕. 水电站进水口设计[M]. 大连:大连理工大学出版社,1990.
[44] 王树人. 水击理论与计算[M]. 北京:清华大学出版社,1981.
[45] 刘启钊,彭守拙. 水电站调压室[M]. 北京:水利电力出版社,1995.
[46] 顾鹏飞,喻远光. 水电站厂房设计[M]. 北京:水利电力出版社,1987.
[47] 杨述仁,周文铎. 地下水电站厂房设计[M]. 北京:水利电力出版社,1993.
[48] 徐光黎,李志鹏,宋胜武,等. 中国地下水电站洞室群工程特点分析[J]. 地质科技情报,2016,35(2):203-208.